U0493081

知识产权经典译丛（第6辑）

国家知识产权局专利局复审和无效审理部◎组织编译

发明英雄

[英] 克里斯汀·麦克劳德（Christine MacLeod）◎著

张　南　柳子通　苏汉廷◎译

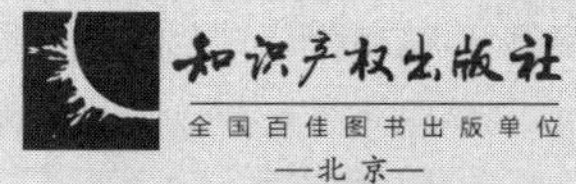

图书在版编目（CIP）数据

发明英雄/（英）克里斯汀·麦克劳德（Christine MacLeod）著；张南，柳子通，苏汉廷译. —北京：知识产权出版社，2023.5

书名原文：Heroes of Invention

ISBN 978-7-5130-8416-1

Ⅰ.①发… Ⅱ.①克… ②张… ③柳… ④苏… Ⅲ.①专利制度—研究—英国—1750-1914 Ⅳ.①D9561.34

中国版本图书馆 CIP 数据核字（2022）第 195390 号

内容提要

本书英文版曾获得美国技术史学会的“埃德尔斯坦奖”。作者以独特的视角，对1750～1914年英国发明人和科学技术的发展历史进行了深入的研究，特别是结合英国纪念发明人的活动，包括竖立雕像、撰写传记和发明赞歌等，剖析将发明人作为英雄崇拜的时代，以瓦特作为发明人典范，从正面和反面说明英国专利制度所起到的作用，同时也解释了随着科学技术的进步个体发明人日渐消失的原因。本书可为我国专利制度的发展和科技进步提供借鉴和参考。

责任编辑：卢海鹰　王玉茂　　**责任校对**：王　岩
封面设计：杨杨工作室·张冀　　**责任印制**：刘译文

知识产权经典译丛
国家知识产权局专利局复审和无效审理部 组织编译

发明英雄

［英］克里斯汀·麦克劳德（Christine MacLeod）　著
张　南　柳子通　苏汉廷　译

出版发行：知识产权出版社有限责任公司　　网　　址：http：//www.ipph.cn
社　　址：北京市海淀区气象路 50 号院　　邮　　编：100081
责编电话：010-82000860 转 8541　　责编邮箱：wangyumao@cnipr.com
发行电话：010-82000860 转 8101/8102　　发行传真：010-82000893/82005070/82000270
印　　刷：三河市国英印务有限公司　　经　　销：新华书店、各大网上书店及相关专业书店
开　　本：720mm×1000mm　1/16　　印　　张：28.25
版　　次：2023 年 5 月第 1 版　　印　　次：2023 年 5 月第 1 次印刷
字　　数：538 千字　　定　　价：168.00 元
ISBN 978-7-5130-8416-1
京权图字：01-2022-0896

This is a Simplified – Chinese translation of the following title published by Cambridge University Press:

Heroes of Invention: Technology, Liberalism and British Identity, 1750 – 1914, by Christine MacLeod, ISBN 978 – 0 – 521 – 15382 – 9.

总 序

当今世界，经济全球化不断深入，知识经济方兴未艾，创新已然成为引领经济发展和推动社会进步的重要力量，发挥着越来越关键的作用。知识产权作为激励创新的基本保障、发展的重要资源和竞争力的核心要素，受到各方越来越多的重视。

现代知识产权制度发端于西方，迄今已有几百年的历史。在这几百年的发展历程中，西方不仅构筑了坚实的理论基础，也积累了丰富的实践经验。与国外相比，知识产权制度在我国则起步较晚，直到改革开放以后才得以正式建立。尽管过去三十多年，我国知识产权事业取得了举世公认的巨大成就，已成为一个名副其实的知识产权大国。但必须清醒地看到，无论是在知识产权理论构建上，还是在实践探索上，我们与发达国家相比都存在不小的差距，需要我们为之继续付出不懈的努力和探索。

长期以来，党中央、国务院高度重视知识产权工作，特别是十八大以来，更是将知识产权工作提到了前所未有的高度，作出了一系列重大部署，确立了全新的发展目标。强调要让知识产权制度成为激励创新的基本保障，要深入实施知识产权战略，加强知识产权运用和保护，加快建设知识产权强国。结合近年来的实践和探索，我们也凝练提出了“中国特色、世界水平”的知识产权强国建设目标定位，明确了“点线面结合、局省市联动、国内外统筹”的知识产权强国建设总体思路，奋力开启了知识产权强国建设的新征程。当然，我们也深刻地认识到，建设知识产权强国对我们而言不是一件简单的事情，它既是一个理论创新，也是一个实践创新，需要秉持开放态度，积极借鉴国外成功经验和做法，实现自身更好更快的发展。

自2011年起，国家知识产权局专利复审委员会*携手知识产权出版社，每年有计划地从国外遴选一批知识产权经典著作，组织翻译出版了《知识产权经典译丛》。这些译著中既有涉及知识产权工作者所关注和研究的法律和理论问题，也有各个国家知识产权方面的实践经验总结，包括知识产权案

---

* 编者说明：根据2018年11月国家知识产权局机构改革方案，专利复审委员会更名为专利局复审和无效审理部。

件的经典判例等，具有很高的参考价值。这项工作的开展，为我们学习借鉴各国知识产权的经验做法，了解知识产权的发展历程，提供了有力支撑，受到了业界的广泛好评。如今，我们进入了建设知识产权强国新的发展阶段，这一工作的现实意义更加凸显。衷心希望专利复审委员会和知识产权出版社强强合作，各展所长，继续把这项工作做下去，并争取做得越来越好，使知识产权经典著作的翻译更加全面、更加深入、更加系统，也更有针对性、时效性和可借鉴性，促进我国的知识产权理论研究与实践探索，为知识产权强国建设作出新的更大的贡献。

当然，在翻译介绍国外知识产权经典著作的同时，也希望能够将我们国家在知识产权领域的理论研究成果和实践探索经验及时翻译推介出去，促进双向交流，努力为世界知识产权制度的发展与进步作出我们的贡献，让世界知识产权领域有越来越多的中国声音，这也是我们建设知识产权强国一个题中应有之意。

申长雨

2015 年 11 月

译者简介

张南，江苏南京人，英国伦敦玛丽女王大学知识产权法学博士。现任中国政法大学全面依法治国研究院副教授，比较法学研究院硕士研究生导师，欧洲研究中心研究员，外国法查明研究中心研究员。曾参与《专利法》第四次修正和《种子法》第三次修改，曾于世界知识产权组织（WIPO）语言司任译员。首批国家海外知识产权纠纷应对指导专家，国家知识产权局地理标志技术审查专家，国家市场监督管理总局知识产权行政执法专家，中国卫生法学会副秘书长，黑龙江省知识产权保护中心专家。出版的专著 *A Confucian Analysis on the Evolution of Chinese Patent Law System* 被世界知识产权组织图书馆和英国伦敦玛丽女王大学知识产权图书馆收录。

柳子通，辽宁石油化工大学工学学士，中国政法大学法律硕士，美国弗吉尼亚大学法学硕士。通过中国法律职业资格考试和专利代理师资格考试。曾发表文章《论“通知删除”规则对专利侵权案件的适用——以〈专利法修订草案（送审稿）〉第 63 条第 2 款为研究对象》，载《罗马法与学说汇纂（第 9 卷）》，中国政法大学出版社 2019 年版，第 302－318 页；《浅析破坏技术措施进行“盗链”行为之定性——以腾讯公司诉易联伟达公司侵犯信息网络传播权案为例》，载微信公众号“恒都国际律师集团”，2019 年 1 月 23 日第 1050 期。

苏汉廷，中国政法大学法学院法学理论专业硕士，美国加利福尼亚大学伯克利分校法学院国家公派交流生，北京大学国家法治战略研究院研究助理，“法意读书”英语编译组成员。曾参加 2019 年国际刑事法院模拟法庭竞赛（英文）［所在代表团获中国赛区总冠军、全球总决赛第 12 名（团队）］。

目　　录

第 1 章 引言：发明人和其他英雄

发明人原本不可能被视为英雄。无论是观念上的血统还是个人的品质，都无法将他们凸显为英雄般的人物。长久以来，发明人因被视为垄断者和“可疑事业的计划者”而不被信任，他们默默无闻地在自己的车间里辛苦劳作，远离名利的纷争和浮冰、沙漠或丛林的恐怖。然而，在一个以歌颂英雄而著称的世纪里，发明人也拥有了属于自己的王座与桂冠。在塞缪尔·斯迈尔斯（Samuel Smiles）家喻户晓的随笔中，发明人登上了舞台的中心，成为“自我救赎”的象征，但这仅仅是发明人群体的一个方面而已，他们的诞生远比斯迈尔斯的作品还要早上几十年，而且意义更加深远。19 世纪早期，在由武士、君主和政治家作为英国主流先贤形象的大背景中，发明人的闯入构成了对贵族社会的一种挑战。正如敏锐的观察家们所认识到的那样，1834 年安放在威斯敏斯特教堂中巨大的詹姆斯·瓦特（James Watt）雕像，正是一个新时代的预兆；它也是 1832 年改革法案在文化领域的相应成果。[1]

发明的政治

詹姆斯·瓦特去世后被塑造为工业界崛起中的旗手。工业者的主张通过他得以人格化，即当时的英国之所以强大，并非凭借军事实力，而是凭借劳动人民的聪明才智和进取精神：国家的实力和全球影响力正是依托于由制造业和贸易所创造的繁荣之上；与战争相比，和平竞争是一条通往个人幸福与国家富强

[1] Christine MacLeod, James Watt, heroic invention, and the idea of the industrial revolution, in Maxine Berg and Kristine Bruland (eds.), Technological revolutions in Europe: historical perspectives (Cheltenham and Northampton, MA: Edward Elgar, 1998), 96 – 97; James Fentress and Chris Wickham, Social memory (Oxford: Blackwell, 1992), 127.

的更安全的道路。然而在拿破仑战争及战后期间，这种主张却陷入了空前的危机：纳尔逊（Nelson）于 1805 年在特拉法尔加的胜利以及十年后惠灵顿（Wellington）在滑铁卢的胜利似乎都表明，一个贵族军事阶级的存在对政府有利。结果，这助长了高涨的民族主义浪潮并引发了对英雄的全民崇拜，其中最明显的表现就是为在战场上战功卓著的将士们建造了大规模的公共纪念碑。❷这种风潮威胁着要压制工业阶层对政治代议和财政公平的要求，而这些被排斥的阶层其实在过去的半个多世纪里一直都在推进其主张——自美国独立战争时期和法国大革命以来，他们的信心不断增强。在改革情绪空前高涨的氛围中，发起一场重新定义这个国家以及其英雄的战役变得十分必要：他们将会是和平征服的人。詹姆斯·瓦特于 1819 年的离世首次为这些改革者们提供了一个改变社会主流英雄形象的机会。

瓦特的讣告赞美了其发明天赋，同时也强调了他所改进的蒸汽机在为英国人创造财富和击败拿破仑的过程中所起到的作用。他有影响力的朋友们为了纪念其的各种努力终于在 1824 年于威斯敏斯特举办的一场盛大的公共会议上达到高潮，这次会议由时任首相利物浦（Liverpool）勋爵主持，由此在全国范围内引发了为瓦特建立纪念碑的广泛呼吁。在那次会议上，一大批赫赫有名的政治家、科学家、文学家和制造商将瓦特推崇为国家的救星和全人类的恩人。他们宣称，蒸汽动力让英国人看到了一个充满和平与繁荣的未来，这都归功于瓦特。实际上，当时统治阶级中有相当一部分人已经在为工业界的崛起背书并与工业者展开对话，正是这些人所从事的商业活动促进了工业的发展。纵观全英国，制造商和工人们都在热切地回应着能够将他们中的一员塑造为民族英雄的机会。然而，对这一新联盟感到震惊的激进政客则试图从他们的利益出发来利用瓦特，同时展开了一场有关发明本质的辩论。出版商则表现出对发明人新的尊重，而漫画家也开始调侃由蒸汽驱动的未来社会的前景，借此来表达其对新发现的技术意义的崇高敬意。

19 世纪三四十年代，由于土木工程师们的伟大成就，人们对技术成就的新看法逐渐得到了扩张和促进。正是在这些工程师们的努力下，铁路得以横越广袤的大地，桥梁得以飞跨大河之上和深谷之间，连泰晤士河下也连通了隧道（虽然曾发生过可怕的事故）。他们征服自然的方式显而易见。一流的

❷ Linda Colley, Britons: forging the nation, 1707 - 1837 (New Haven and London: Yale University Press, 1992); Alison W. Yarrington, The commemoration of the hero, 1800 - 1864: monuments to the British victors of the Napoleonic wars (New York and London: Garland, 1988).

土木工程师们，特别是乔治·史蒂文森（George Stephenson）和罗伯特·史蒂文森（Robert Stephenson）、马克·布鲁内尔（Marc Brunel）和伊桑巴德·金德姆·布鲁内尔（Isambard Kingdom Brunel）这些人，在世时就已经非常有名。自 18 世纪以来，英国实现了非凡的繁荣发展，对于这一成就所作出的解释已经越来越偏向从技术变革的视角进行阐述，并且往往会涉及特定的发明人。历史学家和社会评论家开始记录制造业的崛起（尽管不总是正向的）：像麦考利（Macaulay）勋爵和弗里德里希·恩格斯（Friedrich Engels）这样与众不同的作者承认瓦特、理查德·阿克赖特（Richard Arkwright）以及其他一些工业先驱的重要性。发明人得到了来自查尔斯·狄更斯（Charles Dickens）和盖斯凯尔（Gaskell）夫人的同情，以及一些不知名的作家、打油诗人和《笨拙先生》（*Mr Punch*）杂志喜忧参半的关注。《泰晤士报》（*The Times*）上发布的讣告也认可了发明人的存在意义。

对发明人的广泛颂扬在 1850 年之后的 25 年里达到了顶峰。1851 年的万国博览会起了至关重要的作用，英国人借此精心营造了建立在其制造业霸权以及和平的国际竞争力之上的民族自豪感。从水晶宫的革命性设计，到机械大厅中所展示出的工业力量与匠心，无不将新技术置于一个积极的视角之下，激发起人们对其创造者的好奇心。相比之下，1852 年英国的专利法修正案——这是专利制度 200 多年来的首次重大变革，则以不那么引人注意的方式引发了一场争论。它在国会的通过不仅激起了一场有关发明人在创造国家财富的过程中所扮演角色的辩论，还引发了“专利争议”，这一争议以废除专利制度相要挟，并使这个问题在接下来的 30 多年里一直成为公众关注的焦点。也许正是在这一威胁的推动之下，新成立的专利局的时任局长班纳特·伍德克罗夫特（Bennet Woodcroft）使出浑身解数试图保护和宣传那些仍在世和已离世的发明人的成就。他为塞缪尔·斯迈尔斯以及其他传记作家提供了资料，并开始为南肯辛顿的新专利局博物馆抢救标志着“每项发明的伟大进步”的机械设备。

克里米亚战争和随后印度战争的爆发则在 1854 年引发了另一种争议。和平主义者与那些原本认为战争已不合时代潮流、注定要随着现代国家间互惠互利的自由贸易而逐渐消亡的人都震惊地发现发明人为国家提供了新的破坏性技术。然而，以更加保守的观点来看，这恰恰是颂扬发明人和制造业为英国的国际优势所做贡献的更深层的原因：战场上的英雄如果缺少了来自后方的创造性人才的支持将会不堪一击，这种支持既包括直接从事武器生产，也包括由于工业的蓬勃发展而间接地充实国家金库。没有人比拥有熟练技能的人更自豪于自己在“世界工厂”中所处的地位，他们的行业正处于工业化的前沿，其中有许多人认可曾对他们的成功起重要作用的发明人。尤其在重工业和机械纺织行业里，人们为纪念自己的英雄而干杯并庆祝荣获工会徽章。正如1832年制造商举起瓦特和蒸汽动力工业的大旗要求参政议政一样，19世纪中期，技术工人也开始发起争取平等的政治权利的活动，为此，他们不断提醒人们天才的工匠们在国家富强中所起的作用。

当崇拜英雄的英国人在维多利亚时代变成“雕像狂人”并且用伟人（只是很少有女性）的画像来装饰各种各样的广场、公园和建筑物时，发明人们也以不招摇的方式被纪念着。❸ 从小镇到城市，从大学到专业机构，大家都向有应当被认可的发明成就的人公开致敬。为了以青铜或大理石雕像来纪念最近或已经去世的发明人，人们发起公共募捐活动。尽管捐出基尼（guinea，英国旧时金币）的人通常会在募捐名单的开头出现，但其实这种活动最引人瞩目的特征往往是那些捐出先令和便士的占据名单大多数位置的技术工人。有时正是这些技术工人发起的活动，比如他们分别在博尔顿（兰开夏郡）和彭赞斯（康沃尔郡）为塞缪尔·克朗普顿（Samuel Crompton）和汉弗莱·戴维（Humphry Davy）爵士竖立雕像，来为他们争取政治权利的活动提供证明。这些大胆而具有象征意义的叙述表明了工人阶层对英国工业霸权的贡献。不久之后，那些最杰出的发明人甚至能在生前就得到来自官方的认可，因为国家在对专业人士和实业家授予荣誉的问题上态度日益宽松。一小部分发明人甚至被提升到了贵族阶级的高度：到1900年，工程师、物理学家和外科医生在上议院都有了各自的议员，纺织业也是如此。❹

在不到一个世纪的时间里，发明人经历了令人目眩的从“可疑事业的计划者”到贵族的攀升之路。但是这最终被证明仅仅是一段短暂的光荣：发明人不久之后便又落回到卑微的身份——这正是他们当初的起点。20世纪的注意力注定将转向对死于第一次世界大战的人们的纪念，而公共艺术也不再青睐

---

❸ Benedict Read, Victorian sculpture (New York and London: Yale University Press, 1982), 3-24, 67; Ludmilla Jordanova, Defining features: scientific and medical portraits, 1660-2000 (London: Reaktion Books, with the National Portrait Gallery, 2000), 86-137.

❹ F. M. L Thompson, Gentrification and the enterprise culture, Britain 1780-1980 (Oxford: Oxford University Press, 2001), 45-74; R. Angus Buchanan, The engineers: a history of the engineering profession in Britain, 1750-1914 (London: Jessica Kingsley, 1989), 192-193.

于那些展现个人的雕像。[5] 然而，随着更有权势的团体开始意识到纪念活动的价值并声称拥有发明人的荣耀，独立发明人头上的光环已经开始暗淡。为争取到用于研究的公共资助而四处奔走游说的职业科学家们，正在将发明重新定义为“应用科学”：他们常常暗示，艰深的智力劳动在于对自然现象的发现；而把这些发明技术应用到实践中不过是一种直截了当的、几乎自动进行的过程，这并不值得人们的高度关注，更不用说还要奖励他们了。在皇家学会，新的大学实验室和专家机构组织得更好，它们改造了位于威斯敏斯特教堂艾萨克·牛顿（Isaac Newton）爵士纪念碑附近的空地，在那里建了一个“科学家之角”——它最成功的时刻（也是最讽刺的时刻）就是在 1882 年埋葬了对基督教最具威胁的查尔斯·达尔文（Charles Darwin）。[6] 工程师队伍里同样自信的专业机构也以相当大的代价在同样的地点附近维持着发明人的存在感，它们在那周围安装了许多纪念性的窗户。由于在死后得不到生前那样的支持，因此形形色色的“纯粹的”发明人逐渐消失在公众的视野中。[7] 与此同时，出版业也将注意力从发明人的自传转向了技术本身，而新一代社会科学的学者们竟以宿命论的方式来解释发明，从而看轻了英雄发明人的心血。[8] 在最后的辉煌时刻，托马斯·爱迪生（Thomas Edison）和古列尔莫·马可尼（Gulielmo Marconi）的精湛表演以及莱特兄弟（Wright Brothers）的英勇壮举使他们成为大西洋两岸家喻户晓的名字以及 20 世纪初发明现代主义的缩影，然而，他们却没有成为英国的英雄。发明人越来越被英国公众想当然地视为古怪的个人主义者：他们变成了一种良性版本的“可疑事业的计划者”，至少在威廉·希思·罗宾逊（William Heath Robinson）的卡通作品和电影如《白衣人》（*The Man in the White Suit*，1951 年）里是这样表现的。[9]

随着歌颂发明人的浪潮渐渐退去，历史只留下了少数的几位著名发明人的

---

[5] Thomas W. Laqueur, Memory and naming in the Great War, in John R. Gillis (ed.), Commemorations: the politics of national identity (Princeton, NJ: Princeton University Press, 1994), 150 - 167; Rosalind Krauss, Sculpture in the expanded field, in Hal Foster (ed.), Postmodern culture (London: Pluto Press, 1985), 33 - 34; Read, Victorian sculpture, 3 - 4.

[6] James Moore, Charles Darwin lies in Westminster Abbey, Biological Journal of the Linnean Society 17 (1982), 97 - 113.

[7] Buchanan, Engineers, 194 - 195.

[8] David McGee, Making up mind: the early sociology of invention, T&C, 36 (1995), 773 - 801.

[9] Simon Heneage, Robinson, William Heath (1872 - 1944), Oxford Dictionary of National Biography, Oxford University Press, 2004, 参见 www.oxforddnb.com/view/article/35803，最后登录时间为 2006 年 9 月 12 日；Jon Agar, Technology and British cartoonists in the twentieth century, TNS 74 (2004), 191 - 193；参见 www.screenonline.org.uk/film/id/441408/index.html，最后登录时间为 2006 年 9 月 12 日。

名字。瓦特、史蒂文森、特里维西克（Trevithick）、阿克赖特、克朗普顿以及戴维这些人的名字总是会领衔出现在关于英国工业革命的宏大叙事之中（布鲁内尔则是之后的复兴）；至于像阿姆斯特朗（Armstrong）勋爵、开尔文（Kelvin）和李斯特（Lister）等人的名字，恐怕只有那些对工程、科学和药品的历史有着特殊兴趣的人才会感觉熟悉。他们都生在正确的年代而被裹挟于维多利亚时代“崇拜英雄”的浪潮之中，并被传诸后世。如果我们还能记得他们发明前辈的名字，比如托马斯·纽科门（Thomas Newcomen）、威廉·李（William Lee）、约翰·凯（John Kay）等，那也要在很大程度上感谢维多利亚时代的历史性和纪念性的努力。他们在20世纪的后继者们则缺少这样的时代支持，因此表现得差强人意。因此，在另一宏大的叙事中，即对英国在第二次世界大战中胜利的叙事里留有一席之地则成为这个时期发明人最强有力的武器。包括巴恩斯·沃利斯（Barnes Wallis）爵士和弗兰克·惠特尔（Frank Whittle）爵士在内的很多名字被人们所铭记（并在大银幕上被歌颂），前者发明了阻尼“弹跳炸弹”，后者则努力说服空军部相信其发明的喷气式发动机具有战略价值。阿兰·图灵（Alan Turing）对战时密码破译的重要贡献也最终得到了公众的认可。而其他20世纪的发明人，比如拉兹洛·比罗（Laszlo Biro）、亨利·福特（Henry Ford）以及詹姆斯·戴森（James Dyson）爵士则成为制造商。[10] 他们以自己的名字为品牌，并通过他们发明或改进的商品得以推广，最终大获成功。然而，知名度与广泛的歌颂毕竟不同：对发明人英雄般的歌颂是一个没能延续下来的19世纪的“传统”。[11]

发明的文化

本书从多个视角探索发明人的兴衰。[12] 在某种程度上，本书可以被解读为对“记忆的社会历史”的研究。彼得·伯克（Peter Burke）认为应该对“使被铭记的过去得以成为神话的过程”进行仔细的推敲，这里使用的“神话”

---

[10] 参见詹姆斯·戴森爵士在公司网站上的个人简介：www. dyson. co. uk/jd/profile/default. asp? sinavtype = pagelink，最后登录时间为2006年9月12日。

[11] Eric Hobsbawm, Introduction: inventing traditions, in Eric Hobsbawm and Terence Ranger (eds.), The invention of tradition (Cambridge: Cambridge University Press, 1983), 1 – 14.

[12] Peter Burke, History as social memory, in Thomas Butler (ed.), Memory: history, culture and the mind (Oxford: Basil Blackwell, 1989), 100. 对于英雄神话的拓展性研究，参见 Graeme Morton, William Wallace, man and myth (Stroud: Sutton Publishing, 2001).

一词指的是“一个有着象征性意义的故事，它由刻板的事件所组成并涉及那些高于生活的角色，无论他们是英雄还是恶棍”。彼得·伯克的问题是：为什么只有少数君主能够“成为人们记忆中的英雄”，只有少数虔诚的个人最终成为圣人？⑬ 同样，笔者想知道为什么只有很少的英国发明人在今天仍然知名，并且，为什么是那几个人（大部分是男性，生于 18 世纪和 19 世纪早期）？然而，这并不是一个对交织于许多发明人周围的神话或故事的系统性分析，尽管这一工作可能会很有成果：正如卡洛琳·库珀（Carolyn Cooper）指出的那样，这些神话或故事“也许能够告诉我们关于人类基本经验的真相，比如‘那些创造性的思维是如何运作的’”。⑭ 尽管如此，正如库珀和其他人所认同的那样，科学史学家付出了大量的精力去指出那些围绕发明人所展开的流行神话中的不准确之处，但往往收效甚微。⑮ 如果说发明人的神话化迄今很少受人关注，那么科学家在这方面则做得好得多了。⑯ 科学史学家不仅将“科学英雄”这一概念问题化，对科学家个人和集体声誉的形成提出了有价值的见解，而且探讨了名人和神话对科学家看待自己以及科学本身被理解的方式的哲学意义。⑰ 特别是，科学“发现”得以归功于特定个人的战略性过程已经成为一个

---

⑬ Burke, History as social memory, 103 – 104; Fentress and Wickham, Social memory, x – xii, 73 – 74, 88.

⑭ Carolyn C. Cooper, Myth, rumor, and history: the Yankee whittling boy as hero and villain, T & C, 44 (2003), 85, 94 – 96.

⑮ 同上，82 – 84，90 – 94. 另见 Eric Robinson, James Watt and the tea kettle: a myth justified, History Today (Apirl 1956), 261 – 265; David Philip Miller, True myths: James Watt's kettle, his condenser, and his chemistry, History of Science, 42 (2004), 333 – 360; D. A. Farnie, Kay, John (1704 – 1780/1781), ODNB, 参见 www. oxforddnb. com/view/article/15194，最后登录时间为 2006 年 10 月 27 日。

⑯ Patrick O'Brien, The micro foundations of macro invention: the case of the Reverend Edmund Cartwright, Textile History, 28 (1997), 201 – 233; MacLeod, James Watt; Christine MacLeod and Alessandro Nuvolari, The pitfalls of prosopography: inventors in the Dictionary of National Biography, T & C, 48 (2006), 757 – 776; Christine MacLeod and Jennifer Tann, From engineer to scientist: re-inventing invention in the Watt and Faraday centenaries, 1919 – 1931, BJHS, 40 (2007), 389 – 411.

⑰ Pnina G. Abir-Am, Essay review: how scientists view their heroes: some remarks on the mechanism of myth construction, Journal of the History of Biology, 15 (1982), 281 – 315; Pnina G. Abir-Am, Introduction, in Pnina G. Abir-Am and C. A. Eliot (eds.), Commemovative practices in science, Osiris, 14 (2000), 1 – 14; Alan J. Friedman and Carol C. Donley, Einstein as myth and muse (Cambridge: Cambridge University Press, 1985); Ludmilla Jordanova, Presidential address: remembrance of science past, BJHS, 33 (2000), 387 – 406; Patricia Fara, Isaac Newton lived here: sites of memory and scientific heritage, 同上, 407 – 426; Patricia Fara, Newton: The making of genius (Basingstoke: Macmillan, 2002); Steven Shapin, The image of the man of science, in Roy Porter (ed.), The Cambridge history of science, Volume 4: eighteenth century science (Cambridge: Cambridge University Press, 2003), 159 – 183; Janet Browne Presidential address: commemorating Darwin, BJHS, 38 (2005), 251 – 274.

重要的研究领域，并且引发了对“发现”这一概念本身的争论。[18]

发明人名声的好转让笔者好奇，也因此激起了笔者对发明人在人们心中的普遍记忆的兴趣。笔者的研究始于17世纪，当时“专利权人”经常被视为与扒手和骗子同类的人。笔者很好奇究竟为何他们的后辈会成为维多利亚时代的工人们的优秀榜样。而更让笔者惊讶的是，不仅瓦特的纪念碑被允许入驻威斯敏斯特教堂，连当时的国王也在首相的鼓励下，成为第一位募捐者。与此同时，哈里·达顿（Harry Dutton）的研究揭示了在19世纪的第二个25年之中，人们对专利权人越来越重视：法官和陪审团变得更有同情心，作出更多对专利权人有利的判决；英国议会第一次主持关于专利制度运行的问询，并且最终在1852年通过立法让专利制度对发明人变得更加透明和便利。[19] 考虑到在通常情况下，失去美名比恢复美名更简单，19世纪的发明人如何克服重重困难成为革新者，甚至最终成为英雄？

除此之外，这一文化的发展在专利制度的历史中扮演了什么样的角色？尤其是在1852年的现代化进程中和随后30多年里“废除专利制度”的运动中幸存下来。它如何影响发明和技术变革的概念？那些希望废除专利制度的人对发明以及发明人所扮演的角色的理解与专利制度的支持者们存在差异吗？显然，1800年以前流行的天赐发明理论既没有为将发明解释为英雄行为提供空间，也没有为授予个人专利权提供正当理由，那么是什么取代了这一理论呢？[20] 对

---

[18] Augustine Brannigan, The social basis of scientific discoveries（Cambridge：Cambridge University Press，1981）；Barry Barnes，T. S. Kuhn and social science（London：Macmillan，1982）；Simon Schaffer，Scientific discoveries and the end of natral philosophy，Social studies of Science，16（1986），387 – 420；Robert Bud，Penicillin and the new Elizabethans，BJHS，31（1998），305 – 333；Thomas Nickles，Discovery，in R. C. Olby et al.（eds.），Companion to the history of modern science（London：Routledge，1990），148 – 165；Richard Yeo，Defining science：William Whewell，natural knowledge，and public debate in early Victorian Britain（Cambridge：Cambridge University Press，1993）；Simon Schaffer，Making up discovery，in Margaret A. Boden（ed.），Dimensions of creativity（Cambridge，MA，and London：MIT Press，1994），13 – 51；Michael Shortland and Richard Yeo，Introduction to Michael Shortland and Richard Yeo（eds.），Telling lives in science：essays on scientific biography（Cambridge：Cambridge University Press，1996），1 – 44；Geoffrey Cantor，The scientist as hero：public images of Michael Faraday，同上，171 – 194；Thomas F. Gieryn，Cultural boundaries of science：credibility on the line（Chicago：Chicago Univerisity Press，1999）；David Philip Miller，Discovering Water：James Watt，Henry Cavendish and the nineteenth-century ‘water controversy’（Aldershot：Ashgate，2004），11 – 26；Marsha L. Richmond，The 1909 Darwin celebration：re-examining evolution in the light of Mendel，mutation，and meiosis，Isis，97（2006），447 – 484.

[19] H. I. Dutton，The patent system and inventive activity during the industrial revolution，1750 – 1852（Manchester：Manchester University Press，1984），42 – 46，59 – 64，76 – 81.

[20] Christine MacLeod，Inventing the industrial revolution：the English patent system，1660 – 1800（Cambridge：Cambridge University Press，1988），202 – 204.

发明的理解方式对新兴的发明产业和其客户产生了重要影响，这促进了对“天才”一词的英雄主义化阐述以及对其的反应，从而引出了更加不可逆转和民主的解释。这些已经完成的针对发明的阐释为发明人的政治声誉提供了理论框架。

将发明人塑造为英雄的意义甚至比专利制度的发展以及19世纪的发明哲学更加深远。它为19世纪英国文化提供了一个更广泛的新颖的视角，这与最近历史学家针对“衰落”和贵族霸权的论述所提出的挑战不谋而合。英国20世纪经济稳健程度的量化证明往往会被一个国家神话所破坏，即该国的工业与科学技术在过去一个多世纪里一直处于衰退状态。作为对这一神话最有说服力的批评之一，大卫·埃杰顿（David Edgerton）评论“英国科技的衰落主义史学主要是文化层面的”。[21] 在19世纪后期，当其他国家开始雄心勃勃地发展工业化时，对英国失去国际领导地位的深切忧虑以及科学家和工程师们为争取国家资助的机会主义宣传结合到了一起。他们共同提出了一个颇有影响力的关于“衰落”的论述。这掩盖了英国在维多利亚时代晚期和爱德华七世时期对创新的积极态度以及科技教育得到迅猛发展的证据。[22]

至于发明人，关于“衰落”的论述还忽略了维多利亚时代将发明人奉为英雄的热烈歌颂。然而，专利制度改革运动者的抱怨得到了重视，他们把发明人描绘成不受这个粗放国家约束的无情资本家的可怜受害者，后来科学家也认为只有资金充足的实验室研究才能让国家在外国竞争中脱颖而出。正是这种文化观念上的改变导致了发明人在20世纪初的地位下滑，而并不是由于发明或创新在本质上发生了改变。如今，人们对工业革命英雄的后辈的名字与成就一无所知是不可原谅的，尽管现在他们进入不知名的企业研究实验室工作已如家常便饭，但在1914年之前，这种实验室还很少见。[23] 我们在文化上已经被设定为低估某一群体的价值又同时高估了其他人，并且看起来很难在“不基于错误的基础而看重创新”这一问题上达到准确的平衡。[24]

---

[21] David Edgerton, Science, technology and the British industrial “decline”, 1870 – 1970 (Cambridge: Cambridge University Press for the Economic History Society, 1996), 68.

[22] 同上，5 – 29；David Edgerton, The prophet militant and industrial: the peculiarities of Correlli Barnett, Twentieth Century British History, 2 (1991), 360 – 379; Frank Turner, Public science in Britain, Isis, 71 (1980), 360 – 379; David Cannadine, Engineering history, or the history of engineering? Re-writing the technological past, TNS, 74 (2004), 174 – 175.

[23] Edgerton, Science, 31 – 32.

[24] 针对当今“创造力意识形态”的批判，参见 Thomas Osborne, Against “creativity”: a philistine rant, Economy and Society, 32 (2003), 507 – 525.

本研究旨在纠正当前普遍存在的误区：除了塞缪尔·斯迈尔斯那些如今已不再流行的随笔，英国的发明人和工程师们总是遭受责难和忽视——他们是卢德派（Luddite）暴徒、贪婪的资本家、愤世嫉俗的政客以及工业社会的傲慢批评家们的受害者。他们在19世纪的那段短暂的辉煌在这一时期的文化史留下了一抹相对陌生的光芒。虽然“工业革命”的准确术语直到19世纪80年代才开始被广泛使用，但其实早在18世纪，人们对正在推动英国经济转型的革命性发展已经有了日益提升的认识和分析。我们通常更熟悉那些谴责工业化不良影响的声音，而很少听到那些对工业化的优点持欢迎态度并为其成就唱赞歌的声音。笔者的本意绝不是要压制前者，而是认为对后一种声音缺少关注已经导致我们对19世纪流行文化作出了不平衡的描述，而对此人们也只是近来才开始设法弥补。这一点在19世纪下半叶表现得尤为明显，因为早期铁路建设所带来的那种看得见的兴奋以及1851年万国博览会上所表现出的胜利信念已开始消退，并逐渐被由英国那摇摇欲坠的国际竞争力所产生的焦虑感淹没。

在某种程度上，这只是反映了许多历史文献的关注焦点。如其标题所示的阿萨·布里格斯（Asa Briggs）的视觉资料选集《从铁桥到水晶宫》（*Iron Bridge to Crystal Palace*）在1851年停更了，其中有许多内容都歌颂了英雄的技术成就。克林根德（Klingender）的《艺术与工业革命》（*Art and Industrial Revolution*）也涵盖了相近的时期。[25] 早期运河和铁路工程师们熟悉的名字为出版商和电视制作者提供了更简单的选择，相比之下，那些不太出名的后辈们就没这么幸运了。[26] 在某种程度上，它也源于20世纪末期人们对从19世纪下半叶开始的衰退的持续关注。比如，有人说罗伯特·史蒂文森和伊桑巴德·金德姆·布鲁内尔在1859年去世标志着一个时代的落幕，所以“公众开始对工程师失去信心，继而工程师们也开始失去自信”，这种说法完全忽视了工程专业领域在随后的半个世纪里要求提高地位的证据。[27] 那些在威斯敏斯特教堂为自己杰出的同行竖立纪念碑，并且不断期望为自己所完成的重大项目争取无上荣

---

[25] Asa Briggs, Iron Bridge to Crystal Palace: impact and images of the industrial revolution (London: Thames & Hudson, 1979); Francis D. Klingender, Art and the industrial revolution, ed. Arthur Elton (London: Evelyn, Adams & Mackay, 1968).

[26] R. A. Buchanan, The Rolt Memorial Lecture 1987: the lives of the engineers, Industrial Archaeology Review, 11 (1988 - 1989), 5.

[27] L. T. C. Rolt, Victorian engineering (Harmondsworth: Penguin Books, 1974), 163. Cf. Buchanan, Engineers, and W. J. Reader, "At the head of all the new professions": the engineer in Victorian society, in Neil McKendrick and R. B. Outhwaite (eds.), Business life and public policy: essays in honour of D. C. Coleman (Cambridge: Cambridge University Press, 1986), 173 - 184.

耀的工程师，是绝不会失去自信的。

斯蒂芬·科里尼（Stefan Collini）认为我们的“文化”概念已经作为一个独立的现象被像雷蒙德·威廉姆斯（Raymond Williams）这样的文学历史学家们针对工业社会的批评所塑造，他们吸收了由哈蒙兹（Hammonds）和其他第一代经济史学家所推广的针对工业革命的灾变论观点。[28] 从 1882 年，当阿诺德·汤因比（Arnold Toynbee）诋毁他第一个称为“工业革命”的东西时，研究英国工业化通常就是研究资本主义的罪恶和劳动人民的落魄。[29] 文化代表着一种人道的、伦理的选择，而不是一元的经济理性思维，这是用来抵御一种新的、完全基于逐利动机的劣等文明的堡垒。[30] 威廉姆斯解释道，他的《文化与社会》（*Culture and Society*）一书的创作是基于他发现了“文化的概念，以及‘文化’这个词在现代的一般用法，正是在工业革命时期进入英国人的思维的”。[31] 他的研究主要围绕那些经历了工业革命第一个世纪的主要文学界和哲学界人物针对“新工业制度”的回应而展开。托马斯·卡莱尔（Thomas Carlyle）这一“工业主义”（他创造的一个词）的主要批评者赫然耸现。“它就在这里”，针对卡莱尔的观点，威廉姆斯这样说道：“文化作为艺术和学习的主体以及高于社会一般进步的价值主体，二者相遇并结合。”[32] 在这种谴责的重压之下，没有任何庆祝新工业社会的事务出现：它被排挤出了历史的记录。[33]

这种批判的立场是如此的根深蒂固，以至于一位颇有影响力的专门研究英国 20 世纪经济衰退的分析家和他的弟子们，本着维多利亚时代舆论导向者的反工业精神，找到了我们所有困境的根源。在一本与第一届撒切尔政府（1979 ~ 1983 年）对当代反商业价值观的痛斥不谋而合的书中，马丁·威纳

---

[28] Stefan Collini, The literary critic and the village labourer: “culture” in twentieth-century Britain, Transactions of the Royal Histrorical Society, 6th series, 14 (2004), 93 – 116.

[29] D. C. Coleman, Myth, history and the industrial revolution (London and Rio Grande: Hambledon Press, 1992), 16 – 30; David Cannadine, The present and the past in the English industrial revolution, P & P, 103 (1984), 133 – 138; Timothy Boon, Industrialisation and catastrophe: the Victorian economy in British film documentary, 1930 – 1950, in Miles Taylor and Michael Wolff (eds.), The Victorians since 1901: histories, representations and revisions (Manchester: Manchester University Press, 2004), 111 – 114.

[30] Collini, Literary critic，见于各处。

[31] Raymond Williams, Culture and society, 1780 – 1950 (London: Chatto & Windus, 1958), vii.

[32] 同上，84.

[33] 与威廉姆斯同时代的汉弗莱·詹宁斯（Humphrey Jennings）编著的文学选集也对此有类似的强调，詹宁斯评论道：“他发现选集中出现了一个几乎是自发的主题——机器的到来正在摧毁我们生活中的某些东西。” Pandaemonium: the coming of the machine as seen by contemporary observers (London: Deutsch, 1985), xvi.

（Martin Wiener）指出，一个多世纪以来，贵族阶级对资产阶级文化的颠覆已经严重降低了英国工业家们的工作效率。“那些食利者贵族们在很大程度上成功地维持了一种文化上的霸权，并随后根据他们的喜好重塑了工业资产阶级。”㉞ 据说，这种精英文化的特点是怀疑“进步”以及“物质和技术的发展”；它强调“非工业的、非创新的和非物质的特性，并最好能以淳朴的意象包装这一切”。尽管他承认随着 1851 年万国博览会的召开，“工业界戴上了英雄的光环”，但威纳也同时指出，1851 年标志着“……受教育群体对工业资本主义的热情达到了高潮，但这却是结束而不是开始”。㉟ 他相信，到 1900 年时，英国人性格中保守的“南方”暗喻已经取得了胜利：一个公认的颂扬工业企业价值观的“北方”暗喻，最终被贬损为一种“粗野的”观念。威纳不仅引用了雷蒙德·威廉姆斯所描绘的文学传统，还结合了维多利亚时代后期人们对历史与古董的迷恋和对英国乡村的理想化，以及哥特式建筑风靡一时的史实。㊱

威纳的观点在许多方面引起了争论。这里最具代表性的是，许多历史学家对贵族文化统治这一观点提出了挑战。㊲ 他们认为，一个充满活力的、独特的资产阶级文化恰恰是在工业城市之中维护着并象征着工业及商业财富的权威。城市里的精英们非但没有向贵族的偏见卑躬屈膝，反而建立起了一种集体身份，自豪地宣告着自己的成就。“在 19 世纪的工业城市里，文化本身就是阶级划分的一个至关重要的领域。”㊳ 正如西蒙·古恩（Simon Gunn）所言，正是在这种城市的公共领域里，新的财富群体奠定了其权力基础。他们通过一个自发的协会网络强烈抵制拥有土地的贵族们参与城市生活。从 18 世纪后期开始，

㉞ Martin J. Wiener, English culture and the decline of the industrial spirit, 1850 – 1950（Cambridge: Cambridge University Press, 1981）, 8. 当然，还可参见 C. P. Snow 的经典批判，The two cultures and the scientific revolution（Cambridge: Cambridge University Press, 1961）；同时参见 Correlli Barnett, The audit of war: the illusion and reality of Britain as a great nation（London: Macmilian, 1986）.

㉟ Wiener, English culture, 28.

㊱ 同上, 41 – 67.

㊲ Thompson, Gentrification（Thompson anticipates my argument here in an expostulation on, 150）; Neil McKendrick, “Gentlemen and players revisited”: the gentlemanly ideal, the business ideal and the professional ideal in English literary culture, in McKendrick and Outhwaite（eds.）, Business life and public policy, 98 – 136; James Raven, British history and the enterprise culture, P & P, 123（1989）, 178 – 204; the essays in Bruce Collins and Keith Robbins（eds.）, British culture and economic decline（London: Weidenfeld and Nicolson, 1990）; W. D. Rubinstein, Capitalism, culture, and economic decline in Britain, 1750 – 1990（London: Routledge, 1993）.

㊳ Simon Gunn, The public culture of the Victorian middle class: ritual and authority in the English industrial city, 1840 – 1914（Manchester: Manchester University Press, 2000）, 4.

这种协会网络建立了有关社交和文化进步的制度，从而巩固了他们对城市其他居民的统治。[39] 一方面，哲学和合唱社团、体育及社交俱乐部为中产阶级提供了休闲和教育设施；另一方面，志愿团体（通常是由公众集会建立的）为医院、学校和礼堂募集捐款，或者为改善城市环境而奔走宣传。[40] 维多利亚统治时期见证了这些古老的、曾经专供精英阶层的欢宴场所的黯然失色。随着公共展览、音乐会、百货商店和餐馆等公共领域的扩大，任何人只要拥有足够的经济基础、得体的仪容和过得去的礼仪，都可以进入这些场所。为了使人印象深刻，这是一种强调可视性和展示的文化；它的仪式和正式要求令人生畏，这一切都为其表演搭建了合适的舞台。[41]

城市中心被彻底地改造，以适应市政府的新机构和公共娱乐及教育设施：城市精英们抓住了这个机会按照自己的想法改造了它们。改革的规模非常之大，这种“修辞的建筑”使城市更显威严，它要求人们尊重城市的管理者，并通过大量具有象征意义的标志和提升人们道德修养的铭文来向居民们传达。[42] 在曼彻斯特、利兹、伯明翰、利物浦、格拉斯哥和其他大城市的被重建的市中心，宏伟的市政厅和大型法院被华丽的公共艺术画廊、图书馆和博物馆所包围，这些都挑战了那些认为“工业主义”是道德和文化堕落之路的批评者。伯明翰博物馆和美术馆的奠基石上的文字自豪宣称：“我们通过来自工业的收益来促进艺术。”[43] 他们也可以这样自夸：“我们通过来自工业的收益成就了伟大的英国。”当资产阶级的权力基础还在城市的时候，它的野心就已经在国家的舞台上表现出来了，并建立在它的自负之上。

与威纳对维多利亚时代“历史转折”的解读密切相关的另一种看法来自查尔斯·德尔海姆（Charles Dellheim）。他认为，维多利亚时代与过去的关系不是保守的，而是矛盾且复杂的。虽然“对过去的崇拜”可能暗示着资产阶级对那种对地位与权力的要求深植于历史的贵族统治的顺从，但它也可能代表

---

[39] 同上，13－30.

[40] R. J. Morris, Class, sect and party: the making of the British middle class, Leeds 1820－1850 (Manchester: Manchester University Press, 1990), 161－203; R. J. Morris, Voluntary societies and British urban elites, 1780－1870, HJ, 26 (1983), 95－118.

[41] Gunn, Public culture, 26－30.

[42] 同上，39－43; Nicholas Taylor, The awful sublimity of the Victorian city, in H. J. Dyos and Michael Wolff (eds.), The Victorian city: images and reality, 2 vols. (London: Routledge & Kegan Paul, 1973), vol. Ⅱ, 431－448; K. Hill, Thoroughly imbued with the spirit of Ancient Greece: symbolism and space in Victorian civic culture, in Alan Kidd and David Nicholls (eds.), Gender, civic culture consumerism: middle-class identity in Britain, 1800－1940 (Manchester: Manchester University Press, 1999), 99－100.

[43] 参见 Hill, Thoroughly imbued, 102.

着自由派中产阶级想颠覆贵族阶级自命不凡的企图：资产阶级试图通过“捏造传统”来使自己的要求合法化。[44] 德尔海姆坚持认为：“追求技术进步和历史形式的复原之间没有内在的矛盾：圣潘克拉斯火车站中世纪风格的外观与现代化的内饰就是同一模式的两面。”[45] 到19世纪70年代，正是工业中产阶级的信心使它从自己的世俗目的出发，适应了哥特式的形式。曼彻斯特市政厅和布拉德福德羊毛交易所的图标，完美地结合了公民、国家、宗教、商业、科学和历史的主题，是对“工业的浪漫和交易的英雄主义”的歌颂。[46] 在中产阶级和工人阶级为获得社会认可和政治权力而发起的斗争中，“工业主义”最终获得拥护的人之中，有一小群标志性的发明人。

英雄以及对他们的纪念

本书的标题中包含两个名词，对19世纪知识分子的描述达到前所未有的高度。由于笔者会在本书第5章、第6章和第9章对他们关于发明的本质的争论进行详细的讨论，因此在这里笔者将只讨论自己对“英雄”的概念分类。笔者认为发明人应该拥有怎样的地位？显然，发明人并不是19世纪英国唯一的英雄。是谁占据了他们英国先贤的位置？同时代的人是如何看待这些英雄的，以及如何颂扬和纪念他们？

在18世纪的英国，英雄的原型总是来自远古神话。一个具有非凡能力和极端性格特征的人，他通常是一名战士，除了避免不了死亡，他无所不能。[47] 古往今来，经典英雄的传奇声誉被赋予了新的象征意义，并最终被重塑。[48] 然而，亚瑟王和他的骑士们，这些典型的英国中世纪的传奇英雄们，不得不等待伴随着哥特复兴以及下个世纪的沃尔特·斯科特（Walter Scott）爵士的小说而来的中世纪的积极重新评价。尽管他们的骑士精神鼓舞了许多维多利亚时代的艺术家和诗人，却没能激发他们开明的心灵，中世纪对他们

---

[44] Charles Dellheim, The face of the past: the preservation of the medieval inheritance in Victorian England (Cambridge: Cambridge University Press, 1982), 1 – 29.

[45] 同上，1.

[46] 同上，173，133 – 181.

[47] John Hope Mason, The value of creativity: the origins and emergence of a modern belief (Aldershot: Ashgate, 2003), 15 – 16; Robert Folkenflik, Introduction, in Robert Folkenflik (ed.), The English hero, 1660 – 1800 (Newark, NJ: University of Delaware Press, 1982), 10 – 13. 针对普罗米修斯这个古代神话中的英雄发明人，参见下文，47 – 48. 本书“上文”“下文”分别指原书正文页码，下同。——编辑注

[48] Willem P. Geritsen and Anthony G. van Mellen (eds.), A dictionary of medieval heroes (Woodbridge: Boydell Press, 1998), 1 – 7, 以及 I. J. Engels, Hector, 同上，139 – 145.

来说仅仅意味着野蛮和天主教的迷信。[49] 尽管如此，到了 17 世纪后期，这似乎变成了一种相当稀的"文化稀粥"，并且受到来自"敌对意识形态和信仰"的挑战。[50] 具有讽刺意味的是，詹姆斯·约翰逊（James Johnson）认为，英格兰斯图亚特王朝可能遭受了英雄过多的困扰，这些英雄有历史的、文学的、古代的、现代的、圣贤的、世俗的、军事的和平民的，多到了让人感到困惑和不确定的程度，"让人不禁怀疑英雄的属性、英雄主义的构成要素，甚至英雄主义的概念是否还有效"。[51] 许多作家尤其质疑一直以来对军事上的勇气和征服的重视，他们喜欢建设而厌恶战争。[52]

然而，18 世纪中期见证了"一群非凡的英国民族主义文化表现成果的诞生"，其中包括英国博物馆（1753 年）、《约翰逊字典》（1755 年）、皇家学院（1768 年）、《不列颠百科全书》（*Encyclopaedia Britannica*，1768 年）和《不列颠传记百科全书》（*Biographia Britannica*，1746～1766 年）。[53] 后者宣称自己是"英国的荣誉圣殿，对于虔诚、学识、勇气、公共精神、忠诚和我们祖先的所有其他光荣美德而言都是神圣的存在"。与当时的其他传记汇编一样，这本书的目的就是"为后人树立有价值的榜样"，并鼓励他人效仿他们的成就。[54] 这些美德或贤明的楷模与英雄截然不同，后者的非凡天赋使他们必然不可被模仿，他们那些伟大的壮举通常会违反一般的社会行为准则而忤逆权威，有时甚至会背叛；因此，悲剧是英雄故事的永恒主题。[55] 完全理性的启蒙运动不会给这些特立独行的人提供表演的舞台。启蒙运动允许出身低微的男人甚至是女人在家庭环境中过着英雄般的生活，并鼓励人们创造出英国"自己的独特英雄——普通人约翰牛（John Bull）"——尽管人们可能拒绝崇拜他。在法国，新的共和

---

[49] Frank Brandsma, Arthur, Galahad, Lancelot; Bart Besamusca, Gawain; M. -J. Heijkant, Tristram; all in Geritsen and van Mellen (eds.), Dictionary of medieval heroes, 39, 111 – 112, 118 – 120, 167 – 169, 280.

[50] David Cressy, National memory in early modern England, in John R. Gillis (ed.), Commemorations: the politics of identity (Princeton, NJ: Princeton University Press, 1994), 71.

[51] James William Johnson, England, 1660 – 1800: an age without a hero?, in Folkenflik (ed.), English hero, 25.

[52] 同上, 32; Robert Folkenflik, Johnson's heroes, in Folkenflik (ed.), English hero, 143 – 146.

[53] Keith Thomas, Changing conceptions of national biography: the Oxford DNB in historical perspective (Cambridge: Cambridge University Press, 2005), 13.

[54] 同上, 12, 17.

[55] Geoffrey Cubitt, Introduction: heroic reputations and exemplary lives, in Geoffrey Cubitt and Allen Warren (eds.), Heroic reputations and exemplary lives (Manchester: Manchester University Press, 2000), 1 – 15; Lucy Hughes-Hallett, Heroes: saviours, traitors, and supermen (London: Harper Perennial, 2005), 1 – 14.

国遵循百科全书的信条，将国家先贤祠的位置留给了国家的伟人而非英雄，并且更倾向于向那些在智慧、政治、艺术和军事的追求上贡献过“伟大思想”的公民致敬。[56] 它从这些伟人的集体成就中寻求“与当时专制权力抗衡的力量以及反对专制政府的堡垒”；这里面可能包括保卫国家的战士，但不可能有法国国王。[57] 与法国类似的是，在英国出现了对伟人的崇拜，这种崇拜被1688年光荣革命和汉诺威继位的支持者们宣扬，他们认为这种崇拜是当时抵御暴政和教皇统治的堡垒。辉格党的要员效仿乔治二世的妻子卡罗琳王后（Queen Caroline），在洛克（Locke）、牛顿、博伊尔（Boyle）、培根、弥尔顿（Milton）、蒲伯（Pope）和莎士比亚等杰出智者的纪念碑周围布置他们的花园；半身像、小雕像、雕刻品和大奖章的繁荣贸易使这些先哲的形象在社会范围内传播得更广、更远。[58] 这些人到底是一流的“贤士”（他们的事迹可以被模仿），还是天才（他们的风格不同，但在超人的能力上更接近于英雄），成了当时争论的话题。[59]

直到18世纪90年代，对英雄的纪念活动通常是私人的。虽然纪念碑可以向公众开放，但它们都是由私人资助的纪念行为，建立在私人的领地之上。查理二世早在王朝复辟时期就开始了建立政治性雕塑的传统，当时他在白厅（弑君者被处死的地方）安放了他父亲的骑马雕像。[60] 在18世纪30年代，布里斯托和赫尔的城市之父们利用城市财政也为威廉三世竖立了纪念碑；这两座纪念碑都把他描绘成罗马皇帝马可·奥勒留（Marcus Aurelius）。而威廉三世麾下的伟大将军马尔伯勒（Marlborough）公爵，也拥有了属于自己的纪念碑——位于其布莱尼姆庄园40.8米高的柱子上的雕像，这都要归功于仰慕他的遗孀莎拉（Sarah）。[61] 一些大学和医院利用建筑的外观纪念它们的创始人，

---

[56] Johnson, An age without a hero?, 33 – 34.

[57] Mona Ozouf, The pantheon: the Ecole Normale of the dead, in Pierre Nora (ed.), Realms of memory: the construction of the French past, ed. Lawrence D. Kritzman, trans. Arthur Goldhammer, 3 vols. (New York: Columbia University Press, 1996 – 98), vol. Ⅲ, 326 – 330. 同时参见 Dominique Poulot, pantheons in eighteenth-century France: temple, museum, pyramid, in Richard Wrigley and Matthew Craske (eds.), Pantheons: transformations of a monumental idea (Aldershot: Ashgate, 2004), 123 – 145.

[58] Fara, Newton, 43 – 45; Patricia Fara, Faces of genius: images of Isaac Newton in eighteenth-century England, in Cubitt and Warren (eds.), Heroic reputations, 73 – 76; N. B. Penny, The Whig cult of Fox in early nineteenth-century sculpture, P&P, 70 (1976), 96 – 99.

[59] Richard Yeo, Genius, method, and morality: imges of Newton in Britain, 1760 – 1860, Science in Context, 2 (1988), 257 – 284. 另参见下文，21 – 23, 51 – 53.

[60] Jo Darke, The monument guide to England and Wales: a national portrait in bronze and stone (London: Macdonald Illustrated, 1991), 12, 29.

[61] 同上，80, 100, 153 – 154, 215. 布莱尼姆是安妮女王的礼物。

但一般来说，很少能在室外公共空间里见到纪念普通公民的纪念碑——它们大多数还是位于教堂或者乡间别墅的花园中。[62] 1814 年，辉格党在伦敦布卢姆斯伯里广场为去世的领袖查尔斯·詹姆斯·福克斯（Charles James Fox）建造的庄严铜像是对传统的一个小突破，因为贝德福德（Bedford）公爵拥有的布卢姆斯伯里广场实际上是"辉格党的领地"；第五世公爵的雕像当时已经矗立在罗素广场附近。然而，当时正在几个郡首府的主干道上修建的纳尔逊上将雕像却由公众捐款购买。[63]

由于有太多私人的纪念活动，艾萨克·牛顿爵士的雕像在他去世后矗立在三个公众不易接近的地方：分别是威斯敏斯特教堂的中殿、剑桥大学三一学院（教堂和图书馆）和英国名人圣殿——专为科伯姆（Cobham）勋爵在斯托的美丽园林设计而成，当然也是对辉格党人理想的讽喻性致敬。[64] 牛顿的后人（同时也是他侄女的丈夫）约翰·康迪特（John Conduit）在威斯敏斯特教堂为纪念牛顿建造的雄伟纪念碑既具有典型的时代特征，又极不寻常。根据马修·克拉斯克（Matthew Craske）的说法，在 18 世纪中期，修道院确切地说应该更接近于画廊，这是供捐助者的后人向前辈致敬的地方，而非用作纪念公共英雄的"先贤祠"。他们中的大多数人和牛顿一样，去世时都没有直接的男性继承人。[65] 然而，尽管牛顿的显赫地位可以让他的形象出现在任何类似的先贤祠中，但与他同时代的大多数人却只能依靠财富而非名望来为自己争得地位，不少人都试图通过其墓志铭来恢复自己因丑闻而受损的声誉。越来越多的人抱怨威斯敏斯特教堂平庸的职能，因为其可能会失去用以纪念未来伟人的空间。因此，从 18 世纪 60 年代开始，它被重新改造为公众认可的场所。纪念碑也将越来越多地由"议会、爱国团体和委员会"来赞助。[66]

然而，圣保罗大教堂才是英国的首个国家先贤祠所在地，当时由贵族议会投票通过了一大笔公共资金用以纪念法国战争中的军事和政治领袖。在1794～

---

[62] Yarrington，Commemoration of the hero，vi-vii，1－60.

[63] Penny，The Wing cult of Fox，100. 关于纳尔逊，参见下文，19.

[64] Fara，Newton，39－49.

[65] Matthew Craske，Westminster Abbey 1720－1770：a public pantheon built upon private interest，in Wrigley and Craske（eds.），Pantheons，62，67.

[66] 同上，67－69，75－77. 同时参见 Stuart Burch，Shaping symbolic space：Parliament Square，London as a sacred site，in Angela Phelps（ed.），The construction of built heritage（Aldershot：Ashgate，2002），225. 感谢玛奇·德雷瑟为我提供的这一参考。

1823 年，36 座纪念碑围绕大教堂的南北横断面，用对称和分层的规划方式建造。[67] 这种对军国主义理想竭力的赞颂招致了不少批评，批评者包括人文主义者、激进分子等，尽管如此，它仍然得到了公众的普遍认可。在多大程度上，这些纪念碑所纪念的人物被视为英雄？或者说，尽管圣保罗大教堂的专注焦点在军事，但它更像是一个法国的先贤祠？霍尔格·胡克（Holger Hoock）认为，这一系列扩展建立的纪念碑所体现的重点是“打造一个服务于爱国主义价值观（可能并不仅限于英国自己）以及个人英雄主义的‘圣地’”。[68] 然而，这一规划的核心是建造纳尔逊勋爵的坟墓，他在去世后被形容成英国最伟大的海军英雄。1852 年，当纳尔逊勋爵的遗体最终入葬于惠灵顿公爵侧畔，圣保罗大教堂又迎来了第二位，也是更伟大的民族英雄。

纳尔逊勋爵以及后来的惠灵顿享有广泛的知名度。尽管这种纪念活动很大程度上是自发的，但也有当时英国当局的推动，毕竟这对其政府支撑一场昂贵而有争议的战争来说十分有利。英国举国上下对皇家海军的赞美越来越多地集中在海军上将纳尔逊身上。这位在圣文森特角、哥本哈根和尼罗河战役中的胜利者，在他最终（也是至关重要的一次）取得特拉法尔加战役胜利的几年前，成为“大众偶像”，这首先要归功于他在战斗中展现出的勇猛以及大胆的战术，而他本人作为一个公正、慷慨并富有同情心的领袖的好名声又为其增添了光彩。[69] 他可以与荷马笔下的任何一位英雄相提并论。[70] 尽管作为一个政治局外人，纳尔逊因与艾玛·汉密尔顿（Emma Hamilton）的关系而受到上流社会的冷遇，但他总能在所到之处吸引狂热的人群；他也自然而然地向大众献殷勤。尽管英国很吝啬于给他奖赏，但许多城市却给了他接收奖励的自由。[71] 他于 1805 年去世时，英国有 7 个城镇开始发起纪念其的公共捐款。在全部纪念活动中最具雄心、最复杂的是由理查德·韦斯特马科特（Richard Westmacott）

---

[67] Holger Hoock, The British military pantheon in St Paul's Cathedral: the state, cultural patriotism, and the politics of national monuments, c. 1790 – 1820, in Wrigley and Craske (eds.), Pantheons, 83 – 86. 主要是一些政治家的纪念碑被安置在威斯敏斯特教堂。

[68] 同上，97.

[69] Gerald Jordan and Nicholas Rogers, Admirals as heroes: patriotism and liberty in Hanoverian England, Journal of British Studies, 28 (1989), 201 – 224.

[70] Hughes-Hallett, Heroes, 5; Hoock, British military pantheon, 95.

[71] Jordan and Rogers, Admirals as heroes, 213 – 222; Colley, Britons, 180 – 183. 主要受益于这个国家慷慨的人是纳尔逊上将的弟弟，一位诺福克郡的牧师，他在 1805 年被授予“伯爵爵位、10 万英镑以及每年 5000 英镑的永久津贴”：W. D. Rubinstein, The end of “Old Corruption” in Britain, 1780 – 1860, P&P, 101 (1983), 67.

在利物浦耗资9000英镑发起的，如其纪念的海军上将纳尔逊的一样气派十足。[72] 伦敦市为市政厅的落成建造了一座宏伟的纪念碑，而圣保罗大教堂为弗拉克斯曼（Flaxman）修建的纪念碑则为公众提供了"一堂爱国主义课……表达了高雅并具有男子气概的情感"。[73]

伴随着惠灵顿赢得滑铁卢战役之后的喜悦，许多重要的纪念作品得以应运而生，人们期望他能得到一座凯旋门甚至是一座宫殿那样的奖赏（效仿马尔伯勒的布伦海姆）。[74] 然而，那时还是19世纪40年代，在最雄心勃勃的计划得以实现和伦敦有一座真正的国家纪念碑之前；与此同时，将惠灵顿描绘为衣不蔽体的阿喀琉斯的雕像也引发了争议和粗俗的幽默。这尊雕像是1822年由"英格兰的女士们"委托韦斯特马科特制作的，在海德公园角附近揭幕。[75] 然而，没有什么能够削弱铁公爵的英雄地位。欢呼雀跃的英国人民暂时忘记了他们世世代代对常备军的恐惧，转而赞颂这位为英国赢得了和平和欧洲霸权的将军。然而，尽管惠灵顿在军事上享有崇高的声誉，但他并不符合传统意义上的英雄形象，与他的手下败将相比，他经常吃亏。与拿破仑（或纳尔逊）不同，他没有什么个人魅力，没有激发起公众永恒的奉献精神，也似乎不为"命运"所动；相反，他忠诚、尽职、勤奋、有条理——而且还很长寿。[76] 最终，他的传记作家把惠灵顿塑造成了英国绅士的典范，从他的不足中发现了优点："惠灵顿被重塑为等级制度的缩影和新精英制度的典范。"[77] 然而，在1815年的英国人眼中，他只是英国的救世主，以及马尔伯勒之后——或者是有史以来最伟大的军事指挥官。3年后，他加入了利物浦勋爵领导的保守党政府，从而将他的军事魅力带入权力的核心。在随后的30年里，英国人有了一个在世的英雄

---

[72] Yarrington, Commemoration of the hero, 102-166, 327-328; Terry Cavanagh, Public sculpture of Liverpool (Liverpool: Liverpool University Press, 1996), 51-54; Yvonne Whelan, Reinventing modern Dublin: streetscape, iconography and the politics of identity (Dublin: University College Dublin Press, 2003), 44-52.

[73] Hoock, British military pantheon, 93-94; Yarrington, Commemoration of the hero, 63-67, 77-79; Philip Ward-Jackson, Public sculpture of the City of London (Liverpool: Liverpool University Press, 2003), 170-173.

[74] Alison Yarrington, His Achilles' heel? Wellington and public art (Southampton: University of Southampton, 1998), 4-7.

[75] 同上，10-14；Darke, Monument guide, 62. 直到19世纪40年代，它一直是伦敦唯一的室外国家纪念碑：Yarrington, Commemoration of the hero, 167-216, 327-328.

[76] Iain Pears, The gentleman and the hero: Wellington and Napoleon in the nineteenth century, in Roy Porter (ed.), Myths of the English (Cambridge: Polity Press, 1992), 216-236.

[77] 同上，231. 惠灵顿的保守主义使他成为一位极具争议的人物，尤其在他于1831～1832年顽固地抵制改革法案之后。

供他们崇拜，他也为英国政治带来英雄般的声誉。

惠灵顿持久的声望在很大程度上导致了英国19世纪独特的准宗教英雄崇拜现象，这种现象表现为“雕像狂热”、历史绘画、百年庆典的引入和传记作为文学体裁的兴起。[78] 毫无疑问，英国人的圣经是托马斯·卡莱尔（Thomas Carlyle）创作的《关于英雄和英雄崇拜》（*On Heroes and Heroworship*，1841），它深深植根于社会焦虑和新兴的文化价值观中。[79] 沃尔特·霍顿（Walter Houghton）认为卡莱尔作品的激励作用体现在迎合了人们“对救世主的需求”。卡莱尔所定义的英雄群体进一步扩大，甚至包括（并帮助恢复名誉）一些不受欢迎的实干家，如奥利弗·克伦威尔（Oliver Cromwell），以及那些在像他自己一样在如此令人沮丧的时期仍然传递“先知火炬”，充当“永久牧师”的伟大作家们。[80] 他对英雄行径作为历史发展动力的信念与跟黑格尔联系紧密的“科学的”观点相左：黑格尔认为每个人都受其所处环境的制约，人类在非人格力量的相互作用下，只能加快或暂缓却不能改变历史进程。[81] 通过卓越的能力和人格的力量，卡莱尔笔下的精英们凭直觉感知到了“上帝的意志”，不仅鼓舞了大众也改变了历史；他们就像古代的英雄一样，被大众“崇拜和追随”，而不是被模仿。[82]

模仿属于一种与众不同的、不能类比的英雄叙述类型，即“模范性”，个人的生活在其中只具有说教的目的，而与“历史叙述没有必然的联系”。[83] 它假定故事主人公和读者之间存在一种大众化的相似性，读者可以因此受到鼓舞而追随主人公的脚步，特别是这种模仿的主要目标并不是要求读者去创造与主

---

[78] 对政治纪念和“雕像狂热”的研究最早出现在法国，在1789年后的一个世纪里，法国政权的反复更迭造就了一幅极具象征意义的街景：Maurice Agulhon，Politics，images，and symbols in post-Revolutionary France，in Sean Wilentz（ed.），Rites of power：symbolism，ritual and politics since the Middle Ages（Philadelphia：University of Pennsylvania Press，1985），184－185；Paul A. Pickering and Alex Tyrrell，The public memorial of reform：commemoration and contestation，in Paul A. Pickering and Alex Tyrrell（eds.），Contested sites：commemoration，memorial and popular politics in nineteenth-century Britain（Aldershot：Ashgate，2004），10－11.

[79] Walter E. Houghton，The Victorian frame of mind，1830－1870（New Haven，Yale University Press，1957），305－340.

[80] Samuel Johnson 预见了卡莱尔对作家和知识分子的英雄主义看法，他自己就是卡莱尔作为文人英雄的主要榜样：Folkenflik，Johnson's heroes，143，153－165.

[81] Houghton，Victorian frame of mind，197－215，310－316. 有关卡莱尔关于英雄命运的想法中固有的悖论，请参见 Michael K. Goldberg's introduction to Thomas Carlyle，On heroes，hero-worship，and the heroic in history（Berkeley：University of California Press，1993），lii-lxi.

[82] 同上，xli-li；Cubitt，introdution，17. 关于发明人是否有资格进入卡莱尔万神殿的问题，参见下文，121－122.

[83] Cubitt，Introduction，9－16.

人公同样的丰功伟绩，而只是希望他们能学习主人公身上的良好品格和道德价值。[84] 尽管我们最熟悉的相关作品大多出自塞缪尔·斯迈尔斯，他歌颂了许多发明人、工程师以及其他身份卑微的人的生活和成果，但其实这一写作流派的源头可以追溯到18世纪的“先哲”汇编。

法国社会理论家奥古斯特·孔德（Auguste Comte）提出了替代宗教的观点，从而进一步鼓励人们崇敬伟大的历史人物。孔德阐述了他的“实证主义”哲学体系，作为社会复兴的新的科学基础。而针对其他不可知论者，他则提出了“人类宗教”的观点，以表彰那些在各个时代“促进人类进步”的人。[85] 1849年，孔德出版了他的大作《实证主义者的日历》（*Positivist Calendar*），书中列出了559位杰出人物的名字，“从摩西开始，到19世纪的第一代诗人和思想家均在其中”。[86] 这些杰出人士被分入不同的月内，每个月都以“最伟大的人”命名，每个星期都以52个“第二伟大”的人命名，以此类推，直到每一天（闰年有替代物）。当莎士比亚主导第十个月（现代戏剧）时，谷登堡（Gutenberg）被授予主导第九个月（现代工业）的荣誉。在这里，哥伦布主导了第一个星期（探险家），法国发明人沃康森（Vaucanson）主导了第二个星期［还包括哈里森（Harrison）、多隆（Dollond）和阿克赖特在内的机器和仪器的发明人］，瓦特主导了第三个星期（蒸汽动力的先驱），蒙戈尔费埃（Montgolfier）主导了第四个星期（发明人和工程师）。孔德最忠实的弟子英国人弗雷德里克·哈里森（Frederic Harrison）说：“被选择的人并不是圣人或英雄，而是在人类社会的发展中做出过实质性贡献而被铭记的人。”那些只有“负面的和破坏性”功绩的人被忽略了，无法入选的人中甚至包括拿破仑。[87] 卡莱尔笔下的英雄是上帝派来单枪匹马改变历史进程的，与之不同的是，孔德笔下的“贤士”按照百科全书和入驻先贤祠的标准只能算是做出了比常人更高的贡献，当然，这二者的差异只体现在程度上，而不是性质上。

然而，与孔德的世界日历相比，大多数19世纪的欧洲国家的先贤祠都为民族主义服务。此时，尽管英国本土已经确立了自己的国家身份，但距离逐渐

---

[84] 正如斯迈尔斯所发现的，最好选择那些已经去世的人：Anne Secord，“Be what you would seem to be”：Samuel Smiles，Thomas Edward，and the making of a working-class scientific hero，in Science in Context 16（2003），164－170.

[85] Cubitt，Introduction，17；Christopher Kent，Brains and numbers：elitism，Comtism，and democracy in mid-Victorian England（Toronto：University of Toronto Press，1978），59－62.

[86] Frederic Harrison，S. H. Swinney and F. S. Marvin（eds.），The new calendar of great men：biographies of the 559 worthies of all ages and nations in the positivist calendar of Auguste Comte（new edn，London：Macmillan and Co.，1920），v.

[87] 同上，vi；Houghton，Victorian frame of mind，322－324.

变为帝国主义的爱国主义还有很远。[88] 当克里米亚将军亨利·哈夫洛克（Henry Havelock）和其他人在镇压1857年的印度独立战争时，英国人还在为惠灵顿哀悼。[89] 对历史的彻底劫掠激起了沙文主义的狂热，目的是把伊丽莎白一世统治时期肆无忌惮的私掠船员们重塑为维多利亚时代正直的爱国者。比如，查尔斯·金斯利（Charles Kingsley）就把他的书《西进航海探险录》（*Westward Ho*!）构思成“英格兰海上冒险家的散文诗……‘他们的航行和战斗……他们英勇的生命和同样英勇的死亡。’”[90] 1888年，西班牙无敌舰队战败300周年与光荣革命200周年的同时到来终于让这一奇幻之旅达到了高潮。尤其是德文郡，正好抓住这个机会使其沉浸在新教爱国主义的盛大游行之中。塔维斯托克是弗朗西斯·德雷克（Francis Drake）爵士的出生地，1884年，这里竖立了一尊“英俊潇洒……海盗”的铜制雕像；在德雷克漫不经心地完成了他传奇的草地滚球运动后，从普利茅斯港起航。次年，普利茅斯港也效仿了德雷克的做法，并于1888年开始竖立起带有爱国标志的无敌舰队圆柱。[91]

那时候，英国人已经非常擅长利用公共雕像和百年庆典这样的手段来歌颂他们的英雄。[92] 几乎所有的城镇都在它的主要广场、市政厅或火车站里增设了一个当地著名子弟的纪念碑——他可能是老水手、探险家、慈善家、诗人、实业家，也可能是真正的发明人。格兰瑟姆为牛顿竖起了铜像以显示其与牛顿的特殊联系，斯特拉特福德则出于同样的目的纪念莎士比亚；温彻斯特则以纪念阿尔弗雷德国王（King Alfred）诞辰千年为契机开启新的世纪，这是维多利亚时代人们崇敬的又一个历史性未来。[93] 政治活动家们努力以类似的方式纪念烈士们或他们的集体成就，并且敏锐地注意到这种纪念方式对各个地方的象征意

---

[88] Cf. Whelan, Reinventing modern Dublin, 14 – 20, 33 – 38, 53 – 93; John R. Gillis, Memory and identity: the history of a relationship, in Gillis (ed.), Commemorations, 3 – 11.

[89] Graham Dawson, Soldier heroes: British adventure, empire, and the imagining of masculinities (London and New York: Routledge, 1994), 79 – 116 及其他各处。

[90] Houghton, Victorian frame of mind, 324; Hughes-Hallett, Heroes, 227 – 325, 特别是第323 – 324页和第590 – 591页。

[91] Darke, Monument guide, 104 – 106; ILN 93 (14 July 1888), 41 – 50; 同上，(1888年7月21日), 76.

[92] Roland Quinault, The cult of the centenary, c. 1784 – 1914, Historical Research, 71 (1998), 303 – 323; Paul Connerton, How societies remember (Cambridge: Cambridge University Press, 1989), 63 – 64.

[93] Darke, Monument guide, 158 – 159, 191; Fara, Isaac Newton lived here, 413 – 420; Joanne M. Parker, The day of a thousand years: Winchester's 1901 commemoration of Alfred the Great, Studies in Medievalism, 12 (2002), 113 – 136.

义。[94] 在官方层面，重新设计的议会广场和重建的威斯敏斯特教堂为人们提供了一个纪念政治人物的著名"圣地"；而国家肖像馆把这种纪念的范围又扩大了一些。[95] 在各种各样的纪念之中，几位男士和一位女士通过众多的雕像证明了全国人民对其的爱戴：罗伯特·皮尔（Robert Peel）爵士、惠灵顿公爵、阿尔伯特王子（Prince Albert）和维多利亚女王（Queen Victoria）。[96] 1850 年皮尔爵士的逝世引发了"雕像热"，直至 1901 年维多利亚女王去世这一热度才逐渐降温。以纪念碑来衡量，君主制度、政治家和军队无疑继续为英国提供了最伟大的英雄，而由斯科特（Scott）船长领导的南极探险的悲剧人物，则激发了爱德华七世时期的英国人对一种相对较新的英雄类型的悲伤狂欢及纪念活动的后期繁荣。然而，正如孔德的《实证主义者的日历》一书中所写那样，还有许多历史的位置可供接下来的杰出人物去争取，而这些人中就包括发明人。

小结：发明人声誉的偶然性

今天的发明人已不复往日的英勇，就像公共雕像不再时髦了一样。我们已经失去了歌颂发明人的物质基础和文化氛围。维多利亚时代是个例外。在英国历史上，发明人只在 19 世纪下半叶这一短暂的时期内受到了广泛的歌颂，而关于发明的性质问题在此期间也经历了激烈的公众辩论。本书探讨了发明人的地位突然上升到英雄的高度又突然下降的原因。这种讨论基于这样一个前提：英雄不是天生的，而是创造出来的。人的声誉取决于特定的文化价值观。无论一个人的成就有多么辉煌，他所享有的名誉和获得的荣誉都取决于其所处的社会对这些成就的评价以及社会公众如何去定义它们。本书的第 2 章和第 3 章主要探讨为什么英国发明人在 18 世纪中叶以前不会被视为英雄，而这样的现状因何发生了改变。发明不仅被认为是一种凡人模仿要承担风险特权，而且 17 世纪"专利权人"和"可疑事业的计划者"的可疑活动导致了人们对发明人

---

[94] Madge Dresser, Set in stone? Statues and slavery in London, History Workshop Journal, 64 (2007, in press); Pickering and Tyrrell, The public memorial of reform, 5; Morton, William Wallace, 112 - 133.

[95] Burch, Shaping symbolic space, 228 - 231; Paul Barlow, Facing the past and present: the National Portrait Gallery and the search for "authentic" portraiture, in Joanna Woodall (ed.), Portraiture: facing the subject (Manchester: Manchester University Press, 1997), 219 - 238.

[96] Read, Victorian sculpture, 95 - 97; Tori Smith, A grand work of noble conception; the Victoria Memorial and imperial London, in Felix Driver and David Gilbert (eds.), Imperial cities: landscape, display and identity (Manchester: Manchester University Press, 1999), 22 - 23; Darke, Monument guide, 13 - 14.

深深的不信任，而这种不信任只有通过显著的成功才能克服。如果没有制造业的飞速发展以及其他诸如热气球飞行和天花疫苗接种等奇迹的出现，这种不信任似乎不太可能消失。同样，如果没有启蒙运动在哲学层面对人类在宇宙中的地位作出了重新评估，社会也不可能允许人类的“创造者”可以不受惩罚地侵犯神的专有，更别说把功劳都揽在自己身上。

然而，19 世纪早期也远远没有达到将发明人视为英雄的程度。1824 年，发明人们以詹姆斯·瓦特的名义，利用代表着中产阶级利益的政治派别的既得利益，企图以出乎所有人意料的姿态一跃进入国家先贤祠。这便是第 4 章的主题。在接下来的章节中，笔者将探讨被瓦特的荣耀所促进的对发明人、发明以及制造业的观点的文化转变，以及它对社会看待发明人以及当代历史学家论述工业革命的方式的影响。第 6 章则论证了资产阶级对贵族阶级文化统治的挑战并非没有在激进分子中产生争议。激进派为瓦特的声誉可能会被强迫服务于工业资本主义而感到愤怒，他们从工人阶级的利益出发寻求将瓦特“争取”到他们这边来。

接下来的 4 章将作出进一步分析，审视 19 世纪中期推动先贤祠扩张至瓦特之外以赞颂新一代的发明人和有创新精神的工程师背后的因素。第 7 章则在 20 世纪的两个时期之间架起了桥梁，使我们得以追溯由布鲁内尔和史蒂文森父子合伙引领的土木工程师中的非凡精英的出现。在接下来的章节中，笔者研究了 1851 年万国博览会所产生的影响，以及把发明人当作和平与自由贸易的英雄的崇拜现象，后者在 1854 年战争爆发时受到了严峻的考验。与此同时，正如我们在第 9 章中看到的，在 1852 年爆发的“专利争议”的聚焦之下，发明的英雄性定义受到了质疑。为攻击专利制度而精心设计的技术变革理论，则使发明人的地位岌岌可危。第 10 章延续第 6 章的主题，研究技术工人们是如何以及为何选择特定的发明人作为他们对英国工业卓越贡献的代表来赞颂。笔者认为，在 19 世纪 60 年代，由于技术工人们要为扩大议会选举权而四处奔走活动，所以，这其实增加了一种政治维度上的讨论。

如果发明人曾是维多利亚时代的民族英雄，那么他们何以在 20 世纪又如此迅速地回归默默无闻并留下个古怪的名声？第 11 章和第 12 章探讨了发明人沉寂的原因，对此，甚至早在第一次世界大战制定新的纪念议程之前就已经有了预兆，而结语则简要地介绍了发明人在 21 世纪的命运。到 1914 年，少数精英已经安坐在国家的先贤祠中：他们的成就将伴随工业革命被一同讲述，他们的名字也将被载入史册，并在去世后享有盛名。[97] 在 21 世纪初，主要就是这

---

[97] Coleman, Myth, history and the industrial revolution, 36 –42.

些人仍在继续塑造英国人心目中的“发明人”——他是谁，他如何工作，他取得了什么成就，他确实是“他”。[98] 因此，关键在于理解这个原型是如何诞生的，并要问这个原型现在已如此过时是否是可接受的。

[98] Judith McGaw, Inventors and other great women: toward a feminist history of technological luminaries, T&C, 38 (1997), 214 - 231; Autumn Stanley, Once and future power: women as inventors, Women's Studies International Forum, 15 (1992), 193 - 202; Susan McDaniel, Helene Cummins, and Rachelle Spender Beauchamp, Mothers of invention? Meshing the roles of inventor, mother and worker, Women's Studies International Forum, 11 (1988), 1 - 12.

第2章
新普罗米修斯

“对于每一项有价值的发明，我们都要为它的发明人立一座雕像，并给予他慷慨而光荣的奖赏。”[1] 任何曾在弗朗西斯·培根（Francis Bacon）爵士的乌托邦寓言《新亚特兰蒂斯》（*New Atlantis*）中读到过这句话的人，都不会对伫立在英国城市各大广场上以及各种公共建筑物外的那些用于纪念詹姆斯·瓦特和其他发明人的纪念碑感到意外。尽管如此，“意外”这个词还是合适的，因为从培根为发明人唱赞歌到1824年对瓦特的神话这两个世纪的大部分时间里，英国的发明人都不被认为是英雄式的人物。他们挣扎着从各种思想与偏见交织在一起的大网中挣脱出来，在这些思想与偏见之中，即使是最友好的声音也将发明人说成一种上帝眷顾的被动工具，而最恶毒的观点则怀疑他们是危险的空想家、吹牛大王和诈骗者。新教神学家可能把发明解释为全能的神介入人类事务的神秘方式之一，而另一种学术传统则把神话中的反叛者普罗米修斯视为彰显个人创造力的典范。不祥的是，普罗米修斯因为偷了神的火而受到了可怕的惩罚——这一过失使人类得以挑战神对知识的垄断并维护其作为人的独立性。这些神话体现了一种焦虑和矛盾的心态，而在近代欧洲，人们也普遍是以这样的心态来看待创新的。

在英国，这种担忧因王室滥用发明专利而加剧，当时社会正全力应对与投机性的商业投资或“计划”相关的新风险。事实上，人们对发明人知之甚少，对他们的认识还更多地停留在“可疑事业的计划者”和“专利权人”（后者的项目获得了皇家专利华而不实的授权）。在英国内战的前奏中，垄断问题引发

[1] Francis Bacon, The advancement of learning and New Atlantis, ed. Thomas Case（London: Oxford University Press, 1951）, 297 –298. 培根什么时候写的《新亚特兰蒂斯》尚不可知，尽管他的日记在1608年首次出现了这一乌托邦的概念：Julian Martin, Francis Bacon, the state and the reform of natural philosophy（Cambridge: Cambridge University Press, 1992）, 213，比如66.

了争议，这些争议曾动摇过斯图亚特（Stuart）王朝早期的稳定，随后在 17 世纪 90 年代初期的股市繁荣中，他们的信誉在名声不佳的 1717 ~ 1720 年“南海泡沫”中再次暴跌。❷ 这些技术娴熟的发明人只能逐渐地消除他们在人们心目中那种骗人的专利权人和谎话连篇的“可疑事业的计划者”的形象。与此同时，他的声誉也受到了另一方向的威胁：可能取悦精英阶层的机械设备，却使劳动人民陷入贫困。破坏机器设备的暴力骚乱已经成为阻碍发明人的一种惯常手段，但随着 18 世纪政府退出对劳动力市场的监管，技术性失业和技术工人缺失的“幽灵”又回来了。❸ 那些发明节省劳动力的新设备的发明人可能招致被边缘化工人的愤怒，甚至暴力。

《新亚特兰蒂斯》的英雄

1592 年，当时还是埃塞克斯（Essex）伯爵手下的一名年轻律师的弗朗西斯·培根，表达了他利用知识为王权服务的抱负。❹ 在培根为伊丽莎白一世的宫廷设计的一种学术性娱乐方式中，他断言道，对知识的求索的目标超越了“愉悦”和“满足”这两个与冥想相关的概念：它应该“产生有价值的效果，并赋予人类生活无限的商品”。❺ 培根对哲学家的角色进行了非同寻常的重新定义，他的听众们可能依然为之震惊。在这种情况下，培根主张对研究方法进行全面的改革：人们无法从“著名作家”的作品中学到东西；他笔下的“自然哲学家”反而会对新观察和新实验的结果进行深入思考。这倒不是说培根提出了一个堕落到“经验主义”行列的不体面的观点；相反，他将崇高地从下属收集的“勤奋的观察、有根据的结论和有益的发明及发现”中提取新知识。❻ 他旨在通过赋予工匠的方法以更多聪明的、系统性的程序来加速发现有用的知识。尽管他承认“这个世界的变化”是由文艺复兴时期的三大发明（印刷、火炮和罗盘）所创造的，但对于这些发明的新奇性他嗤之以鼻，并嘲笑它们是“偶然发现的”：他宣称，一个井然有序的对知识的探索体系会产生

---

❷ Christine MacLeod, The 1690s patents boom: invention or stock-jobbing?, HER, 39 (1986), 549 - 571.

❸ Joan Thirsk and J. P. Cooper (eds.), 17th century economic documents (Oxford: Clarendon Press, 1972), 294 - 295; C. R. Dobson, Masters and journeymen: a prehistory of industrial relations, 1717 - 1800 (London: Croom Helm, 1980), 27, 160 - 168.

❹ Martin, Francis Bacon, 60 - 71; Pamela O. Long, Power, patronage, and the authorship of Ars: from mechanical know-how to mechanical knowledge in the last scribal age, Isis, 88 (1997), 4.

❺ Francis Bacon, Of tribute, or giving what is due (1592), 引自 Martin, Francis Bacon, 66.

❻ Martin, Francis Bacon, 66 - 67.

许多类似的“有益效果”，并最终产生对大自然本身的“命令”。[7] 然而，培根的计划不仅支持手工艺的目标和方法，而且他还坚持认为“机械或实验艺术”本身就是一个重要的研究课题。他的理论并不是源于“科学”应用的技术变革的线性模型，而是一种知识的相互交流，在这种交流中，针对“人工”技术以及这一过程的研究带来了对自然的新理解。[8]

在《新亚特兰蒂斯》一书中，培根设想了“一个以自然哲学为支撑的君主政体”。[9] 他设想建立这样一个国家机构，其目标是“了解事物的原因和秘密运动；并扩大人类帝国的范围，以实现所有可能发生的事情”。[10] 在“所罗门之家”宏伟的研究设施中，由 36 名“兄弟”（政府雇员中的精英）组成的两个完整的梯队，根据培根提出的归纳自然知识的指导建议收集并处理信息。在第一梯队的顶端，3 位“极有天赋的人或赞助人”花时间“研究他们同伴的实验，并思考如何从他们身上获得对人类生活和知识有用的东西和实践经验”。[11] 然后，整个小组将决定如何利用这些新知识进行“更深入”的实验来推进他们的研究，而这些实验反过来支撑“更高深”的推论。他们还会讨论哪些发现应该被“发表”，哪些不应该被“发表”：尤为令人吃惊的是，他们甚至没有向国家披露所有的知识——因为他们认为其中一些“适于保密”。[12]

在这个为集体发明和发现精心开发的模型的不那么和谐的后续中，培根认同将个人“发明人”推崇为英雄。他描述了“所罗门之家”里“两个又长又

---

[7] 同上，67 – 68；Charles Webster，The great instauration：science，medicine and reform，1626 – 1660（London：Duckworth，1975），335 – 342. 关于文艺复兴时期对“现代”发明的歌颂，参见 Alex Keller，Mathematical technologies and the growth of the idea of technical progress in the sixteenth century，in Allen G. Debus（ed.），Science，medicine and society in the Renaissance：essays to honor Walter Pagel，2 vols.（London：Heinemann，1972），vol. Ⅰ，18 – 22；Roy S. Wolper，The rhetoric of gunpowder and the idea of progress，JHI，31（1970），588 – 591；George Basalla，The evolution of technology（Cambridge：Cambridge University Press，1988），130.

[8] Martin，Francis Bacon，152 – 154. 同时参见 M. E. Prior，Bacon's man of science，JHI，15（1954），348 – 355；Rexmond C. Cochrane，Francis Bacon and the rise of the mechanical arts in eighteenth-century England，Annals of Science，12（1956），137 – 156；Paolo Rossi，Philosophy，technology and the arts in the early modern era，trans. Salvator Attanasio，ed. Benjamin Nelson（New York and London：Harper & Row，1970），117 – 121；Webster，Great instauration，326 – 333.

[9] Martin，Francis Bacon，134 – 140，引自第 135 页。

[10] Bacon，Advancement of learning，228.

[11] 同上，296 – 297. Martin 对等级制度的描述具有误导性，他把“极有天赋的人”作为整个结构的最后一环，从而错误地暗示了一种理论科学应用于技术的模式：Martin，Francis Bacon，137 – 138.

[12] Bacon，Advancement of learning，297. 培根，这位敏锐地意识到“知识就是力量”的国家公务员，并没有详述他认为哪些知识对于国家或公众来说太过危险：Martin，Francis Bacon，138 – 139.

美丽的画廊”，其中一个是放置所有“更罕见和优秀的发明”的博物馆，另一个是“我们安放所有主要发明人雕像的先贤祠”。

这是哥伦布的雕像，他发现了西印度群岛；他也是船舶的发明者；修道士是火炮和火药的发明者；音乐的发明者；文字的发明者；某些印刷技术的发明者；天文学观测的发明者；金属制品的发明者；玻璃的发明者；某些蚕丝技术的发明者；葡萄酒的发明者；玉米和面包的发明者；糖的发明者；以上所有这些都依据比你拥有的更可靠的传统故事……对于每一项有价值的发明，我们都要为它的发明者立一座雕像，并给予他慷慨而光荣的奖赏。[13]

培根因此从一个意识到技术是渐进发展的激进的知识哲学家转变为一个专门负责管理专利特许证的皇室法律官员，这体现了个人发明人这一概念。[14] 在他的伟大发明人名单中——除了哥伦布以外都是匿名的——培根把一般具有“现代”意义上独创性的图腾和古代甚至史前的艺术混在了一起，但其实在古代，个人发明人的概念甚至更不可信。[15] 他可能已经考虑过佛罗伦萨大教堂巨大穹顶的建筑师菲利波·布鲁内莱斯基（Filippo Brunelleschi）的事迹了，这座城市认可了他对于“应属发明者的荣耀”的要求，这种认可不仅体现在为他授予了极为有利的专利，也体现在1444 年对他的追悼之中。[16] 在大教堂里他的墓碑上，有着这样一段墓志铭：“这座有着华丽外观的著名寺院与他以惊人

---

[13] Bacon, Advancement of learning, 297 - 298.

[14] 培根于1607 年成为副总检察长，1613 年成为总检察长。有关法律官员在专利管理中的角色问题，参见 MacLeod, Inventing the industrial revolution, 40 - 41.

[15] 关于古希腊和古罗马时期对发明人和“知识产权”的看法，参见 Pamela O. Long, Invention, authorship, “intellectual property,” and the origins of patents: notes toward a conceptual history, T & C 32 (1991), 846 - 870; Agnes Berenger, Le statut de l’invention dans la Rome imperiale: entre mefiance et valorisation, in Marie-Sophy Corcy, Christiane Douyere-Demeulenaere, and Liliane Hilaire-Perez (eds.), Les archives de l’invention: Ecrits, objets et images de l’activite inventive, de l’Antiquite a nos jours (Toulouse: CNRS-Universite Toulouse-Le Mirail, Collections Meridiennes, 2007), 513 - 525.

[16] Frank D. Prager, A manuscript of Taccola, quoting Brunelleschi, on problems of inventors and builder, Proceedings of the American Philosophical Society 112 (1968), 138 - 142; Frank D. Prager and Gustina Scaglia, Mariano Taccola and his book “De Ingeniis” (Cambridge, MA: MIT Press, 1972), 11 - 13, 均引自 Pamela O. Long, Openness, secrecy, authorship: technical arts and the culture of knowledge from antiquity to the renaissance (Baltimore and London: Johns Hopkins University Press, 2001), 98 - 99. 关于布鲁内莱斯基的专利，参见 Long, Openness, secrecy, authorship, 96 - 97; Christopher May, Antecedents to intellectual property: the European prehistory of the ownership of knowledge, HT 24 (2002), 13 - 14.

的天赋发明的众多机械一同见证了建筑师菲利波在精巧技术方面的卓越才华。”[17] 文艺复兴时期的意大利创造了发明天才的概念，但西欧却用了将近4个世纪的时间才开始重视这个概念，并用佛罗伦萨纪念布鲁内莱斯基的方式来歌颂发明人。

培根对于赞美和鼓励发明人的关注终于在17世纪中叶英格兰推行的多个（毫无结果的）经济和政治改革计划中找到了共鸣。[18] 塞缪尔·哈特利卜（Samuel Hartlib）圈子里的几位自然哲学家以及掘地派的杰拉德·温斯坦利（Gerrard Winstanley）提出了一个在经济和名誉上针对发明人的直接和即时的奖励。[19] 一部自称是献给1660年新复辟的查理二世的，作为《新亚特兰蒂斯》续篇的作品的作者“RH”［可能是罗伯特·胡克（Robert Hooke）］在其中用整整17页的篇幅描述了在“所罗门岛”上的惊人发现和发明；其中有13个描述了用来奖励“聪明的维杜戈”的精心准备的仪式，为他们授予了通常是留给战场上胜利者的荣誉和荣耀。“RH”出于为子孙后代记录发明的重要性的考虑，在作品中强调了每个人在发明中起到的作用，这样它“就不会和作者一起逝去”。[20] 托马斯·斯普拉特（Thomas Sprat）在《皇家学会的历史》（*History of the Royal Society*，1667年）一书中也没有忽视这一点，尽管学会原计划在贸易历史部分支持“培根式的”集体性的和基于工艺的方法。斯普拉特声称“发明是一件了不起的事”，它需要魄力、勇气和冲劲——以及“浩瀚

---

[17] Isabelle Hyman（ed.），Brunelleschi in perspective（Englewood Cliffs，NJ：Prentice-Hall，1974），第24页，引自（对翻译作出了微调）Long，Openness，secrecy，authorship，99. 同时参见 Christine Smith，Architecture in the culture of early humanism：ethics，aesthetics，and eloquence，1400－1470（New York：Oxford University Press，1992），27－28，及 Long，Invention，authorship，878－884. 关于早期的意大利专利的总体情况，参见 P. J. Federico，Origin and early history of patents，Journal of the Patent Office Society，11（1929），293；Marcus Popplow，Protection and promotion：privileges for inventions and books of machines in the early modern period，HT，20（1998），103－124；Carlo Marco Belfanti，Guilds，patents，and the circulation of technical knowledge：northern Italy during the early modern age，T & C，45（2004），569－589.

[18] 关于培根对17世纪影响的不同观点，参见 Michael Hunter，Science and society in Restoration England（Cambridge：Cambridge University Press，1981），14－21，and Webster，Great instauration，25，96－97，491－505. 关于培根的后续影响，参见 Herbert Weisinger，English treatment of the relationship between the rise of science and the Renaissance，1740－1840，Annals of Science，7（1951），260－266.

[19] Gerrard Winstanley，The law of freedom，ed. Christopher Hill（Harmondsworth，1973），355－356，365；Webster，Great instauration，370－375.

[20] New Atlantis，begun by the lord Verulam，viscount St Albans：and continued by R. H. Esquire（London，1660），53－70. 同时参见 Adrian Johns，The nature of the book：print and knowledge in the making（Chicago and London：University of Chicago Press，1998），480－491.

无边的心灵”——去克服那些能轻易击碎普通人心灵的重重困难。[21] 英雄主义和集体主义的发明概念有些区别。[22]

然而，在这些圈子里，对最近英国内战的混乱和流血有深刻认识的人，则从根本上对战场上的传统英雄提出了挑战。[23] 就像“聪明的维杜戈”在“所罗门岛”上篡夺了战士们的荣誉一样，皇家学会的一些早期成员也把探索自然世界的人道主义利益与发动战争的灾难性后果对立起来。亨利·鲍尔（Henry Power）钦佩地谈到了给世界带来有用发明的“我们现代英雄的有翼灵魂”。[24] 约翰·伊夫林（John Evelyn）则说得更具体些，他直接指出了自己心目中那些发现和发明的英雄们的名字，并将他们的地位提升到古人崇拜的战士之上：

> 我宁愿成为一项有益的发明的作者，也不愿成为尤利乌斯·凯撒（Julius Caesar）或亚历山大大帝本人；吉尔伯特（Gilbert）、培根、哈维（Harvey）、古登堡、哥伦布、戈亚（Goia）、迈修斯（Metius）、雅内利乌斯（Janellius）、蒂里科（Thyco）、伽利略……他们教我们使用承重石，教我们印刷的技术；他们发现了血液循环，发现了新世界，发明了望远镜和其他光学眼镜以及发动机和自动装置，他们是如神明般、被置于星辰之上的英雄；因为他们是创造过成千上万件有意义的事物的人，而不是那些只因流血、残忍、骄傲和惊人的欲望而从未被命名的人……这些人要不是因为有前述那般伟大的天才和一些学者手中的笔，其中一些人根本不配称之为英雄。[25]

直到 18 世纪 90 年代，这种观点才又一次大量出现，这对曾在英国好战之风弥漫的 18 世纪占据主导地位的军事英雄主义歌颂提出了全新的挑战。[26] 在此期间，发明人对荣耀的渴望在长期的忽视和不信任中饱受煎熬。

---

[21] Thomas Sprat, History of the Royal Society (London, 1667), 392, 引自 Hope Mason, Value of creativity, 66 – 67. 当然，斯普拉特可能想通过“发明”来表达我们所理解的“发现”。

[22] MacLeod, Inventing the industrial revolution, 201 – 204.

[23] Johnson, An age without a hero?, 26 – 31; Folkenflik, Johnson's heroes, 144 – 145.

[24] Henry Power, Experimental Philosophy (London, 1664), 190 – 191, 引自 Richard Foster Jones, Ancients and moderns: a study of the rise of the scientific movement in seventeenth century England (2nd, edn, Berkeley and Los Angeles: University of California Press, 1965), 327, note 38.

[25] Gabriel Naude, Instructions concerning erecting of a library, interpreted by J. Evelyn (London, 1661), Dedication, quoted in Jones, Ancients and moderns, 328, note 38.

[26] 参见下文，69 – 74.

计划者与专利权人

讽刺的是，还没等培根的《新亚特兰蒂斯》提出将发明人当作英雄，他就被卷入了一场政治风波，从而玷污了发明人的集体声誉。英国王室滥用专利证书，向朝臣及其客户发放垄断许可，从而引发了众怒。[27] 培根因收受贿赂而被弹劾，并被短暂囚禁在伦敦塔之内——他作为替罪羊牺牲自我，以使詹姆斯一世、六世和白金汉公爵免于承受议会的暴怒。[28] 而更持久的结果是《垄断法令》（21 *Jac. I. c.* 3），它于1624年通过免除专利证书的一般禁令来承认新发明的价值，从而确立了英国专利制度特有的法定基础。不幸的是，法案仍然存在漏洞，而王室则持续地利用这些漏洞，直到1640年，在震耳欲聋的抗议中，长期议会最终控制了这种制度。[29]

“垄断”已经成为一个让人头疼的问题，至少两个世纪以来，这个词一直带有强烈的贬义。[30] 发明人几乎消失在这一片抗议声中：专利权人等同于那些向消费者勒索高价并使诚实的商人破产的垄断者。一幅据传是17世纪中期温塞斯劳斯·霍拉尔（Wencelaus Hollar）所作的版画毫不含糊地表达了专利权人的负面形象（见图2.1）。[31] 它把“专利权人”描绘成一个长着狼脸的小贩：他的衣服上镶嵌着从盐、肥皂到烟斗和扑克牌等日常用品的专利（垄断）；他的背包里装着专利的破布；他的手指是钩住了保险柜里鼓鼓囊囊钱袋的金属钩；他那像螺丝一样的腿“把我们都拧死了”。附随的诗句形容专利权人：

> 沃尔夫像吞食公共财富的人。
> 他通过专利掠夺财富，这比小偷小摸还糟糕。

言下之意，“专利权人”就是骗子的同义词，人们当时实际上将其视为罪犯。

虽然后来的斯图亚特王室保留了专利制度，使其免受皇室人员渎职行为的

---

[27] Webster, Great instauration, 343－346.

[28] Markku Peltonen, Bacon, Francis, Viscount St Alban (1561－1626), ODNB online edn, May 2006，参见 www.oxforddnb.com/view/article/990，最后登录时间为2006年10月18日。

[29] MacLeod, Inventing the industrial revolution, 14－15, 17－19. 1660年，随着查理二世的继位，专利制度得以恢复。

[30] 同上，15－17.

[31] R. Pennington, A descriptive catalogue of the etched work of Wenceslaus Hollar, 1607－1677 (Cambridge: Cambridge University Press, 1982), 72－73.

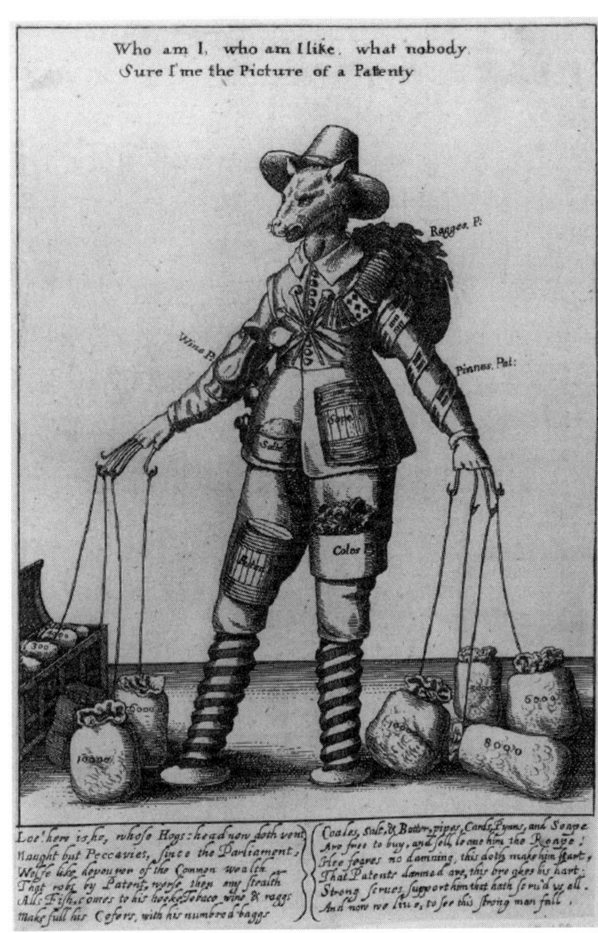

图 2.1　17 世纪中期的版画《专利权人》

作者是温塞斯劳斯·霍拉尔（1607—1677 年），它概括了当时人们对垄断者的敌意，垄断者当时通过皇家专利证书控制着日常用品的销售。

进一步玷污，[32] 但它也受到了伦敦股市过度膨胀的牵连，尤其是在 17 世纪 90 年代初和 1717 ~ 1720 年的“泡沫”时期。[33] 因此，18 世纪的发明人与其说是作为“垄断者”，不如说是作为“可疑事业的计划者”而不被公众信任的。[34] 17 世纪 90 年代的投机狂潮第一次严重暴露了英国商业社会天真的热情，这给当时年轻的伦敦交易员丹尼尔·笛福（Daniel Defoe）留下了深刻的印象。笛福被一个“专利贩子”骗得一贫如洗后便破产了，于是他重回战场，这次他

---

[32] MacLeod, Inventing the industrial revolution, 20 – 39.

[33] D. C. Coleman, The economy of England, 1450 – 1750 (Oxford: Oxford University Press, 1977), 169 – 170; W. R. Scott, The constitution and finance of English, Scottish and Irish joint-stock companies to 1720, 3 vols. (Cambridge: Cambridge University Press, 1912), vol. Ⅱ, ch. 17; vol. Ⅲ, 见于各处。

[34] MacLeod, 1690s patents boom, 557 – 569.

决心要保持头脑清醒。在《项目论文》（*An Essay upon Projects*，1697 年）中，他提出了各种巧妙的方案，这些方案的目的不在于赚钱，而在于改革英国经济和社会的关键部门。这篇文章概括了笛福关于“一个进步的英国将会是什么样子，或者这种精神将会达到什么效果”的设想。[35] 然而，作为至关重要的第一步，他必须说服他的读者们不要将所有的计划者和他们的计划都一笔抹杀。和笛福自己一样，公众需要学会如何辨别欺骗性的计划者和真正的计划者，“前者是将他们的思想转向私人的诡计和欺骗，这是一种现代的偷窃方式……诚实的人被善意的伪装所欺骗，从而夺走了他们的钱，而后者则由与公众相同的需要所驱使，把他们的思想转为诚实的创造，并将这种创造建立在独创性和正直的基础之上。”[36] 这绝不是简单的一课：笛福给出的那些投机式发明的例子——潜水钟、硝石生产和“风力磨坊打水”——与他给出的那些成功的例子相比在表面上看都很有说服力，后者包括诺亚方舟、威廉·李的针织机、伦敦的供水和杜克瓦（Dockwra）的便士邮政，这些项目无一例外都证明了最初那些贬低他们的人是错误的。[37] 笛福在这两个类别的例子中都使用了“计划者”一词，这仍没有减少人们的困惑：尽管他对此的论述是中立的，但他所表达的内涵却通常是负面的。[38] 如果说笛福的意图就是要证明区别对待不同类别的计划者的确非常困难，所以投资者应该极其仔细地审查每一个发明项目的话，那么这几乎无助于将发明者的声誉从“蔑视”中解脱出来，“他们就像戴绿帽子的人一样，背负着因别人的罪行而留下的耻辱”。[39]

当笛福在 1720 年前后重新开始分析计划者和新发明的可信度时，投资大众则再次证明他们对计划者的恐惧是可以被平息的，他们对计划者的怀疑也可以在巨大收益的前景面前被搁置。[40] 而保守的批评者则谴责这种个人与国家的道德弱点将导致交易灾难，但包括笛福在内的很多人仍坚持认为经济增长和个

---

[35] Daniel Defoe，An essay upon projects，ed. Joyce D. Kennedy，Michael Siedel，Maximilian E. Novak（New York：AMS Press，c. 1999），xxvii - xlii，引自第 xliii 页。参见 Paula R. Backscheider，Defoe，Daniel（1660? -1731），ODNB，参见 www. oxforddnb. com/view/article/7421，最后登录时间为 2006 年 9 月 15 日。

[36] Defoe，Essay upon projects，17；同上，xxiii - xxvi. 关于计划者们对早期现代经济的积极贡献，参见 Joan Thirsk，Economic policy and projects：the development of a consumer society in early modern England（Oxford：Oxford University Press，1978）.

[37] Defoe，Essay upon projects，10 -15，18.

[38] 同上，xliv，note7.

[39] 同上，17.

[40] 关于“南海泡沫”的权威解释，参见 John Carswell，The South Sea bubble（rev. edn，Stroud：Alan Sutton，1993）；Peter M. Garber，Famous first bubbles：the fundamentals of early manias（London and Cambridge，MA：MIT Press，2000）.

人财富会从金融的灰烬中涅槃重生，“南海泡沫”可能是极为丑恶的，但在上帝的指引下，只要对其作出正确的理解，人们就能通往最终的成功。[41] 要想在商业世界中茁壮成长，就意味着人们不能退缩，而是要更熟练地玩这个游戏——要获得用以评估计划者寻求资金支持的计划和发明的知识。正如拉里·斯图尔特（Larry Stewart）所指出的，更深入理解创新的需求推动了自然哲学家的职业发展。他们在伦敦的咖啡馆里讲解机械学和水力学，并就自己和他人项目的可行性向带有机会主义倾向的地主和企业家提供建议。[42] 与 30 年前不同的是，在 18 世纪 20 年代，对发明专利的需求并没有止步不前，纵观整个世纪，金融市场投机的短期激增都出现在专利申请的高峰之时。[43]

与笛福的知情参与政策形成鲜明对比的是，乔纳森·斯威夫特（Jonathan Swift）认为并不存在诚实的计划者。直到最近，斯威夫特的《格列佛游记》（*Gulliver's Travels*）的第三部“勒皮塔之旅”才开始像这部伟大讽刺作品的其他三部一样引起了学者的兴趣。帕特·罗杰斯（Pat Rogers）对“拉加多计划者学会”与早期英国皇家学会的共同身份提出了挑战，他提出了一个更现代的目标，模仿斯威夫特在“南海泡沫”期间在交易所街上的众多项目和专利。[44] 就像被笛福痛斥的股票经销商一样，斯威夫特笔下的计划者把容易上当受骗的人引入奇妙的工程计划中，然后当“计划流产时，计划者就会离开”，再把其他上当受骗的人引入“同样的实验”。[45] 不过，约翰·克里斯蒂（John Christie）建议不要过于绝对地区分英国皇家学会和伦敦证券交易所：“它们实

---

[41] Simon Schaffer, Defoe's natural philosophy and the worlds of credit, in John Christie and Sally Shuttleworth（eds.）, Nature transfigured: science and literature, 1700 – 1900（Manchester and NewYork: Manchester University Press, 1989）, 25 – 27, 30 – 37. 正如谢弗所强调的，笛福对商业和信贷的信念在奥古斯都时代的社会里极不寻常：同上，37.

[42] larry R. Stewart, The rise of public science: rhetoric, technology, and natural philosophy in Newtonian Britain, 1660 – 1750（Cambridge: Cambridge University Press, 1992）, 285 – 286, 333 – 335, 388 – 390；同时参见 Larry Stewart, Public lectures and private patronage in Newtonian England, Isis, 77（1986）, 47 – 58；A. J. G. Cummings and Larry Stewart, The case of the eighteenth-century projector: entrepreneurs, engineers, and legitimacy at the Hanoverian court in Britain, in Bruce T. Moran（ed.）, Patronage and institutions: science, technology, and medicine at the European court, 1500 – 1750（Rochester, NY and Woodbridge: Boydell, 1991）, 235 – 261；Simon Schaffer, The show that never ends: perpetual motion in the early eighteenth century, BJHS, 28（1995）, 185 – 187.

[43] MacLeod, Inventing the industrial revolution, 150 – 157.

[44] Pat Rogers, Gulliver and the engineers, Modern Language Review, 70（1975）, 260 – 270；同时参见 Arthur E. Case, Four essays on Gulliver's Travels（Princeton, NJ: Princeton University Press, 1950）, 97 – 107.

[45] The prose works of Jonathan Swift, ed. Herbert Davis, 14 vols,（rev. edn, Oxford: Basil Blackwell, 1959）, vol. XI, 177 – 178，引自 Rogers, Gulliver and the engineers, 261.

际上是同一个地方，他们都在狂热地创造虚幻的目标。”[46] 勒皮塔（意大利语中的“妓女”）飞岛是斯威夫特对培根在《新亚特兰蒂斯》中提到的科学和政治乌托邦的反乌托邦式颠覆，也是对培根在所罗门之家中为探索自然而设立的等级制度所隐含的霸权政治力量的展示。斯威夫特认为，这种哲学上的专制很可悲是徒劳的，因为他们的实验——从黄瓜中提取阳光、从粪便中提取食物——都是“对生产自然过程的徒劳逆转”，这会使土地变得贫瘠，人民也将陷入悲惨的苦难之中。[47] 勒皮塔人是狂热分子和沉默的算计者，他们的语言缺乏任何关于“想象、幻想和发明”的字眼；斯威夫特将他们的狂热计划称为一个“项目”。[48] 在这一主题之下，激进的保守党人斯威夫特囊括了所有他认为对社会、政治和救赎构成威胁的创新：新科学与证券交易所之间的联姻确实是在地狱里进行的。

如果发明者还在努力摆脱“计划者”的污名，那“专利权人”也好不到哪里去。这是有充分理由的。部分原因在于，许多发明人过于乐观，他们对科学原理的把握不足，并且低估了将一个好的技术创意投入商业实践的难度。此外，专利制度还遭受了政府善意的忽视：管理松散，相关法规在很大程度上主要是针对诉讼的风险，它的用户则以各种非正统的方式利用它（以及保护技术上和法律上都适格的发明）。[49]《专利这首诗》抨击了高层的腐败，将乔治三世政府的低下能力与国王发明专利的价值等同起来，嘲笑了国王经常夸大的权利要求：

> 向专利欢呼！它使人们能够提供对开本的书……或者是一个暖锅，
> 它使卷扬机以双倍的力量转动，
> 并使烟柱在转动过程中旋转得更快；
> 医生的药丸被批准为专利，
> 这种药经常被认为可以治愈疾病，但它更经常会致人死亡，
> 如果能有一场被授予了专利的死亡，
> 又有谁会拒绝停止呼吸。[50]

---

[46] John R. R. Christie, Laputa revisited, in Christie and Shuttleworth (eds.), Nature transfigured, 45 - 60，引自 60.

[47] 同上，54 - 56.

[48] 同上，56 - 59. 关于科学对宗教的威胁（以及斯威夫特在勒皮塔之旅中对鲁滨逊·克鲁索的贬低）这一主题的有力证明，参见 Dennis Todd, Laputa, the Whore of Babylon, and the Idols of Science, Studies in Philology, 75 (1978), 93 - 120.

[49] MacLeod, Inventing the industrial revolution, 75 - 96.

[50] The patent, a poem, by the author of The Graces (London, 1776). 关于另一首类似的由迪布丁先生创作的冷嘲热讽的流行歌曲《专利棺材》(*The Patent Coffin*) (broadsheet, 1818)，参见 Ruth Richardson, Death, dissection and the destitute (new edn, London: phoenix, 2001), 82.

在一篇公开的评论中，詹姆斯·瓦特曾建议马修·博尔顿（Matthew Boulton）不要加入一个专利权人协会，这个协会是在理查德·阿克赖特的专利被无效后为共同防御而建立的。除了基于战略层面和法律层面的考虑而反对这样的联盟之外，瓦特还谈道："更多的专利权人是我们无法联系的，如果我们加入这个协会，对我们是弊大于利的。"[51] 他们的朋友伊拉斯谟·达尔文（Erasmus Darwin）也极力避免被视为发明人，因为他担心这会损害自己的医疗执业。[52]

渐渐地，在记者和巡回演讲者的引导下，英国公众开始从容应对"计划者时代"。[53] 风险被认为是与成功相伴而生的，并且在商业领域，如果不是在宗教领域，对概率的数学计算开始取代对上帝的信仰。[54] 18世纪中期，一系列鼓励和奖励创造力的私人项目开始大量涌现，其中最著名的是1753年在伦敦成立的艺术协会。在不到十年的时间里，协会的2000名会员每年捐款超过3000英镑，并将奖金和奖章分发给愿意放弃专利的发明者；他们还投资于通过出版物和协会的发明库以促进那些在实践中效果最好的项目的传播，而且协会的发明库对公众开放。[55] 这些举措不仅表明发明人（尤其是"中间阶层"）受到越来越多的尊重，而且他们还在距离交易所街不太远的地方组建了一个新

---

[51] 1785年7月21日，詹姆斯·瓦特写给马修·博尔顿的话，引自 Samuel Smiles, The lives of Boulton and Watt (London: John Murray, 1865), 347. 同时参见 Eric Robinson, James Watt and the law of patents, T&C, 13 (1972), 115 - 139; and Jennifer Tann, Richard Arkwright and technology, History 58 (1973), 36 - 41.

[52] D. G. King-Hele, Doctor of revolution: the life and genius of Erasmus Darwin (London: Faber, 1977), 81.

[53] Simon Schaffer, A social history of plausibility: country, city and calculation in Augustan Britain, in Adrian Wilson (ed.), Rethinking social history: English society 1570 - 1920 and its interpretation (Manchester and New York: Manchester University Press, 1993), 135 - 144; James Raven, Judging new wealth: popular publishing and responses to commerce in England, 1750 - 1800 (Oxford: Clarendon Press, 1992), 9 - 13, 249 - 258.

[54] Julian Hoppit, Risk and failure in English business (Cambridge: Cambridge University Press, 1987); Julian Hoppit, Financial crises in eighteenth-century England, EHR, 39 (1986), 39 - 58; Ian Hacking, The emergence of probability: a philosophical study of early ideas about probability, induction and statistical inference (Cambridge: Cambridge University Press, 1975), 166 - 175.

[55] D. G. C. Allan, William Shipley, founder of the Royal Society of Arts (London: Hutchinson, 1986), 32 - 34, 42 - 57, 67; Sir Henry Trueman Wood, A history of the Royal Society of Arts (London: John Murray, 1913), 20 - 21, 28 - 46, 243 - 244; D. Hudson and K. W. Luckhurst, The Royal Society of Arts, 1754 - 1954 (London: John Murray, 1956), 102; MacLeod, Inventing the industrial revolution, 194 - 196.

的论坛，以帮助他们提高声望。[56] 发明人不再被当作不诚实的计划者和垄断者被怀疑，这一点在亚当·斯密（Adam Smith）的著作中体现得最明显。斯密将“计划者”（他们的贪婪和欺诈会扭曲自由市场经济）与流氓企业家而非发明人相提并论，并称赞发明专利是一种罕见的有益垄断，它允许市场根据其价值奖励创新。[57]

在某种程度上，发明人仍然被视为“计划者”，只不过人们更倾向于认为他们有着过度的野心和不切实际的空想，而不再将他们视为精于算计的骗子了。1753 年，被称为“可靠的社会变革晴雨表”的塞缪尔·约翰逊（Samuel Johnson）认为：

> 那些发现自己总是仅仅因为“新”就谴责新事物的人，应该考虑到计划的愚蠢很少是因为愚人的愚蠢；它通常是一个充满着各种各样知识且思想激烈的任性大脑在灵感迸发之时的产物：它的产生常常来自非凡力量的意识，来自那些已经做了很多事情并能轻易说服自己能做更多的人的自信。[58]

30 年后，一种同样宽容的观点被以匿名的方式表达出来，这表明人们对新发明根深蒂固的不信任，这种不信任导致“社会上一些最有用的人因被视为计划者”而受到虐待。必须承认，发明人经常充满各种不切实际的幻想；但是他们那热情的大脑却能产生丰富的种子，正是这些新的思想和各种思想之间的结合推动着发明人坚持不懈地思索，并日臻完美。[59] 该观点的作者认为，社会也许不得不容忍一些发明人的怪癖和技术及金融领域的灾难，因为这是实现天才般想象力飞跃的必要代价。例如，亨利·贝尔（Henry Bell）就是这样的人，他成功地在克莱德河上引入了蒸汽航行技术，人们说他是“一个犯了一千次错误只成功一次的英雄”；“他的脑子里有一堆乱七八糟的怪想法，但

---

[56] Liliane Hilaire-Perez, L' invention technique au siecle des Lumieres (Paris: Albin Michel, 2000), 143, 191 - 209, 321 - 322; Cochrane, Francis Bacon, 144 - 153; Witt Bowden, Industrial society in England towards the end of the eighteenth century (2nd edn, London: Frank Cass & Co., 1965), 24 - 38.

[57] D. C. Coleman, Adam Smith, businessmen, and the mercantile system in England, History of European Ideas, 9 (1988), 161 - 170; Macleod, Inventing the industrial revolution, 197, 216 - 217; Hope Mason, Value of creativity, 88 - 94; Arnold Plant, The economic theory concerning patents for invention, Economica, 1 (1934), 30 - 51.

[58] The Advertiser, 99 (16 October 1753), 引自 Stewart, Rise of public science, 255.

[59] [T.], Letters on the utility and policy of employing machines to shorten labour (London: T. Becket, 1780), 17 - 18.

由于其中大部分缺乏精确的科学计算，所以他从来没能付诸实践”。[60] 理查德·阿克赖特的早期回忆录里曾提到，他本质上与其他试图通过创新致富的人没有什么不同，只是他的运气更好罢了，当时由于筹集资金困难的问题，很多发明人不得不委身于一些风险很高的联盟之中，导致整个创业过程像“买彩票”一样。[61] 即便是詹姆斯·瓦特也会在心情好的时候调侃自己是一个“计划者”。在说到他的专利合伙人、钢铁工业重要技术的发明人亨利·考特（Henry Cort）时，他跟博尔顿说：“他看起来是一个简单善良的人，但不是很通人情世故……我认为他也是一个计划者。”[62]

机器问题

一些发明人因新的节省劳力装置的使用对就业产生威胁而遭到了憎恨。对许多劳动人民来说，他们的生计因机械化而受到威胁，那么发明人一定是他们的叛徒。对于那些眼看着自己的羊毛或棉花纺线收入随着生产转移到工厂而消失的人（主要是妇女和她们的家属）来说，阿克赖特不是英雄。教区的纳税人也和他们有着同样的忧虑。1779 年 10 月，由于经济萧条，4000 人聚集在阿克赖特设在伯克卡克（位于兰开夏郡）的工厂，并摧毁了那里所有的机器和大部分建筑。[63] 据报道，11 年前，由于遭到了布莱克本纺织工的袭击，詹姆斯·哈格里夫斯（James Hargreaves）不得不迅速逃离他的房子，袭击者可能

---

[60] Henry Bell（1767 - 1830），in Robert Chambers（ed.），A biographical dictionary of eminent Scotsmen，4 vols.（Glasgow：Blackie & Son，1835），vol. I，194 - 195（引用自口头信息）。

[61] Arkwright，Sir Richard，in John Aikin Md and Rev. William Enfield LLD（eds.），General biography；or lives，critical and historical，of the most eminent persons of all ages，countries，conditions，and professions，10 vols.（London：G. G. and J. Robinson and Edinburgh：Bell and Badfute，1799 - 1815），vol. Ⅰ，389 - 390. Railroads and locomotive steam carriages，Quarterly Review，42（1830），404. 同时参见 Edward Morris，The life of Henry Bell，the practical introducer of the steam-boat into Great Britain and Ireland（Glasgow：Blackie & Son，1844）49，在这里，“计划者”被用来非贬义地指代那些把夏洛特·邓达斯的路线延伸到因弗内斯而蒙受损失的企业家。

[62] 1782 年 12 月 14 日，詹姆斯·瓦特写给马修·博尔顿的话，引自 Smiles，Lives of Boulton and Watt，327；我的重点。类似地，托马斯·特尔福德称威廉·哈泽尔丁、米尔·怀特为“大魔术师本人，梅林·哈泽尔丁”，后者是铁匠、钢铁行业的创始人和发明人：1796 年 2 月 19 日，托马斯·特尔福德写给戴维森的话，引自 Alastair E. Penfold（ed.）Thomas Telford：engineer（London：Thomas Telford Ltd，1980），17. 同时参见邓·唐纳德勋爵于 1799 年在《专利制度》中对达顿的引用，154.

[63] Andrew Charlesworth et al.，An atlas of industrial protest in Britain，1750 - 1990（London：Macmillan，1996），19 - 21.

是担心他的珍妮纺纱机会影响他们妻子和女儿的纺纱收入。[64] 精纺毛纱机器的发明者约瑟夫·布鲁克豪斯（Joseph Brookhouse）的雕像在1787年被莱斯特郡的一群人焚烧，他也被永远地赶出了该地区。有迹象表明，作为长老会教徒的他和他的合伙人，受到了包括一些竞争对手制造商在内的英国保守党团体高层的无情对待：暴乱者高呼“不要长老会教徒，不要机器”。[65]

当人们通过口头来表达对机器的不满时，这种不满通常只针对机器本身，但偶尔也会对发明人群体进行诋毁和嘲讽。例如，梳毛工人组成了一个强大的男性工人群体，他们为维持自己的地位和稀缺技能带来的高工资而奋斗了半个世纪。与之相对，精纺毛纱的雇主们则指望发明人帮他们解除精纺工人对这个行业的控制。尽管为歌颂埃德蒙德·卡特赖特（Edmund Cartwright）牧师的羊毛精梳机（绰号“大本”）发明而制作歌曲在事后被证明还为时过早，但这至少说明了发明人可能卷入工业纠纷的几种方式，并阐明了根据工人与新技术的不同关系而将他们划分为“赢家”与“输家”的全过程。有首歌是由埃德蒙德·卡特赖特的一名工人创作的，歌曲在一开始就傲慢地呼吁“所有的梳毛师傅来听听‘大本’如何在一天之内梳毛比五十个人梳的还多”。[66] 不久之后，卡特赖特因1792年的一次纵火袭击退出了这个行业，在袭击中他的专利动力织布机所在的曼彻斯特工厂被毁（因为威胁到了另一群熟练纺织工人的工作）。[67] 1820年，这场旷日持久的冲突展现出另一面，人们在布拉德福德（英国约克郡）听到了这样一段诗句，诗句的内容毫不掩饰梳毛工人因发明人未能设计出可行的羊毛精梳机而产生的喜悦之情：

接下来，精梳工人祭出他的古老技艺
没有任何机器可以取代
那些聪明人纵然施展天大本领也徒劳无功
昂贵的艺术计划虽然屡次被尝试
但是被证明失败；精梳工人仍有工作

---

[64] 同上，18；同时参见 Adrian Randall, Before the Luddites: custom, community and machinery in the English woollen industry, 1776 - 1809 (Cambridge: Cambridge University Press, 1991), 72 - 75, 234 - 236.

[65] David L. Wykes, The leicester riots of 1773 and 1787: a study of the victims of popular protest, Transactions of the Leicestershire Archaeological and Historical Society, 54 (1978 - 9), 41 - 42.

[66] 这首歌被认为出自马修·查尔顿之手并转引自 Kenneth G. Ponting (ed.), A memoir of the life, wirtings, and mechanical inventions, of Edmund Cartwright, D. D., F. R. S., inventor of the power loom (London: Adams & Dart, 1971), 105 - 107.

[67] 同上，107 - 110. 参见 O'Brien, Micro foundations of macro invention, 216 - 218.

在他的工作中歌唱，无往不胜。[68]

1825年，英国的羊毛精梳工人发起了一场罢工，布拉德福德的一位居民对此威胁说，精梳机很快就要“大功告成”了。利兹市精纺毛纱工的雇主们则都团结起来，他们张贴告示嘲讽罢工工人，并警告说：“不提前付款——以旧价格收取工人……工人们最好上工，否则就让‘大本’来完成工作。”[69] 这次罢工被认为推动了普拉特（Platt）和科利尔（Collier）机器的发明（1827年获得专利），“这是第一个真正实用的设备”，而1834年的另一次罢工则刺激了这一发明的技术扩散，尽管该行业的机械化用了20年才完成。[70] 布拉德福德在1875年为塞缪尔·坎里夫·李斯特（Samuel Cunliffe Lister）竖立了纪念碑，他在一定程度上依靠其羊毛精梳机的发明和专利赚取了大量财富，碑上的浅浮雕同时介绍了精梳工的行业和最终破坏他们力量并取代他们的机械（见图2.2）。[71]

约翰·艾金（John Aikin）讲述的劳伦斯·恩肖（Laurence Earnshaw）的故事可能是杜撰的，这个故事在生计受到威胁的工人眼里是正确的行为。恩肖是一个熟练的技工，1753年前后，他在一次操作中发明了一种棉花纺车，他把这种机器拿给他的邻居们看，后来他出于一种慷慨的，尽管是错误的理解——这种机器可能抢夺穷人的生计，就把它给毁了。据说他的出生地在当地受人尊重的程度不亚于艾萨克·牛顿在伍尔索普（林肯郡）的受尊敬程度。[72] 相比之下，作为纺纱机械的专利所有人，来自阿什顿－安德莱恩（兰开夏郡）的詹姆斯·泰勒（James Taylor）则据说“不得不放弃这项发明，因为工人阶级对

---

[68] J. Nicholson, The commerce of Bradford (1820), 转引自 Gary Firth, The genesis of the industrial revolution in Bradford, 1760－1830, unpublished ph. D. thesis, University of Bradford (1974), 428. 参见 Kevin Binfield (ed.), Writings of the Luddites (Baltimore and London: Johns Hopkins University Press, 2004), 54－55.

[69] James Burnley, The history of wool and wool-combing (London: Low, Marston, Searle & Rivington, 1889), 170, 174.

[70] Kristin Bruland, industrial conflict as a source of technical innovation: three cases, Economy and Society, 11 (1982), 114－117. 这种现象的另一个例子是威廉·费尔贝恩发明的铆接机：The life of Sir William Fairbairn, Bart, partly written by himself, 威廉·波尔编辑并完成（1877），repr. 由 A. E. Musson 介绍（Newton Abbot: David & Charles, 1970), 420.

[71] 关于手工梳毛浅浮雕的介绍，参见 Ian Beesley, Through the mill: the story of Yorkshire wool in photographs (Clapham: Dalesman books and National Museum for Photography, Film and Television, 1987), plate 11. 布拉德福德歌颂了李斯特的发明和事业，却只简单地哀悼了一下“旧时的被发明所淹没的精梳工人”，并为机械化带来的工作和生活条件的改善而欢欣鼓舞：The Times, 17 May 1875, 12 d-e；另参见下文，330－332.

[72] John Aikin, A description of the country from thirty to forty miles around Manchester (London, 1795, repr. Newton Abbot: David & Charles, 1968), 466－467. 艾金的资源来自 Gentleman's Magazine 57, pt 2 (1787), 665, 1165－1166, 1200. 关于艾金，参见下文，71.

技术革新的偏见，他受到了迫害”。[73] 沃兹沃斯（Wadsworth）和曼（Mann）则对此表示怀疑：恩肖和泰勒可能是由于缺少资金的缘故而未能开发他们的发明，因为前者的利他精神和后者的受迫害故事都发生在1779年的反机器暴动之后。[74]

图2.2 布拉德福德的李斯特公园塞缪尔·坎里夫·李斯特纪念碑上的浅浮雕，马修·诺布尔（Matthew Noble）1875年作，展示了李斯特宣称发明的羊毛精梳机（照片由作者提供）。

艾金评论道，恩肖对穷人生计的关注是“错误的”，这表明许多对经济学有初步认识的人正在减少对技术失业的恐惧。从18世纪早期开始，对市场弹性日益增长的信心使人们开始赞同这样一种预期，即任何降低生产者成本的创新都会增加对其产品的需求，从而扩大就业。正是这种信念使议会越来越愿意废除管理劳动力市场的都铎王朝的立法，并鼓励国王的法律官员接受那些表明旨在保护“大众劳动力”的专利申请。[75] 1797年，弗里德里克·伊登（Frederick Eden）爵士毫不怀疑英国的繁荣在很大程度上是其制造业“无比扩展和卓越”的结果，他非常重视“引入便利劳动的机器”。[76] 然而，正如乔赛亚·塔克

[73] Gentleman's Magazine, 83, pt 1 (1813), 662; English patent, 693 (1754).

[74] A. P. Wadsworth and Julia de Lacy Mann, The cotton trade and industrial Lancashire, 1600 – 1870 (Manchester: Manchester University Press, 1965), 475 – 475.

[75] MacLeod, Inventing the industrial revolution, 159 – 173; Adrian J. Randall, The philosophy of Luddism: the case of the west of England woollen workers, ca. 1790 – 1809, T & C, 27 (1986), 1 – 17. 关于整个辩论的情况，参见 Maxine Berg, The machinery question and the making of political economy, 1815 – 1848 (Cambridge: Cambridge University Press, 1980).

[76] Sir Frederick Morton Eden, The state of the poor, 3 vols. (London: B. and J. White, 1797), vol. Ⅰ, 441 – 442.

(Josiah Tucker) 所承认的那样，“大多数人，甚至一些有名望、有品格的人……都认为减少劳动会导致更多的人手被雇用是一个荒谬的悖论”。[77] 的确，每个人都有充分的理由拒绝这种对市场良性运转的依赖，因为享受新就业机会的人很少是那些被机器裁掉的人；当旧的技能变得过时，更廉价的劳动力就会被发现，这种转变通常是痛苦的。至于发明人，他们的声誉究竟受到了怎样的影响，目前尚不清楚。不过，考虑到 18 世纪人们的区别行为能力，他们似乎不太可能把发明人都划为一类。

古代和现代的普罗米修斯

先不考虑发明人在自己的作坊与市场之间的矛盾处境，欧洲的图书馆和沙龙里关于他们的内容无疑在增加。启蒙运动关于“天才”的论述虽然主要聚焦于文学和自然哲学，但其实对包括机械发明在内的人类创造力的各个方面都有着重要的意义。[78] 它不仅在哲学上认可了积极发明人的概念（积极发明人的思想属于他们自己，不属于任何神的旨意），而且为我们提供了一个以更积极的角度来看待发明人的理由，把他们看作社会的恩人而不是威胁。尽管如此，仍有一种思想将其视为叛逆、不和谐和灾难，这种思想在玛丽·雪莱（Mary Shelley）众所周知的《弗兰肯斯坦：现代普罗米修斯》（以下简称《弗兰肯斯坦》，1818 年）一书中以科幻的形式表达出来。

“所有的看得见和看不见的现实，都来源于一个处在巨大的下行存在链之中的至高无上的存在。”[79] 在文艺复兴时期，这种信仰的极端形式（不允许人类有任何理论范围内的创造力）被重新解释［特别是马西利奥·菲西诺（Marsilio Ficino)］，好让人类的灵性和美德可以通过复制神的发明能力来表现。[80] 这种新柏拉图主义哲学的一大特点就是将“发明”一词当作拉丁语中的“invenire”（发现）来使用，这样一来，发明行为和发现行为几乎没有什么区别。就像一个新的星球、新的土地或自然法则在被发现（或“发明”）之前就已经存在一样，一项新技术或新产品的完美构想其实早就存在了，它们无非在

---

[77] Josiah Tucker, Instructions for travellers (Dublin, 1758), repr, in Robert L, Schuyler (ed.), Josiah Tucker: a selection from his economic and political writings (New York: Columbia University Press, 1931), 241 -242；我的重点。

[78] 另参见下文，51 -54.

[79] Hope Mason, Value of creativity, 25 -26.

[80] 同上，30，43 -49.

等待着人类的发明（或“发现”）。[81]

在所有这些神话英雄中，最著名的莫过于普罗米修斯了，关于他从诸神那里盗取火种的故事则被希腊人演绎出两种不同的版本。根据诗人赫西奥德（Hesiod）的说法，这种背信弃义的盗窃行为终结了最初的黄金时代，剥夺了神对人类的恩惠，最终迫使人类自力更生。相比之下，在戏剧《被缚的普罗米修斯》[通说认为作家是埃斯库罗斯（Aeschylus）]中，普罗米修斯则是人类的恩人，他狡猾但也勇敢，他用火种为人类带来理性和智慧，这是人类所有的艺术和科学的起点——但不包括能使人类和谐共处的正义感。然而，两个版本的共同点在于普罗米修斯皆因大胆挑战宙斯的权威而受到了可怕的惩罚。两个版本的故事都表明物质进步的代价是人类内部的不和谐。[82] 在罗马神话中，普罗米修斯是一个雕刻家，他按照神的形象用黏土创造出了人类和所有其他生物，这是经常被描绘于石棺上的场景。更令人惊讶的是，在中世纪基督教的图像符号中，他被发现用火赋予了亚当和其他创造物以生命。[83] 普罗米修斯以这种非正统的方式被驯服了，他的神话仍然存在——对他的折磨是文艺复兴时期艺术家们的一个流行主题——并且被 15 世纪的人文主义者重新加工，作为一种精神折磨的寓言，这种精神折磨被认为是为获得智慧而不可缺少的一部分。他的命运也被天主教神学家们作为针对新教异教徒“罪恶的灵魂自大”的可怕后果的一种警告而广为宣传。[84]

用霍普·梅森（Hope Mason）的话来说，这种关于创造力的消极信念构成了一种“失落的传统”，它压制了根据犹太教－基督教神学和新柏拉图主义哲学所提出的占主导地位的潮流。[85] 而培根（和布鲁内莱斯基）所提出的那种傲慢的、英雄般的发明人形象则是非常有问题的。约翰·弥尔顿（John Milton）

---

[81] W. C. Kneale, The idea of invention, Proceedings of the British Academy, 41（1955）, 85 – 108; Samuel Johnson, A dictionary of the English language, 2 vols.（London, 1755）, vol. Ⅰ, sub Invention. 我所发现的这两个术语之间最早的明确（和哲学上的）区别是由约瑟夫·布拉玛在他对瓦特的独立冷凝器专利的批判中提出的：A letter to the Rt Hon. Sir James Eyre, Lord Chief Justice of the Common Pleas; on the subject of the cause, Boulton & Watt v. Hornblower & Maberly: for infringement of Mr Watt's patent for an improvement on the steam engine（London: John Stockdale, 1797）, 83 – 84. 另请参见 J. F. Lake Williams, An historical account of inventions and discoveries in those arts and sciences which are of utility or ornament to man, lend assistance to human comfort, a polish to life, and render the civilized state, beyond comparison, preferable to a state of nature; traced from their origin; with every subsequent improvement, 2 vols.（London: T. & J. Allman, 1820）, vol. Ⅰ, 4 – 5.

[82] Hope Mason, Value of creativity, 16 – 17; Raggio, Myth of Prometheus, 44 – 45.

[83] Raggio, Myth of Prometheus, 46 – 50.

[84] 同上，50 – 58.

[85] Hope Mason, Value of creativity, 20.

在《失乐园》（*Paradise Lost*，1667 年）中对撒旦（撒旦是对上帝绝对统治坚定而大胆的反对者，他征召人类加入他罪恶的造反中）的描绘让复辟时期的英国人想起了这些含糊不清的地方。弥尔顿在英国“大叛乱”之后的作品中，多次从消极的角度描绘人类的“发明”与独立。尽管亚当心满意足地相信上帝会满足人类的一切需求，但该隐（Cain）（他的名字意思是“铁匠”或“金属工人”）的儿子们却是“罕见的发明人，对他们的创造者毫不在意”，他们傲慢地不承认上帝的恩赐，而与撒旦结盟。[86] 然而，人们却常常抱怨弥尔顿给了魔鬼所有最好的人物形象：他的“超级英雄”撒旦盖过了乏味的基督，并为弥尔顿赢得了诗人威廉·布莱克（William Blake）和珀西·比希·雪莱（Percy Bysshe Shelley）等人士的赞赏。弥尔顿笔下的撒旦和普罗米修斯之间的相似之处是显而易见的，那就是《失乐园》认同“幸运的堕落”这种观点——正是出于自力更生的需要（亚当和夏娃被逐出乐园的后果），人类随后取得的成就才得以涌现。[87] 在与弥尔顿同时代的约翰·洛克看来，人类的发明创造同样来自人类的堕落：在劳动的必要性与骄傲和贪婪的罪恶的共同驱使下，人类得以运用自己的理性创造出“艺术、发明、机器和各种器具”，从而改善人类的物质条件。[88]

然而，直到 18 世纪，英国作家才对柏拉图主义者和上帝论者关于创新的观点发起了直接的挑战。根据伯纳德·曼德维尔（Bernard Mandeville）的说法，人类从来没有过一个黄金时代，也没有什么天生的善良，但是正如他在《蜜蜂寓言》（*Fable of the Bees*，1723 年）中所解释的那样，人类的罪恶无意中产生了有益的结果。其中一个结果（作为虚荣、嫉妒和贪婪等罪孽的产物）就是积累和提高的动力。而这恰是商业社会的核心，它刺激了人们对新奇事物持续不断的需求，而这种需求也反过来刺激了人们的创造力和勤奋。而与这种刺激相呼应的正是那些有创造力的个人，无论在经济还是艺术领域都是如此；曼德维尔认为，创新者有很多驱使他们去追求更高目标的罪恶欲望。[89] 虽然发明人在曼德维尔的描述中仍然带有一丝邪恶的色彩，但被去神话化的他们现在已是一个完全自由的个体，发明完全是人类活动的结果，是人类的需求和欲望

---

[86] 同上，28 – 29，64 – 66.

[87] 同上，65 – 66；Arthur O. Lovejoy，Essays in the history of ideas（New York：George Braziller，1955），277 – 279.；Paul A. Cantor，Creature and creator：myth-making and English Romanticism（Cambridge：Cambridge University Press，1984），103 – 109.

[88] Hope Mason，Value of creativity，70 – 71.

[89] Bernard Mandeville，The fable of the bees，ed. F. B. Kaye，2 vols.（Oxford：Clarendon Press，1924），vol. Ⅱ，144 – 145；Hope Mason，Value of creativity，75 – 79.

的偶然结果，而不是所谓上帝旨意的展开。[90] 对大卫·休谟（David Hume）来说，发明存在于人的本性之中，但是，没有了曼德维尔笔下的讽刺色彩，休谟认为，人类智慧的运用不仅源于需求，也源于迎接智力挑战的乐趣。[91] 困难是牡蛎中的沙砾：它激励个人从事生产活动，磨炼人类的智慧以发现进步的空间并抓住机遇——因此发明人的数量在商业社会中成倍增长。休谟对所谓"上帝为了人类的利益而设计出宇宙"的观点不屑一顾，他自信地认为，人类能够应对任何被一个不受管制的自然世界创造出的挑战，他庄严地宣称这是因为"人类是一个有创造力的物种"。[92]

半个世纪后，工程师约瑟夫·布拉玛（Joseph Bramah）试图定义人类创新能力的程度。布拉玛本人是一位多产的发明人和专利权人，他在"博尔顿和瓦特诉霍恩布洛尔和马博尔利"（*Boulton and Watt v. Hornblower and Maberly*）案中被传唤作证，并且表达了他对专利权人成功起诉他们在康沃尔郡的竞争对手的愤怒。他指责他们未能尽到明确其知识产权界限的责任（类似圈地者划出他从公共用地征用的土地的责任）。这是人类的"共同财产"，每个人都可以重新安排和改变其"数量和比例"，从而产生无限的新组合或发明。[93]

詹姆斯·瓦特本人其实早已进行了更大胆的尝试，由他起草的改革草案旨在加强陷入困境的专利权人的地位：

> 授予一个人独占使用某物的特权怎么能被认为是垄断呢？如果他没有充分发挥他的聪明才智和勤奋去发现这件东西并日臻完善它，那么这件东西也许根本就不会存在。[94]

瓦特将所有的功劳都归于发明人（这也呼应了亚当·斯密对专利的辩护），认为如果没有发明人，一项特定的发明也许永远都不会存在——这也许是他对更

---

[90] 然而，霍普·梅森强调，"幸运的堕落和上帝的旨意"仍然是为商业辩护的首要理由，因为曼德维尔的思想在道德上太过"令人不安"：Value of creativity，161.

[91] Hope Mason，Value of creativity，79－85.

[92] David Hume，A treatise of human nature，ed. P. Nidditch（Oxford，1978），bk Ⅱ，pt ⅱ，sect. 1，484，转引自 Hope Mason，Value of creativity，81.

[93] Bramah，letter to the Rt Hon. Sir James Eyre，77－79. 参见 Jennifre Tann，Mr Hornblower and his crew：Watt engine pirates at the end of the 18th century，TNS 51（1979－80），95－105. 1839 年，詹姆斯·沃克在土木工程师学会发表的主席演讲中，临场脱稿以提醒他的同事们，与"赋予人类的心智（即原材料）、它们所具有的特性……以及在物质上所刻下的用以支配物质的美丽而统一的法则"相比，人类的能力是多么渺小和无助：Address of the President to the Annual General Meeting，15 January 1839，Proceedings of the Institution of Civil Engineers（1839），17－18.

[94] James Watt，Thoughts on patents，转引自 Robinson，James Watt and the law of patents，137. 关于史密斯的内容，参见上文，39.

具决定论或柏拉图主义色彩的发明概念的名义上的让步。

尽管人们正在逐渐接受发明创造的积极的、人类的属性，但这种歉意与培根在《新亚特兰蒂斯》中所赋予发明人的英雄般的地位之间仍存在巨大的鸿沟。与此同时，在 18 世纪涌现出的关于天才的论述中又上演了对个人独创性的歌颂，然而这种歌颂仍然未能给发明人留下一席之地。虽然“发明”被认为是天才的定义性特征，但它只针对伟大诗人的创造性（这种创造性体现在意象、情节、文字游戏）以及其他具有不同寻常的原创思想的作家的创造性。对英国评论家来说，他们眼里天才的主要代表是荷马和莎士比亚，有时还有弥尔顿、蒲伯、培根和洛克。[95] 历经重重困难，这一概念的内涵终于被扩展，以将艾萨克·牛顿爵士的科学天赋纳入其中。然而，这种扩展却被证明是有问题的，这倒不是因为人们质疑牛顿思想上的卓越，而是因为人们从来都将牛顿视为“理性的至高偶像”：在英国，人们认为想象力（而不是理性和睿智）是文学天才的标志，因此独创性的想象力并不能被看作自然哲学家的属性。[96] 此外，在几次关于天才的讨论中，想象力会危险地趋近于不理智和宗教性的狂热。许多牛顿的崇拜者坚持认为，正是由于他缜密而有条理的思想，才使他对宇宙的运行产生了无与伦比的见解。[97] 而灵感的闪现和精神错乱的想象力其实并不会给发明人带来多少好处——正如我们所看到的，他们的发明已经在很大程度上等同于那些“疯狂的计划者”的可疑活动了。

直到 18 世纪后期，有关天才和独创性的讨论才扩展到科学“发明”的范畴。[98] 在 1759 年匿名发表的一篇颇有影响力的文章中，英国诗人爱德华·杨（Edward Young）预见欧洲浪漫主义运动的领军人物，其积极的想象力具有鼓舞人心或非理性的特点，而天才正是凭借这种特点而有别于普通的学识。在杨

---

[95] Alexander Gerard, An essay on genius (London and Edinburgh: W. Strahan, T. Cadell & W. Creech, 1774), 10 – 19; Fara, Newton, 21, 158, 174 – 175; Jonathan Bate, The genius of Shakespeare (London: Picador, 1997), 165 – 172, 184 – 185; Penelope Murray, Introduction, in Penelope Murray (ed.), Genius: the history of an idea (Oxford: Basil Blackwel, 1989), 1 – 8.

[96] 相比之下，法国作家强调理性，而狄德罗和卢梭则是著名的例外：Hope Mason, Value of creativity, 115 – 127; Fara, Newton, 128 – 131, 181 – 191. 参见 Simon Schaffer, Genius in Romantic natural philosophy, in Andrew Cunningham and Nicholas Jardine (eds.), Romanticism and the sciences (Cambridge: Cambridge University Press, 1990), 82 – 98.

[97] Fara, Newton, 155 – 164, 170 – 172, 182 – 183, 引自第 172 页; Yeo, Genius, method, and morallity, 259, 261 – 265; Neil Kessel, Genius and mental disorder: a history of ideas connecting their conjunction, in Murray (ed.), Genius, 196 – 199.

[98] Mark Rose, Authors and owners: the invention of copyright (Cambridge, MA and London: Harvard University Press, 1993), 6 – 8, 104 – 129, 135 – 138; M. H. Abrams, The mirror and the lamp: romantic theory and the critical tradition (New York: Oxford University Press, 1953), 159 – 167.

看来，天才是一种突破所有创作规则的自发的创造形式；独创性有机地产生于天才的“根系”。言外之意，独创性的工作成果必然是作者不可分割的财产，不像仿制品，仿制品往往不需要人们自己的独创性，而是利用既存的材料并通过机械、艺术和劳动制造出来的。[99] 此外，天才还在于能不以达到同样目的所必需的手段来完成伟大的事业。天才不同于良好的理解，就像一个魔术师不同于一个好的建筑师一样；后者以看不见的方式筑起他的建筑物，而前者则是通过熟练使用常用工具来达到目的。[100]

当时有两位苏格兰神学家亚历山大·杰拉德（Alexander Gerard）和威廉·达夫（William Duff）对这种“近乎玄学般的坚持想象力的不可约束”提出了质疑，他们重新阐述了判断在节制过度的想象力方面的必要作用。[101] 这两位启蒙运动理论家都试图将科学发现确立为可如文学和艺术创造力一般被解释的天才产物。他们都认为牛顿是“第一流的独创性天才”（尽管杰拉德说牛顿至少还有“培根作为指导和榜样”，后者在没有任何帮助的情况下就勾画了完整的设计）。[102] 虽然他们一方面否认想象是足够的，但另一方面他们也反驳了包括詹姆斯·奥格尔维（James Ogilvie）在内的一些人的观点，即想象仅仅是判断或理解的功能，而判断或理解完全不能归功于想象，因此完全不同于诗歌天才。[103] 杰拉德说，判断“对于完善各种天才的运作是必要的……但不能就此认为它是发明的力量”。[104] 杰拉德试图说明想象力对于科学天才来说必不可少，“判断在此的必要性是显而易见的”，与之相比，糟糕的判断也会有损文学和艺术天才的完美，因此想象力在此的必要性也是无可争议的。[105]

---

[99] Edward Young, Conjectures on original composition, ed. Edith J. Morley (London, 1918), 7, 转引自 Clare Pettitt, Patent inventions: intellectual property and the Victorian novel (Oxford: Oxford University Press, 2004), 13. 参见 Yeo, Genius, method, and morality, 261 - 262.

[100] [Edward Young], Conjectures on original composition (London: A. Millar, 1759), 26, 转引自 Fara, Newton, 170; Giorgio Tonelli, Genius from the Renaissance to 1770, in Philip P. Wiener (ed.), Dictionary of the history of ideas, 4 vols. (New York: Charles Scribner's Sons, 1973), vol. Ⅱ, 294; Rudolf Wittkower, Genius: individualism in art and artists, in Wiener (ed.), Dictionary, vol. Ⅱ, 306; Hope Mason, Value of creativity, 108 - 109.

[101] 杰拉德在这则“广告”中说，他是在1758年开始写《论天才》的，尽管直到1774年才发表。

[102] William Duff, An essay on original genius and its various modes of exertion in philosophy and the fine arts particularly in poetry, ed. John L. Mahoney (Gainesville, FL: Scholars' Facsimiles and Reprints, 1964), 119; Gerard, Essay on genius, 15 - 19, 引自第18页，参见 Yeo, Genius, method and morality, 262 - 264.

[103] Tonelli, Genius, 294.

[104] Gerard, Essay on genius, 32; Duff, Essay on original genius, 8 - 9, 19. 当杰拉德还在用“发明”这个词的时候，达夫用了“创造性想象力”这个新的术语，这后来成了一个浪漫的流行语：Wittkower, Genius, 307.

[105] Gerard, Essay on genius, 35 - 36, 72, 78, 388; Duff, Essay on original genius, 89.

虽然这两种类型的天才都需要相同的智力才能，但杰拉德承认他们的目标不同：

> 天才所追求的目的可以简单归结为两个：发现真理和创造美。前者属于科学，后者属于艺术。而天才则是创造的力量，它既可以用于科学也可以用于艺术，既能发现真理也能创造美。[106]

这使他能够微调这两类天才在运用相似的智力才能方式上的差异："发现真理"通常需要比"创造美"更细致、更稳定的专注；而且前者还必须消除"激情"，尽管激情对艺术至关重要，但它会"影响我们的结论，阻碍我们的发现"。[107]

1774 年，作家、翻译家和未来的专利权人威廉·肯瑞克（William Kenrick）对这二者进一步进行了比较，从而为科学和机械发明的优越性提出了非常有力的论据。肯瑞克写的这些一方面是为了回应一个关于（文学）知识产权本质的重大法律裁决，该裁决暴露出发明人依赖专利制度的弊端，另一方面也回应了他自己未能获得永动机专利的问题（因为他拒绝向总检察长透露细节）。[108] 他认为，牛顿是作为"数学家、实验主义者、机械师，而不是作家"而受到尊崇。然而，只有作家才会自动获得奖赏（通过对其版权的自由保护）；相比之下，"艺术家或技工"并不享有"创造性财产"权利，他们需要支付"高昂的费用"购买专利。[109] 对此，肯瑞克采用了功利主义的立场：这实在太不公平，因为"发明人的勤勉为数百人提供了便利，为数千人提供了生计，也为国家提供了支持"[110]。

到了 18 世纪后期，人们开始争论牛顿与莎士比亚谁是英国最伟大的文化英雄。[111] 牛顿声名远播，获得赞美也很多，如此的个人声望也反映了英国自然哲学声誉的夺目光辉。然而，牛顿的世界观也不乏批评者：他们来自广泛的社会阶层——从虔诚的英国圣公会教徒到政治激进分子都在其中——他们质疑牛

---

[106] Gerard, Essay on genius, 318.

[107] 同上，324－326，352.

[108] C. S. Rogers and Betty Rizzo, Kenrick, William（1729/30－1779），ODNB，参见 www.oxforddnb.com/view/article/15416，最后登录时间为 2006 年 10 月 18 日。

[109] W. Kenrick, LLD, An address to the artists and manufacturers of Great Britain（London, 1774），9；MacLeod, Inventing the industrial revolution, 198－199.

[110] Kenrick, Address, 13.

[111] Fara, Newton, 20－21, 47－58；Maureen McNeil, Newton as national hero, in John Fauvel, Raymond Flood, Michael Shorland and Robin Wilson（eds.），Let Newton be!（Oxford: Oxford University Press, 1988），222－240；Derek Gjertson, "Newton's seccess"，同上，28－30.

顿的神学、哲学以及科学观点。[112]

然而，对这位“科学家”的声誉更具威胁的则是玛丽·雪莱 1818 年首次出版时便一炮而红的虚构发明——《弗兰肯斯坦：现代普罗米修斯》。对于雪莱的小说有很多不同的解释，近期的学术研究则坚持认为，雪莱其实并没有全面谴责科学活动，人们应当将她的离奇故事置于其特定的历史和文学背景之中。[113] 弗兰肯斯坦是曾涉足过中世纪炼金术士工作的一个“离奇的”角色，而不是传统意义上的科学家。[114] 然而，学术上通常会把弗兰肯斯坦描述为一位“科学家”而不是“发明人”，这也许反映了我们自己对发明性劳动分工的文化预设。[115] 虽然雪莱讲述了这个角色对自然哲学各个分支的研究，但弗兰肯斯坦的成就实际上就是发明了这个生物。[116] 她不仅在副标题明确地提到了伟大的神话发明人，而且其情节简单来说也是对神话的现代重制：弗兰肯斯坦像普罗米修斯一样，篡夺了创造的神圣权利——“将生命注入无生命的身体”——他也因自己的过错而受到永远的惩罚（即使不是肉体上的惩罚，也是精神上和情感上的折磨）。[117] 雪莱暗示到，危险的并不是对自然世界的理解，而是对知识的运用；即使一项在最初看来无害的发明也可能带来灾难性的、意想不到的

[112] Geoffrey Cantor, Anti-Newton, in Fauvel et al. (eds.), Let Newton be!, 202 - 221; Simon Schaffer, Priestley and the politics of spirit, in R. G. W. Anderson and Christopher Lawrence (eds.), Science, medicine and dissent: Joseph Priestley, 1733 - 1804 (London: Wellcome Institute, 1987), 45; Yeo, Genius, method, and morality, 264 - 265.

[113] 其中最深刻的作品是科尔斯比·史密斯的 Frankenstein and natural magic, in Stephen Bann (ed.), Frankenstein, creation and monstrosity (London: Reaktion Books, 1994), 39 - 59; Ludmilla Jordanova, Melancholy reflection: constructing an identity for unveilers of nature, 同上, 60 - 76; Hope Mason, Value of creativity, 1 - 4; Pettitt, Patent inventions, 13 - 20; 同时，对于比后者更完整的（有些许不同）一个版本，参见 Clare Pettitt, Representations of creativity, progress and social change in the work of Elizabeth Gaskell, Charles Dickens and George Eliot, D. Phil. 未发表论文, University of Oxford (1997), 93 - 142. 关于各种解读的调查，参见 Fred Botting, Making monstrous: Frankenstein, criticism, theory (Manchester: Manchester University Press, 1991).

[114] Smith, Frankenstein and natural magic, 41.

[115] 参见下文，358 - 365.

[116] Pettitt 提请注意这种同时存在但又矛盾的正统的、学院派的自然哲学学生的叙事方式：Patent inventions, 18; 另见 Jordanova, Melancholy reflection, 63 - 66.

[117] 当然，与此同时他也在重印版中篡夺了女性角色。在许多关于弗兰肯斯坦的有价值的女权主义观点中，参见 Sandra M. Gilbert and Susan Gubar, Horror's twin: Mary Shelley's monstrous Eve, The madwoman in the attic: the woman writer and the nineteenth-century literary imagination (New Haven: Yale University Press, 1979), 213 - 247; Margaret Homans, Bearing the word: language and female experience in nineteenth - century woman's writing (Chicago and London: Chicago University Press, 1986), 100 - 119; Mary Poovey, The proper lady and the woman writer: ideology as style in the works of Mary Wollstonecraft, Mary Shelley and Jane Austen (Chicago: Chicago University Press, 1984).

后果。

维克多·弗兰肯斯坦（Victor Frankenstein）赋予了生命的那个“生物”虽然出奇地拙劣和丑陋，但也和伊甸园的亚当一样无辜（“我是你的造物：我应该成为你的亚当：但是我是堕落的天使，你出于喜悦而驱逐……我是仁慈的”）。[118] 在被他的创造者抛弃后，这个无辜的生物遭受了巨大的情感痛苦（也遭到了被吓坏了的村民的攻击，我们可以把他们视为卢德分子），但他仍然是无害的，实际上也确实是善良的：当他躲在德·莱西（De Lacey）家族的小屋时，他默默无闻地做了许多善事。[119] 只是当他第二次被这个他深爱的家庭拒绝时，他才变成了“怪物”，并发誓要找他的创造者报仇。[120] 在发明人的控制之外，这个善意发明的潜在使用者（德·莱西家族）也对他处置不当，他们不理解——甚至不去问——他可能会给他们带来什么好处；在他们无知的恐慌中，他们也失去了对他的控制并引发了随之而来的灾难。起初，他的破坏是特定的和局部的：然而这个被遗弃的生物一时愤怒变成了纵火犯，用（普罗米修斯）大火摧毁了空荡荡的小屋。至此情况仍没到不可挽回的境地，但是，人类的不理解再一次以忘恩负义的暴力和不公正回报了他的仁慈：在救了一个溺水的女孩后，他被女孩的一个误会其行为的男伴开枪射中。情势终于不可挽回。“痛苦使我怒火中烧，我发誓要对全人类进行永远的仇恨和报复。”[121] 不久之后，他终于等到了向弗兰肯斯坦报仇的机会，于是他毫不留情地摧毁了他的创造者所珍视的一切——包括他内心的平和、自尊和救赎的希望。

在对这部小说的各种复杂解读中，克莱尔·派提特（Clare Pettitt）认为，《弗兰肯斯坦》清楚地表达了玛丽·雪莱对知识产权所有权的担忧。正如弗兰肯斯坦始终牢牢掌握着那个怪物的知识产权，两者都逃不出这种束缚一样，作者也被强行与作品联系在一起；一旦作品出版并交到读者手中，文本（以及作者）就会受到世人的曲解、诽谤和攻击。[122] 在 18 世纪关于天才的辩论中，派提特适时地给出了她的解释，她坚持认为在这一时期文学和技术发明的讨论之间几乎没有学科界限。雪莱将发明的“灵感”叙事与正统科学方法的反平衡叙事交织在一起，这是一种“近乎超自然的热情”、引人入胜的痴迷和“令

[118] Mary Shelley, Frankenstein or the modern Prometheus, the 1818 text, ed. Marilyn Butler (Oxford: Oxford University Press, 1993), 77 – 78.

[119] 同上，83，88.

[120] 同上，110 – 113.

[121] 同上，113，115 – 116.

[122] Pettitt, Patent inventions, 14 – 16.

人眩晕的”野心。就像派提特说的，“所有浪漫的灵感都在这里”。[123] 弗兰肯斯坦展现了爱德华·杨诗人天才的自发想象力，他的幻想不受“判断”的束缚（尽管杰拉德和达夫都警告说“判断”对于“完善”他的操作至关重要），这使他有时处于疯狂的边缘；正如路德米拉·乔丹诺娃（Ludmilla Jordanova）所言，“平衡缺位”最终导致他犯罪。[124] 这种失去平衡的状态最终达到了“一种真正的疯狂控制了我”的程度。[125] 然而讽刺的是，尽管弗兰肯斯坦的心理状态和社会孤立可能使他看起来像个“天才”，但按照杨的标准，他的发明方法却背叛了他，因为其仅仅只是一个模仿者，而且是一个令人讨厌的可怜的模仿者。与上帝可以毫不费力地就创造出完美的人不同，弗兰肯斯坦的“丑陋”生物是用医院里的和从墓地里挖出的尸体以及从屠宰场偷来的动物尸体辛辛苦苦制造出来的：用杨那种不屑一顾的话来说，它是模仿“一种……不依靠自己的创造力而是利用既存的材料制造出来的东西”。[126]

雪莱更全面地运用了普罗米修斯的神话，以使用“幸运的堕落”这一概念，并将浪漫主义者的“英雄”发明人与过去关于发明的意识形态进行了比较，后者的某些思想一部分来自天意论者，一部分来自培根主义者。维克多·弗兰肯斯坦不仅体现了传说对普罗米修斯施加的傲慢且可怕的惩罚，而且通过他制造的生物再现了被宙斯抛弃的人类的命运（或被上帝赶出伊甸园），他们因普罗米修斯（或撒旦）的罪行而不得不自力更生。在他最开始流浪的时候，这个生物被迫变得独立。值得注意的是，他首先发现了火（流浪的乞丐点燃的篝火——一个普罗米修斯式的意外收获），并从痛苦的经历中学到，火既能产生温暖，也能产生痛苦（这确实是一个“试错”的例子）。通过对火的实验，他发现了干木和湿木的不同特性。第二天早上，他观察到轻柔的微风如何使火重燃，以此类推，他做出了自己的第一个发明（“树枝扇”）以再现同样的重燃效果。[127] 那天晚上，他研究出如何烹饪食物，并比较了高温对浆果、坚

---

[123] 同上，12－14，17－18，引自 Shelley，Frankenstein，33－35；also Pettitt，Representations，85－92. 霍普·梅森同样强调，弗兰肯斯坦“不仅仅是一个科学家，他是一个有远见的人”，同样也可以是一个诗人、企业家或政治家——他是“有创造力的”，这是雪莱无法用语言来形容的：Value of creativity，1－2，4－5.

[124] Jordanova，Melancholy reflection，66；类似的还有，Smith，Frankenstein and natural magic，41－47，51－54；Schaffer，Genius in Romantic natural philosophy，82－83；关于杨、杰拉德和达夫的内容，参见上文，52－53.

[125] Shelley，Frankenstein，166；Smith，Frankenstein and natural magic，57－59.

[126] Shelley，Frankenstein，36－37，38－40；Smith，Frankenstein and natural magic，53－54.

[127] 这种使用工具的能力本身就证明了这种生物是人，因为这被认为是人区别于其他动物的主要特征。比如，参见 Mrs Barbauld and Dr Aikin，Evenings at home：or，The juvenile budget opened（Dublin：H. Colbert，1794），165，169，196－197.

果和树根的影响。[128] 然而，尽管他天生聪颖，却始终无法重新产生火，因为他是"偶然得到它的"。[129] 这是一个很好的培根式教训，想要命令自然，首先要了解自然。我们需要一种更有条理的方法：聪明的观察和实验只能使孤立的个体部分地理解自然，而正如培根所说，意外的发明只是一种缓慢而偶然的进步方式。[130] 随后，当这个生物躲在小屋时，他不仅学会了如何使用其他工具，还学会了人类社会的那些更先进的发明，诸如语言和社交技能。[131] 与孤独且独立的弗兰肯斯坦那灵光一现的发明形成对比的是，这是一个带有天意论色彩的故事。在这个故事中，这个生物的基本需求得到了一系列意外之喜的满足；为了进一步的发展，这种需求与好奇心相结合，激励他去发现大自然的秘密并付诸实践。尽管他抛弃了"一个可怜的、无助的、悲惨的可怜虫"，但他一无所求；随后，在与他人交往中，他轻松而迅速地学到了很多——与培根的预言如出一辙。[132]

维克多·弗兰肯斯坦不是一个"计划者"，他既不是一个唯利是图的阴谋家，也不是一个不切实际的梦想家（尽管他身上带有炼金术的色彩）：他技术娴熟并且充满理想主义，是一个受过大学教育的"科学家"。从表面上看，他是一个非常成功的发明人：他为一个"生物"赋予了生命，这个生物不仅拥有人类的情感、智慧和敏感性，还有超人的力量和敏捷。然而，与造物主不同，弗兰肯斯坦对自己的创造之物并没有爱：他不能接受他的缺陷和他"可怕"的外表，尽管这一切都是他自己错误的发明方法所造成的。雪莱以发明及其后果为主题的故事是围绕着人们对技术重要性的认识日益提高这一背景而展开的，但它呈现出的仍然是一种支持天意论者和柏拉图主义解释的保守的叙述方式。相反，在雪莱看来，如果说个人发明人算是一个英雄的话，那他也是希腊传统中最坏的那种。[133] 对于英国的科学家来说比较幸运的是，早在《弗兰肯斯坦》出版之前的半个世纪里，就已经出现了更为积极的思想观念，这不仅源于人们对艾萨克·牛顿爵士的广泛关注，也要感谢英国不断发展壮大的工业实力和许多引人瞩目的技术成就。

---

[128] 我们看到的是一个原始的"狩猎－采集"社会。最终，雪莱戏谑地将已经转为牧民的狩猎采集者（德·莱西一家养了一头猪）推向了社会的下一个阶段："在这种变化之前，人们似乎都躲在自己的洞穴里，分散开来从事各种各样的耕作"：Shelley，Frankenstein，92. 关于苏格兰启蒙思想家发展起来的历史阶段性理论，参见 Spadafora，Idea of progress，270－274.

[129] Shelley，Frankenstein，81－82.

[130] 参见上文，28－30.

[131] Shelley，Frankenstein，87－92.

[132] 同上，80.

[133] 参见 Hope Mason，Value of creativity，15－16.

第 3 章
发明人的进步

发明人在 18 世纪开始受到公众的尊敬。此时的发明人不仅以一种与众不同的形象出现，而且展现出一种积极的姿态——他们作为国家的恩人，在某些方面甚至比那些在战场上冒着生命危险的人更有价值。一些人在当地甚至全国都出了名。考虑到他们之前默默无闻甚至被敌意所环绕的处境，这是对发明人地位的一次非凡提升。

随着英国人对重大成就认识的日益加深，人们开始修正此前认为的发明人是不值得信赖、不够格的“计划者”的思想观念。[1] 国家经济发生了根本性的变化，英国社会逐渐认识到商业化带来的风险和机遇。在英国不断增长的人口中，有越来越多的人在农业之外谋生，并移居到小镇和城市：到 1800 年，大约有 2/3 的人在制造业、采矿业或服务业就业，其中不到一半是城市出身。[2] 而这些新工作大多不涉及什么技术变革，主要包括在小作坊或农舍经营的手工业、使用镐和铁锹工作的露天采矿、道路运输和搬运（依赖古老的马匹力量）以及家政服务。[3] 只有少数人出现在使用新技术和新组织形式的行业中。从 18 世纪早期开始，矿工们在地下越挖越深，他们的工作依靠蒸汽泵来推进；

---

[1] 科学家也越来越受到重视，因为政府希望他们能提供专家建议并进行调查，特别是在约瑟夫·班克斯爵士长期担任皇家学会主席期间：John Gascoigne, The Royal Society and the emergence of science as an instrument of state policy, BJHS 32（1999）, 171 – 184；Shapin, Image of the man of science, 182.

[2] Robert C. Allen, Britain's economic ascendancy in a European context, in Leandro Prados de la Escosura（ed.）, Exceptionalism and industrialisation：Britain and its European rivals, 1688 – 1815（Cambridge：Cambridge University Press, 2004）, 16 – 17.

[3] Pat Hudson, Industrial organisation and structure, in Roderick Floud and paul Johnson（eds.）, The Cambridge economic history of modern Britain, Volume 1：1700 – 1860（Cambridge：Cambridge University Press, 2004）, 28 – 57；C. Sabel and J. Zeitlin, Historical alternatives to mass production, P & P, 108（1985）, 133 – 176；Raphael Samuel, Workshop of the world：steam power and hand technology in mid Victorian Britain, History Workshop 3（1977）, 6 – 72.

丝绸工业率先使工人集中于机械化工厂；钢铁工业向使用煤炭的过渡需要用到新的技术，并涉及企业组织形式向更大、更一体化的方向发展；各种有技术含量的工艺被分解成许多单一的任务，而在机械的制造和维修方面也需要新的技术。❹

敏锐的评论家们唤起了人们对这些发展的关注，他们惊叹于本国人的聪明才智，并对英国经济和政治未来的影响进行了推测。经过几个世纪对欧洲大陆给予技术上的恩惠，乔赛亚·塔克在 1758 年自豪地说道："很少有国家是平等的，也许没有一个国家在节省劳力的机器的发明以及数量上比英国人更出色。"❺ 自 1719 年以来，英国议会就一直在立法禁止钟表制造等行业的工匠移民（英国人在这些领域优势明显），随后，又将禁令扩大到特定仪器和机器的出口。❻ 正是出于这种意识，英国的技术能力出现了转机，也使国内的发明人获得了新的尊重。像蒸汽机、棉纺机和天花疫苗这样的成功发明，都有助于公开展示其创造者的技术能力和个人信誉。无论人们对这些发明的短期安全性或长期后果有何疑虑，都很难再将其视为江湖骗子不切实际的小花招而不予理睬。在很大程度上，他们是奇迹、好奇心和蒸蒸日上的民族自豪感的源泉。然而，他们之中最出色的人却都来自法国。

发明的浪漫

没有什么东西给人带来的惊奇感和成就感能比得上 1783 年 11 月 21 日的首个载人气球了。这相当于 18 世纪的"1969 年阿波罗十一号登月——一次返祖梦想的实现"。伊卡洛斯（Icarus）和他的许多后继者在神话中都披上了翅

❹ Maxine Berg, The age of manufactures, 1700 – 1820: industry, innovation and work in Britain (2nd edn, London and New York: Routledge, 1994), 169 – 279; Kristine Bruland, Industrialisation and technological change, in Floud and Johnson (eds.), Cambridge economic history, 117 – 146; Roger Burt, The extractive industries, 同上, 417 – 450; J. R. Harris, Skills, coal, and British industry in the eighteenth century, History, 61 (1976), 167 – 182; A. E. Musson and Eric Robinson, Science and technology in the industrial revolution (Manchester: Manchester University Press, 1969), 393 – 509; Jennifer Tann, The development of the factory (London: Cornmarket Press, 1970).

❺ Tucker, Instructions for travellers, 240.

❻ J. R. Harris, Industrial espionage and technology transfer: Britain and France in the eighteenth century (Aldershot: Ashgate, 1998), 7 – 27, 453 – 477; David J. Jeremy, Damming the flood: British government efforts to check the outflow of technicians and machinery, 1780 – 1843, in D. J. Jeremy (ed.), Technology transfer and business enterprise (Aldershot: Ashgate, 1994), 1 – 34; Christine MacLeod, The European origins of British technological predominance, in Prados de la Escosura (ed.), Exceptionalism and industrialisation, 111 – 126.

膀或设计了其他新奇的装置，而这个故事终于被法国南部的造纸商蒙特哥菲尔（Montgolfier）兄弟给实现了。他们在国王和宫廷官员面前放飞了热气球，并看着它在巴黎上空漂流了8公里。这是在近6个月试飞后的高潮时刻，它的全程都在国王的鼓励下和科学院的监督下进行，并使欣喜若狂的人群感到惊叹。不到两周后，查尔斯（J. A. C. Charles）的氢气球也飞越了巴黎上空。在法国，浮空学持续得到科学家和政府人员的关注，以期对其进行广泛的应用。❼ 尽管英国的爱国者们为这项法国人的惊人发明感到痛心并且英国皇家学会也粗鲁地拒绝参与一项科学竞赛，但公众却为之着迷。一系列无人的升空活动吸引了大群喝彩的观众，并且在1784年9月，当一位年轻的意大利人维克托·卢纳迪（Victor Lunardi）终于从英国土地上起飞时，他的英勇行为得到了广泛的赞扬。❽ 早期的气球飞行报道大面积地占据着报纸和期刊的头版头条，它也同时唤起了诗人、小说家和艺术家的想象。尽管讽刺作家们仍旧对其嗤之以鼻，《泰晤士报》也谴责这是一种无聊而危险的愚蠢行为，但气球飞行却持续激起人们的好奇、恐惧和其他强烈的情绪。❾ 这是人类通过技术手段掌握自然世界的能力越来越强的、最明显和最令人惊叹的象征：土地、海洋和现在的天空都是人类领土的一部分，地球变得可控——事后看来，这是一个极其错误且悲剧性的信念，尽管它依旧强大。在法国，热气球被称为“蒙特哥菲尔”（montgolfière），氢气球被称为“查理尔”（charliere），二者都是以它们各自发明者的名字来命名的。❿ 正如图3.1所示，“蒙特哥菲尔”的名声很快就越过了英吉利海峡，但由于这个荣誉并不属于英国人，因此，这个名字的地位超过了发明者本身，并且两个国家的英勇的气球飞行员立即开始抢尽风头。⓫ 早期的气球飞行热通过大量的地名得以被留念，这些地名纪念了热气球上升、下降的位置或单纯体现人们热情的地点。⓬ 例如，到1800年，曼彻斯特有了一条气

❼ Richard Gillespie, Ballooning in France and Britain, 1783－1786: aerostation and adventurism, Isis 75 (1984), 248－261.

❽ 同上，261－264.

❾ 同上，264－267；Maurice J. Quinlan, Balloons and the awareness of a new age, Studies in Burke and His Time 14 (1973), 224－238.

❿ Gillespie, Ballooning in France and Britain, 252.

⓫ 与法国不同，在英国，表演艺术在缺乏严肃的科学兴趣的情况下占主导地位：同上，261－267.

⓬ 例如，布里斯托尔附近的“热气球山”和特罗布里奇（威尔特郡）新建的“热气球庭院”，因1784年在那里降落热气球而得名：John Penny, Up, up, and away! An account of ballooning in and around Bristol and Bath 1784 to 1999 (Bristol: Bristol Branch of the Historical Association, 1999), 2, 4.

球街，到 1824 年，有了两家叫作“气球”的酒吧。⑬

图 3.1　1784 年 3 月 2 日，S. 福尔斯（S. Fores）在伦敦出版《云中的蒙特哥菲尔：为大修道院建造气球》漫画版

在第一次载人气球飞行后不到 4 个月，这幅英国漫画试图通过嘲笑法国发明人和他们的国王的军国主义及航空领域的野心来挽救自己的民族自豪感。

整个 18 世纪，陆地上的科技类旅游为上层社会提供了娱乐。越来越多的乡村农舍和园林公园日常活动可以通过观察水泵系统和纺织厂的复杂机械、铁桥和高架渠的建筑奇观而变得引人入胜，这些奇观在山谷上方高耸着运河，甚至还能看到梯子或绳篮下降到正在运转的矿井中的惊险刺激的过程——这一切还可能伴随着蒸汽机工作时的叮当声响。⑭ 在这些宏伟、新奇的景观的启发下，游客们用诗歌、散文、水彩画和炭笔来抒发情怀；他们买了一些画着桥或

⑬ Musson and Robinson, Science and technology, 442; [Edward Baines], Baines's Lancashire: a new printing of the two volumes of history, directory and gazetteer of the Country Palatine of Lancaster by Edward Baines [1824], ed. Owen Ashmore, 2 vols. (Newton Abbot: David & Charles, 1968), vol. Ⅱ, 321.

⑭ Esther Moir, The industrial revolution: a romantic view, History Today 9 (1959), 589 – 597.

高炉的纪念品（雕刻品、水壶、盘子和手帕）——背景通常是牧歌般的田园风光。⑮ 与他们同行的还有一些有着更严肃目的的访客：专业作家，如笛福和阿瑟·杨（Arthur Young），他们各自的作品《旅程》都在更广阔的经济和社会背景下讨论这些技术奇迹；诗人，他们以壮丽的山景为背景描绘煤矿开采和钢铁生产的过程；德比郡的约瑟夫·赖特（Joseph Wright）和卢森堡的菲利普·雅克·德·卢森伯格（Philippe Jacques de Loutherbourg）等艺术家接受委托，为阿克赖特的克伦福德磨坊或达比家族（Darbys）在科尔布鲁克代尔的钢铁厂作画；当然，这里无疑还有大量的英国和外国的工业间谍。⑯ 他们的论述绝大多数都是关于“进步”的。这里的环境是质朴和优美的——偶尔也会显得庄严肃美——这种技术成就和有收入的工作相结合的温暖光辉，还未被城市的肮脏和令人反感的工作条件所玷污——这曾使19世纪的前景暗淡无光。⑰ 正如《绅士杂志》和其他类似出版物所报道的那样，只有最敏锐的目光才会窥探和谴责工业化的消极方面，这些方面被那些渴望听到“发现每一项新的发明和每一种实用艺术的进步”的公众所忽视。⑱

制造业日益增长的重要性也开始在认真学习英国经济的学生面前显现出来。特别值得注意的是，棉花产业的突然崛起：这一点在官方的统计数据和兰开夏郡当地的数据中都体现得十分明显。原棉进口额从1772年的16.0万英镑升到1789年的91.7万英镑，又从1792年的112.9万英镑飙升至1827年的896.4万英镑；

---

⑮ 这样的纪念品正在展出，例如，在科尔布鲁克代尔的铁桥峡谷博物馆和在伦敦的惠康画廊的科学博物馆。

⑯ Klingender, Art and the industrial revolution, 37 - 56; Briggs, Iron Bridge to Crystal Palace, 7 - 103; Ivanka Kovacevich, The mechanical muse: the impact of technical inventions on eighteenth-century neoclassical poetry, Huntington Library Quarterly, 28 (1964 - 5), 263 - 281; Katherine Turner, Defoe's Tour: the changing "face of things", British Journal for Eighteenth-Century Studies, 24 (2001), 196 - 197; Stephen Daniels, Fields of vision: landscape, imagery and national identity in England and the United States (Princeton, NJ: Princeton University Press, 1993), 43 - 79; Stephen Daniels, Loutherbourg's chemical theatre: Coalbrookdale by Night, in John Barrell (ed.), Painting and the politics of culture: new essays on British art, 1700 - 1850 (Oxford: Oxford University Press, 1992), 195 - 230; David Fraser, Fields of radiance: the scientific and industrial scenes of Joseph Wright, in Denis Cosgrove and Stephen Daniels (eds.), The iconography of landscape: essays on the symbolic representation, design and use of past environments (Cambridge: Cambridge University Press, 1988), 119 - 141; D. Fraser, Joseph Wright and the Lunar Society: painter of light, in Judy Egerton (ed.), Wright of Derby (London: Tate Gallery, 1990), 15 - 24; William Powell Jones, The rhetoric of science: a study of scientific ideas and imagery in eighteenth-century English poetry (London: Routledge & Kegan Paul, 1966), 202 - 204.

⑰ Spadafora, Idea of progress, 53 - 62; Turner, Defoe's Tour, 196 - 197.

⑱ Bowden, Industrial society, 15 - 16.

到 1801 年，棉花工业占英国制造业出口总额比例高达 40%。[19] 棉花制造商为抵制印度的竞争而争取关税保护，他们指出了棉花价格的迅速上涨和技术创新的重要性，以强调棉花的经济意义。在这些呼吁中，尤以帕特里克·科尔昆（Patrick Colquhoun）于 1788 年出版的内容丰富但带有党派色彩的小册子影响巨大，它使一代评论家都了解了棉花的重要性。从那以后，针对这个行业的讨论很少不提及它的新技术。[20] 威尔·哈迪（Will Hardy）令人信服地说道，正是棉花与海外贸易或"商业"的密切联系使棉花在 18 世纪的英国引起了特殊的共鸣，在英国，商业被视为国家繁荣与安全的基石：高耸的皇家海军大厦、国债以及最终的新教君主制多建立在这一基础之上。[21] 对于棉花机械的发明人来说，这是一段幸运的时期。

到理查德·阿克赖特爵士于 1792 年逝世的时候，他被誉为英国棉花工业的奠基人。[22] 讽刺的是，也许正是 1781～1785 年围绕水力纺纱机专利的激烈的诉讼才第一次让阿克赖特引起了公众的注意，尽管也同时让人们对他在纺纱机发明中所起的作用产生了怀疑。[23] 威廉·库姆（William Combe）则巧妙地回避了这个有争议的问题，开始了将棉花产业的崛起（和其他很多成就）归功于阿克赖特的传统：

> 此前几年，发生了一件预示着英国制造业即将迎来重大革命的事件，这就是阿克赖特先生著名的机器发明。[24]

评论家们持续将阿克赖特与一些新发明联系在一起，但通常用词谨慎，以避免

---

[19] 进口数据分别为英格兰、威尔士和英国：B. R. Mitchell and Phyllis Deane，Abstract of British historical statistics（Cambridge：Cambridge University Press，1962），286，289；Pat Hudson，The industrial revolution（London and New York：Edward Arnold，1992），182－185.

[20] ［Patrick Colquhoun］，An important crisis，in the callico and muslin manufatory in Great Britain，explained（London，1788）；William Hardy，The origins of the idea of the Industrial revolution（Oxford：Trafford Publishing，2006），30－33，68－71. 非常感谢威尔·哈迪允许我看到这部重要作品的早期草稿，我在此广泛参考了这部作品的内容。

[21] Hardy，Origins of the idea，37－60. 同时参见 Colley，Britons，64－66；Fara，Sympathetic attractions，3－4；John Brewer，The sinews of power：war，money and the English state，1688－1783（London：Unwin Hyman，1989）.

[22] The Times，7 August 1792，3c；14 August 1792，2b.

[23] John Hewish，Prejudicial and inconvenient? A study of the Arkwright patent trials，1781 and 1785（London：British Library，1985）；John Hewish，From Cromford to Chancery Lane：new light on the Arkwright patent trials，T&C 28（1987），80－86.

[24] Adam Anderson，An historical and chronological deduction of the origins of commerce，4 vols.（London：J. Walter，1789），vol. Ⅳ，rev. William Combe，705－706，转引自 Hardy，Origins of the idea，70. 同时参见 Francois Crouzet，Britain ascendant：comparative studies in Franco-British economic history（Cambridge：Cambridge University Press，1985），127－148.

让人误以为他与这些发明有直接的联系，与此同时，他们也强调了阿克赖特对工厂制度和更普遍的棉花产业的促进作用。[25] 他们也开始赞扬他迅速上升的社会地位，从默默无闻到坐拥巨大财富、豪华别墅和骑士头衔。[26]

阿克赖特是为数不多的，在18世纪的最后10年里开始被新闻界和议会偶尔引用为值得全国感激的发明人之一。其他人还包括詹姆斯·瓦特、马修·博尔顿、约西亚·韦奇伍德（Josiah Wedgwood）和詹姆斯·布林德利（James Brindley），这5位都不单纯是发明人：其中4位都是非常成功的企业家，他们建立了将自己的发明和设计商业化的制造企业，而布林德利则是著名的工程师，他负责开凿布里奇沃特（Bridgewater）的著名运河。然而，制造业的成功也没能为发明人获得全国的认可提供可靠的路径。韦奇伍德的名声通过他的陶瓷制品获得提升也许行得通，毕竟他的陶器确实为上流社会的餐桌增色不少。但公众为什么一定要知道位于伯明翰的蒸汽机制造商或位于德比郡最深处的棉花制造商的名字呢?（且不论他们的企业盈利如何，也不论他们各自的专利诉讼有多么家喻户晓。）

最初出名的可能是在1791年轰动文坛的伊拉斯谟·达尔文的《植物园》（*The Botanic Garden*）诗中的歌颂。作为医生、博物学家、发明人和查尔斯·达尔文的祖父，伊拉斯谟·达尔文早在1789年已经出版了这首史诗的第一部分——《植物的爱情》（*The Loves of the Plants*）。他对植物王国刺激的性活动的诙谐且幻想的（有时是荒谬的）叙述受到了评论界的好评——当然也不乏拙劣的戏仿。两年后，他将第一部分和第二部分《植物的经济》（*The Economy of Vegetation*）整合在一起，重新出版了该书。该书是一本用新古典主义和神话意象押韵的对句形式写成的科技百科全书。[27] 达尔文以极高的智慧和热情阐述了复杂的科学思想，解释了机器如何工作，并乐观地推测了未来的发明。他不仅称赞当代科学家是发明人和发现者（包括韦奇伍德、博尔顿和瓦特，其

---

[25] David MacPherson, Annals of commerce, manufactures, fisheries, and navigation, 4 vols. (London: Nichols, 1805), vol. Ⅳ, 79 – 80. 同时参见 Aikin, Description of the country, 170.

[26] Barbauld and Aikin, Evenings at home, 166. 这可能是人们误以为阿克赖特的爵位是因他的发明或事业而被授予的错误假设的来源；相反，是因为他在一次未遂的谋害国王案之后，向乔治三世递交了德比郡的“忠诚通告”，才被授予了爵位：R. A. Davenport, Lives of individuals who raised themselves from poverty to eminence or fortune (London: SDUK, 1841), 437.

[27] Maureen McNeil, Under the banner of science: Erasmus Darwin and his age (Manchester: Manchester University Press, 1987), 8 – 30; Janet Browne, Botany for gentlemen: Erasmus Darwin and The Loves of the Plants, Isis, 80 (1989), 593 – 620; Londa Schiebinger, The private life of plants: sexual politics in Carl Linnaeus and Erasmus Darwin, in Marina Benjamin (ed.), Science and sensibility: gender and scientific enquiry, 1780 – 1945 (Oxford: Blackwell, 1991), 121 – 143; Jones, Rhetoric of science, 209 – 212; King-Hele, Doctor of revolution, 190 – 197, 209 – 221; Kovacevich, Mechanical muse, 274 – 277.

中几位是他的朋友和月光社的成员），而且以称赞英雄的方式称赞他们，并通过将他们与神话中的神灵和英雄比肩，以及借由仙女、侏儒、巨人和神秘的地方来增加他们魅力的方式以进一步称赞这些人。[28]

达尔文以“不朽的布林德利”（他的手臂通常挥舞着测量仪器，而不是镐）的形象对运河建设的艰苦工作进行了理想化的描述：[29]

> 不朽的布林德利以强健的臂膀示人
> 长长的运河将天鹅绒草地一分为二；
> 滔滔之水蜿蜒在清澈的线条中
> 力破坚石，苦填深沼，
> 飞升的水闸在千山间呼啸，
> 它银色的臂膀在千股溪流间飞舞，
> 哺育着悠长的山谷，摇曳的森林之花，
> 与丰饶的、艺术的和商业的浪潮。
>
> （《植物的经济》，第 3 章，第 329 – 332 行）

韦奇伍德和他位于斯塔福德郡陶瓷厂的新工厂（在达尔文的建议下命名为“伊特鲁里亚”）受到了热情洋溢的致敬，他著名的波特兰花瓶（插图由威廉·布莱克雕刻）也获得盛誉。[30] 蒸汽机激发达尔文写下了 50 行充满了对经典的参考和戏剧性的想象的机智话语，在这些话语中，达尔文描述了蒸汽机是如何工作的，描绘了它的许多用途（包括为博尔顿的造币机器提供动力），并对它在运输领域的辉煌未来展开了著名的设想：

> 那不可征服的蒸汽！你在远方招手。
> 航船因你将不再缓慢，车辆因你将如闪电疾驰；
> 你强大的力量能在宽大的机翼上承载着，
> 飞行战车如风般越过田野。
>
> （《植物的经济》，第 1 章，第 289 – 292 行）

---

[28] 关于月光社的内容，参见 McNeil，Under the banner of science，10 – 19 及其他各处；Robert E. Schofield，The lunar Society of Birmingham：a social history of provincial science and industry in eighteenth-century England（Oxford：Clarendon Press，1963）；Jennifer S. Uglow，The lunar men：the friends who made the future，1730 – 1810（London：Faber & Faber，2002）. 达尔文向他的朋友们核实了他们希望他如何表示他们的成就：McNeil，Under the banner of science，21，28.

[29] 当布林德利于 1772 年去世时，达尔文告诉韦奇伍德运河公司应该在威斯敏斯特教堂为他立一座纪念碑：King-Hele，Doctor of revolution，92. 他在《植物的经济》第 3 章第 341 行的脚注中重申了这一观点（尽管现在提议将立菲尔德大教堂作为其遗址）。

[30] King-Hele，Doctor of revolution，74，201 – 202，209.

达尔文在一个注释中解释道："几年前，格拉斯哥的瓦特先生大大改进了这台机器，伯明翰的博尔顿先生也把它应用到各种各样的用途上，比如从矿井中抽水。"他详细地讲述蒸汽机的历史，一直讲到瓦特发明了独立的冷凝器。[31]当得知达尔文所作的诗时，瓦特曾打趣道："我不知道蒸汽机是如何在植物中出现的：我在《自然系统》（*Systema Naturae*）中找不到它们，因此我得出结论，它们既不是植物、动物，也不是化石。"[32]

棉花工厂"歌斯匹亚"（Gossypia）使阿克赖特的机械纺纱系统在《植物的爱情》中也得到了描述：

水仙以美丽的眼睛挑选，
坚韧的豆荚里生出植物纤维；
拥有金色齿轮的卡片旋转着打开，
复杂的绳结抚平蓬乱的羊毛；
接下来是那只手指纤细的铁手，
梳理宽卡，形成永恒的线条；
旋转的容器用温柔的嘴唇，缓缓地衔出柔嫩的丝线，
缠绕在上升的尖顶上；
随着不断加速的滚子移动，
有些保留，有些则延伸它们的纺线，
接着是飞腾的雨点和急速的车轴闪烁；
慢慢地旋转下面的轮子。

（《植物的爱情》，第 2 章，第 93 – 104 行）

"在德比郡马特洛克附近的德温特河上，"达尔文补充道，"理查德·阿克赖特爵士已经建起了他那稀奇而又伟大的纺棉机器，在他之前的许多天才艺术家都曾有过尝试，但都徒劳无获。"[33] 在他死后出版的诗歌《自然之庙》（*The Temple of Nature*，1803 年）中，达尔文提到了阿克赖特的名字，并把他提升为一个拥有独一无二成就的角色：

阿克赖特以棉花荚为师，

---

[31] Erasmus Darwin, Botanic garden [1791] (4th edn, London: J. Johnson, 1799) pt Ⅰ (Economy of vegetation), 31; additional note Ⅺ.

[32] King-Hele, Doctor of revolution, 203. 博尔顿和瓦特的蒸汽机和他们在伯明翰苏豪区的作品，也吸引了安娜·西沃特和詹姆斯·比塞特为他们创作了英雄双韵体诗：Kovacevich, Mechanical muse, 273 – 274, 278 – 280.

[33] Darwin, Botanic garden, pt Ⅱ (Loves of the plants)，第 2 章第 87 行的脚注。

把植物的纤维一字排开；
它的纤维结以钢齿展开，
世界披上了银色的外衣。

（《自然之庙》，第4章，第261－264行）

麦克尼尔（McNeil）问道："阿克赖特教过谁？"[34] 这一诗节是达尔文全神贯注于技术的细枝末节及其推定创造者的成就，以至于将工人和劳动过程完全排除在外的一个鲜明的例子。

这种漠视（达尔文在这一点上似乎和他的"疯子"同伴们一样）与当代人对无实体技术的崇拜有很多共同之处。如果说发明人在公众心目中的地位有所上升，那么一定程度上就有赖于那种促使将军（而非普通士兵）成为民族英雄的心理机制的帮助。[35] 达尔文诗歌的另一个特点就是用避雷针、气球和潜水钟等意象，生动地纪念那些在实验过程中不幸罹难的科学家，这有助于把科学家们描绘成英雄。[36] 这些人在与自然力量作斗争时所承担的生命危险表明，学者和爱好和平的人与在战争中冒着生命危险的人一样勇敢。这个观点与达尔文的政治观点完全一致。和许多英国改革者与激进分子一样，达尔文和月光社的其他成员支持法国大革命，并谴责英国政府对此做出的武力回应。[37] 在1791年自己和其他反对者（包括其他两个"疯子"）的房屋遭到"教会与国王派"暴徒的攻击后，约瑟夫·普里斯特利（Joseph Priestley）向美国寻求庇护，而詹姆斯·瓦特也因自己的儿子对法国大革命轻微但直接的参与而名誉暂时受损。[38]

---

[34] McNeil, Under the banner of science, 17－19.

[35] Dawson, Soldier heroes, 79－83; Stephen Pumfrey, Who did the work? Experimental philosophers and public demonstrators in Augustan England BJHS 28 (1995), 131－156.

[36] Darwin, Botanic garden, pt Ⅰ (Economy of nature), 第1章第371－382行；第4章第148－162行，第229－233行。

[37] McNeil, Under the banner of science, 64－69. King-Hele, Doctor of revolution, 211－212, 230－232, 243－245; N. Garfinkle, Science and religion in England, 1790－1800: the critical response to the work of Erasmus Darwin, JHI, 14 (1955), 376－388; Alan Bewell, "Jacobin plants": botany as social theory in the 1790s, The Wordsworth Circle, 20 (1989), 132－139.

[38] McNeil, Under the banner of science, 79－85; R. B. Rose, The Priestley riots of 1791, P&P, 18 (1960), 68－88; Dorothy A. Stanfield, Thomas Beddoes M. D. 1760－1808: chemist, physician, democrat (Dordrecht, Boston, Lancaster: D. Reidel Pub. Co., 1984), 2－4; Peter M. Jones, Living the enlightenment and the French revolution: James Watt, Matthew Boulton, and their sons, HJ, 42 (1999), 157－182.

国家的恩人

战场上的英雄获得了数不尽的荣誉，与之相比，一股不甘发明人和发现者被冷落而抗争的暗流则在整个充满好战情绪的18世纪持续。对一些评论家来说，这种抗争只是为了奖励创造性人才的一个请求；而对另一些人来说，这是对战争恐怖的一种谴责。少数人希望创造新式的、和平的英雄，他们不应仅仅与旧的“封建时代”的胜利者为伍，而是要把他们完全推翻。[39] 在18世纪90年代，那些反对与大革命中的法国宣战的人提出了一个观点，他们认为英国的力量不在于它的武装力量（最近刚在美国受挫）而在于它强劲的经济，尤其是它明显优于英吉利海峡对岸的制造业。例如，皇家学会会员、医生詹姆斯·柯里（James Currie）就曾以“雅斯帕·威尔逊”（Jaspar Wilson）为笔名写作，他认为“尽管英国统治者的政治手段恶劣”，但国家仍然很繁荣。“财产的保障和精神的自由传遍了整个国家，”柯里说道，“这激发了我们人民的才能……瓦特、韦奇伍德和阿克赖特的天赋抵消了在美国独立战争中付出的代价和展现的愚蠢。”[40] 而他在英国皇家学会的同事、古董商人乔治·查尔默斯（George Chalmers）则以一种友好的告诫方式对柯里的说法提出了质疑，认为“如果不是成千上万的英国民众以开明和积极的态度回应了发明人的创新，就凭一个伯明翰的化学家、一个斯塔福德郡的陶工和一个曼彻斯特的水车工匠怎么可能产生如此巨大的社会效益”。查尔默斯进而认为，英国1786~1792年史无前例的出口繁荣应该感谢更多的人：“首先应该感谢我们拥有的受到了更好的教育并且更加勤奋的人民，他们以更高的资本实现了更有经济收益的目标，他们从宪法中汲取能量，并对统治者充满信心。”[41]

这样的价值观也得到了那些在政治上比较温和的人的认同。例如，弗雷德里克·伊登爵士就信奉亚当·斯密的经济思想，并为节省劳力的机器作辩护，称这是改善英国不断增长的人口的福利的必不可少的手段。他还建议，即使不将使人民受益的发明人的地位提升到高于战场英雄的程度，也应该达到和他们

---

[39] 参见上文，32－33.

[40] Jaspar Wilson [pseud. James Currie], A letter, commercial and political, addressed to the Rt Honble William Pitt (3rd edn, London, 1793), 7.

[41] Geroge Chalmers, An estimate of the comparative strength of Great Britain during the present and four preceding reigns (new edn, London: John Stockdale, 1794), xxiii－xxiv; Alexander Du Toit, Chalmers, George (bap. 1742, d. 1825), ODNB, 参见 www.oxforddnb.com/view/article/5028，最后登录时间为2006年10月18日。

不相上下的水平：

> 荷兰人曾为教他们腌制鲱鱼的人立过一座雕像，他们基于这样一个公正的原则行事：谁开辟了一条新的商业渠道，谁就发现了一种新的谋生手段，就应该得到与哲学家和国家的保卫者们同样的尊重。在我看来，机器的发明人和其他人类的恩人相比是平等的：他们为社会提供了额外的手（机器就是这样的作用），从而为人类提供了额外的谋生手段。[42]

这一观点也得到了苏格兰历史学家、英国海外贸易方面的权威大卫·麦克弗森（David Macpherson）的赞同。麦克弗森说，阿克赖特给国家带来的好处，“远远地高于他为自己所谋求的，也远比 100 场征服更稳固可靠……他的名字应该与那些人类最杰出的恩人齐名并传诸万世。”[43]

发明人和工程师开始出现在传记词典中，这主要要感谢那些激进的编辑们（传记词典本身也是最近的一项创新）。[44] 约翰·艾金是一位持反对意见的医生，也是伊拉斯谟·达尔文的朋友，他和牧师威廉·恩菲尔德（William Enfield）共同出版了一本备受推崇的关于“从事公共事务”的人的传记词典。[45] 他们根据“发明和改进”的原则，首先在“艺术、科学或文学”领域选择他们的“一般传记”的主题。艾金断言，在任何领域中都是对“创造性才能”的运用能力将优秀的个人与普通大众区分开来，但他也引用了詹姆斯·布林德利和艾萨克·牛顿爵士作为典型例子。他惊叹道：“作为一个指挥着自己发明的复杂的运河机械的知识分子，布林德利要比指挥自己军队的亚历山大的位阶高得太多了！”[46] 艾金的发明和发现模式本质上是一种渐进式的模式，

---

[42] Eden, State of the poor, vol. Ⅰ, 443; Donald Winch, Eden, Sir Frederick Morton, second baronet (1766 - 1809), ODNB, 参见 www. oxforddnb. com/view/article/8450, 最后登录时间为 2006 年 10 月 18 日。同时参见 Arthur Young, Northern tour (1770), vol. Ⅰ, 转引自 G. E. Mingay, Arthur Young and his times (London: Macmillan, 1975), 92; G. E. Mingay, Young, Arthur (1741 - 1820), ODNB, online edn, 2005 年 10 月, 参见 www. oxforddnb. com/view/article/30256, 最后登录时间为 2006 年 10 月 18 日。

[43] Macpherson, Annals of commerce, vol. Ⅳ, 79 - 80; M. J. Mercer, Macpherson, David (1746 - 1816), ODNB, 参见 www. oxforddnb. com/view/article/17722, 最后登录时间为 2007 年 9 月 12 日, 关于阿克赖特后来作为发明人和企业家的声望, 参见下文, 193 - 198.

[44] Richard Yeo, Alphabetical lives: scientific biography in historical dictionaries and encyclopaedias, in Shortland and Yeo (eds.), Telling lives in science, 143 - 154.

[45] Aikin and Enfield (eds.), General biography, vol. Ⅰ, 3. 同时参见 Marilyn L. Brooks, Aikin, John (1747 - 1822), ODNB, 参见 www. oxforddnb. com/view/article/230, 最后登录时间为 2006 年 10 月 18 日; R. K. Webb, Enfield, William (1741 - 1797), ODNB, 参见 www. oxforddnb. com/view/article/8804, 最后登录时间为 2006 年 10 月 18 日; 由于恩菲尔德在第一卷出版前两年就去世了，所以艾金很可能只负责撰写序言，尽管他不负责选题的原则。

[46] Aikin and Enfield (eds.), General biography, vol. Ⅰ, 4.

只有重大进步才被认为值得认可：

> 当时增加的这些内容是意义重大的，改进者似乎有了一个使他们的名字永垂不朽的正当头衔；因此，我们一直小心谨慎，力图不遗漏每一个人，这样我们就可以说，人类心灵的任何崇高追求，都从发明人的劳动中得到了显著的进步。[47]

这个词典里有理查德·阿克赖特、詹姆斯·布林德利、约翰·斯米顿（John Smeaton）、约翰·哈里森（John Harrison）和约西亚·韦奇伍德的条目。最令人惊讶的是，詹姆斯·瓦特、马修·博尔顿和爱德华·詹纳（Edward Jenner）竟然被遗漏了。

关于阿克赖特的条目对水力纺纱机发明所有权的讨论异常坦率：没有充分的证据证明水力纺纱机为阿克赖特所发明。他的功绩是建立了“伟大的国家制造业”，在别人失败的地方取得了成功，这都要归功于他的“毅力、技术和积极的行动”。[48] 针对布林德利有一长段文字赞美了一种新的“人的秩序，现以土木工程师而著称”，这种秩序是在过去的半个世纪里，通过“我们的工厂的状况改善和我们的贸易的增加”来形成的。[49] 毫无疑问，水路网络的高度发展（尤其是在1791～1806年“运河热”的高峰时期）激起了布林德利的特别兴趣。30年前，布林德利曾为公爵勘察过布里奇沃特向曼彻斯特运煤的运河路线。他一生未受文化教育和极不寻常的工作方法帮助美化了他的人生故事：他被视为早期的水道历史中“有时不需要大自然的栽培就能成熟的天才之一”——这一名声一直流传至今。[50]

同时代的《英国公众人物》（*British Public Characters*）于1798～1806年每年出版一次，其包含的人物范围比《一般传记》（*General Biography*）更广，但仅限于当时处于公众视野中、“获得并需要公众信任”的男性（和少数女

---

[47] 同上。

[48] Arkwright, Sir Richard, by N，同上，vol. Ⅰ，389－390.

[49] Brindley, James，同上，vol. Ⅱ，300－301.

[50] John Phillips, A general history of inland navigation, foreign and domestic（5th edn, London, 1805），repr. As Charles Hadfield（ed.），Phillips' inland navigation（Newton Abbot: David & Charles, 1970），100－101，104，105. 同时参见 Aikin, Description of the country，139－145. 关于布里奇沃特运河所带来的兴奋，参见 Spadafora, Idea of progress，57－59；Hugh Malet, Bridgewater: the canal duke, 1736－1803（Manchester: Manchester University Press，1977），66－68. 同时参见 C. T. G. Boucher, James Brindley, engineer, 1716－1772（Norwich: Goose，1968）.

性)。[51] 它的匿名编辑的政治立场通过在它的第一卷中不仅纳入纳尔逊上将，而且纳入达尔文和他的激进伙伴约瑟夫·普里斯特利而体现出来的；普里斯特利的条目有针对性地宣称，“他的化学工作确实是他祖国的荣誉，但是他却被祖国流放”。[52] 随后的几卷还包括埃德蒙德·卡特赖特［作为技术娴熟的机械师而闻名，同时也是一位令人愉悦的诗人和约翰·卡特赖特（John Cartwright）先生的弟弟］、瓦特、博尔顿、詹纳和亨利·格雷赛德（Henry Greathead）（著名的救生艇发明人）。卡特赖特和格雷赛德的加入不太常见，前者可以通过他对激进主义的支持来解释，后者则由于其发明具有的人道主义性质——正是因为这一点，他的发明才得到了议会和其他机构的奖励。[53]

治疗艺术总是与战场的破坏性形成鲜明的对比：詹纳发现的疫苗是“人类的胜利——不是针对人类的胜利，而是针对残酷无情的疾病的胜利”；这是有史以来“无与伦比的、最有价值的和最重要的发现”。作者设想了一个“更加开明”的社会，在那里，像詹纳这样的发明人和发现者将以现在针对战场英雄的方式被授予荣誉，而后者则是“荒芜地区和人类毁灭”的罪魁祸首。[54] 然而，仅仅几页之后，他就推测在埃及战役中，英国军队接种的天花疫苗可能对决定战争走向有重要作用。[55] 这种让步传递出一种紧张关系，这种紧张关系不仅存在于 1824 年对瓦特的几项嘉奖上，也存在于 19 世纪中期对其他发明人的大量赞颂上。除非作家是坚定的和平主义者或反军国主义者，否则总会有人为发明人辩护，这种辩护并不是基于和平在道义上优于诉诸武力，而是基于科学和实践的务实观点，科技独创性对军事国家的助力程度至少与其陆军和海军相当。在帕梅拉·朗（Pamela Long）看来，后者的观点可以追溯到 15 世纪时，当时人们认为“军事领导的实践与武器和技术密切相关，与之不同，最古老的观点认为将才依靠的是性格和领导力，而不是技术”。[56]

尤其是在 1803 年拿破仑战争重新爆发时，一项革命性的创新有力地证明

---

[51] British public characters of 1798（London：Richard Phillips，1798），ⅳ. 据勒法努称，Richard Phillips 既是其编辑，也是其出版人：W. R. LeFaun，A biobibliography of Edward Jenner，1749 - 1823（London：Harvey & Blythe Ltd，1951），145.

[52] Joseph Priestley，in British public characters of 1798，435.

[53] 其他要求获得荣誉的索赔人，参见 James Burnley，Greathead，Henry（1757 - 1816?），rev. Arthur G. Credland，ODNB，参见 www.oxforddnb.com/view/article/11362，最后登录时间为2006 年 10 月 20 日，及下文，342 - 343.

[54] British public characters of 1802 - 1803，18.

[55] 同上，37.

[56] Long，Power，patronage and the authorship of ars，5. 同时参见 Pamela O. Long and Alex Ronald，Military secrecy in antiquity and early medieval Europe：a critical reassessment，History and Technology 11（1994），259 - 290，及下文，95，220 - 236.

了这一点。它就是由法国难民马克·伊桑巴德·布鲁内尔（Marc Isambard Brunel）为朴茨茅斯的皇家船坞设计的蒸汽动力切割机器集成装置。在塞缪尔·边沁（Samuel Bentham）充满活力的领导下，皇家船坞正经历着全面的现代化和机械化，这时布鲁内尔提议批量生产帆船上大量需要的木制滑轮。1803年，亨利·莫德斯雷（Henry Maudslay）在伦敦的工程车间生产出的第一套机器被运往船坞进行安装。[57] 到1805年9月，当纳尔逊勋爵来访视察高度精巧的生产线时，拥堵的工厂已经吸引了一批同样好奇（即使不那么杰出）的参观者，他们的人数已经多到了让人生厌的地步。更糟糕的是，各种百科全书中都介绍了这台机器，更不用说被《泰晤士报》全面报道的，摄政王于1814年连同俄国皇帝、普鲁士国王及其他友邦国家高官对工厂的参观。[58] 虽然人们的注意力主要集中在机器而不是它的制造者身上，但很难想象布鲁内尔、边沁、莫德斯雷和发明人群体不会因此而声名鹊起。公众也通过一个类似的过程悄然地提高了对一系列发明人的尊重，他们的发明在迅速扩大的技术类百科全书中被描述和说明。[59]

还有证据表明，即使个别在如今相对不为人知的发明人，当时也在当地乃至全国享有很高的声誉，这有助于消除人们将其视为计划者和专利权人而残留的不信任感。比如阿瑟·杨曾说过，卡斯伯特·克拉克（Cuthbert Clarke）是贝尔福德（诺森比亚）的佃农，“他以擅长机械学而闻名北方”。杨列举了克拉克的几项发明，包括一种曾获得英国艺术协会奖项的排干沼泽的机器，以及“他赖以成名的伟大机器……打谷机”。[60] 另一位多产的北方发明人亚当·沃克（Adam Walker）在18世纪70年代通过他在北部和中部地区的科普讲座而名声大振，并在伦敦开创了成功的事业。[61] 也许苏格兰物理学家大卫·布鲁斯特（David Brewster）爵士最为人熟知的身份是英国科学促进协会的奠基人，但实际上早在1816年，他就以发明万花筒（他光学研究的一个衍生物）而一举成名。他的女儿曾回忆道：

---

[57] Carolyn C. Cooper, The Portsmouth system of manufacture, T&C, 25 (1984), 182 –225; Jonathan Coad, The Portsmouth block mills: Bentham, Brunel and the start of the Royal Navy's industrial revolution (Swindon: English Heritage, 2005), 49 –65. 我很感谢托尼·伍里奇让我注意到科德的精彩著作和百科全书条目的重要性。

[58] Coad, Portsmouth block mills, 10 –13, 101 –103.

[59] 参见约（Yeo）的参考书目，Alphabetical lives, 164 –169.

[60] Young, Northern tour, vol. Ⅲ, 44 –52，转引自 Bowden, Industrial society, 20.

[61] European Magazine, XXI, 411 –413; Langford, Century of Birmingham life, vol. Ⅰ, 252; 均转引自 Bowden, Industrial society, 20 –21.

> 它使他的名字远近闻名，从学生到政治家、从农民到哲学家，无人不知，无人不晓，比他的许多高贵而有用的发明（即科学发现）都更稳定而持久。这个美丽的小玩具凭借其奇妙的光和色彩的魔力在欧洲和美洲传播开来，其轰动程度现在已令人难以置信。[62]

还有一群与之相关的天才，他们享有持久的尊重并提高了发明人的信誉，这便是伦敦的仪器制造和钟表制造业的工匠们。他们极具创新精神，与自然哲学家有着密切合作；并且有许多人被选入皇家学会。此外，他们在自己的产品上签名，他们的商店林立在伦敦和巴斯最好的街道两旁，并寻求来自皇室和贵族的赞助。18 世纪最著名的两位钟表匠乔治·格雷厄姆（George Graham）和托马斯·汤皮恩（Thomas Tompion）被安葬在威斯敏斯特教堂；格雷厄姆的墓志铭写道，他的“发明带来荣誉……英国天才……（而且他的）精准操作是机械技术的标准。”[63]

这似乎也表明，社会对发明人的尊重日益增长，他们当中最成功的人希望自己以这种方式被铭记并与自己的发明产生直接联系。从 18 世纪中期开始，经常有发明人或工程师委托别人为他画一幅肖像，并在肖像上配上一件与他最伟大的技术成就相关的装饰物。这不仅表达出他们对自己工作的自豪，而且是对自己知识产权所有权的一种声明——在当时，发明人的知识产权很容易受到来自优先权纠纷、不利的司法判决或他人抢先取得的专利的损害。[64] 由德比郡的约瑟夫·赖特为理查德·阿克赖特创作的著名肖像（见图 3.2），图中在他的侧面展示了一组构成其水力纺纱机重要部分的滚轮，这幅肖像创作于其专利被撤销的 4 年后（1789 年）。[65] 同样，在托马斯·金（Thomas King）于 1765 ~ 1766 年创作的肖像画中，约翰·哈里森自豪地坐在他最伟大的钟表发明旁边。

---

[62] Mrs Gordon, The home life of Sir David Brewster, by his daughter (Edinburgh: Edmonston & Douglas, 1869), 95.

[63] R. Sorrenson, George Graham, visible technician, BJHS 32 (1999), 206; Fara, Sympathetic attractions, 84 – 86; J. Bennett et al., Science and profit in 18th century London (Cambridge: the Whipple Museum, 1985), 见于各处; Maurice Daumas, Scientific instruments of the seventeenth and eighteenth centuries and their makers, trans. M. Holbrook (London: B. T. Batsford, 1972), 93, 159 – 166, 173 – 176, 228 – 229, 231 – 234. 关于衡量他们在 19 世纪末持续的声望，参见 MacLeod and Nuvolari, Pitfalls of prosopography, 767 – 768.

[64] MacLeod, Inventing the industrial revolution, 60 – 74; Dutton, Patent system, 69 – 85.

[65] J. J. Mason, Arkwright, Sir Richard (1732 – 1792), ODNB, 参见 www.oxforddnb.com/view/article/645，最后登录时间为 2006 年 10 月 27 日；以及 R. S. Fitton. The Arkwright, spinnes of fortune (Manchester: Manchester University press, 1989), 200 – 203; R. B. Prosser, Birmingham inventors and inventions [Birmingham: privately published, 1881]，附有 Asa Briggs 的新前言（Wakefield: S. R. Publishers, 1970), 10; Tann, Richard Arkwright and technology, 29 – 44.

图3.2 在这幅由德比郡的约瑟夫·赖特创作的肖像画中，理查德·阿克赖特自豪地展示了他在1769年获得专利的水力纺纱机的滚轮

画中他的右手示意着旁边的航海天文钟（一个大怀表的大小），用来暗示其精度已经达到了《经度法案》所要求的标准，此后，他为了获得自己应得的奖赏而和政府进行了长时间的辩论。[66] 这幅画像很快就被复制了（见图3.3），哈里森由此便成为《不列颠百科全书》（1766年）中唯一一个还在世的人。[67] 1792年，

[66] Mezzotint by Philippe Talsaert (1768), after a portrait in oils by T. King, 1765 – 1766; Andrew king, Harrison, John (bap. 1693, d. 1776), ODNB，参见 www.oxforddnb.com/view/article/12438，最后登录时间为2006年10月18日；Anthony G. Randall, The timekeeper that won the longitude prize, in william J. H. Andrewes (ed.), The quest for longitude (Cambridge, MA: Collection of Scientific Instruments, Harvard University, 1996), 236 – 254.

[67] 哈里森在《绅士杂志》（1776年）的讣告中被描述为"最具独创性的技工"：Benedict Anderson, Imagined communities: reflections on the origin and spread of nationalism (rev. edn, London: Verso, 1991), 188; B. Reading, engr., repr. In European magazine (October 1789); W. Hollar, stipple (NPG); repr. in The gallery of portraits: with memoirs, 7 vols. (London: Charles Knight for SDUK, 1833), vol. V, 153 – 155.

冯·布雷达（von Breda）为詹姆斯·瓦特创作了肖像，在他身旁的桌子上放着一张他的蒸汽机的图。瓦特已准备好对侵犯他专利的行为提起诉讼，他声称自己是该发明的创造者，同时还坐在书房里以保持他的“哲学家”的尊严（见图3.4）。[68]

图3.3 《约翰·哈里森》，在托马斯·金绘制成油画后，由P. L. 塔萨特（P. L. Tassaert）镂刻成版画

在他右手边的是哈里森的航海天文钟（H4版）的最终版本；在他身后的则是两项更早的发明：1726年的栅形补偿钟摆和H3版的天文钟。

他的朋友约瑟夫·赫达特（Joseph Huddart）船长坐在一个地球仪旁，把罗盘的指针指向他的绳索制造机器图纸（体现出针对剽窃和工人的敌意的主题）。[69] 南安普顿的沃尔特·泰勒（Walter Taylor）就没那么文雅了，他拿着自称是自己发明的圆锯。[70] 穿着时尚的马克·布鲁内尔将手放在一叠工程图纸上，

---

[68] Tann, Mr Hornblower and his crew, 95 – 105. 关于冯·布雷达和其他瓦特的肖像和半身像的大量复制品，参见国会图书馆，A. L. A. portrait index：index to portraits contained in printed books an periodicals, ed. W. C. Lane and N. E. Browne（Washington, DC：American Library Association, 1906），1531 – 1532. 另见James Watt folder, NPG Archives, London.

[69] Captn. Joseph Huddart, F. R. S. from a picture in the possession of Chas Turner, Esqr, engr. By James Stow, after John Hoppner, RA（London, 1801），Joseph Huddart folder, NPG Archives；[William Cotton], A brief memoir of the late Capt'n, Joseph Huddart, FRS（London, School-Press, 1855），ⅳ-ⅴ, 21 – 22.

[70] Portrait in oils, of Walter Taylor（1734 – 1803），c. 1784, by Gainsborough Dupont, in J. P. M. Pannell, The Taylors of Southampton：pioneers in mechanical engineering, Proceedings of the Institution of Mechanical Engineers 169（1955），927, fig. 7.

坐在朴茨茅斯使用的一台显眼的装榫机前。[71] 在 1821 年，托马斯·劳伦斯（Thomas Lawrence）爵士将皇家学会新当选的主席汉弗莱·戴维爵士描绘成了一个“魅力型男”。这幅肖像有效地解决了戴维与乔治·史蒂文森之间关于矿工安全灯发明的优先权之争，在画中，它明显地出现在戴维右手边的桌子上。[72] 在托马斯·菲力普斯（Thomas Phillips）于同年创作的另一幅引人深思的画中，矿工安全灯也出现在戴维身边。[73] 爱德华·詹纳在画中反复与牛和牛

图 3.4 《詹姆斯·瓦特》，由卡尔·弗雷德里克·冯·布雷达（Carl Fredrick von Breda）创作于 1792 年

桌子上的工程图纸虽然不清晰，但却能让穿着时髦的瓦特既表明自己对这项发明的主张，又不失他作为哲学家的身份。

---

[71] Portrait in oils by James Northcote, c. 1812, NPG 978, in Coad, Portsmouth block mills, 51. 另见 Brunel's later portrait by Samuel Drummond (1835), in front of the entrance to the Thames Tunnel, NPG 89, in Adam Hart-Davis, Chain reactions: pioneers of British science and technology and the stories that link them (London: National Portrait Gallery, 2000), 109.

[72] Jordanova, Defining features, 101; G. R. Newton after Sir Thomas Lawrence, Sir Humphry Davy, 1830, line engraving: NPG, also in David Knight, Davy, Sir Humphry, baronet (1778 – 1829), ODNB, 参见 www.oxforddnb.com/view/article/7314，最后登录时间为 2006 年 10 月 18 日；关于安全灯的优先权之争，参见 Michael W. Flinn, The history of the British coal industry, volume 2, 1700 – 1830: the industrial revolution (Oxford: Clarendon Press, 1984), 138 – 145.

[73] NPG 2546, in Hart-Davis, Chain reactions, 167.

奶厂女工一同出现（这是他发现疫苗接种的象征），但是在詹姆斯·诺斯科特（James Northcote）为他创作的第二幅肖像中（见图3.5），牛的地位被提升到出现在位于他手肘边的关于疫苗接种的专著的卷首，从而将詹纳从一个田野里的“乡巴佬”重新定义为书房里的知识分子。[74] 约翰·斯米顿与埃迪斯通灯塔一同入画，而詹姆斯·布林德利和托马斯·特尔福德（Thomas Telford）则在一幅画中以他们发明的水渠和桥梁为特色的景观前摆起了姿势。[75]

图3.5　由詹姆斯·诺斯科特于1803年开始创作并完成于1823年的《爱德华·詹纳》

桌子上有一份靠在一只牛蹄上的《疫苗接种的起源》的手稿，扉页上有画着一头牛的水彩画。

---

[74] NPG 62; Jordanova, Defining features, 23-25, 87-95, 107, 116-121; Jordanova, Remembrance of science past, 391-403.

[75] A. W. Skempton, Smeaton, John (1724 - 1792), ODNB, online edn, 2005年10月，参见www. oxforddnb. com/view/article/25746，最后登录时间为2006年10月27日；Roland Paxton, Telford, Thomas (1757-1834), ODNB，参见www. oxforddnb. com/view/article/27107，最后登录时间为2006年10月27日；Metius Chappell, British engineers (London: William Collins, 1942), 11, 13, 17.

然而，我们不应过于乐观。到了18世纪后期，即便英国公众舆论越来越同情发明人，这也与他们在其他地方，特别是在法国和美国所享有的地位相比仍相差甚远。长期以来，英国皇家学会一直对科学院享有的慷慨的皇家资助感到十分嫉妒；曾有一位很有创造力的成员向安妮女王建议，她应该“像法国那样”采取措施促进和保护发明。[76] 在法国，正如利利亚娜·希勒尔－佩雷斯（Liliane Hilaire-Pérez）所展示的那样，发明人是启蒙运动的核心，他们的声望得益于国家对经济发展的追求：尤其自18世纪中叶开始，发明变成了“国家事务”。甚至可以说，发明创造就是一种良好的行为，它承载了国家改革的希望。[77] 法国发明人的大部分报酬直接来自国家，他们被迫进入“计划者”公司的概率较低，也几乎不会被过度的资本操作所玷污。此外，法国科学院和其他官方机构会对发明进行彻底的审查，这意味着一项法国专利权能为其技术可行性提供相对可靠的皇家保证，这与英国专利缺乏审查形成了鲜明的对比。[78] 随着人们对手工技艺愈发尊重，法国发明人的地位也日益提高，法国出版的《百科全书》也认可了这一事实，而以“天才”和“才能”为主题的各种论述则进一步提高了法国发明人的地位，其中尤以狄德罗（Diderot）的作品为代表。尽管大多数发明人在融入精英科学界的过程中被对精英学者身份的焦虑所困扰，但他们还是发现了通往荣耀之地的替代途径。[79] 因此，除了从各个政府机构获得试验、模型和出版的财政支持外，他们还得到了热衷于新奇事物的皇家和贵族客户的丰厚赞助；希勒尔－佩雷斯称凡尔赛宫是“一个名副其实的实验场所”。[80] 他们的卓越才华也没有成为这场革命的牺牲品：1791年的专利法特别承认了发明人在知识产权方面的“自然权利”——这一概念刚刚得到广泛的支持。[81]

刚刚独立的美国在前一年颁布了第一部专利法，其行动速度本身证明了这

---

[76] Stewart, Rise of public science, 51; MacLeod, Inventing the industrial revolution, 195.

[77] Hilaire-Perez, L' Invention technique, 52; 同上, 65－75, 131－132, 315－317. Cf. Margaret C. Jacob, Scientific culture and the making of the industrial west (New York and Oxford: Oxford University Press, 1997), 165－174, 185.

[78] Hilaire-Perez, L' Invention technique, 83－84, 114－124, 313－317; Robin Briggs, The Academie royale des sciences and the pursuit of utility, P&P, 131 (1991), 38－87.

[79] Hilaire-Perez, L' invention technique, 143－168. 关于狄德罗对发明天才的观点，参见 Hope Mason, Value of creativity, 115－120; Liliane Hilaire-Perez, Diderot's views on artists' and inventors' rights: invention, imitation, and reputation, BJHS, 35 (2002), 129－150.

[80] Hilaire-Perez, L' Invention technique, 169－173; 引自第172页。

[81] F. Machlup and Edith Penrose, The patent controversy in the nineteenth century, Journal of Economic History, 10 (1950), 15－17; Hilaire-Perez, L' Invention technique, 173, 183－185; Jacob, Scientific culture, 178－185.

个新的共和国对创新的重视。一个更强烈的信号是，国会将专利申请的审查分配给一个由三名内阁成员组成的特别法庭——这为内阁增加了不切实际的工作量，因此在 1793 年的法案中被修改。[82] 国会还设计了简化美国发明人注册程序和方便利用其知识产权的专利制度，尤其是仅对其收取少量费用。[83] 这体现了当时美国对普通发明人的诚实和勤奋的信任，而英国的立法者在 19 世纪的大部分时间里都没有认可这一点。[84]

名望的角逐

我们将通过比较詹姆斯·瓦特、爱德华·詹纳和亨利·格雷赛德在 19 世纪初的名望来结束这一章。这三人都因足够出众而被《英国公众人物》注意到，但随后他们各自名声的历史走向却又不尽相同。尽管格雷赛德的发明在英国公众中一直备受推崇（英国皇家国家救生艇服务收到的大量遗产和捐款能证明这点），但今天几乎没人知道他了，而瓦特和詹纳却仍然在国际上享有盛誉。然而，正如下一章将要说明的那样，瓦特（而不是詹纳）的名望是出于树立"伟大的发明人"和英国的民族英雄的一个光辉代表形象而在死后建立起来的——这一结果在 1800 年的时候可没这么明显。

格雷赛德和詹纳都没有为他们各自的发明申请专利。两人都获得了大量的议会拨款，而在当时那样一个短暂的"间歇时期"里，这样的奖励常被认为对于因各种原因而被专利制度所辜负的发明者来说是合适的。拨款的激增本身就证明了英国社会对发明人的日益重视。1713 年的《经度法案》有时被认为是前述替代性奖励的先例，该法案承诺为一种能精确测定海上经度的方法提供高达 2 万英镑的奖励，但严格来说，该法案只是一种针对特定目标的激励和奖励。1732 年授予托马斯·隆贝（Thomas Lombe）爵士的补偿金是议会在专利制度流产后补偿给发明者的第一笔巨额奖金：议会没有按照他的要求更新他的

---

[82] Steven Lubar, The transformation of antebellum patent law, T&C, 32 (1991), 934 –935.

[83] B. Zorina Khan and Kenneth L. Sokoloff, Patent institutions, industrial organization and early technological change: Britain and the United States, 1790 –1850, in Berg and Bruland (eds.), Technological revolutions in Europe, 297 –298. 尽管如此，许多美国发明人对他们的专利制度"叫苦连天"，卢巴尔认为，美国公众此时对发明人的崇拜是一个神话，需要仔细研究：Lubar, Transformation of antebellum patent law, 936 –938. 关于传统的解读，例如参见 Jennifer Clark, The American image of technology from the Revolution to 1840, American Quarterly, 39 (1987), 431 –449.

[84] Christine MacLeod, Jennifer Tann, James Andrew and Jeremy Stein, Evaluating inventive activity: the cost of nineteenth-century UK patents and the fallibility of renewal data, HER, 56 (2003), 542.

专利，而是授予了他 14000 英镑。[85] 1815 年，帕特里克·科尔昆列出了自 1760 年以来获得的共计 14 项大额拨款及众多的小额拨款，总金额超过 77000 英镑：1788 年以前获得的拨款有 4 笔，金额从 2000～5000 英镑不等；从 1788 年起有 10 笔 500～20000 英镑不等的拨款。[86]

詹纳在 1802 年得到了前所未有的 10000 英镑的拨款，1807 年得到了另外的 20000 英镑。英国议会称赞了他的“发现”——据财政大臣称，“这可能是自创世以来最重要的成就”——以及他向公众无私的公开。[87] 同日，议会奖励给格雷赛德 1200 英镑，以表彰他的拯救生命的发明。[88] 这两位发明人的事业的代言人都强调了他们对提升英国国际地位的贡献，赞扬了疫苗接种在使英国军队免受天花侵袭方面的重要作用，以及救生艇对一个“海洋国家”的特殊重要性。然而，一名议员在推荐格雷赛德的发明时，却引起了激进派的共鸣：“考虑到自己曾为用于毁灭人类的巨额资金投票，在为了保护人类而投票给相应的大笔奖励时，哪怕稍有犹豫都会感到非常抱歉。”[89]

这两位发明人也都获得了来自其他机构的奖励和荣誉。两家与航海事业有密切联系的机构——三一学院和伦敦劳埃德银行，各自奖励给格雷赛德 100 基尼；艺术协会奖励给他 50 基尼和一枚金质奖章。[90] 俄国皇帝还送给他一枚钻石戒指。[91] 1804 年，《欧洲杂志》刊登了他的肖像（见图 3.6）。詹纳第一次获得的荣誉来自他的同行：1801 年，皇家海军的医务人员向他颁发了一枚金质奖章，奖章上面刻着英国赞扬他的发明所具有的治愈能力的场景，而詹纳在普利茅斯的支持者则委托詹姆斯·诺斯科特为他绘制了第一幅肖像。第二年，他的家乡格洛斯特郡的贵族和绅士们捐了 300 多英镑，为他奉上“精美而贵重”的奖杯。[92] 在众多的国家和国际赞誉中，詹纳获得了“伦敦荣誉市民”称号

---

[85] MacLeod, Inventing the industrial revolution, 49, 193.

[86] P. Colquhoun, LLD, A treatise on the wealth, power, and resources, of the British empire (2nd edn, London: Joseph Mawman, 1815), 231－232.

[87] The Times, 3 June 1802, 2c.

[88] 同上。科尔昆给了 1500 英镑作为奖金：Treatise, 232.

[89] The Times, 3 June 1802, 2c.

[90] Mr Henry Greathead, the inventor of the life-boat, in British public characters of 1806 (London: Richard Phillips, 1806), 200－201. 参见 James Burnley, Greathead, Henry (1757－1816?), rev. Arthur G. Credland, ODNB, 参见 www.oxforddnb.com/view/article/11362，最后登录时间为 2006 年 10 月 20 日。

[91] The Times, 24 February 1804, 3b.

[92] Jordanova, Remembrance of science past, 402－403; [John Ring], Dr Jenner, British public characters of 1802－1803 (London: Richard Phillips, 1803), 18－49, 41; The Times, 8 January 1802 年 1 月 8 日, 2b. Subscriptions were of one to five guineas: Lord Berkeley to Lord Liverpool, 7 December 1801, Add. MS 38235, fo. 331, British Library.

图3.6 《南希尔兹的亨利·格雷赛德先生：救生艇的发明者》

在里德利（Ridley）于1804年为《欧洲杂志》所作的这幅版画中，格雷赛德戴着一个刻有"救生艇"字样的大奖章，从而强调了他对这一备受争议的发明的所有权。

（这是罕见的荣誉），以及都柏林、爱丁堡和格拉斯哥"荣誉市民"的称号；他还获得了牛津大学和哈佛大学的荣誉博士；并被任命为乔治四世的特别御医。为了纪念他，欧洲和美洲的统治者（包括拿破仑）和其他社会各界都为他颁发了勋章。[93] 1823年他去世时，格洛斯特郡的医务人员发起了一项募捐，

[93] The Times, 12 August 1803, 3b; Derrick Baxby, Jenner, Edward (1749－1823), ODNB, 参见www.oxforddnb.com/view/article/14749，最后登录时间为2006年10月18日；并且由詹纳博物馆、伯克利和格罗斯出版并展览。关于詹纳的全部荣誉，参见John Baron, The life of Edward Jenner, M.D., LL.D., F.R.S., Physician Extrordinary to the King, etc. etc. 2 vols. (London: Henry Colborn, 1827), vol. Ⅱ, 449－456.

为他竖立一座大理石雕像，两年后，这座雕像被安放在格洛斯特大教堂的中殿里。[94] 詹纳的雕像身着牛津大学博士袍，手拿卷轴和学位帽，昂首挺立；雕像上只刻着他的名字和他人生中的重要日期。据《泰晤士报》报道，这尊雕像传达了“一种慈善精神的理念，正是这种精神激发了疫苗接种的杰出发现者”。[95]

相比之下，詹姆斯·瓦特一生中则很少受到公众的赞扬：他唯一的公众荣誉是1806年格拉斯哥大学授予他的法学荣誉博士学位（尽管据说他在晚年拒绝接受男爵爵位）。[96] 他从专利发明中获利后（1775年议会的一项私人法案将其专利权延长至31年），他不再指望议会给他金钱上的奖励。1802～1803年出版的《英国公众人物》一书对瓦特赞赏有加，但远不及对詹纳和格雷赛德那样热情洋溢。书中对他的回忆以一个意味深长的评论开始：“这个优秀的人的品格与才能并未得到应有的重视。”它继续写道：“在所有机械专家和科学家之中，瓦特的名气绝不低于任何一个在世的人。”[97] 瓦特对独立冷凝器的发明处于蒸汽机长期发展的背景下，并处于更晚的布莱克（Black）“对潜热的发现”的阴影之下。书中描述了瓦特为了解决纽科门发动机燃料使用效率低下的问题而进行的实验，直到他的“天赋为他找到了解决方案”，还提到了他不得不克服“巨大困难以及主要是经济上的困窘”。[98] 在这一点上，它与介绍詹纳的词条有明显的不同，詹纳的词条中既不承认前行者的功绩，也不介绍发明过程（真正的浪漫主义天才的标志）：“但这就像密涅瓦（Minerva）一样，不是在幼稚和愚蠢的状态下突然出现的，而是成熟和完美的，并且身披不可穿透的盔甲。”[99] 同样，尽管瓦特的发明被认为使英国在采矿和制造业方面有着巨大的优势——他的蒸汽机每天为国家节省75000英镑——但詹纳吸引了最高级别的人，他们能将詹纳拔高至普通人之上：

---

[94] Baron, Life of Edward Jenner, vol. Ⅱ, 318－323; John Empson, Little honoured in his own country: statues in recognition of Edward Jenner MD FRS, Journal of the Royal Society of Medicine, 89 (1996), 514. 我非常感谢詹纳博物馆馆长戴维·马林提供的这些参考。

[95] The Times, 23 November 1825, 2c. 参见下文，88.

[96] Rt Hon Lord Kelvin GCVO, James Watt: An oration delivered at the University of Glasgow on the commemoration of its ninth jubilee (Glasgow: James Maclehose & Sons, 1901), 20－22; Jennifer Tann, Watt, James (1736－1819), ODNB, 参见 www.oxforddnb.com/view/article/28880，最后登录时间为2006年10月18日。瓦特是爱丁堡皇家学会（1784年）、伦敦皇家学会（1785年）和巴塔维安学会（1787年）的成员；1814年，他被选为科学院的外籍院士：F. Arago, Life of James Watt (3rd edn, Edinburgh, 1839), 171.

[97] Mr James Watt, in British public characters of 1802－1803, 501.

[98] 同上，505－510，513。参见上文，38，40.

[99] Dr Jenner, in British public characters of 1802－1803, 29.

> 我们所庆祝的发现是英国的骄傲、科学的自豪和治疗艺术的荣耀。我们纪念的胜利，是人类的胜利——不是对人类的胜利——而是对一种残酷无情的疾病的胜利。疫苗接种是迄今为止最无可比拟、最有价值和最重要的发现。这是一个连威廉·哈维（William Harvey）都不得不认可的发现。[100]

对格雷赛德的赞美也比对瓦特的热情洋溢得多，他的回忆录像介绍英雄般介绍他，好像他是一个伟大的冒险家或征服者："出现了这样一个人，他教我们如何战胜风暴，成功地与海浪搏斗，延长人类的寿命，并拯救勤劳的水手使他们不至于葬身鱼腹。"[101]

瓦特和詹纳的一个共同点是他们都引起了争议。在 18 世纪 90 年代，博尔顿和瓦特无情地起诉侵犯瓦特延长专利的人，他们的垄断行为招致了竞争者和许多客户的憎恨；瓦特在 1800 年退休后，也同样花了很多精力来保持对这段历史记录的强烈控制。[102] 然而，瓦特的蒸汽机仍然不能像詹纳的诽谤者们的荒诞指控那样吸引到漫画家的注意。詹纳作为乡村医生的田园出身，以及他那不可思议的预防措施，使其很容易成为反对者和漫画家攻击的目标。詹姆斯·吉尔雷（James Gillray）在 1802 年出版的《牛痘：新接种的奇妙效果》（*The Cow Pock – or – The Wonderful Effects of the New Inoculation*）中，将疫苗接种描述为"一场疯狂的转变狂欢"，患者从身体的各个部位长出牛角和其他牛的特征（见图 3.7）。[103] 吉尔雷是在利用疫苗接种对根深蒂固的社会和文化禁忌造成的威胁：他通过介绍将来自牛的物质直接引入患者体内的事实，来表明这项技术违反了人类和其他动物之间不可逾越的边界。由此产生的焦虑催生了一场由一些外科医生领导的针对詹纳的恶毒小册子运动，这些外科医生使用古老的疫苗接种法对抗天花，他们在小册子里散播着吉尔雷画中描述的差不多的谣言。[104]

为了抵消这些指控，詹纳不遗余力地培养有权势的赞助人——包括乔治三世和英国皇家学会的主席——并对他进行有利宣传。他尤其鼓励乡村流行诗人

---

[100] 同上，18.

[101] Mr Henry Greathead, British public characters of 1806, 183.

[102] Hugh Torrens, Jonathan hornblower (1753 – 1815) and the steam engine: a historiographic analysis, in Denis Smith (ed.), Perceptions of great engineers, fact and fantasy (London: Science Museum for the Newcomen Society, National Museums and Galleries on Merseyside and the Univeristy of Liverpool, 1994), 25 – 27. 另见 Hardy, Origins of the idea, 73 – 75.

[103] Tim Fulford, Debbie Lee and Peter J. Kitson, Literature, science and exploration in the romantic era (Cambridge: Cambridge Univerisity Press, 2004), 204 – 205.

[104] 同上，203，208 – 210.

图 3.7 《牛痘：新接种的奇妙效果》，詹姆斯·吉尔雷，1802 年

在这幅下流的漫画中，吉尔雷描绘了詹纳用一个漏斗形状的器具从他邋遢的助手的浴盆里给一个患者注射“从你的牛身上冒出来的疫苗”的画面。尽管接种过疫苗的患者身上长出了小奶牛，墙上的图片显示崇拜者们仍拜倒在一头奶牛的纪念碑前。

罗伯特·布卢姆菲尔德（Robert Bloomfield）为其写诗赞美接种疫苗：《好消息：来自农场的新闻》于 1804 年出版，广受好评。骚塞（Southey）和柯勒律治（Coleridge）都是疫苗接种的狂热爱好者，他们也在流行期刊和评论期刊上帮助詹纳推广疫苗接种。[105] 然而，詹纳最大的支持者还是英国武装部队的领袖们。早在 1800 年，陆军和海军就开始接种天花疫苗，天花从此不会再使英国士兵丧失作战能力，这使詹纳成为抗击拿破仑的战争中的英雄。伯克利（Berkeley）海军上将结合“疫苗接种所保护的陆军及海军战士的数量”，向议会呼吁奖励詹纳，而塔林顿（Tarleton）将军则预测“詹纳博士在未来获得的荣耀将胜过最著名的勇士。”[106] 军队还把疫苗接种带到了殖民地，在那里其被作为对过去恶行的赎罪和对帝国未来仁慈的“开明”承诺而整合入帝国的宣传中。尽管英国殖民地人民并不普遍认同这一观点，但它还是有助于巩固詹纳作为民族和帝国的英雄在大都市的形象。[107]

然而，詹纳还是未能成为一个受欢迎的英雄。他最初在英国的军事和文职精英中获得的支持非常引人注目，但社会大众仍然没从心底里接纳他。在社会底层，特别是在城镇，没有人知道和听说过疫苗接种；即使是专门为给伦敦的穷人接种疫苗而建立的皇家詹纳协会，也只能惠及极少数人。[108] 更糟糕的是，

---

[105] 同上，211 – 218.

[106] The Times, 3 June 1802, 2c; Charles Murray, Debates in Parliament respecting the Jennerian discovery (London: W. Phillips, 1808), 5, 78, 转引自 Fulford et al., Literature, science and exploration, 307, note 54; 同上，218 – 222.

[107] Fulford et al., Literature, science and exploration, 222 – 227.

[108] 同上，221.

它开始变成一种强迫行为，一种对无论在军队、济贫院还是监狱里的那些被迫接受它的人的身体和公民自由的同时侵犯。[109] 甚至大多数享受自愿接种所提供保护的人也很快将疫苗接种视为理所当然了——相比于特定治疗技术的发明者或亲自挽救了一个处于危险中的生命的医生，预防技术不容易得到来自健康人群的持续感激。此外，与重大的工业发明相比，疫苗接种没有创造任何就业中心，没有任何将发明人视为其从事行业的创造者的劳动人民——相应地，当时的政客们也无法借此来吸引大批感兴趣的选民。[110]

詹纳薄弱的支持基础终于在 1823 年显露出来，当时格洛斯特郡为纪念他而发起募捐，却难以筹集到足够的资金。他的朋友兼传记作者约翰·巴伦（John Baron）回顾了他们在向英国医学界发出请求后得到的令人失望的结果：无论是个人还是学术团体都没有多少人愿意伸出援手，于是他们"相当困难"地筹集了 700 英镑之后才委托罗伯特·威廉·西维尔（Robert William Sievier）制作了这座雕像。[111] 作为此次活动的一部分，当地议员曾试图从议会那里获得资金，尽管他们的提议在下议院"受到了相当热烈的欢迎"，但并未付诸表决。财政大臣弗雷德里克·罗宾逊（Frederick Robinson）和内政大臣罗伯特·皮尔（Robert Peel）尽管都对詹纳表示赞赏，却拒绝支持这项提议。[112]

仅仅一年之后，瓦特（而不是詹纳）就在制造业的热烈支持下，被一部分政治和科学精英推上了成为英国民族英雄的道路。蒸汽机，而不是疫苗接种，被视为英国智慧的完美典范及取代了文艺复兴时期的印刷、罗盘和火药而成为现代发明的最高点。[113] 1823 年，《机械师》杂志的第一期封面在向培根的科学改革计划致敬的同时也象征着蒸汽新霸权的到来（见图 3.8）。在培根

---

[109] 随着 1853 年法案以罚款和监禁相威胁，强制要求接种疫苗后，人们对他的敌意渐浓：Nadja Durbach，"They might as well brand us"：working-class resistance to compulsory vaccination in Victorian England，Social History of Medicine，13（2000），45 – 62；Dorothy Porter and Roy Porter，The politics of prevention：anti-vaccinationism and public health in nineteenth-century England，Medical History，32（1988），231 – 252；R. M. MacLeod，Law，medicine and public opinion：the resistance to compulsory health legislation，1870 – 1907，Public Law（1967），107 – 128，189 – 211；R. L. Lambert，A Victorian National Health Service：state vaccination，1855 – 1871，HJ，5（1962），1 – 18.

[110] 参见下文，110 – 119，281 – 312.

[111] Baron，Life of Edward Jenner，vol. Ⅱ，318 – 320.

[112] 同上，vol. Ⅱ，320 – 322. Cf. 他们对歌颂瓦特的提议的反应见下文，97 – 106。政府提出在威斯敏斯特教堂举行公众葬礼，但詹纳的家人拒绝了这一提议：同上，317 – 318；The Times，1823 年 2 月 18 日，2c. 30 年后，为在伦敦特拉法加广场竖立詹纳雕像而发起的募捐，也没有在英国得到多少支持：参见下文，231 – 234.

[113] Richard Guest，A compendious history of the cotton manufacture［Manchester，1823］（facsimile edn，London：Frank Cass & Co. Ltd，1968），3 – 4. 另见 Andrew Ure，in Glasgow Mechanics' Magazine，2（1824），382 – 383.

1620年《大复兴》的卷首图上，帆船不再航行于神话中的赫丘利之柱之间，而是与悬崖下的海浪搏斗着，悬崖上还立着一台梁式发动机，正从矿井中抽水。[114] 在图上，长着翅膀的墨丘利雕像矗立在培根的格言“知识就是力量”的上方，身处于两排古典圆柱之间，这两排圆柱上刻着过去两个世纪里十位科学家的姓氏。其中一排圆柱由瓦特领衔，另一排圆柱则由伍斯特（Worcester）侯爵领衔，他们是蒸汽机历史上的两位主要人物。他们既不是神话中的发明者，也没有以某种方式表现出他们只是仁慈上帝的工具。相反，鉴于他们的名字被以罗马人的方式镌刻在凯旋门的圆柱上，这些人无疑被尊为英雄。

图3.8 《机械师》杂志（1823年）第一卷的卷首颂扬了陆上和海上的蒸汽机，以及十位名字被刻在古典圆柱上的科学家

照片由安·佩瑟斯（Ann Pethers）拍摄。

[114] Martin, Francis Bacon, 134－135.

第 4 章 瓦特的神化

1824 年的英国见证了发明人及其发明的社会地位的重大转折。发明人第一次能够被推崇为国家的恩人，对于普通人来说可谓盛况空前。1824 年 6 月，在威斯敏斯特的共济会会堂举行的特别会议上，作为首相的利物浦勋爵及其内阁高级成员与其他政治家和科学界、文学界、商界的杰出人士一道，共同纪念詹姆斯·瓦特的伟大成就。他们高调赞扬瓦特和他的蒸汽机，并由此发起了一项公众募捐以在威斯敏斯特教堂为瓦特建立纪念碑。更引人注目的是，乔治四世还捐赠了 500 英镑并列于捐赠名单的首位。据说利物浦勋爵早已向国王建议过这笔捐款，以“作为陛下随时准备为科学和文学事业提供支持的额外证据”。[1] 这是首相的说法（一些贫穷的科学家和文学家可能会对此发出苦笑），但也算是精明的政治举动，毕竟它能帮助当时的英国政府分享新生英雄的荣耀。[2] 就算利物浦勋爵所谓的建议是一种辩解，那他对这次会议的支持也绝不虚伪：他对瓦特和阿克赖特这样的发明人的尊重有目共睹。[3]

对军事国家的挑战

尽管现在已鲜为人知，但那次会议在当时得到了广泛的报道。[4] 不仅因其

---

❶ Add MSS 38，576，fo. 141.

❷ Cf. Morning Chronicle，19 June 1824，4d. 关于乔治四世作为技术赞助人的声誉和在 19 世纪 20 年代，他与利物浦勋爵之间关系的改善，参见 Christopher Hibbert，George Ⅳ（1762 – 1830），ODNB，online edn，October 2005，参见 www. oxforddnb. com/view/article/10541，最后登录时间为 2006 年 10 月 18 日。关于他对 Congreve 火箭发明的资助，参见 Roger T. Stearn，Congreve，Sir William，second baronet（1772 – 1828），ODNB，参见 www. oxforddnb. com/view/article/6070，最后登录时间为 2006 年 11 月 3 日。

❸ 参见下文，102.

❹ The Times，19 June 1824，6c；Morning Chronicle，19 June 1824，4a-d；The Scotsman，23 June 1824，395；Mechanic's Magazine，26 June 1824；The Birmingham Chronicle，15 July 1824，230（in Boulton & Watt MSS，MI/8/16，Birmingham City Archives）；Robert Stuart，Historical and descriptive anecdotes of steam engines，and of their inventors and improvers（London：Wightman & Co.，1829），567 – 576. 另参见下文，123.

出席者的杰出和多样性而引人注目，其在文化层面也是新鲜事物。这对由贵族和军队势力所统治的英国文化构成了一种微妙挑战，这种文化上的统治被过去20年来的军事成功所巩固。滑铁卢战役之后近10年，英国政坛仍然笼罩在击败拿破仑的长期艰苦卓绝的战役影响之下。正如琳达·科利（Linda Colley）所说的，一场胜利的战争的魅力在于其重新确认了地主阶级对权力的掌控：滑铁卢战役后的贵族成员通过“与热血英雄相联系，即一幅由完美无缺的军服、光荣的伤口和英勇的残肢所组成的精彩画面”来获得荣誉。[5] 军事英雄主义的光辉完成了对英国贵族阶层的重塑，使其成为自觉爱国的“服务精英”，除了出身和财产，他们对权力的保留还可以通过其杰出的履职表现来实现。[6] 然而，这样的现状却与英国的立场相左。随着英国发展成为欧洲领先的工业和商业强国，英国面对的社会和政治改革压力与日俱增；而其对法国的战争也加速了工业化的步伐。对改革者来说，对诸如纳尔逊和惠灵顿等军事英雄的崇拜，不应在和平时期继续粉饰政治，这一点至关重要。事实上，辉格党难以反驳托利党的攻击，即“尽管有辉格党的抗议和悲观行为，战争还是胜利结束了”；他们徒劳地谴责着常备军的持续开支和对自由的威胁。[7]

1818年，惠灵顿公爵带着荣耀的阴云进入利物浦内阁，从而加剧了危险：对于政府来说，公爵的首要资产是他的声望（他的保守观点使他与托利党极端派而不是首相的托利党自由派站在一起）。[8] 人们普遍认为惠灵顿是国家的救星，即使是惠灵顿在议会的对头对此也不能激烈反击。向贵族对议会的控制和对军事主义国家先贤祠的占领发起挑战都是十分必要的。他们现有的偶像人物都不足以完成这项任务，尤其是查尔斯·詹姆斯·福克斯，他的党派对他的纪念显得孤零零，尽管十多年来辉格党一直尊崇福克斯。然而，针对福克斯，他们已经认识到在公众面前而不是在他们的乡村庄园里竖立纪念碑的价值：自1814年布卢姆斯伯里广场变为辉格党神龛以来，韦斯特马科特的青铜雕像便由福克斯在威斯敏斯特教堂的大理石纪念碑所接替，用以纪念福克斯为和平和废奴事业所做出的努力。[9] 为了对抗处于上风的军国主义势力，英国亟须一个

---

[5] Colley, Britons, 148 - 192, 特别是第177 - 178页。

[6] 同上, 185 - 192.

[7] William Anthony Hay, The Whig revival, 1808 - 1830 (Basingstoke and New York: Palgrave Macmillan, 2005), 92, 97 - 98; Houghton, Victorian frame of mind, 308 - 309, 324. 参见上文, 19 - 20.

[8] Norman Gash, The duke of Wellington and the prime ministership, 1824 - 1830, in Norman Gash (ed.), Wellington: studies in the military and political career of the first duke of Wellington (Manchester: Manchester University Press, 1990), 117 - 138. 另参见上文, 20 - 21.

[9] Penny, The Whig cult of Fox, 100 - 102.

新的、没有明显党派倾向的偶像人物。

自由主义的辉格党和他们的盟友找到了一个似乎不太可行的铁公爵英雄主义霸权的挑战者——恰好在 1819 年去世的詹姆斯 · 瓦特。他们试图通过瓦特这位温文尔雅的发明人去塑造一位能与之竞争的名义领袖，即另一种英国愿景的化身——在这一愿景中，英国是一个建立在商业而非土地财富基础上的国家，它通过和平贸易而不是武力统治世界。在赞美瓦特的同时，他们也认识到英国制造商和贸易商在经济和政治方面日益增长的重要性。[10] 这一策略对像弗朗西斯 · 杰弗里（Francis Jeffrey）[《爱丁堡评论》（Edinburgh Review）的编辑] 以及他的密友亨利 · 布鲁厄姆议员（Henry Brougham MP）这样的苏格兰辉格党人来说尤有吸引力，后者试图让英国北部在不牺牲他们的自由主义原则的前提下更牢固地融入联盟：瓦特已经证明，除了成群的新兵，苏格兰能为英国提供更多。[11] 杰弗里和布鲁厄姆与其他苏格兰知识分子一起，于 1802 年创办了《爱丁堡评论》，并将其发展成为主流的、全国性的自由主义观点基地。此外，自 1810 年当选为议会议员以来，布鲁厄姆一直致力于为辉格党在大城市之外获得支持而寻找新的策略，并最终将一个贵族、都市派的政党转变成一个高效的、改革的政党——1832 年之后的半个世纪里，辉格党很少脱离政府。他以吸引当地商人和制造业者的自由主义议题为竞选主题，通过精明地将地方会议、媒体文章和下议院辩论结合起来的方式，教育和控制公众舆论。在下议院，他的演讲和战略技能帮助他在面对此前无懈可击的政府时获得了重大胜利。[12] 通过一场庆祝成功的发明人和企业家的运动，他们就能在大城市之外的选区获得政治资本，而通过树立一个和平进步的象征，也可以为反对他们所谴责的贵族式、军国主义的必胜主义（议会两党中都存在）取得优势。[13] 他们与

---

[10] Donald Read, The English provinces, c. 1760 – 1960: a study in influence (London: Edward Arnold, 1964), 79 – 81.

[11] J. E. Cookson, The Napoleonic wars, military Scotland, and Tory Highlandism in the early nineteenth century, Scottish Historical Review, 78 (1999), 60 – 75; J. E. Cookson, The Edinburgh and Glasgow Duke of Wellington statues: early nineteenth-century unionist nationalism as a Tory project, Scottish Historical Review 83 (2004), 24 – 40.

[12] Hay, Whig revival, 1 – 9, 183 – 184, 及其他各处。

[13] 布鲁厄姆和杰弗里在"水争议"中都属于"瓦特阵营"，在这场"水争议"中，瓦特和亨利 · 卡文迪什关于"发现"水的化学成分的说法引起了激烈的争论：Miller, Discovering water, 22 – 24, 169 – 177, 186 – 191；布鲁厄姆与杰弗里密切合作，为威斯敏斯特教堂和格拉斯哥纪念碑撰写了墓志铭，与他交换草稿，并请教了一贯严格的詹姆斯 · 瓦特：同上，97 – 98. 他将其发表在他的 Lives of men of letters and science who flourished in the time of George Ⅲ, 2 vols. (London: Charles Knight, 1845 – 1846), vol. Ⅰ, 387. 杰弗里负责在格林诺克雕像上题字：Sir Francis Chantrey to Jams Watt Jnr, 3 May 1839, James Watt MSS, W/10/9, Birmingham City Archives; The Times, 18 October 1838, 5f.

科学界的领军人物联合起来支持他们争取公共财政支援的运动，后者已经认识到瓦特的蒸汽机是科学知识效用的绝佳例证。

无论利物浦勋爵的目的是找到那些能帮助他抵制托利党极端派的潜在盟友，还是为了削弱辉格党的巧妙策略，他都迎合了当时人们的情绪并介入其中，将他的托利党自由派、皇室和另一个版本的国家身份认同联系在了一起。然而，激进派却义愤填膺，尤其是威廉·科贝特（William Cobbett），他意识到瓦特的名声被经济上持自由主义立场的辉格党和托利党利用了，为的是发动一场宣传领域的运动——他知道自己错过了一个机会。[14]

弗朗西斯·杰弗里曾公开建议，击败法军的荣誉应授予瓦特和他的蒸汽机。[15] 他的悼词首先发表在《苏格兰人》（*The Scotsman*）上［由政治经济学家J. R. 麦卡洛克（J. R. McCulloch）编辑］，支持了瓦特的主张：

> 正是改良过的蒸汽机在欧洲的战场为我们而战，并通过后来的激烈竞争，提升并延续着我们国家的政治实力。也正是依靠这一强大的力量，我们现在才能够偿还债务的利息，并以较少受税收压制的国家的技能和资本保持着艰苦奋斗……而这一切主要归功于一个人的天才；当然，从来没有人把这样的功劳记在他的同行身上。[16]

在这篇精心构思的文章中，杰弗里甚至都没有提到惠灵顿公爵，而是对他所谓国家的救星这一身份提出了质疑。首先，对于英国何以拥有如此强大的军事实力，他坚持认为在个人英雄主义或鼓舞人心的战场领导力之外，还有另一个更加深刻的解释，那就是（夸张地说）蒸汽动力，而不是英国潜在的经济实力。[17] 其次，杰弗里提醒他的读者，与法国作战的代价是巨大的：国债的负

---

[14] 参见下文，157－158.

[15] 帕特里克·科尔昆曾认为英国的新财富对于成功抵抗法国的“暴君”至关重要，但他既没有将其归功于蒸汽机，也没有将其归功于瓦特（他的言外之意是将其归功于对外贸易和商业）：Treatise on the wealth，power，and resources，72，68，116.

[16] Francis Jeffrey，Character of Mr Watt，The Scotsman，4 September 1819；repr. in Edinburgh Magazine，September 1819，203. Michael Fry，Jeffrey，Francis，Lord Jeffrey（1773－1850），ODNB，online edn，May 2006，参见 www. oxforddnb. com/view/article/14698，最后登录时间为2006年10月19日；Phyllis Deane，McCulloch，John Ramsay（1789－1864），ODNB，参见 www. oxforddnb. com/view/article/17413，最后登录时间为2006年10月18日。

[17] 关于对瓦特蒸汽机经济作用的一种普遍接受的修正主义评价，参见 G. N. von Tunzelmann，Steam power and British industrialization to 1860（Oxford：Oxford University Press，1978）；以及 A. E. Musson，Industrial motive power in the United Kingdom，1800－1870，EHR，29（1976），415－439. 关于衡量可用于战争的自然资源的尝试：参见 J. E. Cookson，Political arithemetic and war in Britain，1793－1815，War and Society Ⅰ（1983），37－60. 杰弗里可能还想过在朴茨茅斯皇家造船厂开发蒸汽动力：参见上文，73－74.

担将导致税收多年居高不下，从而阻碍自由贸易的发展。他暗示，如果没有蒸汽动力为我们带来的额外收益，英国将在托利党不计后果（和误导）的开支重压下逐渐衰落。最后，杰弗里提出，如果说谁是这个故事里的英雄的话，他绝不是滑铁卢战役的胜者，而是那个独自发明蒸汽机的天才；人类历史上没有任何人的成就能与詹姆斯·瓦特比肩！

杰弗里还设法以瓦特来取代惠灵顿作为国家的“模范”。[18] 在杰弗里对瓦特的赞美中，瓦特从一名工程师转型为文艺复兴时期的人，并被塑造成一个理想化的绅士形象，使他能为上流社会的图书馆和客厅增光添彩——从而减少瓦特身上原本带有的制造商气息：

> 即使撇开他在机械方面的造诣不谈，瓦特先生也是一名非凡的人，他在许多方面都很了不起。在他那个时代，没人能像他那样掌握如此丰富、多样且准确的知识——他读过那么多书，竟然还能过目不忘……他对古董、玄学、医学和词源学的众多分支都有涉猎，并且对建筑、音乐和法律的方方面面都了如指掌。对于大多数的现代语言和最近的文学作品，他也十分了解。[19]

此外，杰弗里说，瓦特对自己的知识运用自如，他谦逊、善良，乐于助人，他的谈话中“充满着通俗的精神和幽默”。确实，他的举止既不刻意、急躁，也不骄傲、轻浮。但他憎恶所有无知和自命不凡，他以自己充满男子气概的质朴和诚实无畏的言行让所有骗子都颜面扫地。显然，并不是只在战场上才能体现男子气概。杰弗里毫不吝啬地赞扬瓦特，他丝毫没有提及瓦特曾饱受抑郁情绪的困扰，也没有提到由于瓦特坚决行使专利权的行为而引发了竞争对手工程师的怨恨（“我们完全相信，直到离世的那一刻，他也不曾有过一个敌人”）。[20] 每当提到“抑郁症”，人们就会联想到精神的不稳定，而这种不稳定往往与“天才”那过度的想象力有关。[21] 杰弗里避免使用“天才”这个词

---

[18] 同上，20.

[19] Jeffrey, Character of Mr Watt.

[20] 同上。关于不同的观点，参见下文，107.

[21] Hope Mason, Value of Creativity, 110 – 111, 116 – 118, 138 – 140; Jordanova, Melancholy reflection, 70 – 73; Murray (ed.), Genius, 2 – 5; Kessel, Genius and mental disorder, 196 – 199; Yeo, Genius, method, and morality, 270 – 278; Schaffer, Genius in Romantic natural philosophy, 82 – 98; Simon Schaffer, Natural philosophy and public spectacle, History of Science, 21 (1983), 27 – 31. 用 William Cullen 的话来说，抑郁症是一种以错误判断为特征的疾病：Robert Morris, James Kendrick et al., Edinburgh medical and physical dictionary (Edinburgh, 1807), vol. Ⅱ, unpaginated, 转引自 Jordanova, Melancholy reflection, 60. 任何对瓦特“抑郁”的提及，都可能会危及达夫或杰拉德对瓦特更为平衡的“天才”定位：参见上文，52 – 53.

（除了它更古老的用法，“一个人的天才”），而是把瓦特描绘成一个百科全书式的智者，一个开明社交的典范。杰弗里笔下的瓦特是苏格兰启蒙运动为英国服务的缩影：理性、自由、人道，不用离开沙龙也能带来和平、智慧和繁荣。

很少有一个人的讣告拥有如此大的影响力。[22] 杰弗里那优美的散文立即在报纸和杂志上转载，并在一个世纪的时间里被不断引用。[23] 小詹姆斯·瓦特（James Watt Jnr）曾受邀为他父亲在苏格兰启蒙运动的另一部重要著作《不列颠百科全书》的最新增刊里增加一个“角色”，他很自然地将杰弗里为瓦特写的悼词加了上去。[24] 到了1835年，这一悼词已被严重滥用，以至一卷苏格兰人物列传的编辑则更倾向于引用沃尔特·斯科特爵士在《修道院简介》引言中对瓦特同样满含溢美之词但不那么夸张虚构的简介。[25] 杰弗里对1824年6月威斯敏斯特会议上的发言人的影响是显而易见的。尤其是，尽管没有人完全赞同他把惠灵顿排除在击败拿破仑这一荣誉之外的做法，但他们尝试以近乎普遍、细致入微的方式去重新分配荣誉的做法已经表明，这已成为非常敏感的问题。

威斯敏斯特教堂里的瓦特

到1824年，战后时期的经济萧条和社会紧张局势已经消散，民众对工业持续增长的信心已经恢复，这种经济繁荣的回归让辉格党人在议会之外几乎找不到什么不满之处。在经济政策方面，两名政党领袖发现他们彼此之间的共同

---

[22] 关于其他讣告，参见：Boulton & Watt MSS（Muirhead），MI/5/14；James Watt MSS，4/84/23.

[23] 比如，Monthly Magazine，or British Register，48（1 October 1819），238－239；The Birmingham Chronicle，15 July 1824，230；[George L. Craik]，The pursuit of knowledge under difficulties，2 vols.（London：Charles Knight，1830－1831），vol. Ⅱ，321；Arago，Life of James Watt，171；[Sir David Brewster]，Review of Eloge Historique de James Watt. Par M. Arago [etc]，in Edinburgh Review 142（January 1840），466－502；Dionysius Lardner，The steam engine explained and illustrated（7th edn，London：Taylor & Walton，1840），315－318；John Bourne，A treatise on the steam engine（London：Longman，Brown，Green & Longman，1853），21，22；James Patrick Muirhead，The life of James Watt（2nd edn，London：James Murray，1859），508；[Anon.]，The story of Watt and Stephenson，illustrated（London and Edinburgh：W. & R. Chambers Ltd，1892），56－59；T. Edgar Pemberton，James Watt of Soho and Heathfield：annals of industry and genius（Birmingham：Cornish Brothers Ltd，1905），35－44.

[24] Memoir of James Watt，FRSL & FRSE：from the Supplement to the Encyclopaedia Britannica（London：Hodgson，1824）；M. Napier（ed.），Supplement to the Fourth，Fifth，and Sixth Editions of the Encyclopaedia Britannica，6 vols.（Edinburgh：A. Cconstable，1815－1824）. 关于小詹姆斯·瓦特的作者身份，参见 Miller，Discovering water，94－96；1823年10月30日，小詹姆斯·瓦特告诉 Macvey Napier，“我完全同意你的看法，即应该以杰弗里先生的宏伟的悼词来结束”：Add MSS 34，613 fo. 204.

[25] Robert Chambers，A biographical dictionary of eminent Scotsmen，4 vols.（Glasgow：Blackie & Sons，1835），vol. Ⅳ，409. 参见下文，131.

点比各自身后的普通议员的还多。㉖ 1824年5月，议会议员爱德华·利特尔顿（Edward Littleton MP）代表“国内的几家主要制造商”给首相写信，要求政府批准为瓦特建立一座公共纪念碑。利特尔顿议员保证下议院有“几个最有影响力的”成员将“热情地”支持该提案，并确信这将是“最受英国制造业欢迎的行为，他们将瓦特视为英国有史以来最伟大的制造技术和卓越成就的推动者”。㉗ 对于以如此昂贵的代价开创先例，利物浦勋爵慎之又慎，所以他拒绝支持通过议会投票的方式资助修建官方纪念碑，但同意各位部长们以私人身份参加公开会议；最终他主持了这个会议，并捐赠了100英镑。㉘ 此外，他还向国王寻求支持。利特尔顿议员为何会参与到这一项目尚不清楚。之后，他只是简单地提到“我担任了主要角色，挑选了演讲者，并委托詹姆斯·麦金托什爵士（Sir James Mackintosh）撰写决议”。㉙ 但无论利特尔顿议员的动机如何，他在议会中的原则立场——在利物浦的托利党［他与外交大臣乔治·坎宁（George Canning）联姻］与布鲁厄姆的辉格党之间摇摆不定——都使他成为一个完美的中间人。㉚

不可否认，“此前从未有过如此多地位崇高和才华横溢的杰出人士聚在一起，只为纪念一位天才和他谦逊而低调的精神”。㉛ 伦敦皇家学会、皇家学院、古物学会的主席，其他科学界和文学界的杰出人士，以及一群议会议员、商人、金融家和制造商，都参加了这次会议。在纪念会议结束之前，大会就已募集到超过1600英镑（包括来自皇室的500英镑），并通过了在圣保罗大教堂或威斯敏斯特教堂为瓦特建立纪念碑的决议。㉜ 几个月后，请愿活动筹集了6000

㉖ Hay, Whig revival, 122-123; Norman Gash, Lord Liverpool: the life and political career of Robert Banks Jenkinson, Second Earl of Liverpool, 1770-1828 (London: Weidenfeld & Nicolson, 1984), 157-158; Austin Mitchell, The Whigs in opposition, 1815-1830 (Oxford: Clarendon Press, 1967), 183; Chester W. New, The life of Henry Brougham (Oxford: Clarendon Press, 1961), 266-268. 关于1824年惠灵顿在内阁中以“反康宁派、反天主教团体的非官方领袖的身份”出现，参见 Gash, Duke of Wellington, 122.

㉗ Add MSS 38, 298, fo. 316.

㉘ C. H. Turner (ed.), Proceedings of the public meeting held at the Freemasons' Hall on the 18th June, 1824, for erecting a monument to ... James Watt (London: John Murray, 1824), iii-ix; Add MSS 38, 299, fo. 13. 詹纳的案子最近被驳回了：参见上文，88.

㉙ Memorandum, 1824年10月, Hatherton MSS, D260/M/F/5/26/2, fo. 53, Staffordshire County Record Office.

㉚ G. F. R. Barker, Littleton, Edward John, first Baron Hatherton (1791-1863), rev. H. C. G. Matthew, ODNB, online edn, May 2005, 参见 www.oxforddnb.com/view/article/16784，最后登录时间为2006年10月18日。

㉛ Turner, Proceedings, ix.

㉜ Turner, Proceedings, 93-96; The Times, 19 June 1824, 6c; Morning Chronicle, 19 June 1824, 8a-d.

英镑。1834 年，由弗朗西斯·钱特雷爵士（Sir Francis Chantrey）委托建造的“巨型”雕像在威斯敏斯特教堂竖立了起来。[33] 处在精致的都铎王朝和斯图亚特王朝的遗迹之中，瓦特的雕像显得格外突兀，人民对此议论纷纷，其中一些甚至带有较强的敌意。[34] 这个雕像与位于伯明翰附近汉兹沃斯教区教堂中的瓦特坟墓雕像设计相似，只不过这次钱特雷爵士没有让瓦特身着日常服装，而是给这位伟大的“哲学家”穿上了学术袍（见图 4.1）。[35]

是瓦特的儿子小詹姆斯·瓦特和他的一些密友发起这次请愿。1819 年 8 月 25 日，在瓦特去世后，小瓦特整理了一份朋友名单。[36] 他们由 130 位男士和几位女士组成，大多居住在伯明翰、伦敦、格拉斯哥和爱丁堡。许多人在科学、艺术和商业方面都很杰出；其中最活跃的成员有查尔斯·汉普顿·特纳（Charles Hampden Turner）、汉弗莱·戴维爵士、亨利·布鲁厄姆（Henry Brougham）、马修·罗宾逊·博尔顿（Matthew Robinson Boulton）（瓦特已故商业伙伴的儿子）和托马斯·默多克（Thomas Murdock）；[37] 其他人也都参加了威斯敏斯特会议，并为该基金慷慨捐款。而在更远的地方，其他的朋友如弗朗西斯·杰弗里、沃尔特·斯科特爵士、柯克曼·芬利（Kirkman Finlay）和 G. A. 李（G. A. Lee）则在苏格兰和曼彻斯特的纪念活动中担任了主要角色。[38] 其中有一些明显交叉的人脉圈，最具影响力的是雅典娜协会，这是一个成立于 1823 年，专门为文学界和科学界人士提供服务的位于伦敦的俱乐部；文学界和科学界人士通过该俱乐部接触两党的高级政客，其中包括利物浦和罗

---

[33] 小詹姆斯·瓦特花了 4000 英镑聘请钱特雷打造雕像和半身像来纪念他的父亲，并把这些雕像和半身像捐给了瓦特的朋友们、汉兹沃斯教区教堂、格林诺克镇和格拉斯哥大学的亨特博物馆：R. Gunnis, Dictionary of British sculptors, 1660 – 1851 (new edn, London: the Abbey Library, n. d.), 33; Alison Yarrington, Ilene D. Lieberman, Alex Potts and Malcolm Baker (eds.), An edition of the ledger of Sir Francis Chantrey, R. A., at the Royal Academy, 1809 – 1841 (London: Walpole Society, 1994), 52 – 54, 143 – 144, 159, 213, 217.

[34] 参见下文，120 – 121.

[35] 格拉斯哥大学曾在 1806 年授予瓦特荣誉法学博士学位。在格拉斯哥乔治广场，瓦特的雕像身着学术袍，但在亨特博物馆，他的雕像又变回了日常的服装：Yarrington et al., Chantrey's ledger, 143 – 144, 213, 215 – 216, 217; Ray McKenzie, Public sculpture of Glasgow (Liverpool: Liverpool University Press, 2002), 123, 393.

[36] List of my father's friends, 25 – 31 Aug. 1819, Boulton & Watt MSS (Muirhead), MI/5/14 (1) a; 感谢 Richard Hill 提供的参考。查尔斯·汉普顿·特纳写信给《机械师》杂志，坚称是瓦特的“私人朋友”策划了这次会面，并向最初政府申请了“议会拨款”：no. 48 (24 July 1824), 306; 感谢 Jim Andrew 提供的这一参考。

[37] Minutes of the Committee for the Erection of a Monument to the late James Watt, Boulton & Watt MSS (Muirhead), MI/5/6; 感谢 Jennifer Tann 让我注意到这些论文。

[38] 有关委员会成员的更详细分析，参见 MacLeod, James Watt, 101 – 105, 116.

伯特·皮尔。威斯敏斯特会议上的 12 位演讲者中有 9 位来自这一协会。它为这次会议提供了将近一半（32 个）的委员会成员和至少 52 个捐献者，这些人累计贡献了超过 1300 英镑（几乎占总募捐额的 1/4）。[39] 除了斯科特、杰弗里、戴维和博尔顿，还有其他朋友也参与其中，比如工程师托马斯·特尔福德和乔治·伦尼（George Rennie），以及在莱姆豪斯制绳厂（由瓦特的亲密朋友、已故发明人约瑟夫·赫达特创办）有利益关系的辉格党商人组成的亲密团体。[40] 最后还包括查尔斯·汉普顿·特纳，他与利特尔顿合作，编辑并出版了会议记录。[41]

图 4.1　弗朗西斯·钱特雷爵士于 1834 年为詹姆斯·瓦特所作的大理石纪念碑，与威斯敏斯特教堂的圣保罗礼拜厅中的贵族陵墓极不协调地坐落在一起

---

[39] An alphabetical list of the members, with the rules and regulations of the Athenaeum (London, 1826); Monument to the late James Watt, Boulton and Watt MSS, Timmins vol. 2, fo. 44.

[40] [Joseph Huddart the younger], Memoir of the Late Captain Joseph Huddart, F. R. S. (London: W. Phillips, 1821) 是献给查尔斯·汉普顿·特纳的，以表彰老赫达特"多年来对你的尊敬和尊重"。

[41] 利特尔顿注意到，"后来我把演讲稿的草稿发给每位演讲者，并由他们自己修改演讲稿……布鲁厄姆的修改太多了，赫斯基森的增加了一些，皮尔的删了一些，而利物浦的则完全没有标点符号"：Hatherton MSS, D260/M/F/5/26/2, fo. 53. 可以比较一下《每日电讯报》的报道，19 June 1824, 4a-d, with Turner (ed.), Proceedings.

雅典娜协会和伦敦皇家学会的成员之间有相当多的重叠，包括委员会主席汉弗莱·戴维爵士、两名秘书W. T. 布兰德（W. T. Brande）和约翰·赫歇尔（John Herschel）以及十多名其他研究员。戴维在会议中扮演了重要的角色，他紧随首相之后发言，并抓住机会促进科学事业发展。戴维从杰弗里的悼词中得到的启示比其他所有演讲者都多。戴维在强调瓦特在英国战胜法国的过程中所起作用的同时，也避免暗示瓦特是唯一的功臣。戴维把瓦特定位为一名科学家：正是科学研究（“一种新的智力和实验性劳动”）使英国在经济和军事上处于领先地位。戴维称瓦特是皇家学会“最杰出的成员之一”；他不仅是一位“伟大的具有实践经验的机械师”，还是“一位杰出的自然哲学家和化学家，他的发明展示了他对这些科学的深刻知识、他的天才特质以及将二者结合起来付诸实践的能力。”[42] 接着，戴维呼应了杰弗里，继续说道：

> 他是我们这个时代的阿基米德……他永久地提升了我们国家的力量和财富；在刚刚过去的那场漫长的战争中，他的发明和应用是使英国能够展示其远超基于其人口数量所能预期的力量和资源的伟大手段之一。[43]

戴维的观点说出了听众的心声，因为科学家们经常把法国政府为研究提供的财政援助和身在英国的他们不得不自力更生的处境进行比较。如果自然哲学能够提供诸如此类的经济和战略利益，那么支持它显然是符合国家利益的。

下一个发言的是博尔顿，他坚持认为蒸汽动力在制造业的发展中扮演着重要的角色——尤其对棉花和钢铁行业助力最大——并且强调了蒸汽动力对英国经济发展的重要性。他赞扬了瓦特“卓越的科学造诣”，以及“对阿克赖特、韦奇伍德和许多其他杰出制造商技术的当代改良”。根据他的计算，仅用博尔顿、瓦特公司生产的蒸汽机代替畜力，每年就可节省250万英镑的经济开支。如果在全国范围内推而广之，它将提供“一个支持着这个国家经历艰难困苦并加速修复其易受损能量的权力和财富的明确来源，每一个善于反思的人都为此而感到兴奋”。[44]

政客们则竞相对戴维和博尔顿关于科学和工业的观点表示支持。这倒不是说他们不真诚：不管他们对机械化的后果怀有怎样的忧虑，利物浦、赫斯基森

---

[42] Turner, Proceedings, 8. 关于戴维经常向中产阶级听众保证，科学不会对现状构成威胁的反改革演讲，参见Jan Golinski, Science as public culture: chemistry and enlightenment in Britain, 1760 – 1820 (Cambridge: Cambridge University Press, 1992), 242 – 245. 关于他早先在“水争议”中对卡文迪什的支持，参见Miller, Discovering water, 66, 102.

[43] Turner, Proceedings, 13.

[44] 同上，16 – 20.

（Huskisson）和皮尔都公开表达了他们对制造业的经济重要性的认识，对以出口为导向、愈发依靠蒸汽动力的棉花产业来说尤其如此。[45] 利物浦也在前不久告诉议会，英国的农业无法脱离其工业而生存：

> 他要求贵族们思考，是什么塑造了这个国家的力量和优势：正如我们已经做到的，到底是什么使我们能够进行如此多的战争，特别是上一场战争？除了依靠我们制造业的规模和繁荣以外，还能有什么，甚至连农业本身也得到了它的支持。[46]

早在 1812 年，尽管他仍坚信农业是最重要的，但也特别指出“英国的机械和发明，比任何其他事业都更能使国家在世界商业国家中名列前茅”。[47]

这些托利党部长们不同程度地遭遇了杰弗里和辉格党人提出的“拿破仑”挑战。会议一开始，利物浦就料到了两个主题：认可瓦特发明的科学基础以及蒸汽动力的经济和战略效益。他回避了拿破仑战争的问题，而倾向于预测蒸汽动力战舰将给海军带来的好处，还将瓦特列为“人类的恩人之一……因为没有人比那些为提高国家生产力和工业的人更值得拥有自己的国家”。[48] 与之相比，英国贸易委员会主席、内阁中自由贸易的主要倡导者威廉·赫斯基森则迎难而上，一方面承认蒸汽动力在击败拿破仑的过程中所发挥的重要作用，另一方面也机敏地将军事英雄重新拉回到舞台中央：

> 对于那些重要的机械和科学改进，它们渐进、低调，但实实在在地成为国家的财富和工业的一部分，在纳尔逊将自己的全部精力都投入特拉法尔加战役、惠灵顿公爵打破欧洲大陆的军事平衡以及滑铁卢的胜利为欧洲的和平奠定了坚实基础之前，我们不得不对屈辱的和平提出控诉。因此，我觉得在我们为瓦特先生建立一座纪念碑的时刻，应当同意把它立于那些在胜利时刻倒下的英雄们的身边（掌声）。不要让任何人觉得他那谦虚、

---

[45] Hardy, Origins of the idea, 37 –49; Boyd Hilton, Corn, cash, commerce: the economic policies of the Tory government, 1815 –1830 (Oxford: Oxford University Press, 1977), 303 –307. 关于托利党的社会问题，参见 Berg, Machinery question, 253 –268.

[46] Hansard, P. D., 2nd ser., Ⅸ (1823), 1532, 转引自 William Hardy, Conceptions of manufacturing advance in British politics, c. 1800 – 1847, 哲学博士未发表论文, University of Oxford (1994), 196.

[47] Statesman, 25 July 1812, 1, 转引自 Iorwerth Prothero, Artisans and politics in early nineteenth-century London: John Gast and his times (London: Methuen & Co., 1981), 56.

[48] Turner, Proceedings, 1 –7.

长久并宝贵的成就与那些国家所感激的更加杰出的行为之间没有联系。[49]

如果说赫斯基森巧妙的言辞削弱了辉格党的夸张，他同时还抓住了这个机会来奉承皇家学会的主席：他不仅赞同戴维“瓦特的发明是科学努力的产物（而不仅仅是意外）”的观点，还称赞戴维发明的矿工安全灯“对社会的益处不可估量”。[50]

而赫斯基森所主要关心的，还是自由贸易问题。[51] 1776 年，亚当·斯密系统地阐述了它的经济和政治效益，从而成为 19 世纪英国人的信条以及外交和财政政策的基础。战争被认为已经过时；自由主义者满怀信心地认为，贸易国之间的相互依存将为一个和平和谐且英国占主导地位的国际体系提供保证。基于这一信条，赫斯基森认为蒸汽机改善了“人类普遍的物质条件”，并为它在道德和宗教方面可能起到的补充作用提出了设想。[52] 他热情地说，蒸汽动力是他们在世界各地文明使命的核心：它将被证明是一种“伟大的道德杠杆”，被一系列廉价的制成品所激发的占有欲将驱使“野蛮民族”付出更大的努力、养成更勤奋的习惯并“改善他们的生存状况”。[53]（他还说，基督教传教士也在这一“进步”中发挥了重要作用）资本主义和福音帝国主义的双面性就这样被毫不羞耻地展示了出来。

内政大臣罗伯特·皮尔承认自己来自兰开夏郡的棉花产业。在他表达了自己对瓦特的聪明才智的感激之情，并详细阐述了棉花产业和曼彻斯特对蒸汽技术的特殊亏欠时，台下响起了热烈的掌声。[54] 随后，他又补充道：“我觉得我出身的这个社会阶层是崇高而光荣的，因为在这一阶层中出现了瓦特这样的

---

[49] Morning Chronicle, 19 June 1824, 4b. Cf. Gash, Lord Liverpool, 221：赫斯基森当时与惠灵顿在外交政策上有分歧。

[50] Morning Chronicle, 19 June 1824, 4b.

[51] 关于自由主义的保守党人对自由贸易和以制造业和商业为基础的经济与农业为基础的经济的承诺，参见 William Hardy, The Liberal Tories and the growth of manufactures (Shepperton: the Aidan Press, 2001), 17 - 35; Barry Gordon, Economic doctrine and Tory liberalism, 1824 - 1830 (London and Basingstoke: Macmillan, 1979), 2 - 4, 14 - 25.

[52] 加雷思·斯特德曼·琼斯引用了赫斯基森的演讲作为“福音派宇宙论”的“一个显著的例子”，他将市场神圣化为“道德法则的客观代理人”：An end to poverty? A historical debate (London: Profile, 2004), 178 - 179. 感谢理查德·谢尔登提供的这一参考。

[53] Morning Chronicle, 19 June 1824, 4b. 赫斯基森对这段话进行了大幅修改，在他设想的福利中增加了“对指导的渴望”，并将其更明确地扩展到国内的“社区中最卑微的阶层”：Turner, Proceedings, 28 - 29.

[54] Morning Chronicle, 19 June 1824, 4d. 关于皮尔对技术变革以及工业化整体上积极的看法，参见 Hardy, Liberal Tories, 40 - 55.

人。”[55] 这些资深的托利党人以不同的方式利用这个机会来改善政府与制造业的关系，后者则感受到被托利党对工厂工作条件的关注所围攻，他们不仅受到托利党对农业财政的保护所带来的压迫，还被托利党对选举改革的抵制所激怒。这些托利党人表示愿意与制造商们“做生意”，只要还有为因战争而膨胀的国家债务提供资金的需要（以降低关税为代价），并且拥有不超过极端托利党人所允许的政治影响力。[56] 至于最重要的极端托利党人，尽管与他们在政策上存在分歧，但皮尔仍采取了安抚性的防御行动，以支持他不在现场的同僚们的英雄地位。皮尔还含蓄地反驳了辉格党关于瓦特优于惠灵顿的说法，他认为，一座孤立的瓦特纪念碑是令人反感的。他建议说，如果“把这位伟大发明人的纪念碑放在包含诗人、战士和我视之为灵魂人物的政治家的圆屋顶下，他的名声会更加闪耀”。[57]

的确，两位苏格兰辉格党领袖呼应了杰弗里的悼词，使瓦特占据了举世无双的国家重要地位。首先，詹姆斯·麦金托什爵士对前面的演讲作了总结，从而得出了人们意料之外的结论，这让戴维和赫斯基森很不高兴。麦金托什宣称：“你们已经听得很清楚了，瓦特先生的发明主要是有益于保护国家。”随后，他引用了弗朗西斯·培根对发明人的高度评价，并表示，如果培根还活着，“毫无疑问，他会把瓦特置于各个时代发明人的首位。”[58] 下一个发言的亨利·布鲁厄姆则转述了杰弗里对瓦特聪明才智和道德价值的赞扬，并将其与艾萨克·牛顿爵士相提并论，还大胆地宣称要在圣保罗大教堂或威斯敏斯特教堂纪念这位卓越的和平英雄。

尽管各方的解释存在一定的出入，但苏格兰辉格党人和自由派托利党人还是有足够的空间求同存异。他们共同用一位英雄的纪念碑打破了贵族和军事势力对威斯敏斯特教堂这一非官方先贤祠的把控。

利特尔顿认为，向瓦特致敬的行为会得到制造商的青睐，这一想法通过后者对威斯敏斯特教堂纪念碑的支持以及在大城市之外（尤其是曼彻斯特和

---

[55] Turner, Proceedings, 70.

[56] 随着经济的复苏，税收收入的增加，使利物浦政府开始拆除保护性关税的网络，这一网络是建立在为国家债务提供资金的基础上的——从 1824 年 2 月的预算开始：Gash, Lord Liverpool, 217 – 219; Hardy, Liberal Tories, 29 – 35; Hilton, Corn, cash, commerce, 303 – 307。

[57] Morning Chronicle, 19 June 1824, 4d. 皮尔在已出版的《议事录》中阐述了这一点，他的观点得到了保守党议员亚伯丁勋爵的支持：Turner（ed.）, Proceedings, 71 – 72. 詹姆斯·麦金托什爵士代表辉格党，用特纳的话来反驳皮尔对制造商的直接呼吁，对“许多开明、聪明、独立、正直的人，即英国的制造商”的出席表示高兴，并说他们应该把这次活动看作是对他们和“有用技术”的致敬：同上，51 – 52。

[58] Morning Chronicle, 19 June 1824, 4c.

格拉斯哥这两个英国棉花工业中心）所获得的热烈响应而得到证实。贸易和制造业在纪念碑委员会有许多代表，尤其是棉花行业，有多达10名从业者位列其中，包括阿克赖特和斯特拉特（Strutt）。羊毛业和陶器业都各自派出了一位知名人物——分别是利兹的本杰明·戈特（Benjamin Gott）和约西亚·韦奇伍德二世（Josiah Wedgwood Ⅱ）；另外，还有两名铁匠师傅、莱姆豪斯制绳厂的6名合伙人以及为瓦特供应白兰地酒的布里斯托商人。这里有许多人认识瓦特本人，有些是他的朋友，有些则是购买他蒸汽机的客户，他们也都是最慷慨的捐献者（例如莱姆豪斯制绳厂的合伙人，他们捐赠了近250英镑）。募捐名单上有200多名捐献者，他们大多来自伦敦，累计（不包括国王）捐出了近3300英镑。[59] 除了为数不多的骑士和准男爵外，名单里还包括比“先生”或“议员”更堂皇的头衔的人；还有至少20位的头衔里可以写上“英国皇家学会会员”（Fellow of the Royal Society，FRS）。至少有4家伦敦啤酒商、13家伦敦商业公司、3家蒸汽渡轮公司、9家威尔士钢铁公司、1家康沃尔矿业开发商可能正是依靠与博尔顿、瓦特公司的直接商业联系才得以发展壮大的。[60] 许多来自伯明翰的捐献者都是瓦特的私人朋友和商业伙伴，其中包括博尔顿和他的妹妹，威廉·默多克（William Murdoch）和他的儿子，以及威廉·克莱顿（William Creighton），他们都做出了慷慨的捐赠。伯明翰运河航运业主则捐出100英镑，用以感谢瓦特作为委员会成员为他们提供的服务。[61] 还有近100英镑来自苏豪区工人和职员捐出的先令和便士。[62] 到1825年2月，特纳报告说，伦敦的捐赠额已增长到4000英镑；曼彻斯特和伯明翰地区则分别募集到1100英镑和900英镑。[63]

也有一个职业群体没有出现在纪念碑委员会和捐赠的名单上——康沃尔地区的工程师们。3名杰出的土木工程师托马斯·特尔福德、乔治·伦尼和詹姆斯·沃克斯（James Walkers）都在委员会中，此外，至少还有3名“工程师”做出了捐赠。尽管这些人的捐赠只占同行业捐献总额的一小部分，却也超过了机器制造商们的捐献量。尽管伦敦是机械工程的主要中心，但委员会名单中没

---

[59] Boulton & Watt MSS, Timmins, vol. 2, fo. 44.

[60] 西印度群岛殖民地甘蔗种植园为瓦特发动机提供了仅次于棉花产业的第二大客户群，其中许多客户通过伦敦出口：Jennifer Tann, Steam and sugar: the diffusion of the stationary steam engine to the Caribbean sugar industry, 1770 – 1840, HT, 19 (1997), 63 – 84.

[61] Boulton and Watt MSS, Timmins, vol. 2, fo. 44; The Times, 1 October 1824, 2d.

[62] The Brimingham Chronicle, vol. Ⅱ, no. 81 (1824年7月15日), 228; Soho Foundry subscriptions towards the Fund, for erecting a Monument, to the Memory of the late James Watt, Esq, Boulton & Watt (Muirhead) MSS; MI/5/9. 感谢詹尼弗·坦恩提供的参考，感谢杰里米·斯坦抄写并得出这个列表。

[63] Minute, 16 February 1825, Boulton & Watt (Muirhead) MSS, MI/5/6.

有看到“机械”一词，只有亨利·莫德斯雷的名字出现在捐赠名单上（这笔捐赠更可能是后补的）。博尔顿和瓦特公司在伦敦的其他竞争对手可能不愿为其荣耀增光添彩，或者他们对政府当时作出的维持机械出口禁令的决定感到不满，因为这一禁令保护了曼彻斯特棉花公司的利益，而后者在纪念瓦特的活动中表现得尤为突出。[64] 或者，他们的缺席可能也体现出他们长久以来对瓦特的敌意，这种敌意源于瓦特通过延长专利保护期限（1769～1800 年）严格控制着蒸汽工程技术，而瓦特基于嫉妒心理改写历史以使他的竞争者们没有得到其应得的历史地位以及博尔顿和瓦特公司骚扰竞争对手（特别是位于利兹的穆雷、芬顿和伍德公司）的事实，也进一步加剧了他人对瓦特的敌意。[65] 正如瓦特本人在 1783 年所评论的那样，商界人士“与其说钦佩我是个机械师，不如说更恨我是个垄断者”。[66] 目前还不清楚他所指的是他在发动机制造商中的竞争对手，还是那些抱怨不得不付费以使用他的发动机的客户。当然，在康沃尔，以上两个群体都对瓦特提出了批评。康沃尔的矿业界曾购买过许多早期的博尔顿和瓦特公司的发动机，他们对该公司的专利非常不满：由于这些专利的存在，在 1800 年以前，他们无法在当地购买更便宜、技术更先进的发动机。这种不满的情绪是如此的强烈，它助长了康沃尔的工程师和矿业公司反对专利的偏见，这种偏见至少贯穿了整个 19 世纪上半叶。[67] 它的影响甚至已经延续到 20 世纪。1920 年，设立纽科门学会的工程师们（在纪念瓦特诞辰 100 周年的会议上）决定以托马斯·纽科门为之命名，因为“瓦特的名字可能会与过去遗留下来的不和谐的基调产生联系”。[68]

---

[64] A. E. Musson, The “Manchester School” and exportation of machinery, Business History, 14 (1972), 28－29. 1826 年，小詹姆斯·瓦特向曼彻斯特商会提供帮助，帮助其继续抵制废除这项立法：同上，34n.

[65] 瓦特的这一面与杰弗里对他的描写完全不符，参见 Torrens, Jonathan Hornblower, 23－34. 参见 David Brewster 的评论，in Gordon, Home life of Sir David Brewster, 123－124；关于对“发明的社会建构”的一些有益思考的一个类似案例，Carolyn C. Cooper, Shaping invention: Thomas Blanchard's machinery and patent management in nineteenth-century America (New York and Oxford: Columbia University Press, 1991), 29－56. 关于苏豪和利兹的竞争，参见 G. Tyas, Matthew Murray: a centenary appreciation, TNS 6 (1925), 113－115, 133－143；感谢亚历山德拉·努沃拉利提供的这一建议。

[66] 转引自 Jacob, Scientific culture, 116.

[67] Alessandro Nuvolari, The making of steam power technology: a study of technical change during the British industrial revolution (Eindhoven: Eindhoven University Press, 2004), 101－103, 115－118.

[68] A. Titley, Beginnings of the Society, TNS 22 (1942), 38, 转引自 H. S. Torrens, Some thoughts on the history of technology and its current condition in Britain, HT 22 (2000), 225；感谢托尼·伍里奇让我注意到这一参考。

英国北部的英雄

在苏格兰，人们对瓦特的回忆最为热烈。纵观整个19世纪和20世纪初，无论在他的出生地格林诺克，还是在他发明了独立冷凝器的格拉斯哥，人们都定期纪念各自与瓦特的联系。1824年，每个城市都决定像爱丁堡那样建立自己的瓦特纪念碑。然而，苏格兰的首都与瓦特之间并没有直接的联系，它们作出这个决定更多是出于辉格党在更大的英国舞台上的政治利益，而不是出于公民自豪感。聚集在杰弗里的《爱丁堡评论》周围的辉格党知识分子们就纪念活动应该在威斯敏斯特还是爱丁堡，即在联合王国的首都还是苏格兰的首都举行的问题争论不休。无论他们将多大的利益和忠诚寄托在联合王国之上，他们都后悔把苏格兰"天才"的强大象征在爱丁堡正需要它的时刻，拱手让给了伦敦。事实上，有人认为这两个目标可以同时实现：不管他们对财政的贡献有多大，贵族们对威斯敏斯特教堂的控制是一定会被打破的；而通过一定的引导，他们还可以开辟第二条战线，以挑战托利党对爱丁堡纪念性活动的垄断。因为，正是在苏格兰的首都，一场争夺国家纪念性活动控制权的最激烈的战斗正在打响。19世纪20年代，爱丁堡的辉格党人发现自己很难避开政治对手的耀武扬威。亚历克斯·泰瑞尔（Alex Tyrrell）写道："利用雕像和街道名称（新城中有相互交错的皮特和邓达斯街），爱丁堡的保守党人正在把这座城市变成一个传播他们自己心目中'公民美德'的'教学空间'。"[69] 特别是，保守党人打算在新城南端的卡尔顿山修建纳尔逊纪念碑，以作为纪念苏格兰对英国军事力量的贡献的"古希腊卫城"。19世纪20年代后期他们下台后，这一计划因受阻未能执行。新晋的辉格党和激进派议员们把控制国家纪念碑事务作为首要任务，并尝试将它"从一个用来纪念保守的军事美德的神殿转变成一个用来庆祝苏格兰文武成就的神殿"。[70] 然而，在1824年，一些苏格兰辉格党人勇敢地试图将瓦特的纪念碑塞入爱丁堡托利党人设计的城市景观之中。

弗朗西斯·杰弗里和沃尔特·斯科特爵士（不是辉格党人，而是瓦特的朋友和仰慕者）不失时机地在爱丁堡召开会议，为威斯敏斯特教堂的纪念碑

---

[69] Alex Tyrrell with Michael T. Davis, Bearding the Tories: the commemoration of the Scottish Political Martyrs of 1793 - 1794, in Paul A. Pickering and Alex Tyrrell (eds.), Contested sites: commemoration, memorial and popular politics in nineteenth-century Britain (Aldershot: Ashgate, 2004), 28.

[70] 同上，29，引自 Cookson, The Napoleonic wars, 74. 关于辉格党对历史记录和现代万神殿成员的关切，参见 J. W. Burrow, A liberal descent: Voctorian historians and the English past (Cambridge: Cambridge University Press, 1981).

项目募集捐款。[71] 然而，在他们亲密的朋友圈中，詹姆斯・皮兰斯（James Pillans）教授站起来反对。据《苏格兰人》报道，“他希望苏格兰人立起一座能让每位机械师在白天都能看到并从中受益的纪念碑，而不是一个深藏于教堂里的纪念碑。”[72] 皮兰斯毕生都是辉格党人，同时也是一位热心的教育改革家，他对更广泛社会目标的呼吁引起了人们的共鸣。[73] 杰弗里的另一位亲密伙伴亨利・考克伯恩（Henry Cockburn）虽然不反对斯科特和杰弗里的决定，但他也敦促在场的“机械师们”召开另一次会议来讨论皮兰斯的建议。无论持异议的提案是精心设计的还是人们自发的，这次会议都决心实现两个目标，并以幽默的语气结束——斯科特通过对“在推动伦敦靠近爱丁堡这个问题上，没人比瓦特先生做得更多”这一事实的观察，来减少威斯敏斯特教堂的麻烦（并引起一阵大笑）。[74]《格拉斯哥纪事报》（*The Glasgow Chronicle*）的报道更明确地揭示了联合主义者和民族主义者各自议题之间的紧张关系。这为皮兰斯的演讲增添了更多的民族主义色彩：“为我们自己开启一次募捐，在瓦特先生出生的国家，即他的发明最初被构思和发现的地方，建立一座纪念碑，这将为苏格兰增光添彩。”[75] 斯科特和杰弗里两眼盯着英国的舞台，回答说：“这座纪念碑将成为一个伟大的国家纪念碑……在帝国的大都会里。”就在杰弗里正要结束会议时，考克伯恩（从另一场关于卡尔顿山国家纪念碑的会议赶来）走进了会议室，“并开始抗议如此仓促地对一个这么重要的问题进行募捐”。《格拉斯哥纪事报》认为，持不同政见者在当天赢得了胜利，因为六七十名参与者中的大多数人在离开时都没有为威斯敏斯特的请愿捐款。[76] 事实证明它的这一预测是正确的。

随后的会议吸引了“各个阶层和党派”的 500 人，其中大多数可能是工匠。[77] 考克伯恩致了开幕词，他强调了瓦特的苏格兰血统和他的平民美德。考

---

[71] 科林・基德认为，尽管斯科特的政治观点微不足道，但他的思想“深受苏格兰启蒙运动中辉格党的社会意识形态的影响”：Subverting Scotland's past：Scottish Whig historians and the creation of an Anglo-British identity，1689-c. 1830（Cambridge：Cambridge University Press，1993），9－10.

[72] The Scotsman，10 July 1824，529b.

[73] Elizabeth J. Morse，Pillans，James（1778－1864），ODNB，online edn，October 2006，参见 www. oxforddnb. com/view/article/22282，最后登录时间为 2006 年 10 月 18 日。

[74] The Scotsman，10 July 1824，529b. 由于会议早于客运铁路，斯科特大概指的是最近开始在沿海和内河运输乘客的蒸汽游船。

[75] Glasgow Chronicle，10 July 1824，2e. 小詹姆斯・瓦特担心在苏格兰修建独立纪念碑的野心会破坏伦敦的纪念碑，尽管如此，他还是为“同胞们在更有限的使用中获得的额外荣誉而感到自豪”：James Watt Jnr to Edward John Littleton，20 August 1824，Hatherton MSS，D 260/M/F/5/26/2，fo. 55.

[76] Glasgow Chronicle，10 July 1824，2e.

[77] The Scotsman，24 July 1824，557.

克伯恩说："看来上帝在一个高度工业化和商业化的国家里，将他塑造成了一个自由而有帮助的公民楷模。"虽然意识到威斯敏斯特教堂的纪念碑提议是对瓦特的尊重，但他也相信，这两个项目绝不是不相容的：还应该有一座苏格兰的瓦特纪念碑。他的第一个理由就触动了民族主义者："因为这是他自己的国家，他们有责任通过向苏格兰人展示天才和勤奋所能得到的最终回报，来鼓励其他人做出类似的努力。"他的第二个理由（尽管他暗示，可能是更重要的）打出了民粹主义的牌："不应该把任何专属的纪念碑放在大多数人无法进入的地方。"面对"热烈的掌声"，考克伯恩认为，教堂为人们瞻仰"国家的天才、科学和美德"而设置的收费即使再少也不能被接受；瓦特的纪念碑应该是露天的，即使是"最穷的机械师"也能看得到，从而触动他的心灵，激发他的天赋。此外，它还将"装点苏格兰的大都会"，提升它作为"帝国最壮丽、最美丽"城市的声誉。[78] 在这篇华丽的演讲中，考克伯恩对"国家"这个概念反复无常，在苏格兰人和英国人之间游移不定。这体现出许多当代苏格兰人乐于其享有的双重身份：虽然他们知道联合的好处，但也始终坚守着自己的苏格兰地位。[79]

考克伯恩的决定得到了苏格兰副检察长约翰·霍普（John Hope）的支持。霍普是利物浦政府任命的官员（但他在辉格党的法律圈子内的活动很自由）。霍普的参与意味着，自由派托利党人默许了辉格党在边境以北可以拥有和威斯敏斯特一样多的纪念性活动计划。然而，正是在这样的基础之上，瓦特不应该孤零零地享受荣誉，而应被允许与"伟大和强大的土地"为伴。霍普重复了这个令人失望的理论："把哲学家的雕像放在政治家、战士和诗人的雕像旁边是特别合适和恰当的。"[80] 这个联盟并不是唯一的创新。自第一次会议以来，他们就与艺术学院的董事们进行了谈判。该学院成立于 1821 年，旨在教授"在物理科学的某些分支中具有实际应用价值的机械学"。[81] 结果，这个计划出现了功利主义倾向。考克伯恩最后提出的建议是，他们将"建立一个用来装点城市并且配得上瓦特的大厦"与学校的永久住宿计划结合起来推进。学校董事秘书伦纳德·霍纳（Leonard Horner）（同时也是威斯敏斯特委员会的成

---

[78] 同上。

[79] Graeme Morton, Unionist nationalism: governing urban Scotland, 1830 - 1860 (Phantasie, E. Linton: Tuckwell Press, 1999), 16 - 17.

[80] The Scotsman, 24 July 1824, 557; Gordon F. Millar, Hope, John (1794 - 1858), ODNB, 参见 www. oxforddnb. com/view/article/13733, 最后登录时间为 2006 年 10 月 18 日。

[81] W. L. Bride, James Watt - his inventions and his connections with Heriot - Watt University (Edinburgh: Heriot-Watt University, 1969), 25.

员）证实，董事们将为这个项目捐献 1500 英镑。有人对此提出了反对意见：第一，拥有更多机械师的格拉斯哥将从这样一所学校中获得更大的利益，并将更慷慨地向它捐款；第二，这将使对瓦特的纪念毫无意义，他的名字很快就会被忽略——这所新学校实际上是对霍纳的纪念！然而，考克伯恩向大会保证格拉斯哥已经有了纪念瓦特的计划，因此顺利地通过有关决议。[82] 一周后，《苏格兰人》试图反驳第二个反对意见：瓦特的名字和他的发明典故将被镌刻在大楼的外部，一尊全身雕像或半身雕像将用来装点门廊；人们希望借此营造一种“居高临下的感觉”——这一切都取决于筹集到的资金数额。[83]

这确实是一个难题：这个雄心勃勃的项目因为缺乏资金而迟迟未启动。在爱丁堡以服务业为主的经济市场中，一个由市政官员和专业人士组成的委员会在 3 周内从各行各业的专业人士和制造业人士那里筹集了 765 英镑（另外还有艺术学院承诺捐赠的 500 英镑）。一共有超过 160 多人捐赠，但捐赠额度罕有超过 10 基尼的。[84] 1840 年，沮丧的捐赠者们试图为一尊由钱特雷打造的廉价雕像筹集资金。[85] 直到 1851 年，瓦特艺术学院（更名后）才获得足够的额外资金，买下了位于亚当广场的一栋建筑，并委托彼得·斯莱特（Peter Slater）雕刻一尊瓦特雕像，以装饰其外部。[86]

事实证明，苏格兰西部是一个更安全的中心地带。克莱德河沿岸的经济由工业和航运主导，与瓦特的联系更加明显，因此，当地富有的制造业者和商人们捐赠了更多的钱，也更加慷慨。虽然在克莱德河上建立联合纪念碑的压力很大，但人们还是有足够的热情来推进这两个独立的计划。[87] 格拉斯哥人感觉他们有歌颂瓦特的特别理由。在 1824 年 11 月的市政厅会议上，市长宣布，尽管有一些市民正在为伦敦的请愿出力，但是他相信所有人都会建造一座纪念碑以

---

[82] 《苏格兰人》完全赞同这个计划，并预言爱丁堡将很快成为一个主要的制造业中心：1824 年 7 月 24 日，559b-c. 这些反对意见是由克雷格提出的，他可能就是 7 月 9 日支持皮兰斯决议的人。

[83] The Scotsman，31 July 1824，577.

[84] The Scotsman，24 July 1824，559. 14 August 1824，606. 我很感谢戴维·布赖登，他热心地给我提供了一些格拉斯哥和爱丁堡的募捐名单，这些募捐者已经通过 Glasgow Post Office directory（1828），和 Pigot & Co.'s new commercial directory of Scotland（1825 – 1826）所确认。

[85] The Scotsman，16 December 1840，3f.

[86] Bride，James Watt，26；H. W. Dickinson and Rhys Jenkins，James Watt and the steam engine：the memorial volume prepared for the committee of the Watt centenary commemoration at Birmingham 1919，intro. Jennifer Tann（Ashbourne：Moorland，1981），87. 萌芽中的苏格兰民族主义运动很快就把威廉·华莱士和罗伯特·布鲁斯塑造成了苏格兰的英雄：Morton，William Wallace，114 – 117.

[87] Glasgow Chronicle，28 October 1824，3a；30 October 1824，1d；2 November 1824，3a.

便永远纪念瓦特先生并装点这座赋予他那强大天赋的城市。"[88] 演讲者们重复了许多已经在伦敦和爱丁堡被表达过的感想，但与爱丁堡相比，他们的言辞更加民众化，民族主义色彩较少。一位格拉斯哥大学的化学教授重申了戴维关于自然哲学、蒸汽机和"大不列颠的繁荣和扩张"之间联系的观点；一位当地主要的棉花纺纱业者认为瓦特对"这个帝国"的贡献远远超过了"所有政客的总和"。[89] 在6个月的时间里，在一个大型委员会的支持下，格拉斯哥筹集到3000多英镑。这个委员会由众多行业的商人所主导，还包括市政官员、大学教授和其他专业人士。这座城市委托钱特雷建造了另一座"巨型"雕像；并于1832年竖立在乔治广场上，算是威斯敏斯特教堂纪念碑的一个翻版（见图4.2）。[90]

格拉斯哥的棉花贸易行业表现得非常慷慨，而且与伦敦不同的是，这里的工程师和五金工人们的行业代表都有不错的表现。有两个特点十分引人注目：第一，参与捐款的行业种类繁多，包括许多与蒸汽机没有联系的行业，如面包师、杂货商、裁缝、酒商以及瓷器匠；第二，在十多种不同的工作场所中收集了大量的资金——虽然主要是工程车间和铸造厂，但也有两个印刷厂和一个砖厂。[91] 它们显示了人们对瓦特的广泛崇拜，这种崇拜远远超出了那些受他发明最直接影响的人。格拉斯哥演讲的基调比其他地方更亲民：几位演讲者都热烈地谈论他们与瓦特的友谊和他的个人品质。其中一位名叫詹姆斯·尤因（James Ewing）的人进一步扩大了瓦特为这座城市所带来的"礼物"，包括供水、燃气照明和蒸汽船。他还强调了瓦特和其他一些演讲者的平民出身，以作为对其他机械师的鼓舞，他最后还以一句纳尔逊式的俏皮话结尾——"格拉斯哥希望每个人都尽到自己的职责"——这句话赢得了热烈的欢呼。[92]

熟练工人在这场请愿活动中的参与程度远高于在爱丁堡的。1824年创刊的《格拉斯哥机械师》杂志以瓦特为封面人物（第一版的封面是他的雕刻肖像，随后在7月又出了一份3页的瓦特个人传记），广泛报道了伦敦和当地的

---

[88] James Cleland, Historical account of the steam engine (Glasgow: Khull, Blackie & Co., 1825), 30; Stana Nenadic, Cleland, James (1770 - 1840), ODNB, 参见 www.oxforddnb.com/view/article/5594, 最后登录时间为2006年10月18日。

[89] Cleland, Historical account, 33 - 34.

[90] Yarrington et al., Ledger of Sir Francis Chantrey, 215 - 216; McKenzie, Public sculpture of Glasgow, 122 - 124.

[91] Glasgow Chronicle, 25 November 1824, 3b; 11 December 1824, 3a; 30 December 1824, 3b; 5 February 1825, 3d; 2 April 1825, 3c; Glasgow Mechanics' Magazine 2 (27 November 1824), 303 - 304.

[92] Glasgow Mechanics' Magazine 2 (27 November 1824), 300 - 302.

图 4.2 1832 年，弗朗西斯·钱特雷爵士在格拉斯哥的乔治广场为詹姆斯·瓦特制作的铜像

作者拍摄。

纪念活动。[93] 它还报道了安德森学院的力学课程，并开通了学院的捐款渠道。学生们对导师的观点印象深刻，以至于：

> 不久之前，即便就在这个假装自己文明进步的国家，“机械师”这个词也是被用于辱骂他人的……但对于瓦特先生，我们很感激他把这个名字从耻辱中拯救出来，并使其成为人人都能享有的光荣称号。[94]

一个月后，该杂志广泛引用了安德鲁·尤尔（Andrew Ure）关于蒸汽机的演讲，该演讲吸引了“一个非常杰出并且最受尊敬的公司”来到安德森学院，并为该活动筹集了 54 英镑。对于瓦特，尤尔不吝溢美之词；他梳理了蒸汽机的历史，并用能体现其重要性的统计数据使他的听众着迷；他对瓦特的赞美在

---

[93] 参见上文，88 –90，153 –154.

[94] Glasgow Mechanics’ Magazine 2 (4 December 1824), 318 –319.

讲到纳尔逊和惠灵顿的胜利时达到了新高——“没有瓦特提供的无限资源”就不会有胜利！——还将瓦特的英雄地位与牛顿比肩（“瓦特为地球所做的，就像牛顿为天堂所做的一样”）。[95] 为了证明工匠们的参与热情，该杂志发表了一封来自格拉斯哥请愿活动中的捐赠者的质朴信件——“我们和其他技工一样，是一个多螨的（mity）贡献者”。它的作者“L. M’ L.”抗议道：瓦特的纪念碑应该建在机械师学院里，因为在那里“人们仍然在学习瓦特生前的爱好——蒸汽机，以达到新的壮举、新的功绩和新的成就”。[96] 当机械师学院在英国各地建立起来的时候，许多人都赞同这个人的观点——这并不奇怪。这种偏好在邓迪盛行起来。爱丁堡纪念委员会请求在纪念碑上署名，邓迪的“主要居民”对此作出激烈反应：到 1824 年 11 月，他们已经筹集了足够的资金来成立自己的瓦特学院。[97]

格林诺克镇认为苏格兰应该斥巨资在瓦特的出生地为他建立纪念碑。到 1826 年 10 月，他们已经募集到 1703 英镑，当时詹姆斯·瓦特以 2000 英镑的价格为小镇建造的新图书馆刚好可以用来放置大理石雕像，这座雕像也是委托钱特雷建造的。[98] 1835 年的奠基仪式吸引了一批来自苏格兰西部的共济会会员，尽管仪式上遭遇倾盆大雨使气氛显得很压抑，但他们还是戴着富丽堂皇的绶带，聚集在一起向瓦特表示敬意。[99]

曼彻斯特——自由贸易的堡垒

最初，曼彻斯特拒绝了少数人提出的为瓦特立雕像的要求。尽管曼彻斯特既不是瓦特的出生地，也不是他的安家地，但当地居民还是向威斯敏斯特教堂的纪念碑项目捐赠了 1100 英镑。[100] 然而它是英国棉花工业的中心，却缺少湍急的河流，所以它不得不非常依赖蒸汽机。[101] “1781 年，博尔顿向瓦特报告说，

---

[95] 同上，2（1 January 1825），381 – 384.

[96] 同上，3（21 May 1825），254.

[97] James V. Smith，The Watt Institution Dundee，1824 – 1849，The Abertay Historical Society publication，19（Dundee，1978），6；感谢 David Bryden 提供的这一参考。

[98] Cleland，Historical account，65 – 66；The Times，6 October 1826，3c；George Williamson，Memorials of the lineage，early life，education，and development of the genius of James Watt（Edinburgh：the Watt Club，1856），v.

[99] Yarrington et al.，Ledger of Sir Francis Chantrey，217；The Times，24 August 1835，2f；4 September 1835，3a；18 October 1838，5f.

[100] Minutes，16 February 1825，Boulton & Watt（Muirhead）MSS，MI/5/6. See also Manchester Guardian，31 July 1824，2a.

[101] Manchester Guardian，10 July 1824，3e.

随着瓦特的旋转发动机的引进，曼彻斯特的制造商们掀起了一阵‘蒸汽工厂热’。而兰开夏郡的棉花工业也暂时成为该公司最大的市场。”[102] 曼彻斯特人显然对瓦特为他们的繁荣所做的贡献感到由衷的钦佩和感激。许多有身份的市民不仅通过成为曼彻斯特文学与哲学学会等类似社团的成员来积极参与伦敦的科学文化事业，而且他们对自由主义经济观点的倾向也促使他们与瓦特在威斯敏斯特和爱丁堡的政治崇拜者们站在了同一立场。[103] 对自由的曼彻斯特人来说，瓦特的蒸汽机象征着科学知识的力量和不受约束的全球贸易带来的更广泛的利益。

在 34 位制造业者和商人的签字请求下，他们召开了一次“参与人数众多且广受好评”的公开会议，并且国家纪念碑委员会里的曼彻斯特成员们把他们的决议贯彻到底，得到了预期的结果。[104] 在北上的过程中，他们始终没有改变自己的口吻。会议一开始，乔治·菲力普斯（George Philips）就模仿了他在威斯敏斯特会议上听到的关于自由主义的夸夸其谈，并提出了一些他自己感到遗憾的其他主张。[105] 作为一个对西印度贸易感兴趣的有野心的成功棉花纺纱商人，菲力普斯在曼彻斯特的文化领域和大都市的辉格党的圈子中很活跃；他是伍顿·巴西特（Wootten Bassett）的议员，被称为“曼彻斯特的非官方成员”（这座城市直到 1832 年才获得选举权）。[106] “由于瓦特先生的才华，”菲力普斯说，“英国已经掌握了乘风破浪的本领；国与国之间的间隔小了，各国之间的联系更加密切了。”他阐明了自由贸易者所奉行的商业利己主义的和平内涵是基于“共同的需要，以及……相互间的依赖”。如果没有和平了呢？“那蒸汽机也会像促进我们的制造业和商业进步那样，帮助我们的海军取得战争的胜利。”[107] 紧随菲力普斯实用主义观点之后的便是来自 H. H. 伯利（H. H. Birley）的蒸汽机史。伯利是一位棉花制造商，其因带领义勇骑兵队在彼得卢向人群发起致命的冲锋而声名狼藉。令人好奇的是，作为一名托利党人，伯利引用了杰

[102] Musson，Industrial motive power，429.

[103] 曼彻斯特国家纪念碑委员会的 10 名成员都是“利特和菲尔”社团的成员，包括其主席约翰·道尔顿：A. Thackray，Natural knowledge in a cultural context：the Manchester model，American Historical Review 79（1974），672 – 709；Robert Kargon，Science in Victorian Manchester：enterprise and expertise（Manchester：Manchester University Press，1977），5 – 14. 关于委员会成员和曼彻斯特募捐者的进一步分析，参见 MacLord，James Watt，104 – 106.

[104] Manchester Guardian，26 June 1824，3b，2e；10 July 1824，1a.

[105] 参见下文，157.

[106] A. C. Howe，Philips，Sir George，first baronet（1766 – 1847），ODNB，参见 www. oxforddnb. com/view/article/38689，最后登录时间为 2006 年 10 月 18 日。

[107] Manchester Guardian，10 July 1824，3c.

弗里悼词中的一段话作为结语，称瓦特是拿破仑战争的英雄——这也许印证了盖特雷尔（Gatrell）的观点，即缺乏坚实制度或知识基础的曼彻斯特托利党制造商往往坚持自由贸易。[108]

1832年改革法案和1835年市政公司法赋予了曼彻斯特与其经济实力更加相称的政治地位。1836年1月，在民众自豪感（和繁荣）日益高涨的背景下，恰逢瓦特诞辰100周年，几名曾为威斯敏斯特教堂纪念碑捐款的曼彻斯特人再次提出了在当地为瓦特竖立一座雕像的建议。[109] 再一次，一个出席人数众多的公众会议赞扬瓦特“大胆且原创的发明”使曼彻斯特迅速富裕起来。这次会议再次推举了一个委员会，委员会成员大多与棉花行业和“利特和菲尔”社团有利益关系。为瓦特的雕像和布里奇沃特的雕像选择合适的地点（布里奇沃特公爵设计了曼彻斯特第一条运河，将廉价的煤炭引入城市），是工程师威廉·费尔贝恩（William Fairbairn）关于改善曼彻斯特建筑环境的呼吁的核心。费尔贝恩还提议建立第三座雕像，用来纪念理查德·阿克赖特爵士，从而将曼彻斯特与其发展壮大的所有技术根源联系了起来——蒸汽、棉花、运河和煤炭。[110] 然而这些提议都没有成功，这可能要归因于曼彻斯特自由主义者所钟爱的另外两个项目的财政需求——曼彻斯特雅典娜协会会馆（Manchester Athenaeum）和反谷物法联盟（Anti-Corn-Law League），以及随后的贸易低迷。

终于在1857年，曼彻斯特在一段漫长的繁荣时期里有了自己的瓦特雕像。这一倡议来自威廉·费尔贝恩领导下的“利特和菲尔”社团，雕像的揭幕时间正好赶在当地的机械工程师协会开会期间，从而让全行业都参与到向这个领域最伟大的杰出人物致敬的行列中来。[111] 1824年和1836年委员会的元老们都响应了这一号召；《曼彻斯特卫报》（*Manchester Guardian*）再次重申了对作为曼彻斯特财富最高创造者的瓦特的一贯敬意，同时还提到了他的发明在英国于克里米亚“抵御住武力冲击”中发挥的作用。[112] 这次的目标比较适中——1000英镑以支付由席德（Theed）打造的威斯敏斯特教堂雕像的复制品，以及由皮

---

[108] V. A. C. Gatrell, Incorporation and the pursuit of Liberal hegemony in Manchester, 1790 – 1839, in Derek Fraser (ed.), Municipal reform and the industrial city (Leicester: Leicester University Press, 1982), 29 – 32.

[109] Manchester Guardian, 16 January 1836, 1a, 2e, 3a-d.

[110] William Fairbairn, Observations on improvements of the town of Manchester, particularly as regards the importance of blending in those improvements, the chaste and beautiful, with the ornamental and useful (Manchester: Robert Robinson, 1836).

[111] Manchester Guardian, 11 December 1855, 3a; 27 June 1857, 4e; Proceedings of the Institution of Mechanical Engineers (1857), 85.

[112] Manchester Guardian, 12 December 1855, 3e-f.

姆利科的罗宾逊（Messrs Robinson）和科塔姆先生（Cottam）铸造的青铜模型。实际花费是 750 英镑，剩下的资金则购买了两个新的壁座。[113]

在谷物法律的问题上大获全胜后，“棉都”（曼彻斯特市的别称——译者）为瓦特打造了第四座也是最后一座雕像，将其竖立在医院外新开辟的广场上，从而与 19 世纪 50 年代歌颂的其他英雄们为伴。位于他前面的是在国际上享有盛誉的当地科学家道尔顿（Dalton）；[114] 皮尔，反谷物法联盟不情愿的拥护者；[115] 还有（在和平主义者中争议更大的）惠灵顿，他是伟大的军事英雄和皮尔在废除谷物法律上同样不情愿的帮手。[116] 19 世纪 60 年代，这座城市为自由贸易最伟大的倡导者和最忠诚的活动家理查德·科布登（Richard Cobden）打造了一座雕像。[117] 他们没有纪念一些著名的棉花机械发明人——哈格里夫斯、阿克赖特或者克朗普顿，他们要么是跟这些发明人打过专利战，要么就是免费用过其非专利发明，尽管如此，还是有一些人在 1855 年的公开讲话中对布里奇沃特公爵、布林德利、克朗普顿或罗伯特·富尔顿（Robert Fulton）和老史蒂文森（elder Stephenson）表达过敬意。[118] 其实这座城市并没给瓦特带来他们所宣称的那种显赫地位：与纪念皮尔和惠灵顿的宏伟雕像相比，瓦特的雕像显得微不足道。在 1824 ~1857 年，给瓦特立碑的风潮因为其他人的去世而消失，而曼彻斯特对去世的一些人有一种更直接的感激之情：对他们来说，道尔顿是一种更友好的邻里之情，费尔贝恩代表他的城市和他的职业完成了未竟之事。尽管如此，这座雕像仍代表着对瓦特作为工业化和全球贸易先驱的声誉的非凡敬意——尤其是在 1868 年伯明翰（瓦特住了将近 50 年的地方）开始纪念他之前。[119]

---

[113] 同上，26 June 1857，2f.

[114] 募捐共筹集了 5312 英镑，其中 1175 英镑用于购买一尊铜像；4125 英镑则作为奖学金和奖励：同上，25 March 1854，7b，8b.

[115] 筹集到 5105 英镑：同上，15 October 1853，8b-f.

[116] F. C. Mather，Achilles or Nestor? The duke of Wellington in British politics，1832 – 1846，in Norman Gash（ed.），Wellington：studies in the military and political career of the first duke of Wellington（Manchester：Manchester University Press，1990），189. 关于贵格会以及针对惠灵顿雕像的极端反对，参见 Anthony Howe，The cotton masters，1830 – 1860（Oxford：Clarendon Press，1984），232；Rhodes Boyson，The Ashworth cotton enterprise：the rise and fall of a family firm（Oxford：Clarendon Press，1970），229.

[117] The Times，19 April 1865，12c；23 April 1867，6d.

[118] 1890 年，福特·马多克斯·布朗在为曼彻斯特市政厅绘制的一幅壁画中描绘了约翰·凯的形象——逃离担心生计的愤怒织布工人们：Dellheim，Face of the past，173.

[119] 参见下文，291 – 292.

1824年，伯明翰市民几乎没有考虑过建立纪念本地事物的纪念碑。他们自豪地欢迎国家因为瓦特、“机械艺术”等而给予本地的荣誉，并为它的成功贡献了近1200英镑。[120] 1824年7月，在伯明翰举行的公众会议上，两位演讲者也重复了皮尔的观点。乔治·辛考克斯（George Simcox）特别表达了他对瓦特的纪念碑被列入“诗人、政治家、战士和哲学家行列”的喜悦之情：

> 因为，先生们，如果我没记错的话，这是这座荣誉殿堂为纪念机械天才以及科学发现所设置的第一个龛位。这些荣誉曾经更多地被留给了成功的战士——但瓦特无疑是国家和整个人类最伟大的恩人，只要世界还存在，他的成就就始终有这样的意义……在君主的领导下，举国上下都对机械艺术表示了敬意，这对于像我们这样的商业机构来说，不得不认为这是一件特别值得庆贺的事。[121]

被击退的挑战

当钱特雷的3尊瓦特雕像分别在威斯敏斯特教堂、格拉斯哥和格林诺克揭幕时，辉格党已经重新掌权并开始重塑政治格局。1832年改革法案将议会选举权扩大到中产阶级，他们最近才聚集在伟大的哲学家和模范公民瓦特的旗帜下主张他们的权益。[122] 在歌颂他们的英雄时，作为英国制造业实力和国际主导的先驱者——甚至作为与拿破仑战争中的真正胜利者——这些人一直在主张自己的观点以获得认可：英国政府必须被重塑，以反映他们的经济实力。当然，瓦特被任命为有名无实的领袖，只是达成这场漫长的政治改革运动目的过程中的小小计谋，他进入国家先贤祠（在国王和大臣们的认可下）才真正象征着科学家的集体荣誉。

对于威斯敏斯特教堂的雕像以及它所代表的意义，许多人并不认可。一方面，它的巨大规模和不合适的位置与一些人的审美有冲突，而它的特殊意义也引起了保守派评论家的警惕。圣保罗大教堂和威斯敏斯特教堂在纪念活动和墓地安排上都承受着巨大的压力。人们日益关切的是，这些大型教堂正在失去其作为礼拜场所的主要用途，而转向承担起全国纪念场所的次要功能。此外，雕像摆放得杂乱无章在美学上令人不快，破坏了建筑的美感，甚

---

[120] Boulton & Watt MSS，MI/8/16；Birmingham Chronicle，15 July 1824，228.

[121] Birmingham Chronicle，15 July 1824，229.

[122] 关于改革法案的评价，参见 Philip Salmon，Electoral reform at work：local politics and national parties，1832－1841（Woodbridge：Royal Historical Society and Boydell Press，2002）.

至妨碍了人们对纪念碑本身的欣赏。因此，《泰晤士报》在1843年对于将一些纪念碑移至新议会大厦的提议表示欢迎。[123] 瓦特的雕像则经常被挑出来单独批评，例如，A. W. N. 普金（A. W. N. Pugin）“对于看到圣保罗礼拜厅里坐在巨大扶手椅上的詹姆斯·瓦特的巨型塑像几乎占了一半面积，上面还放着一些毫无品位的装饰品，感到非常令人厌恶”，他认为应该用那个巨大扶手椅把钱特雷压碎。[124]

然而，斯坦利院长的批评则表明，这种美学上的抱怨往往蕴含着更深层次的焦虑。他说：“在教堂所有的纪念物中，也许瓦特的纪念碑就是那些寻求设计统一或与古代建筑和谐共处的人批评得最狠的一个。”它是“一种新的平民艺术的巨大胜利”“一个巨大的怪物”，把它置于其中就是对古老甬道的破坏，并且其高高地耸立在高贵的坟墓的精致的花饰之上，“无视比例、风格和周围的景致”。然而，在这种“极度不协调”之中，斯坦利院长发现了它的意义：“当我们考虑到这巨大的物品代表着一个怎样的未知阶级，以及对于在整个现代社会来说怎样的革新时，它与教堂墙壁上所纪念的任何人都是平等的。”[125] 瓦特纪念碑的规模、风格和其体现出的对一个从出身平凡到成长为拥有财富、名望和社会认可的人的纪念，以及致力于功利主义精神和追求精英式成功的新的、庸俗的英国缩影，都让一些人感到不安。[126]

哈丽雅特·马提诺（Harriet Martineau）虽然在政治上算不上一个保守派，但她对保持“社会的物质利益”在适当的位置上十分关切，也非常欣赏瓦特纪念碑的意义。她的评论一方面反对科学技术进入文化领域，另一方面也庆祝对国家贵族堡垒的象征性突破：

> 他的雕像现在为威斯敏斯特教堂增色不少，在某些人看来，他的地位介于爱德华家族、享有显赫地位的亨利家族以及那些高贵的君主们之间，

---

[123] The Times，20 September 1843，4a-b；23 August 1844，5f；24 August 1844，4d；26 August 1844，3d；另见 The Builder 45（1883），308.

[124] A. W. N. Pugin，Contrasts：or a parallel between the noble edifices of the Middle Ages，and corresponding buildings of the present day；shewing the present decay of taste（2nd edn，London：Charles Dolman，1841；repr. With an introduction by H. R. Hitchcock，Leicester University Press，1969），40. 1961年，瓦特的纪念碑没有被接受进入大教堂，而是送往位于克拉彭的英国交通委员会博物馆，当时的院长解释说，“这是因为它的规模过大，不适合放在这里”：Sunday Times，17 June 1962，16. 它现在位于爱丁堡的苏格兰国家肖像馆。

[125] Arthur Penrhyn Stanley，Historical memorials of Westminster Abbey（3rd edn，London：John Murray，1869），349 – 350；P. G. Hammond，Stanley，Arthur Penrhyn（1815 – 1881），ODNB，online edn，May 2006，参见 www. oxforddnb. com/view/article/26259，最后登录时间为2006年10月18日。

[126] Houghton，Victorian frame of mind，2 – 9，183 – 192.

他们是心灵之王，对他们的纪念是对诗人角的神圣化。[127]

作为托马斯·卡莱尔（Thomas Carlyle）的朋友，马提诺分享了他对英雄人物的排名。虽然卡莱尔可能认为蒸汽是一种正在改变现代社会的有害但伟大的力量，并且不十分情愿地赞赏瓦特（他的苏格兰同胞）的聪明才智和勤奋工作，但是他在《论英雄、英雄崇拜和历史上的英雄主义》（*On Heroes, Hero-Worship, and the Heroic in History*, 1841 年）一书中并没有为这位“苏格兰铜匠”留下一席之地。卡莱尔心目中真正的英雄是伟大的政治和军事领袖、先知、诗人以及其他文人；科学家和工程师无论多么令人印象深刻，都对文明的价值观构成了威胁。[128] 萨斯曼（Sussman）则认为，卡莱尔是将这些伟大的发明人从世俗的机械世界中升格了出来，并把他们想象成“能够洞悉神秘精神力量的圣人、巫师、魔术师”，并安放在自己心中的“神殿”里。[129] 确实，卡莱尔在他的文章中把瓦特描述成一个浮士德式的人物：“他在自己的车间里，探索着火的秘密。”[130]但萨斯曼仍表示，即便是最伟大的发明人也无法得到卡莱尔的内心认可。和马提诺一样，他把发明人单独分类来给予荣誉，在文化层面则与其他伟大人物区分开：“英国不仅有莎士比亚、培根和悉尼（Sydney），还有瓦特、阿克赖特和布林德利！我们将向所有伟大的人致敬。”[131]

爱丁堡为沃尔特·斯科特爵士修建宏伟的纪念碑就体现了这种价值等级制度的普遍存在。当时，瓦特的纪念碑仍因资金短缺而无法启动。[132] 1832 年 10 月，也就是斯科特死后两个月，人们为此举行了一次公开集会，吸引了大约 1200 名具有不同政治背景的人参加；到 1833 年 5 月，募集金额累计超过 5700 英镑，其中大部分来自爱丁堡市民（和心存感激的银行家们）。这个数字与为

[127] Harriet Martineau, The history of England during the thirty years' peace: 1816 - 1846, 2 vols. (London: Charles Knight, 1849 - 1850), vol. Ⅰ, 413. R. K. Webb, Martineau, Harriet (1802 - 1876), ODNB, online edn, October 2006, 参见 www. oxforddnb. com/view/article/18228, 最后登录时间为 2006 年 10 月 18 日，马提诺绝不是唯一一个持有相同价值尺度的人：Hope Mason, Value of creativity, ⅵ, 228 - 229.

[128] Carlyle, On heroes, 124, 在此处瓦特被认为是成就源于约翰·诺克斯宗教改革的几个苏格兰人之一。关于卡莱尔眼里的英雄概念，参见上文，21.

[129] Herbert L. Sussman, Victorians and the machine (Cambridge, MA: Harvard University Press, 1968), 28.

[130] Thomas Carlyle, Chartism, in The works of Thomas Carlyle, centenary edition, 30 vols. (London: Chapman and Hall, 1896 - 9), vol. XXIX, 183.

[131] 同上，181.

[132] N. M. McQ. Holmes, The Scott Monument: a history and architectural guide (Edinburgh: Edinburgh Museums and Art Galleries, 1979), 3 - 13. 这并不是说斯科特在卡莱尔眼里是一个英雄：Carlyle, On heroes, li.

瓦特在威斯敏斯特教堂建立的纪念碑所捐赠的金额相当，但爱丁堡对为其文学英雄竖立雕塑具有更大的野心。在 1846 年他们所向往的哥特式幻想开始之前，捐款活动不得不在 1840 年重新开放，人们通过在伦敦和爱丁堡举行“韦弗利舞会”活动筹集了 3000 英镑。[133] 显然，爱丁堡市民珍视斯科特甚于瓦特。毕竟斯科特不仅住在当地，在爱丁堡的圈子里很活跃，而且他用文字让苏格兰的过去重现生机，重新焕发了人们的民族认同感。[134] 瓦特代表了一种新型的民族英雄，这与斯科特小说所歌颂的威廉·华莱士（William Wallace）和罗伯特·布鲁斯（Robert Bruce）的军国主义价值观不同。瓦特的天然支持者并不在首都的职业团体中，而是在克莱德河畔，那里的制造商和商人欣赏他的聪明才智和对他们经济实力的贡献——这是前瞻性、商业化和和谐苏格兰的象征。直到 20 世纪后期，苏格兰人才形成了自己独特的民族认同。[135] 与此同时，尽管对瓦特的纪念已经证明了人们对发明人和工程师有了新的尊重，但显而易见的是，上层和中产阶级仍对追逐实用性犹豫不决，这一点在商业中心之外的地区（在英格兰和苏格兰）体现得尤其明显。瓦特赢得了感激和尊重；而斯科特则激起了人们更深的感情。[136]

法国科学院的秘书弗朗索瓦·阿拉戈（François Arago）在他为瓦特撰写的悼词的结尾用 20 页的长篇大论抨击了英国人的忘恩负义和势利，因为他们没有尊重他们的新英雄。[137] 他谴责了“一些心胸狭隘的人对瓦特的非难……他们认为只有战士、法官和政治家……才有权被立雕塑”，并质疑这些保守的批评家是否会赞同荷马、亚里士多德、笛卡尔或牛顿拥有一个“简朴的半身像”。同样地，他们也嫉妒瓦特是贵族——就像他们嫉妒牛顿一样，但是在经历 150 年的“科学和哲学的进步”之后，人们可能会期望更多。[138] 阿拉戈将这种“傲慢自负”与瓦特在英国各地旅行时所获得的广泛赞誉进行了对比。他声称，他询问了来自“社会各阶层”和“各种政治观点”的 100 多人，询问他们如何看待瓦特对“英格兰的财富、权力和繁荣”的影响，他们一致认为瓦特的“贡献比任何人都高”。[139] 他坚称，几乎所有人都引用了 1824 年威斯敏

---

[133] Morton, Unionist nationalism, 163 – 170. 苏格兰银行和其他苏格兰银行捐赠了 150 英镑，用以纪念斯科特试图勇敢地偿还出版商的债务：同上，167.

[134] 同上，156 – 162.

[135] 参见下文，345 – 349.

[136] Houghton, Victorian frame of mind, 308 – 309, 334.

[137] 有关悼演颂词以及它在“水争议”中的作用，参见 Miller, Discovering water, 105 – 127.

[138] Arago, Life of James Watt, 149, 165.

[139] 同上，160.

斯特会议上的演讲。19世纪40年代，阿拉戈激烈的意见引发了一连串人们对政府不善待瓦特的抱怨，这恰好与科学界长期以来争取公共资金的努力和不断增长的对专利制度改革的呼声相一致。在这些批评中最猛烈的来自大卫·布鲁斯特爵士（Sir David Brewster），他重新提出了瓦特打败了拿破仑的观点。他引用赫斯基森和其他人的演讲，谴责了英国统治阶级的忘恩负义和反智主义，说他们“在中午受到惊吓，在午夜受到知识和改革的幽灵的困扰”。[140]

正如中产阶级没有推翻贵族反而成为政治国家的一部分，詹姆斯·瓦特也没将战士和政治家（更不用说诗人了！）从国家先贤祠中驱逐出去。[141] 夸大瓦特在拿破仑战争中的作用的那些说法最终从人们的视线中消失了；他们从来没能对纳尔逊和惠灵顿的英雄地位以及英国历史的叙述构成严重威胁，在英国历史中，战争的光芒盖过了高炉。是纳尔逊海军中将的雕像俯瞰着伦敦市中心以他最伟大的胜利命名的广场；是惠灵顿公爵的雕像高高耸立在伦敦大理石拱门上，而且，尽管他与苏格兰没有直接联系（甚至从未访问过），但他的雕像也矗立在爱丁堡的总登记处大楼外面。[142] 到了20世纪中期，伦敦的街道上都竖立了他们的纪念碑（这是瓦特没能完成的壮举），其他更多的地方城市也有了他们的雕像和街道名称。当惠灵顿于1852年逝世时，他的葬礼是一场无比隆重的国家仪式：滑铁卢战役过去将近40年了，举国上下都在哀悼自己的救星，就像事情发生在昨天。宪章主义者托马斯·库珀（Thomas Cooper）记得激进派憎恨他的所有理由，但仍评论道：

> 但这一切都过去了，惠灵顿不仅成了国家的基柱和女王最尊贵的顾问；还是这个国家里除女王之外最受人尊敬和敬爱的人……现在他去世了，我们都觉得仿佛生活在了另一个英格兰。[143]

然而，即便瓦特没有到达先贤祠最高的基座，他也已经步入了这座神殿的大厅。正如皮尔所暗示的那样，这不仅是个人杰出表现的标志，也是使科学家和制造商能与战士、政治家和诗人一起被纪念的社会剧变的象征。随着瓦特

---

[140] [Brewster], Review of Eloge Historique de James Watt, 502; Miller, Discovering water, 152-166. 比如，参见 Lardner, Steam engine, 318-319.

[141] Harold Mah, Phantasies of the public sphere: rethinking the Habermas of the historians, Journal of Modern History, 72 (2000), 168-169.

[142] 然而，这两座纪念碑都存在问题：Yarrington, Commemoration of the hero, 277-325; Yarrington, His Achilles heel? 关于苏格兰的纪念碑，参见 Cookson, The Edinburgh and Glasgow Duke of Wellington statues, 26-33.

[143] The life of Thomas Cooper, written by himself, ed. John Savile (New York: Leicester University Press, 1971), 329-330, 332.

的神化，发明人不再是一个“计划者”，专利被许可人也在逐渐不再将发明人斥为“垄断者”，乔治三世统治时期（1760～1820 年）的经济史被誉为使英国成为世界上最富有国家的“工业革命”。这些是笔者将在下一章中讨论的主题。

第 5 章 工业革命的发明人：瓦特

詹姆斯·瓦特在遗愿中主张发明人应被视为国家的恩人和社会的英雄。正如威廉·费尔贝恩所说，瓦特“给了这个国家的创造性天才以自由和动力”。❶发明人地位的显著改善是显而易见的。它刺激了人们对更有效的专利制度的要求并为发明人带来了更多的直接利益，尤其在诉讼方面。与此同时，瓦特的声誉也影响了辉格党的历史学家，他们中的一些人清晰地展现了文字艺术在1824年的进步，以为英国自18世纪以来的非凡繁荣寻求解释。其他作者则开始探索发明的本质，并且主要关注瓦特：1824年，几位演讲者试探性地探讨了他特殊才能的本质——如果他的发明不只是偶然，那么他特有的天赋是什么呢？在本章和下一章中，笔者将研究瓦特日益提升的声誉是如何在随后的1/4世纪中被运用和被质疑的。

蒸汽机时代

瓦特的英雄地位重新激起了公众对蒸汽机的兴趣和信心。蒸汽动力运输的倡导者则抓住了这个机会来推进他们的计划。曾报道过威斯敏斯特会议并为瓦特纪念碑捐献过25英镑的《早间纪事报》（*Morning Chronicle*），吹响了蒸汽动力铁路事业的号角：随着政府对蒸汽机的明确支持，议会当然不能向运河游说团体低头，从而妨碍英国从“瓦特的发现中获得全部利益”。❷根据《季度评论》（*Quarterly Review*）上的一篇文章，第一任首相及其同事（在考虑为已故

---

❶ Fairbairn, Observations, 17.

❷ Morning Chronicle, 19 June 1824, 8; 18 August 1824, 4a; Boulton & Watt MSS, Timmins vol. 2, fo. 44.《早间纪事报》的新编辑约翰·布莱克赞同由杰里米·边沁和詹姆斯·穆勒领导的功利主义人士的观点：John Stuart Mill, Autobiography (London: Longman, Green, Reader and Dyer, 1873), 55.

的詹姆斯·瓦特建一座纪念碑的会议上）鼓励进一步改善这种强大机器的人和其他有益发明的推广者和发现者，激发了当时的铁路炒作潮。❸

作为回应，作家和出版商推出了大量关于蒸汽机的新书——至少有9本，其中两本是1824～1830年的法语书。❹ 以前只局限于期刊文章和百科全书条目的信息，现在爆炸般地达到了数百页。18世纪晚期对棉花工业的关注现在转向了它的新兴源动力。❺ 对这一现象最令人印象深刻的一个例子是，作为工程师兼绘图员约翰·法伊（John Farey）将他早先（体量已经很大）在里斯（Rees）的《百科全书》（1816年）中对蒸汽机的介绍扩充到了700多页。❻ 法伊曾与瓦特私交甚密，他详细介绍了蒸汽机的技术和历史，并对其改进给予了高度评价，还附了简短的瓦特自传。❼ 读者们对瓦特的成就和蒸汽机的划时代力量都深信不疑。法伊说，所有其他发明与蒸汽机相比都显得“微不足道”：没有它，过去30年里“生产力的惊人增长”是不可能实现的；事实上，英国“会大幅退步”。❽ 在接下来的几十年里，关于蒸汽机的书籍不断地被印刷出版，而铁路的出现将这种兴奋推向了新的高度。例如，狄奥尼修斯·拉德纳（Dionysius Lardner）广受欢迎的作品在英国有11个版本，并被翻译成几种欧洲语言。❾

当然，也有作者对此进行批判。例如，伊利亚·加洛韦（Elijah Galloway）对瓦特的评价是“一个真正了不起的人……他为艺术和商业所做的贡献比任何已知的人都要多”，但他也提出了不同寻常的批评：“很少有人曾提出过这么多荒谬而不切实际的计划”。❿ 托马斯·特雷德戈尔德（Thomas Tredgold）

---

❸ ［John Barrow］, Canals and railroads, Quarterly Review 31 (March 1825), 349－378.

❹ Jennifer Tann, Introduction, in Dickinson and Jenkins, James Watt and the steam engine, xix－xx.

❺ 参见上文，64，67－68.

❻ Abraham Rees (ed), The cyclopaedia; or, universal dictionary of arts, sciences, and literature, 45 vols. (London: Longman, Hurst, Rees, Orme and Brown, 1802－1820); A. P. Woolrich, John Farey, Jr, technical author and draughtsman: his contribution to Rees's Cyclopaedia, Industrial Archaeology Review 20 (1998), 49－67; A. P. Woolrich, John Farey and his Treatise on the Steam engine of 1827, HT, 22 (2000), 63－106.

❼ A. P. Woolrich, John Farey Jr (1791－1851): engineer and polymath, HT, 19 (1997), 114－115. 法雷于1820年开始撰写这篇论文：同上，118.

❽ John Farey, A treatise on the steam engine, historical, practical, and descriptive (London: Longman, Rees, Orme, Brown and Greene, 1827; repr. Newton Abbot: David & Charles, 1971), vol. Ⅰ, 3－4; 参见同上，vol. Ⅰ, 406，和下文，129－136.

❾ Dionysius Lardner, The steam engine familiarly explained and illustrated (London: Taylor & Walton, 1836); J. N. Hays, Lardner, Dionysius (1793－1859), ODNB, 参见 www.oxforddnb.com/view/article/16068，最后登录时间为2006年10月17日。

❿ Elijah Galloway, History and progress of the steam engine (2nd edn, London: Thomas Kelly, 1830), 94.

重新提起了乔纳森·霍恩布洛尔（Jonathan Hornblower）对瓦特的抱怨——他曾抱怨瓦特的专利不公平地阻止了他引入一种更先进的发动机，并且他反对将瓦特视为英雄并提出，如果没有瓦特，别人会更早地发明出独立冷凝器；的确，如果没有他的专利，挖矿的成本可能会更低。[11] 尽管瓦特的专利引起了敌意，惊奇的是，人们对他的批评如此温和且罕见；随着瓦特的声望日益走高，在他专利期结束了1/4个世纪后，可能没有人再去就优先权问题进行争论了。

尽管直到1839年，瓦特的长篇传记都没有以英文出版（这时阿拉戈的悼词出现了两个译本），但短篇传记很多。[12] 这种缺失并不是由于他的地位不够高，而是因为传记在当时仍然是一种新兴的文学体裁：牛顿也是直到1831年才有了一本完整的英文传记。[13] 在有关蒸汽机及其改进的作品中，如实用知识传播协会（SDUK）的图书《在困难中寻求知识》（*The Pursuit of Knowledge under difficulties*，1830～1831年），以及传记词典和百科全书中大量的条目中仍能找到瓦特。[14] 他的传记出现在《不列颠百科全书》的补编（1815～1824年）新收录的大约40篇新传记中就是一个显著的标志。编辑麦克维·纳皮尔（Macvey Napier）解释道，由于这些传记条目是“基于它们在科学或文学领域的显著地位”——《不列颠百科全书》收录的165人中有58人是科学家。[15] 阿拉戈慷慨地赞美瓦特和他的工作，对于悼词来说这是可以接受的。[16] 几年后，布鲁厄姆勋爵引用了大量的阿拉戈的文字来赞美瓦特（同时淡化了他那些夸张的语句），瓦特是他出版的《乔治三世时期重要文学家和科学家的生活》一书中歌颂的杰出人士中的一员。[17] 只有瓦特的蒸汽机可以重要到让编辑将贝克曼（Beckmann）的《发明史》（1846年）出到第4版，他们原本只想更新一下第3版的主题，而蒸汽机改变了他们的想法。他们认为“必须破例支持蒸汽机这一所有现代发明中最重要的发明”，并通过在第二卷的卷首重现瓦特的雕像来强化这一论断。[18]

19世纪50年代出现了两本重要的传记，一本由瓦特的表弟詹姆斯·帕特

---

[11] Thomas Tredgold, The steam engine: comprising an account of its invention and progressive improvement (London: J. Taylor, 1827), 25-29.

[12] Dickinson and Jenkins, James Watt and the steam engine, xix, 367.

[13] Shortland and Yeo, Introduction, in Shortland and Yeo (eds.), Telling lives in science, 14-22.

[14] [Craik], Pursuit of knowledge, vol. Ⅱ, 295-323.

[15] Yeo, Alphabetical lives, 155. 参见上文，96.

[16] 参见上文，123.

[17] Brougham, Lives of men of letters and science, vol. Ⅰ, 372-389.

[18] John Beckmann, A history of inventions, discoveries, and origins, trans. William Johnston, 4th edn, ed. William Francis and J. W. Griffith, 2 vols. (London: Henry G. Bohn, 1846), vol. Ⅱ, v.

里克·穆尔海德（James Patrick Muirhead）撰写，另一本由乔治·威廉姆森（George Williamson）代表格林诺克的瓦特俱乐部撰写。[19] 斯迈尔斯曾在评论中，对没有针对“机械科学英雄”的传记感到哀叹：当时还没有描写阿克赖特、克朗普顿、布林德利或伦尼的“像样的回忆录”，更别说几个世纪以前的萨维里（Savery）和纽科门这样的人物了。幸运的是，“英国发明人名册上最伟大的名字”为他的传记作品留下了大量的空间——斯迈尔斯在几年后利用了这一历史的恩惠。[20] 穆尔海德针对瓦特的名声曾评论道：“尽管他生前的名声已经很好了，但从他去世开始，名声越来越大，或许可以说达到了前所未有的程度。”[21] 历史学家亨利·托马斯·巴克尔（Henry Thomas Buckle）愤慨地表示：瓦特的名声被夸大得与实际情况极不相称。当穆尔海德引用植物学家威廉·威瑟林（William Withering）的话，说瓦特的能力与牛顿不相上下，甚至更高时，他勃然大怒。巴克尔显然觉得他必须谨慎行事——他“一点也不想贬低人们对瓦特这个伟大名字的崇敬”——但这种评价也太过分了：“我必须对这种不分青红皂白的赞颂表示抗议，因为这种赞颂会把瓦特与那些举世无双的天才相提并论。”[22] 虽然瓦特的发动机应该被认可为一项在科学层面的新发明（不仅是一项改进），“但它仅仅是对已知定律的巧妙利用；其中最重要的一点，即节约热量，也只是对布莱克所宣扬的思想的实际应用。”[23] 在巴克尔的历史观看来，技术进步有着比单个天才更深的根源：它源于经济力量对人类创造力不可阻挡的压力。[24]

不管主题是蒸汽机还是它的“发明人”，读者都毫不怀疑它的重要性。将近 20 年后，贸易委员会的统计学家乔治·波特（George Porter）仍在模仿杰弗里的夸张说法：蒸汽机和棉花机械对“英国的生产力产生了近乎魔法的影响”，如果没有这些，英国的经济资源将不足以牵制拿破仑。[25] 1836 年，兰开

---

[19] Muirhead, Life of James Watt; Williamson, Memorials.

[20] [Samuel Smiles], James Watt, Quarterly Review 104 (October 1858), 411.

[21] Muirhead, Life of James Watt, 1.

[22] Henry Thomas Buckle, History of civilization in England [1857 – 1861], The World's Classics, ed. Henry Froude, 3 vols. (London: Oxford University Press, 1903 – 1904), vol. Ⅲ, 405 – 406, 注释 708.

[23] 同上, vol. Ⅲ, 404 – 405. Cf. D. S. L. Cardwell, The Fontana history of technology, (London: Fontana, 1994), 160 – 161.

[24] Peter J. Bowler, The invention of progress: the Victorians and the past (Oxford: Basil Blackwell, 1989), 27 – 31. 关于类似的观点，参见下文，161 – 170，276 – 279.

[25] G. R. Porter, FRS, The progress of the nation, in its various social and economical relations, from the beginning of the nineteenth century, 3 vols. (London: John Murray, 1836 – 1843), vol. Ⅰ, 187 – 188, vol. Ⅱ, 285. 参见 Henry Parris, Porter, George Richardson (1792 – 1852), ODNB, 参见 www.oxforddnb.com/view/article/22567，最后登录时间为 2006 年 10 月 17 日。

夏郡一位著名的激进派人士威廉·菲顿（William Fitton）发表了一篇支持“十小时运动”的演说，他无意中表达了这样的敬意。他“接着竭力否认，应将英格兰的伟大归功于蒸汽和机器的现代发明”。[26] 激进派记者约翰·韦德（John Wade）的观点则更接近主流，他认为“蒸汽机是财富和人口惊人增长的基础，是乔治三世统治的标志”，这种发展在他看来比历史上的任何战争和政治事件都更有影响力。[27] 值得注意的是，韦德对精英寄生和滥用权力深恶痛绝，他远离了其他诸如威廉·科贝特和亨利·亨特（Henry Hunt）等激进分子，因为他对“勤奋的阶级”有着广泛的同情，同时他还信仰政治经济、自由贸易和马尔萨斯主义。[28] “谷物法诗人”埃比尼泽·艾略特（Ebenezer Elliott）批评他们的运动最终落入了贵族之手，而此时人民正在挨饿。[29] 艾略特还同情工业，宣称瓦特的发明可以削弱地主的控制，改善人民的生活：

> 瓦特和他那喂饱百万人的机器！
> 是半神的蒸汽奇迹！
> 从天涯到海角！
> 他的神力无可匹敌。
> 与之相比，君王也望尘莫及。
> 瓦特选择创造和拯救。
> 瓦特的凯旋，如花似蜜，生生不息。[30]

一些最有想象力的作品出自那些对蒸汽动力的增长感到沮丧的人之手。在卡莱尔的一篇著名文章中，他预想由蒸汽驱动的革命性变革将席卷全球，其影

---

[26] D. S. Gadian, Class and class-consciousness in Oldham and other north-western industrial towns, 1830－1850, HJ 21（1978）, 166.

[27] ［John Wade］, History of the middle and working classes; with a popular exposition of the economical and political principles which have influenced the past and present conditions of the industrious orders（London: Effringham Wilson, 1833）, 82－83.

[28] Philip Harling, Wade, John（1788－1875）, ODNB, 参见 www. oxforddnb. com/view/article/28378, 最后登录时间为2006年10月17日。

[29] Paul A. Pickering and Alex Tyrrell, The people's bread: a history of the Anti-Corn Law League（London and New York: Leicester University Press, 2000）, 146－148; Angela M. Leonard, Elliott, Ebenezer（1781－1849）, ODNB, 参见 www. oxforddnb. com/view/article/8673, 最后登录时间为2006年10月17日。

[30] Ebenezer Elliott, The poetical works（1876）, vol. Ⅰ, Juvenile poems: Steam at Sheffield, lines 66－67, 164－169; 另见 lines 194－198（Literature Online: http: //lion. Chadwyck. co. uk/）. 以及在其他地方，有时在诗歌的脚注中，艾略特详细阐述了他赞美瓦特的原因：The Giaour, a satire, addressed to Lord Byron（1823）, fn. Line 673; More verses and prose（1850）, vol. Ⅱ, Miscellanies: Hymn［Men! Ye who sow the earth with good!］, fn. Line 14; Lines written for the Sheffield Mechanics' first exhibition, lines 14－15（Literature Online: lion. chadwyck. co. uk/）.

响将是不可阻挡的和深远的：

> 即使是最迟钝的人，恐怕也不会听不到周围机器的叮当声吧？难道他会没见过这位苏格兰铜匠的主意（这只是一个机器的主意），乘着火翼绕过好望角，越过两大洋吗？这种力量甚至比任何其他魔法师的眼线都要牢靠，双手被彻底解放于劳动之中：不仅是家庭织布；它甚至足以推翻整个旧的社会制度；为了保留封建主义和社会全局，我们要运用间接但可靠的方法来迎接工业主义和筹建最明智的政府。[31]

通过这些画面，蒸汽机划时代的作用更广泛地被大众所接受。激进的托利党人卡莱尔可能对这一后果感到害怕，但他抓住了蒸汽动力行业“巨大的能量和……不起眼的本质”所带来的情感冲击和冲动。[32] 面对这一压力，中世纪的世界分崩离析，封建等级制度及其体系向社会流动性所屈服。在其他地方，他把瓦特比作仍在萌芽的机器时代的种子，躺在中世纪的“绿色草皮”下，为这种虚构的转变提供了可怕的必然性：“圣芒戈仍统治着格拉斯哥；詹姆斯·瓦特仍然沉睡在时间的深处……新的时代即将到来，也必将到来。”[33] 卡莱尔并不是唯一一个对瓦特印象深刻的人。早在 1820 年，沃尔特·斯科特爵士就曾在一篇被多次转载的文章中把瓦特描述为“大自然强有力的指挥官——时间和空间的缩短者——魔法师，他那命运多舛的机器制造改变了世界”。[34]

蒸汽机不再仅仅是动力的来源，到 19 世纪 30 年代早期，蒸汽机已经被誉为或被谴责为社会和政治变革的一个标志。例如，曾猛烈抨击工厂制度的彼得·盖斯凯尔（Peter Gaskell）就将革命性的社会变革归因于蒸汽动力制造业。盖斯凯尔在斯托克波特（棉花纺纱业的中心）当医生的时候，结合自己的所见所闻，指责蒸汽机使英国在不到 20 年的时间里从一个农业国变成了工业大国，这给各个家庭和他们的生活方式带来了毁灭性的影响。[35] 盖斯凯尔抗议说，蒸汽机正在改变社会的结构：

---

[31] Thomas Carlyle, Sartor resartus (1832), 引自 Houghton, Victorian frame of mind, 4 – 5. 当然, “苏格兰铜匠”指的是瓦特。另见 Berg, Machinery question, 12 – 15, 261 – 263.

[32] Burrow, Liberal descent, 66. 参见 Sussman, Victorians and the machine, 19 – 39.

[33] Past and present, in Works, X, 66, 引自 Sussman, Victorians and the machine, 31 – 32.

[34] [Walter Scott], The Monastery: a romance, by the author of Waverley (Edinburgh: Constable, 1820), 序言。

[35] P. Gaskell, The manufacturing population of England, its moral, social, and physical conditions, and the changes which have arisen from the use of steam machinery; with an examination of infant labour (London: Baldwin & Cradock, 1833), 6, 9 – 10, 52. 参见 Hardy, Origins of the idea, 93.

> 财产分配方面发生了一场彻底的革命，这个伟大国家的面貌被彻底改变了，各个阶层的居民都受其影响，所有人的生活习惯都发生了巨大的变化，他们就像是来自不同时代的人。[36]

众所周知，弗里德里希·恩格斯（Friedrich Engels）对近代英国史有过这样的看法，在18世纪40年代，他告诉自己德国的读者，蒸汽机的发明和棉花机械已经带来了“工业革命”，它在1760～1844年对英格兰的影响不亚于政治革命对法国的影响。[37] 在恩格斯看来，这本质上是一场技术革命：从瓦特、哈格里夫斯和阿克赖特开始，一连串的发明人把创新的变革扩展到整个制造业和运输业。然而，它的影响正通过工人阶级的无产阶级化在整个社会产生反响：无产阶级被剥夺了许多土地上的财产或就业保障，他们日益迫切地寻求分享社会的红利。恩格斯认为，工业革命会不可避免地导致一场政治变革。[38]

另外，自由派评论人士对蒸汽动力带来和平社会变革的能力同样寄予厚望。乔治·克雷克（George Craik）以对蒸汽机带来的“征服”的激动描述结束了关于瓦特的章节；最近，“利物浦和曼彻斯特铁路的伟大实验……使做梦都想不到的快速旅行成为可能。”克雷克预言道，一旦铁路被普及，“我们将发现自己处在一个多么新的社会状态啊！……届时，这个国家将成为一个真正的共同体；最高文明的所有好处，将会像天堂之光一样平等地散布在这片土地上，而不再局限于一个中心点。”[39] 直到克里米亚战争爆发甚至更久远的时间前，许多人都怀着无比的信心将他们对和平国际关系的希望寄托在由蒸汽驱动的制造业和交通工具所提供的对贸易和通信的激励上；“一个更高级的文明国家”将随之而来，无论国内还是英国商人在海外所在的任何地方。[40] 1846年，约翰·伦尼爵士（Sir John Rennie）在土木工程师协会发表的主席演讲中，称赞无论战争还是和平时代蒸汽机都是“伟大的改进者和开化者”。[41] 据他的同

[36] Gaskell, Manufacturing population, 33. 关于保守党对工业化的社会影响的担忧以及他们对机器征税的呼吁，参见 Berg, Machinery question, 263－268.

[37] Friedrich Engels, The condition of the working class in England, ed. David McLellan (Oxford and New York: Oxford University Press, 1993), 15.

[38] 同上，15－31.

[39] Craik, Pursuit of knowledge, vol. Ⅱ, 320－321.

[40] 比如，参见 Farey, Treatise on the steam engine, vol. Ⅰ, v, 及上文，103－104.

[41] Sir John Rennie, Presidential address, Proceedings of the Institution of Civil Engineers, 7 (1847), 81－82.

事威廉·费尔贝恩说，它“改变了人类的生存状况，并彻底改变了世界”。[42]

所有这些乐观的预言都来自关于蒸汽机及其历史的技术论文的作者。其中最受欢迎的是来自狄奥尼修斯·拉德纳，他设想了一个被国际和平所保护的安逸和物质享受的天堂：在蒸汽运输刺激下的全球贸易“通过难以破裂的友好纽带把遥远的国家彼此联系在一起”。[43] 与此同时，拉德纳还说到，蒸汽驱动的印刷机降低了印刷成本，促进了国际交流：“就这样，理智代替了武力，笔代替了剑；地球上的战争也因此而几乎停止了。”[44] 针对 1841 年格拉斯哥和格林诺克铁路的开通，亚历山大·罗杰（Alexander Rodger）创作了一组仿英雄体的诗句，他通过拒绝承认过去的英雄来体现诗的主题：“他们扬名而去——跪在血泊之中”，以支持“瓦特的天才和蒸汽的胜利”。[45] 在许多充满蒸汽机的诗句之后，他最后提议为纪念瓦特而干杯：

> 他睿智地指挥着蒸汽的潜在力量，
> 给我们这个星球带来了新的面貌，
> 愿他的名字在时间的洪流中飘荡，
> 直到太阳、月亮和星星都笼罩在蒸汽之中。[46]

对蒸汽机创造和平能力的高期望并不仅仅是工程师和科学普及者的白日梦。国际贸易的政治利益成为自由贸易支持者的信条。正如我们所见的，1824 年的几位演讲者曾暗示，改进的（蒸汽）运输与贸易壁垒的减少相结合，将不可避免地降低国家间的猜疑和反感的壁垒；赫斯基森歌颂了与基督教携手和平发展的商业所带来的好处。[47] 然而，当这种乌托邦式的预言受到政策的务实审查时，只有科布登主义者还能坚定地坚持这些极端的理想主义。从 19 世纪 30 年代中期开始，来自曼彻斯特的和平主义者和制造商理查德·科布登（Richard Cobden）就曾宣扬过一种温和的、准宗教式的自由贸易愿景，并将其视为全球和平的基石：每个人都将从它所带来的国际分工中

---

[42] William Fairbairn, The rise and progress of manufacture and commerce and of civil and mechanical engineering in Lancashire and Cheshire, in Thomas Baines, Lancashire and Cheshire, past and present, 2 vols. (London: W. Mackenzie, 1868 – 1869), vol. Ⅱ, ⅳ. 另见 Frederick C. Branwell, Great facts: a popular history and description of the most remarkable inventions during the present century (London: Houltson & Wright, 1859), 302.

[43] Lardner, Steam engine (7th edn, London, 1840), 5.

[44] 同上，5. 另见 Hugo Reid, The steam engine (Edinburgh: William Tait, 1838), 154 – 156.

[45] Alexander Rodger, Verses written upon the opening of the Glasgow and Greenock Railway, 30 March, 1841, Stray Leaves (Glasgow: Charles Rattray, 1842), lines 1 – 6.

[46] 同上，lines 43 – 48.

[47] 参见上文，103 – 104.

受益。[48]

然而，自由贸易的其他支持者，包括激进分子，如约瑟夫·休谟（Joseph Hume）和罗伯特·托伦斯（Robert Torrens），则对保持英国目前作为“世界工厂”的地位更为上心。他们提出了重商主义的观点，认为制造业会流向食品（以及随之而来的劳动力）更便宜的国家；他们认为，废除谷物法律将扼杀迫在眉睫的外国竞争。[49] 托马斯·巴宾顿·麦考利（Thomas Babington Macaulay）在1842年的演讲中表示，废除这些条约保证英国能“几乎垄断”全球制造业贸易；英国人相信其他国家也会以为他们提供充足的食物作为回报。[50] 6年后，在废除蒸汽运输法案之后，他称赞蒸汽运输在道德、知识和物质层面都有益处：它会“把人类大家庭的方方面面都联系在一起”。它还为加快士兵和火炮穿越大陆的速度以及加快海军抵御风浪的速度提供保证——麦考利没有就此发表评论。[51] 另一些人甚至更坦率地认为，蒸汽机所保障的与其说是各国之间自由平等的交往，不如说是“英国式的和平”，而后者会很容易滑入殖民主义的泥潭。由此可见，“不朽的瓦特”的发明是神圣计划的一部分，是英国文明使命的技术组成部分。[52]

这种思维模式正将英国乃至全球的历史铸成一种技术决定的模式：人类的作用在蒸汽动力面前低下了头。这样的想法绝不是新奇的，早期的历史学家将其归功于存在于文艺复兴时期的三个发明：印刷、火药和罗盘。然而，到了蒸汽机这里，关于发明人的身份没有产生类似的争议：发明的归属是明确的（尽管在某些方面存在争议），只有一些关于刺激它出现的社会经济背景的讨论。[53] 尽管瓦特被普遍认为是蒸汽机无可置疑的创造者，但人们经常说他（像弗兰肯斯坦的怪物一样）独立于他的发明人和他所处的社会而存在。蒸汽机（或者有时是瓦特的无实体的“思想”）被认为是一个重要的历史媒介，能独立地改变世界。通常，这种印象来自不加思索的吹捧（以及糟糕的诗歌），它

---

[48] Bernard Semmel, The rise of free trade imperialism: classical political economy and the empire of free trade and imperialism, 1750 – 1850 (Cambridge: Cambridge University Press, 1970), 155 – 163. 参见下文, 216.

[49] 同上，146 – 154，163 – 169。

[50] Hansard, P. D., 3rd ser., LX (21 February 1842), 754, 引自Semmel, Rise of free trade, 149.

[51] Lord Macaulay, The history of England from the accession of James the Second [new edn 1857], ed. Charles Harding Firth, 6 vols. (London: Macmillan & Co., 1913), vol. Ⅰ, 364. 参见William Thomas, Macaulay, Thomas Babington, Baron Macaulay (1800 – 1859), ODNB, online edn, October 2005, 参见www.oxforddnb.com/view/article/17349, 最后登录时间为2006年10月17日。

[52] 参见上文，104.

[53] 比如，参见下文，164 – 170，175 – 179. 另请注意巴克尔的抗议，参见上文，128 – 129.

在儿童文学作品中的影响力更大。一位作者向他的年轻读者们创作了一首评价“给世界带来最伟大的物理转变因素（改变世界整个文明的工具）的心灵”有品质的赞歌。[54] 对于专利局的 R. B. 普罗塞（R. B. Prosser）来说，他关于伯明翰发明人历史的著作毫无疑问已经收录了有史以来最富有哲理的发明人，虽然他认为“瓦特的发明对世界的影响是如此之大，以至于它是属于全人类的而不是属于某个特定的地方”。[55] 另一位科普作家则把“瓦特发明的蒸汽机”的历史重要性提升到了法国大革命之上：“它对整个文明世界产生了最深刻、最广泛和最持久的影响”。[56]

也有个别时候，人们会找到一些更深层次的解释，认为一些特定的社会和政治事件是技术变革的结果。蒸汽机为同时代人提供了一种有形的、技术上的解释，它解释了这些迅速而又往往令人困惑的变化是如何深刻地影响着他们的生活的。下面这段文字作为争议较小的对近代英国历史的论述出版于 1860 年，它体现了一些普遍的思维方式：

> 改革法案的通过代表着社会和政治变革的圆满完成，这些变革早已在社区范围内实际发生。在制造业时代之前，土壤、矿产和农产品是国家财富的重要组成部分；因此，政治权力完全掌握在它的拥有者手中：然而，当蒸汽作为一种制造业的动力出现时，又一种形态的国家财富诞生了，并由此产生了一种富有而强大的商业利益……没有什么能阻止这种利益的增长，而它正是由蒸汽机的巨大力量所推动的。它成长起来，获得了独立，改革法案则正式确立了这种独立……接着，蒸汽机便首先创造了一个商业社会；然后赋予它财富和权力；最后为它带来政治上的认可。[57]

---

[54] [Thomas Cooper, the Chartist], The triumphs of perseverance and enterprise: recorded as examples for the young (London: Darton & Co., 1856), 97. 关于技术决定论概念的深刻讨论，参见 Donald MacKenzie, Marx and the machine, T&C, 25 (1984), 473 – 502.

[55] Prosser, Birmingham inventors, 37.

[56] J. Hamilton Fyfe, The triumphs of invention and discovery (London: T. Nelson & Co., 1861), 43 – 44.

[57] John Giles, Social science and the steam engine, The Builder, 18 (1860), 613. 比如，另见 W. A. Mackinnon, On the rise, progress, and present state of public opinion (1828), 10, 引自 Hardy, Origins of the idea, 113; C. J. Lever, Tale of the trains (1845)，转引自 Ian Carter, Railways and culture in Britain: the epitome of modernity (Manchester: Manchester University Press, 2001), 3.

辉格党的历史和工业革命

这种对蒸汽机及其“发明人”的迷恋开始影响对英国经济增长的分析，在18世纪，英国和法国的知识分子和政治家都对这一主题产生了迫切的兴趣。[58] 到19世纪20年代，评论人士普遍将英国制造业的竞争力归因于以下因素的综合作用：性能优越的机器，丰富的资本、信贷和燃料资源，以及人们的技能、独创性或进取心。[59] 辉格党人士则倾向于强调与他们的政治意识形态相一致的一个独特特征——受（1689年）权利法案保护的——自由。例如，在19世纪二三十年代，J. R. 麦卡洛克在追求自由贸易的过程中，对英国的“商业优势”保持着双重解释——一方面是宪法层面的（从未动摇），另一方面则是经济和地理上的（他的重点随着时间的推移而改变）。对麦卡洛克来说，政治和经济自由都是经济发展的基本支柱，他把“我们宪法的相对自由——没有任何压迫性的封建特权，以及对我们财产的完全保障”放在首位。他在1820年提出，这个不受约束的市场将允许英国在“那些依靠我们海岛的环境、取之不尽的煤炭供应和得到改进的机器带来天然的真正优势的领域”发挥其相对优势。[60]（蒸汽动力的重要性越来越大，这给英国广阔而易于开采的煤田带来了额外的价值。）1827年，两本分别由盖斯特和贝恩斯撰写的关于棉花产业的新书促使麦卡洛克重新强调了他对棉花产业的重视，同时也强调了棉花产业领域主要发明人的作用。在依次描述了每个人的成就之后，他严厉地批评了盖斯特，因为他否定了哈格里夫斯和阿克赖特的发明创造。[61] 麦卡洛克认为棉花产业令人惊叹的崛起“部分且主要归功于杰出人士的天赋”，当然，这些人也通过由政治担保的财产、自由的企业以及被“知识的普遍传播”所点燃的智慧所带来的“信心和能量”而孕育。[62]

到1835年，麦卡洛克的社会经济分析再次发生了转变，尽管他仍然把“我们在机器方面的优势”放在了众多经济因素的首位，并因此把机器制造视为最重要的工业分支。但他认为，如果英国只能依赖进口金属，那么今天的一

[58] 另见，60，64，69 – 70.

[59] Hardy, Conceptions of manufacturing advance, 134 – 139, 191 – 206; Hardy, Origins of the idea, 51 – 56.

[60] Restrictions on foreign commerce, Edinburgh Review, 33 (May 1820), 338, 346.

[61] 参见下文，193 – 198.

[62] [J. R. McCulloch], Rise, progress, present state, and prospects of the British cotton manufacture, Edinburgh Review, 46 (June 1827), 22.

切都不可能实现，更不用说如果英国缺乏充足的煤炭用以加工金属了。因此，他修正了对那个时代发明人的常规排序，特地降低了瓦特和纺织发明人的排名，并强调了在冶炼和精炼铁的过程中，煤对木头的替代作用，并将这归功于"达德利勋爵"（Lord Dudley）。他评论道："我们甚至不知道连蒸汽机和纺纱机都比不上它。无论如何，我们相信，我们欠它的和欠这两项伟大发明的一样多。"[63]

在19世纪的第二个25年里，辉格党的其他政客和作家也经常提出关于近代英国经济史的类似观点，认为经济自由为技术进步提供了跳板。例如，这些假设支持了布鲁厄姆勋爵在1839年反对谷物法律时的演讲，他自信地将英国工业化的这一形象作为证据：

> 出口补贴在1774年开始，这一时期是英国历史上最辉煌、最值得骄傲的时期……整个大自然的面貌都被改变了；这个国家在地球表面上变成了一个巨大的、富有的、勤劳的、专业的、技术娴熟的工厂。这些都是制造业的奇迹。这是制造业的时代。[64]

布鲁厄姆说，它的核心是采矿和机器的发展，尤其是"蒸汽的新力量……扩大了人类的潜能，给了人类以新生和在地球上的新统治"。人们对布鲁厄姆关于近代经济史的描述几乎达成了共识（即使不认同其因果推理）。而他的那些持贸易保护主义观点的反对者们既不质疑他的"制造业时代"的年表，也不质疑他对蒸汽和其他新技术的强调；相反，他们努力将这个时期重新定义为一个贸易受保护时期（而不是相对自由的时期）——他们辩称，在进口关税的庇护下，制造业早已经蓬勃发展。[65]

英国工业发展的描述也包含一些不那么严肃的历史著作，尤其是查尔斯·奈特（Charles Knight）出版的通俗历史。从1827年起，奈特与布鲁厄姆和辉

---

[63] ［J. R. McCulloch］, Philosophy of manufacture, Edinburgh Review, 61（July 1835）, 456. 达德利的专利最近在 Report from the select committee appointed to inquire into the present state of the law and practice relative to the granting of patents for invention 的附录中被引用，BPP 1829，Ⅲ，582. 关于 Dudley，参见 P. W. King, Dudley, Dud（1600? －1684），ODNB，参见 www. oxforddnb. com/view/article/8146，最后登录时间为2006年10月17日。

[64] Hansard, P. D. , 3rd ser. , XLV（18 February 1839）, 542－543；感谢威尔·哈迪让我注意到这个演讲。

[65] ［Sir Archibald Alison］, Free trade and protection, Blackwood's 55（1844）, 399；以及惠灵顿公爵，in Hansard, P. D. , 3rd ser. , XXII（1830）, 974.

格党关系密切，并在实用知识传播协会的出版事业中发挥了重要作用。[66] 19世纪40年代初，他出版了多卷本的历史著作，不仅给予“民族工业”以极高的关注，还运用大量的技术术语对其进行了构想。克雷克和麦克法兰（MacFarlane）的《乔治三世统治时期的英格兰绘图史》一开始还算传统，有500页的篇幅都是关于政治和军事历史的，但接下来他们就用足足50页来描写“民族工业”。它将“我们的现代制造业和贸易体系”的开端追溯到乔治三世统治的早期，并提供了一个以技术变革为重点，涵盖贸易、农业、运输、采矿和制造业的广泛调查，尤其强调了交通的改善和蒸汽机对其他工业部门的“刺激作用”。瓦特得到了最高的评价——蒸汽机代表了“一系列改进，作为个人智慧的产物，它们是无与伦比的”——但其他发明人也得到了应有的评价。[67]

受奈特的委托，哈丽雅特·马提诺创作了一部她所处时代的历史著作，技术变革在她的历史架构中处在一个类似的位置——值得注意，但排在其他重要事情之后。在马提诺看来，历史显然是由政治家创造的，发明人只是改善了日常生活的舒适度。她对1815～1846年这段时期的概述始于“最低层次的进步——生活的艺术”：她列举了电报（“那个时代的奇迹”）、“太阳画”（摄影）、荧光火柴、防水服（对工人阶级尤为重要）、泰晤士河隧道（“外国人来伦敦旅游的第一奇观”）、蒸汽和铁路。关于后者，她尖刻地说：“说得够多了。大家都知道……它们在取代辛劳、解放工人的双手以及使人们面对面地接触自然和新奇事物方面所做的贡献”——的确令人印象深刻，她暗示道，但还不足以与科学知识的进步（更不用说废除奴隶制等至关重要的政治成就了）相提并论。[68] 当讨论“活着的恩人”时，马提诺以（第一个出场依旧代表位置最低?）乔治·史蒂文森为开始，“我们最伟大的工程师”，他引入了铁路，而除了化学家迈克尔·法拉第（Michael Faraday）和天文学家威廉·赫歇尔（William Herschel），其他所有这一分类的成员都在文学或艺术领域占有一席之地。[69] 激进的、不墨守成规的马提诺对功利主义的风气提出了批评，她赞扬了

---

[66] Rosemary Mitchell，Knight，Charles（1791－1873），ODNB，参见 www.oxforddnb.com/view/article/15716，最后登录时间为2006年10月17日；Mitchell，Picturing the past，111－139；Valerie Gray，Charles Knight and the Society for the Diffusion of Useful Knowledge：a special relationship，Publishing History，53（2003），23－74.

[67] George L. Craik and Charles MacFarlane，The pictorial history of England during the reign of George the Third：being a history of the people，as well as a history of the kingdom，7 vols.（London：Charles knight & Co.，1841－1844），vol. Ⅱ，574－575，579－582，600－603.

[68] Martineau，History of England，vol. Ⅱ，707－708.

[69] 同上，vol. Ⅱ，702.

威廉·海德·沃拉斯顿（William Hyde Wollaston），并对那些主要因其发现了使铂具有韧性和延展性方法而记住他的人提出了驳斥：

> 对于伟大的化学发现者来说，把那些以发明的形式出现的发现作为他们劳动的结果是一种伤害……为社会和人的服务和安全创造一个有用的工具是一件好事；但发现一个新的元素、发现一种新的物质、展示一种新的物质组合以及确认一个新的定理则是更伟大的事。[70]

她欣赏托马斯·特尔福德（Thomas Telford）（像土木工程师史蒂文森一样）的宏伟建筑工作的"诗意"："如果没有梅奈桥和喀里多尼亚运河这样的壮观建筑，还能到哪里找到崇高的思想和激发想象力的东西呢?"[71] 但是马提诺显然没有在蒸汽机中找到诗意：正如我们所看到的，她认为瓦特高于君主，但次于把诗人角神圣化的"心灵之王"。[72]

最后，奈特自己写了一部《英国通俗史》（*A Popular History of England*），共 8 卷，他打算用它来开辟新的领域：它应该是"为人民而写，也应该是关于人民的"。[73] 奈特希望效仿他在展示"善政的进步"与"工业、艺术和文学的进步"之间的联系时所取得的成就，但为了将二者联系得更紧密，他将"人民"社会生存条件的改善问题放到了突出位置：该部著作的第三章没有对此作单独介绍。[74] 奈特努力实现他的目标，但受限于资料来源和分析技术的匮乏，尽管如此，他还是连续写了四章论述工业革命的起源。他宣称，18 世纪商业和制造业的发展"构成了英国不断进步的政治环境中最重要的特征"，对"我们在世界上所处的地位"至关重要。[75]

作为一本面向学校的当代作品，因斯（Ince）和吉尔伯特的《英国历史纲要》（*Outlines of English History*）在其按时间顺序排列的章节中将重大发明和发现标记为"值得纪念的事件"或"值得注意的名字"。忠于自己的辉格党背景的两位作者称牛顿、洛克和培根是"有史以来美化和指导人类的最伟大的

---

[70] 同上，vol. Ⅰ，592－593.

[71] 同上，vol. Ⅱ，193. These are our poems，said Carlyle of a locomotive，in 1842：Berg，Machinery question，15.

[72] Martineau，History of England，vol. Ⅰ，413.

[73] Mitchell，Picturing the past，123. 单就其成本而言，就很可能会挫败奈特"为人们"的目标：同上，139。

[74] Charles Knight. Passages of a working life during half a century，3 vols.（London：Bradbury & Evans，1864－1865），vol. Ⅲ，283－284，引自 Mitchell，Picturing the past，123.

[75] Charles Knight，The popular history of England，8 vols.（London：Bradbury & Evans，1855－1863），vol. Ⅴ，1；引自 Mitchell，Picturing the past，125.

三位天才”。[76] 当来到乔治三世统治时期，发明和制造业成为叙述的主角，因为正是它们在物质层面使国家能够承担海外战争的巨大费用和政府的挥霍，它们的发明人比现在和过去所有的军事英雄都更配得上被称为人类的恩人。[77] 同样，维多利亚统治时期最“令人难忘的事件”（到目前为止）包括便士邮政和电报的问世、泰晤士河隧道的修建、万国博览会以及布鲁内尔的大东方号船。这本书以一页的篇幅将铁路和电报称赞为繁荣的创造者和知识的传播者——所有这些都是“乔治·史蒂文森和他杰出的儿子”在马克、伊桑巴德·布鲁内尔和约瑟夫·洛克（Joseph Locke）的帮助下，坚持不懈的产物。“在此之前的世界，在任何领域里，可曾有过这样的五重联盟吗？”[78]

英国的新历史就这样被确定了。工业革命的概念（如果不是一个精确的术语）是在19世纪中期被牢固确立的。它通常被理解为一种结构转型——从以农业为基础的经济转向以制造业和贸易为驱动的经济。最明显的是，这是一场技术革命，瓦特和他的蒸汽机起到了主导作用，并主要与棉花机械的发明人和早期铁路工程师合作。这一设想是由“瓦特去世后迸发出的热情赞美……似乎用尽了语言的力量来歌颂这个人和他不朽的发明”所推动的。[79] 一幅中世纪的版画对其作了概括，画中瓦特坐在炉边，他显然在打瞌睡或陷入沉思；他的脚边是一幅蒸汽机的图画，水壶在铁架上沸腾着；从壶嘴中冒出的蒸汽勾勒出一幅工业景象：工厂、铁路、矿山和蒸汽机车。从一个人在观察水壶烧开的平凡情景的启发下的想象中，我们不得不相信，工业英国的美丽新世界已经出现了。[80]

然而，当“工业革命”在19世纪后期成为学术研究的主题时，这种对新技术和制造业增长的早期歌颂就消失在对工业化和快速城市化的不利后果的悲观观点之中。在19世纪中期的批评家，例如盖斯凯尔、恩格斯和马克思的作品中占主导的社会观点与第一代专业经济史学家，例如阿诺德·汤因比、J. L. 哈蒙德、芭芭拉·哈蒙德（Barbara Hammond）、西德尼（Sidney）和比阿特丽斯·韦伯（Beatrice Webb）产生了共鸣，并主导了学校教科书和其他流行的历

---

[76] Henry Ince and James Gilbert, Outlines of English history (rev. edn, London: W. Kent & Co., 1864), 124；他们声称早期的版本已经售出了25万册。

[77] 同上，134.

[78] 同上，145.

[79] Craik and Macfarlane, Pictorial history, vol. Ⅲ, 674.

[80] Basalla, Evolution of technology, 38. 关于水壶的传奇，参见 Robinson, James Watt and the tea kettle, 261－265; and Miller, True myths, 333－360.

史书籍的观点。[81] 然而，尽管意识形态在很大程度上已经包含了半个世纪的歌颂，但这一时期的技术变革继续为工业革命的所有叙述提供了基本的结构——重新出现在 T. S. 阿什顿（T. S. Ashton）著名的“小装置潮流”中，其于 1948 年在学术文献领域开启了一个新的、更加积极的阶段。[82]

“工业革命”一词通常被认为由汤因比在 1882 年首次使用，这只不过是为一个流行了 50 多年的概念提供了一个方便的标签。汤因比把这些解读的线索串到一起，形成了一个明确而有影响力的综合体。[83] 尽管他的论述是基于“工业革命的本质”是建立自由市场经济的信念之上，但他认为有两个人对这场革命性的发展负有特别的责任。[84] 其中之一是亚当·斯密，他在《国富论》（*Wealth of Nations*，1776 年）中提炼了自由贸易学说；另一位是詹姆斯·瓦特，他在同一时期的发明促进了该学说在世界范围内的实践。他们的作品一起“摧毁了旧世界，建立了新世界”。汤因比对两人在格拉斯哥相遇的想法很感兴趣，“当时一个人梦到了那本书，另一个人梦到了那项发明，这将带来一个新的工业时代。”[85] 实证主义作家弗雷德里克·哈里森在同一年发表的文章中，对由工业革命的技术所造成的变革表达了类似的感觉：

> 总而言之，从瓦特和阿克赖特的时代到我们现在的这一百年间，人类生活中仅在物质的、物理的、机械的变化上，就比此前一千年发生的变化

---

[81] Hardy, Origins of the idea, 101－129; Cannadine, The present and the past, 133－138; Coleman, Myth, history and the industrial revolution, 22－28. 另外，它也可能有助于在布坎南所抱怨的 20 世纪通史中对技术变化和工程成就的忽视：R. Angus Buchanan, Brunel: the life and times of Isambard Kingdom Brunel (London: Hambledon and London, 2002), 209－210. 另参见上文，9－13.

[82] Coleman, Myth, history and the industrial revolution, 30; Cannadine, The present and the past, 139－158; T. S. Ashton, The industrial revolution, 1760－1830 (Oxford: Oxford University Press, 1948). 在专业的经济历史学家中，这种对技术变革的强调只是在过去 30 年里随着“新经济史”的出现和它对历史增长核算的关注才有所减弱：到目前为止，通俗历史仍然没有（或没有注意到）这一点。然而，有迹象表明，它正在复苏：比如，参见 Joel Mokyr, The gifts of Athena: historical origins of the knowledge economy (Princeton and Oxford: Princeton University Press, 2002).

[83] Hardy, Origins of idea, 139－160.

[84] Arnold Toynbee, Lectures on the industrial revolution in England (London, 1884); repr. As Toynbee's Industrial Revolution, with an introduction by T. S. Ashton (Newton Abbot: David & Charles, 1969), 85.

[85] Toynbee, Lectures on the industrial revolution, 14, 189. G. N. Clark 认为作为约翰·拉斯金“最热情的崇拜者和最能干的学生”之一的汤因比，受到了他导师对工业化的谴责的影响：The idea of the industrial revolution (Glasgow: Jackson, Son & Co, 1953), 19.

都要大，可能甚至比此前两千年或两万年的变化还大。[86]

瓦特和发明天才

对瓦特的赞美也使人们对发明的本质和发明人的心理产生了浓厚的兴趣。在那个人们很少尝试去解释技术变化的时代，1827 年显得极不平凡，因为它见证了两篇关于发明本质的长篇论述的发表。两者都突出了瓦特；在他们对发明的描述中还有其他共同的要素，但最终他们采取了截然不同的立场。约翰·法伊在总结他关于蒸汽机的全面论述时，解释了瓦特作为一个发明人的非凡能力，这体现在他对“天才”的浪漫主义论述中。相比之下，激进派记者托马斯·霍奇金（Thomas Hodgskin）则试图阻止瓦特超越其他工人而成为一个英雄人物，并保持一种更平民的观念，认为发明是一种渐进的过程，它源于工人的日常技能实践。[87] 既然霍奇金关于创造性的讨论是对政治经济学的更广泛的激进批判的一部分，那么我们将在下一章中进行讨论。这里的焦点将集中在法伊和那些跟随他做出将瓦特提升到“天才”的地位的主流努力的人。

在他论文的前面部分，法伊试图将蒸汽机与所有其他发明区分开来。他承认，船舶与航海技术可能会在实用程度上超过蒸汽机，成为人类在满足物质需求方面“坚持不懈的独创的”一个例证。然而，蒸汽机毫无疑问应当被优先考虑，因为它是天才的产物。[88] 法伊说，航海技术在人类历史上一直在发展，是通过“所有国家的智慧和经验的结合”逐步提高的；这是许多普通人通过毫无章法地推进并缓慢地在前人经验之上积累而得到的集体智慧的结晶。[89] 而其他如望远镜等大多数重要的发明，也可能是通过偶然事件制造出来的。然而，蒸汽机却不同：它是“哲学探索的结果、极为聪明的大脑的产物……科学知识的实际应用”。它是一个体现了少数人所具有的优越的思维品质的发明，这些人在相对较短的时间内完成了发明创造，使他们的国家获得了具有巨大经济价值的“新力量”。[90]

鉴于这种对个人心智能力的强调，法伊对发明“天才”的本质进行心理

---

[86] Frederic Harrison, A few words about the nineteenth century, Fortnightly Review, April 1882; Martha S. Vogeler, Harrison, Frederic (1831 - 1923), ODNB, online edn, May 2006, 参见 www.oxforddnb.com/view/article/33732，最后登录时间为 2006 年 10 月 17 日。

[87] 参见下文，161 - 169.

[88] Farey, Treatise on the steam engine, vol. Ⅰ, 3.

[89] 同上，3 - 4。法瑞修正了这个发明创造的模式，见 651 - 652.

[90] 同上，4.

学调查并非不合时宜；然而，这毕竟是勇敢而新奇的一步。在探索“瓦特先生作为发明人的性格”的过程中，法伊从 18 世纪的文学理论家和哲学家的著作中得到了启示，他们的主要兴趣是理解艺术的和诗意的发明或原创性的本质。[91] 尽管艾萨克·牛顿爵士的崇高声誉已经迫使人们关注科学发现的问题，但除了少数人外，大多数人仍对机械发明不感兴趣。因此，法伊做出了一个大胆的举动，他把用来描述艺术和科学中最崇高的智慧的概念工具，用在了至今仍令人怀疑的机械发明人的身上。的确，很难想象他会尝试用瓦特之外的其他主题来表达自己的想法；在去世后的 8 年里，瓦特一直被称为天才。[92] 如果不是杰弗里和他的苏格兰支持者事先把瓦特确立为一个崇高的智者和国家的恩人（绝口不提其作为“计划者”的危险性），他也不会做到这些。[93] 法伊是通过与牛顿而不是诗人进行类比，使瓦特跻身天才之列，他首先宣称：瓦特之于机械发明人等同于“牛顿之于高级哲学家”。[94]

法伊说：“瓦特先生的非凡之处在于他产生新思想和新组合的天赋和他在实施计划之前对计划的安排所作的正确判断一样高明。”[95] 这两种品质在一个人身上的结合是极其罕见的，法伊认为，正是这一点使瓦特脱颖而出。这一方面使他有别于可靠但缺乏独创性的工程师，如斯米顿——有判断力但几乎没有“创造力”；另一方面，也使他有别于大多数能产生原创的想法，但缺乏将其应用于实践所必需的判断力的发明人。[96] 法伊认为，发明的本质是新思想的自然产生和新思想的组合，后者在“意志”不加控制的情况下产生：这种自发性越强，就越不受控制，个人的想法就越有原创性；意志越坚强，就越能严格遵守现有的规则。[97] 然而，判断则是一种完全不同的精神能力，它要求我们在评价自己或他人的思想时进行理性的分析：它包括把复杂的思想分析成简单的要素、对它们分类和比较、提取它们的积极和消极的品质、预见它们在实践中

---

[91] 参见上文，51 -53.

[92] 法伊并不是第一个用这些术语来理解瓦特思想品质的人，尽管他显然是唯一一个发表深思熟虑的分析的人。比如，参见 Birmingham Gazette 中的讣告，30 August 1819，以及安德鲁·尤尔和贾丁教授重印于 Glasgow Mechanics' Magazine 2（1824 -5）的评论，298 -289，301，303，384.

[93] The Scotsman，24 July 1824. 另见 Fairbairn，Observations，16.

[94] Farey，Treatise on the steam engine，vol. Ⅰ，650. 关于当代对牛顿天才地位的争论，参见 Yeo，Genius，method，and morality，257 -284.

[95] Farey，Treatise on the steam engine，vol. Ⅰ，650.

[96] 同上，651. 关于对斯米顿历史意义的积极的重新评估，参见 Walter G. Vincenti，What engineers know and how they know about it：analytical studies from aeronautical history（Baltimore：Johns Hopkins University Press，1991），138；感谢亚历山德拉·努沃拉利为我提供的这一参考。

[97] Farey，Treatise on the steam engine，vol. Ⅰ，651.

如何运作以及抛弃那些不适合这项任务的因素的能力。[98] 法伊是否读过同样强调想象与判断之间的必要平衡的杰拉德和达夫等作家的作品，还不得而知。[99]

法伊想，大多数天才都太喜欢自己的想法，以至于在被评价时不能充分公正；他们产生了“一种父母般的情愫”，这导致他们无视现有的即使是更合适的知识存量。他们自大地依赖自己的能力来随意产生想法，他们“很少好学”，从而丧失了向他人学习的机会。他们往往不能自洽，总是在新思想的冲击下分散注意力，并且不能产生满足所有指定标准的全面设计。[100] 言外之意，他们是用过于野心勃勃的计划令公众失望的“计划者”——这对他们自己和那些不理智地信任他们的人来说，都是一种危险。相比之下：

> 瓦特的想象力很有条理，这种想象力可以由产生许多思想的意志来引导，目前这些想象都是符合描述的，因此，从这些想法中选出能实现预定目的的并不难。他还习惯于把他的新想法与他通过交流和观察所获得的想法结合起来，并把整个想法组成一个统一的系列，他可以从这个系列中选择适合他的组合的想法；在这种选择上，他似乎并没有过分地偏心于自己的想法。[101]

最后提到的优点与其说是一种心智能力，不如说是一种性格特征。这与人们对瓦特个人品质的高度评价是一致的，从杰弗里的悼词开始到后来的所有传记中，瓦特的个人品质与他在技术上的才华是紧密联系在一起的。法伊笔下的瓦特是“综合所有才能”的典范，而这正是查尔斯·兰姆（Charles Lamb）所反对的天才的特征。[102] 瓦特刚好介于一个疯狂的计划者和一个能干的工程师之间，他是一个天才、一个负责任的发明人和一个有创造力的英雄。[103]

从本质上讲，法伊对瓦特“天赋”的描述是对杰弗里所赞扬的个人和职业品质的细化。在接下来的 20 年里，关于蒸汽机的传记作家和历史学家们基本上都囿于引用杰弗里的文章，而不愿尝试自己去分析瓦特的发明能力。直到约翰·伯恩（John Bourne）这里，才开始重新阐述瓦特拥有最高智慧的理由，伯恩是于 1846 年首次出版的另一本《关于蒸汽机的论述》（*Treatise on the*

---

[98] 同上，651.

[99] 参见上文，52－53。亨利·贝尔的类似描述，参见上文，40.

[100] Farey，Treatise on the steam engine，vol. Ⅰ，652－653.

[101] 同上，652.

[102] Yeo，Genius，method，and morality，270－271；Wittkower，Genius，308－309.

[103] 这种反差在后来对乔治·史蒂文森的赞美中得到了回应。尽管理查德·特里西维克被描述为“狂野、勇敢、冒险、充满激情、独创性、震撼人心”，拥有“更大胆的天才”，而史蒂文森则是“有史以来思想最健康的发明人，睿智、耐心、坚持不懈、谦虚”：The Working Man，2（1866），27.

Steam Engine）著作的作者，而苏格兰心理学家亚历山大·贝恩（Alexander Bain）则重新分析了瓦特的智力。

按照惯例，伯恩（很不情愿地）以蒸汽机发展的历史梗概开始了他的论述，这种开头似乎是大家默认的：

> 在我们看来，许多评论家都认为他们过分重视个人计划者的事迹了，却对我们所处的时代的智慧过于低估了，的确，这些被歌颂的人的专长仅被视为一个指数。[104]

此外，阿拉戈对丹尼斯·帕潘（Denis Papin）和法国曾同情地说道，发动机“从头到尾”都是英国发明的这一事实，并不是因为英国人所具有的卓越发明能力的结果，而是“环境因素”推动的结果，后者使诸如蒸汽机之类的动力源在英吉利海峡的这一侧格外有价值。如果在同样的煤炭资源和开采深层煤矿的动机驱使下，法国人也会成为蒸汽机的先驱。[105] 因此，更令人惊讶的是，当伯恩说到瓦特对集体和国家的贡献时，他突然奉上了那热烈的悼词。伯恩说，法伊把瓦特比作牛顿还算是“公正的”，但是把他看作“机械科学领域的莎士比亚”更有教育意义，因为他的伟大之处同样来自那种似诗圣出类拔萃的天赋。[106] 与莎士比亚一样，瓦特的至高无上之处在于“他发明的高产，而发明是科学的诗歌，因为它源于一种更接近于诗意的理想（原文如此）而非逻辑论证的思维活动”。[107] 当伯恩抒情地歌颂这个“没有受过教育的机械师”如何达到“令人炫目的幻想般的高度……更疯狂的幻想和更奇妙的组合”时，我们似乎更像爱德华·杨的精神伴侣，而不是在达夫和杰拉德平衡道路上小心翼翼地行走。[108] 但紧接着，伯恩就强调瓦特的创造性想象力是极为丰富的，并提醒我们莎士比亚同样精通于“日常生活中最粗俗的细节”。这两个人都能做到“实际而世故”，而瓦特当然也不缺乏在任何时候都必要的“坚定或谨慎”的品质。在法伊的叙述中，瓦特的想象力被判断力完美地调和了。约翰·斯米顿则又一次遭到了不公平的比较：“斯米顿固然也能改良，但瓦特还善于创造。”[109] 这是“创造”一词作为一种积极的人类属性的早期使用，也是这个概念在技术领域而不是艺术或文学领域的一种罕见的使用。[110]

---

[104] Bourne, Treatise on the steam engine, 1.
[105] 同上，1.
[106] 同上，21.
[107] 同上，21.
[108] 参见上文，52.
[109] Bourne, Treatise on the steam engine, 21；最初的重点。
[110] Hope Mason, Value of creativity, 4 –5.

最后，终于来到了伯恩的核心议题——他担心对工程师进行更正规、更科学的教育会扼杀他们的创造力：

> 一所大学的温床可能产生大量平庸的工程师，但是像布林德利、伦尼、特尔福德和瓦特这样的人，并不是被虚有其表的热情塑造成伟人的，而是从崎岖不平地区的兴衰中积蓄力量，并在这里自发地展现其天赋的辉煌。[111]

这就是伯恩眼里瓦特的核心价值：瓦特是“没有受过教育的机械师”，他的想象力不受正确程序和科学公式的约束，但他自由的求知欲却助长了他的想象力，并跨越了众所周知的广泛的学科（引用杰弗里的话）。对自然的科学理解很重要，但不能让它占据主导地位。伯恩建议有抱负的工匠们“不要让自己的头脑变得技术化……不要把自己的想象力禁锢在狭窄的工艺范围内，而要让它徜徉在无尽的美景之中”。同威廉·莫里斯（William Morris）和约翰·拉斯金（John Ruskin）一样，伯恩对工业社会未来的信念是建立在（并以其为条件）社会对人文价值的坚持和对工匠直觉的工作方式的尊重的基础上的。因此，尽管伯恩赞扬了瓦特的莎士比亚式天赋，但正如我们将看到的，他对工匠整体创造力的强调与托马斯·霍奇金的反英雄主义模式产生了共鸣。[112]

相比之下，他在关于发明的本质的辩论中高于一般人的地方在于，他完全聚焦于天才发明人的心理。苏格兰心理学家亚历山大·贝恩在其影响深远的著作《感官与智力》（*The Senses and Intellect*，1855 年）中，对心理和生理过程从生理学的角度进行了解释。也许是由于他早年曾在一家织布厂工作，或者是专利改革所引起的日益激烈的争论，使他在自己重要的学术分析中多次提及机械发明这一不寻常的主题。[113] 尽管身处偶像化传统之外，他仍被瓦特的名声所吸引，并用他作为自己的案例进行研究。[114] 他思索的是什么使伟大发明人的头脑与众不同；如何解释他们高于人类大众的“突出性”。当然，许多人都与瓦

---

[111] Bourne, Treatise on the steam engine, 21. 有关 19 世纪关于工程学和训练的争论，参见 Buchanan, The engineers, ch. 9.

[112] 参见下文，162 - 169.

[113] Graham Richards, Bain, Alexander (1818 - 1903), ODNB, 参见 www.oxforddnb.com/view/article/30533，最后登录时间为2006 年 10 月 17 日；David Hotherstall, History of Psychology (3rd edn, New York and London: McGraw-Hill Inc. 1984), 73 - 75. 关于 19 世纪中期的专利争议，参见下文，249 - 251.

[114] 可能只是巧合的是，在次年出版的瓦特传记中，乔治·威廉姆森建议——仿佛是为了让瓦特出人头地——我们应该求助于“精神分析家”和“心理学家”，而不是传记家或政治经济学家，以了解瓦特的一生，“在这期间，发明就像第二自然界一样，似乎统治和动摇了他作为知识分子的存在：Williamson, Memorials, 245.

特有某些共同的智力特征——比如掌握机械学知识、熟悉机器、洞察力——那么，在此之外，瓦特还有哪些不同寻常的能力呢？[115]

在贝恩看来，推理能力比想象能力重要得多，在联想主义心理学的传统中，他把推理解释为类推的过程：好的推理者会找出相似之处，并准确地认识到“类比的适用范围”；他能够透过现象看本质。[116] 正是运用这样的术语，他解释了瓦特是如何确定离心式调速器是当发动机转速变化时，完成阀门的开启和关闭所必需的装置。没有任何现有的原理能实现瓦特的目的，“因此他必须冒险探索每种可能，在一般的机械规律或在非常遥远的自然现象中，找到一种类似的情况……于不同之中寻找相同”。[117] 贝恩说道，这种“识别能力”——可能会被别人描述为“想象力”——构成了善于发明的人的主要智力特征；一个单一的发现并不足以证明某人是一个发明人，“但在一个发明人的职业生涯中需要大量运用识别能力”。[118]

在他的其他文章中，贝恩用更通用的术语列出了他认为对发明和科学发现都是不可或缺的精神特征。尽管“相关力量的有力行动”仍有想象的空间，但贝恩的重点更多地放在推理和条理性思维上，而不是自 18 世纪以来英国人对独创性和发明的惯常讨论。根据贝恩的说法，发明人的基本精神来源包括：

> 适用于特定领域思想的知识储备；相关力量的有力行动；对成果有非常清晰的感知，换句话说，就是正确的判断；最后，就是耐心的思考，这种思考使人全神贯注地把精力投入手头的问题上，使之自然而然地、容易地去应用。[119]

在这些精神品质之外，贝恩又增加了一个“个性”，他认为这一点在实用发明和商业企业领域特别重要，这使他后来提出，在科学和实践方面的独创性可能有两种形式：“我指的是在各种各样的试验中积极的转变，或者说是充沛的精力，都有获得好运的可能。”例如，正是通过这种对“实验的狂热”，达盖尔（Daguerre）才可能偶然发现摄影：所涉及的过程的连续性并不能从先前的知识中推断出来；它只能产生于“无数次徒劳的试验”。[120] 因此，贝恩准备

---

[115] Alexander Bain, The senses and the intellect (London, John W. Parker & Son, 1855), 493.

[116] 同上，524. 关于从 17 世纪的机械主义范式中发展出来的英国心智哲学中的联想论者传统，参见 Abrams, The mirror and the lamp, 156 – 166.

[117] Bain, Senses, 525.

[118] 同上，526.

[119] 同上，595.

[120] 同上，595.

在他的发明方法论中给“意外”留一个位置，尽管它必须基于一个通常的、有价值的前提，毕竟意外对那些还没有从事研究的人来说毫无意义。他认为，玻璃、火药、肥皂或鲜红染料等“古代”发明可能是这样制造出来的——“大量的应用——‘夜以继日，通宵达旦’”。当他通过观察和实验发展出这个“达盖尔式”的发明模型时，贝恩肯定认为它不容易被通过“抽象、归纳和演绎的识别过程”实现的“瓦特式”发明模式所同化。因此，他推论出独创性必须有两种形式，一种是身体上和感官上的，另一种则纯粹是智力上的：前者需要精力、求知欲和毅力；而后者即使没有这些“积极的品质”，也可以实现。[121]

心理学家建立一个基于分析个人心理能力和个性特征的发明模型并不奇怪，而考虑到他的文化地位，将瓦特作为其主要研究对象也不足为奇。然而，仍然有大量的观点认为发明应当由更客观的力量来解释。对一些人来说，和其他事情一样，也有一种世俗思想的潮流，认为发明是人类与自然环境相互作用的必要和渐进的结果。我们将在下一章中看到，在 19 世纪 20 年代末，个人在技术变革中所起的作用在高度政治化的背景下受到了严格的审查。尽管这些观点被证明对铺天盖地的瓦特神化浪潮几乎没有影响，但它们在 19 世纪 50 年代又重新出现，以支持废奴主义者对专利制度的攻击。[122]

---

[121] 同上，595－597.

[122] 参见下文，267－271.

第 6 章
激进的批判："瓦特是什么？"

如果辉格党人希望他们对瓦特的歌颂能在工人阶级中得到广泛的支持，那么他们恐怕会失望。正如"机械问题"在其他方面的情况一样，工人及其领导人的反应各不相同，有时还很复杂。在大众媒体中，最支持瓦特的是《机械师》杂志，该刊由其所有者兼编辑约瑟夫·克林顿·罗伯森（Joseph Clinton Robertson）掌管。早年他以瓦特的肖像作为首页创办了该报，并开启了一篇长达 6 页的职业生涯概述，在这篇文章中，他强调了瓦特在数学仪器制造技术行业的出身。[1]《机械师》杂志全面报道了威斯敏斯特会议的情况，在会议开始前，杂志发表了长篇文章，对国王的大臣们和"一些最杰出的元老院成员——威尔伯福斯（Wilberforce）、麦金托什、布鲁厄姆"——的出席表示自豪。[2] 当汉弗莱·戴维爵士用科学支持大众舆论时，这一伟大的荣誉得到了进一步的增强，公众把詹姆斯·瓦特置于那些给他们的国家和人类带来利益的人的首位。《机械师》杂志鼓励工人阶级的读者沐浴在瓦特的光辉中，并以他为榜样激励他们做出更大的努力：它向读者们保证道，"人们公正地欣赏谦卑勤劳的优点，几乎每一个说话的人都是多么坦率地承认这一点"，并代表他们捐了 5 基尼。[3] 一个月后，报纸的头版刊登了一幅由小瓦特委托为他父亲在汉兹沃斯教堂的坟墓所建的雕像的素描，而这尊雕像正在伦敦萨默塞特宫展出。在这一雕像中，钱特雷将瓦特塑造为一位勤奋的工程师，穿着他日常穿的马裤、马甲、领带和大衣，并且拿着一对指南针，专注于他的膝盖上的计划图纸。在上面的头版上，罗伯森从汤姆森的《四季》中截取了几

---

[1] Patricia Anderson, The printed image and the transfromation of popular culture, 1790 - 1860 (Oxford: Clarendon Press, 1991), 46 - 49.

[2] Mechanic's Magazine, 1 (26 June 1824), 242.

[3] 同上，243，249.

行，大概是想对这位伟大发明人的仁慈和荣耀进行鼓舞人心的评论：

粗糙的工业，不懈的劳动，
得知美丽生活在前，人们觉醒了：
而在光彩照人的前方，卓越闪耀
慈父般的首要美德——公众的热情；
在平等广泛的调查中，
尽管沉思于共同的幸福，
却仍执着于伟大的设计。❹

正如《机械师》杂志所倡导的那样，这种对瓦特的纪念，长期以来为部分工人阶级提供了文化上的参考和自豪感，对于在机械化的背景下，属于像工程和走锭纺纱这样的熟练行业的人来说尤其如此。❺

然而，对其他人来说，这个问题就没那么简单了。威廉·科贝特和托马斯·霍奇金等激进的记者对那些将瓦特提升为科学和制造业英雄的政客们深感怀疑，他们指责这些人虚伪，并鼓励读者们产生怀疑。随后，霍奇金意识到对瓦特的赞美可能会削弱他对政治经济的深层次挑战，他阐述了一种发明理论，把英雄般的发明人演化为一个能干的工人——“领头羊”。尽管当时很少有人注意到（或自那以后很少有人注意到），但这是第一次以对持续技术进步的期望为基础对马尔萨斯（T. R. Malthus）的“人口原理”的明确反驳。霍奇金概述了现代经济增长最显著的特征——人口增长与生活水平的提高并存——并将这两种现象联系了起来。

激进的反应

1824 年，公众激进派抨击了纪念瓦特的活动：他们对这种纪念持怀疑态度，认为这是试图转移人们对工人阶级不满的注意力，是为了使过去 50 年的工业历史合理化。他们的抱怨并不是针对瓦特，因为他们普遍钦佩瓦特的聪明才智和技巧，他们针对他们的政治对手，后者似乎是为了自己的目的而利用瓦

❹ James Thomson, Summer, The Seasons, quoted in Mechanic's Magazine, 1 (24 July, 1824), 305; 感谢吉姆·安德鲁为我提供的这一参考。

❺ 参见下文，285 – 289，291 – 292.

特的名声。许多公众激进分子对所有的纪念活动都持怀疑态度，甚至包括针对最受他们尊重的前辈的纪念活动；他们坚持理性，主要通过仔细研究一个人的著作和演讲来表达对他们的尊敬，而将雕像、肖像和其他"遗物"视为"一种偶像崇拜"。[6] 他们心目中的英雄大多是启蒙运动的哲学家，如伏尔泰，外国的共和主义者人和革命家，如玻利瓦尔（Bolivar），当然还有汤姆·潘恩（Tom Paine）。[7] 他们都负担不起这些纪念活动的费用：在 19 世纪 20 年代早期，他们的首要任务是支持被监禁的"改革之友"，或者支付他们的罚款。当时，几乎没有人"警惕公共纪念碑的对立潜力"，以至于连对老牌改革家约翰·卡特赖特（John Cartwright）少校的纪念活动，都落入辉格党和他的一些最糟糕的政敌手中。[8]（19 世纪 30 年代，随着纪念 1793～1794 年苏格兰政治殉道者的运动的发起，这种情况开始改变。）[9] 但是，如理查德·卡莱尔（Richard Carlile）这样的激进分子，对自然哲学的信念是"理性的最终表达"和"不受限制的知识领域"，它超越了阶级的界限，这使他们倾向于欣赏瓦特的成就并将这位和平艺术的代表提升到军事英雄主义的典范之上。[10]

由托马斯·霍奇金担任主编的《化学家》（*The Chemist*）对威斯敏斯特会议进行了讽刺性的报道，并对这一政治和科学的"建制"提出了尖锐的批评。（它的第一卷抨击了戴维对工人阶级的自然哲学实践者所采取的傲慢和轻蔑态度。）[11] 霍奇金的三页报告试图将纪念活动的主角瓦特与他的拥护者们分开，这些拥护者们为瓦特所做的努力被他称赞为对他们的正常行为和价值观的含蓄批评。霍奇金对瓦特的荣誉表现出极大的自豪：他"不仅是一位机械师，还是一位化学家"，还是一位实验主义者，"他的第一个重要发现来自化学领域"。[12]

---

[6] Paul. A. Pickering, A "grand ossification"：William Cobbett and the commemoration of Tom Paine, in Pickering and Tyrrell (eds.), Contested sites, 69.

[7] James A. Epstein, Radical expression：political language, ritual, and symbol in England, 1790 - 1850 (New York and Oxford：Oxford University Press, 1994), 119.

[8] Pickering, Grand ossification, 68 - 69. 关于卡特赖特的纪念碑，参见 John W. Osborne, John Cartwright (Cambridge：Cambridge University Press, 1972), 152 - 153.

[9] Tyrrell and Davis, Bearding the Tories, 30 - 41. 约瑟夫·休谟解释说，他打算"打破公共纪念碑是为那些在自己的事业上取得成功，但对人类和好的政府的作用常常受到质疑的'征服者和政治家'而设立的这一惯例：同上，31.

[10] Epstein, Radical expression, 123 - 129.

[11] David Stack, Nature and artifice：the life and thought of Thomas Hodgskin (1787 - 1869) (London：The Boydell Press, for the Royal Historical Society, 1998), 81.

[12] The chemist 1 (1824), 250 - 252. 霍奇金与 1823 年《机械师》杂志的创办有密切的关系，很可能在创刊号时就支持了对瓦特的赞美，参见上文，153. 关于瓦特对化学的兴趣，参见 Miller, Discovering water，见于各处。

瓦特品德高尚，值得钦佩；他的德才兼备使他比其他任何人都更有资格获得国家荣誉。他们可以庆幸：

> 瓦特不是一个战士，后者的胜利可能会让一个国家悲伤，并怀疑他的胜利是否增加了国家的安全，并认定他的胜利剥夺了自由和享受。而瓦特则实现了精神对物质的征服——它简化了我们的劳动，并增加了我们的舒适感和力量。

带着幸灾乐祸的态度，霍奇金对这种新价值观被政治家“神圣化”表示了赞许，“然而不幸的是，政治家通常只是在实施限制、压制工业或鼓励战争的情况下才起带头作用”。[13] 正如他的激进哲学所言，他将人民的苦难归咎于不公正政治制度的干预，他欣赏着高级政客们对不以公共服务为目的，只关心自己命运的人加以荣誉的景象。[14] 霍奇金得意洋洋地说，瓦特的例子证明了“他是最关心自己利益的最佳公民”，他的神化是对“政治庸才”和“道德骗子”的一种打击，后者“声称有权为世界其他地方制定法律”。这位《化学家》的编辑和所有人为“身为谦卑的技工、勤奋的化学家和利己的詹姆斯·瓦特的纪念碑”捐赠了两个基尼。[15]

霍奇金审慎地不认可杰弗里对瓦特智慧的夸张提升。在他对瓦特的发现、发明和改进所作的冷静判断中，并没有用到最高级的词：“他的特殊功绩似乎在于将科学的发现稳定地应用于生活的目的之中。”[16] 霍奇金对瓦特才能的贬低对于后来他对古典政治经济学所发起的有力挑战至关重要。在《大众政治经济学》（*Popular Political Economy*，1827 年）一书中，他明确反对把个人发明人描绘成英雄人物，并对“瓦特在改进蒸汽机方面的作用值得特别赞扬”的观点提出了异议。他认为，所有劳动者固有的发明技能应该被视为物质进步的源泉。[17]

威廉·科贝特的批评更为激烈——这或许是他坚持不懈地团结其他激进分子纪念托马斯·潘恩受挫，而受到刺激的结果。[18] 科贝特要求知道“‘瓦特是什么？’最近我听到了许多关于它的事；可是，我这辈子也搞不清瓦特是什么。”假装不知道最近这场喧嚣的主题，科贝特瞄准了皇家捐赠的 500 英镑，

---

[13] The chemist, 1 (1824), 251.

[14] Stack, Nature and artifice, 8 – 22, 206 – 207.

[15] The chemist, 1 (1824), 252; Boulton & Watt MSS, Timmins, vol. 2, fo. 44.

[16] The chemist, 1 (1824), 250 – 251.

[17] 参见下文，164 – 170.

[18] Pickering, Grand ossification, 57 – 80.

并重印了一封来自“提谟修斯”（Timotheus）的信发给《曼彻斯特公报》（*Manchester Gazette*），让他得以抨击激进分子的主要敌人马尔萨斯。

科贝特又重印了“提谟修斯”的第二封信，痛斥棉花大亨们的伪善，因为他们没有用钱来支持他们的花言巧语，并［又一次嘲讽“人口·菲力普斯（Population Philips）先生”］谴责了工厂制度的不人道、不公平的报酬和劣质产品。“提谟修斯”提议在五边形底座上刻一尊“伟大的机械师”的铸铁雕像。它的镶板描绘了悲惨的贫困：童工因长时间工作而筋疲力尽，身体被机器弄得残缺不堪，“一个黑人女孩”因自己轻薄的印花布衣服在第一次洗之前就破了而沮丧；还有“英国最伟大的棉花纺纱业者”理查德·阿克赖特坐着一辆马车回自家豪宅，马车上有他的标志——“一对腐烂的肺，还有……满满一袋金子”；他的道路被一贫如洗的穷光蛋（那些失去工作能力的前雇工们）“弄得支离破碎”。这就是瓦特真正的遗产——“瓦特先生的发明为我们建立起的系统的影响”。[19] 当曼彻斯特的一台蒸汽机锅炉爆炸造成七名工人死伤时，科贝特以“棉花领主和瓦特是什么”为题进行了报道。他要求这些“地狱机器”的主人应该为他们的“贪婪或粗心”所造成的痛苦承担法律责任。《曼彻斯特公报》嘲笑科贝特，说他分不清安全的低压瓦特发动机和爆炸的新一代高压发动机。[20]

科贝特和霍奇金都属于反对反机器偏见的激进派，他们相信，在正确的政治制度下，机器可以给劳动人民带来巨大的利益。[21] 他们钦佩作为发明人和熟练工人的瓦特，同时也对他的伟大发明及其死后声誉受到的曲解进行谴责：瓦特被精英圈子所利用，并作为一位“哲学家”被他的车间所驱逐，这削弱了瓦特的名声对精英的价值——实际上它也许会成为一种威胁。[22] 他们绝不是唯一相信工人的问题并不来自机器本身，而是来自资本主义所有制下的滥用的人。相反，在工人手中，节省劳力的机器将为他们迎来解放而不是奴役；这将减轻他们的负担，而不是仅仅为了雇主的利益而延长在工厂的工作时间。[23] 例如，欧文主义者设想了一个合作社社会，在这个社会中，所有繁重的工作（在家庭和田野，以及工业场所）将被机械化：“他们发明的机械越多，他们

---

[19] Cobbett's Political Register，52（30 October 1824），297 – 305.

[20] 同上，52（25 December 1824），803 – 807；Manchester Guardian，1 January 1825，3b.

[21] Berg，Machinery question，269 – 290；Binfield（ed.），Writings of the Luddites，184 – 185. 关于影响了公众对发明人看法的“机械问题”的进一步思考，参见上文，41 – 45.

[22] 参见下文，162.

[23] MacKenzie，Marx and the machine，498 – 502.

在娱乐或文学及科学上花费的时间就越多。”[24] 为了符合这一预想，欧文主义者安装或计划安装包括蒸汽泵在内的新的技术设备。[25]

塞缪尔·斯迈尔斯在1845年阐述了“休闲的权利”，表达了人们对技术“中立性”的普遍观念。[26]

> 詹姆斯·瓦特对蒸汽机真实、仁慈、人道的应用，减少而不是增加了劳动阶级的辛劳，并使他们能够利用时间，从而获得自由，以培养和享受其本性的最高才能。这是詹姆斯·瓦特送给人类的伟大礼物所真正改进的。[27]

尽管斯迈尔斯的名字后来成为一种进步文学的代名词，在这种文学中，一个人的发明创造和性格为他提供了走出工人阶级的通行证，但在此时，他显然与这种激进思想是一致的。[28] 另一位主要的激进主义者威廉·洛夫特（William Lovett）曾反思自己年轻时的天真：“我曾经认为机器是为所有人谋福利的，却没有考虑到这些力量和发明主要是在我们的工业系统的刺激下所产生，并被勤奋而有效地运用。”[29]

斯迈尔斯的信念得到了一位当代发明人的呼应，他生活在对破坏机器的愤怒的恐惧中。威廉·肯沃西（William Kenworthy）是霍恩比（Hornby）开设在布莱克本（兰开夏郡）的棉花织造公司的一名机械师，他开发了提高动力织布机速度的设备，后来成为合作伙伴。[30] 1841年，他与詹姆斯·布洛（James Bullough）共同申请了自动织布机的专利，使得布莱克本的动力织布机监督员谴责新织布机是“当地的恶魔”。[31] 不管是由于这次特别的抗议，还是由于棉花工业的萧条所引发的广泛的罢工以及宪章主义者会议，总之，肯沃西在1842年出版了一本小册子来为自己辩护。肯沃西也加入了每天工作10小时的

---

[24] The New Moral World 4（21 July 1838），转引自 Berg，Machinery question，279.

[25] Berg，Machinery question，276 – 282.

[26] Berg，Machinery question，269 – 291；MacKenzie，Marx and the machine，473 – 502.

[27] The autobiography of Samuel Smiles，ed. Thomas Mackay（London：John Murray，1905），133.

[28] 斯迈尔斯认为自己从来没有偏离过这个愿景，以及被那些把他看成是“至上”的使徒的人误解：Kenneth Fielden，Samuel Smiles and self-help，Victorian Studies，12（1968 – 1969），164 – 166；Adrian Jarvis，Samuel Smiles and the construction of Victorian values（Stroud：Sutton Publishing Ltd，1997），22 – 50.

[29] 转引自 Berg，Machinery question，289. 关于对技术中立性的现代批判，参见 Langdon Winner，Do artifacts have politics? Daedalus 109（1980），121 – 136.

[30] Textile Recorder，11（1984），248.

[31] Great industries of Great Britain，3 vols.（London：Cassells［1877 – 80］），vol. Ⅱ，169.

呼吁，主张减少劳动时间，以解决技术失业和艰苦工作条件的双重困境。[32] 在针对"断然禁止"发明的主张的激烈回应中，肯沃西[33]认为，问题在于机器操作员的工作时间过长，从而滥用了发明创造，但恰恰只有持续的创新（合理使用）才能在不损害英国竞争力的情况下缩短工作时间：

> 毫无疑问，发明创造是为了摆脱体力劳动而设计的，从而证明其是人类的福祉；我们却因对它们的滥用而使它们受诅咒而不是祝福；这样一个系统的反应是，发明者的生命在很多情况下受到了威胁。[34]

肯沃西的确有理由担心。尽管激进分子有理性的论据，但在 19 世纪上半叶，对机械及其发明者的敌意经常重新出现。[35] 例如，1830 年利物浦和曼彻斯特之间的铁路开通，就引起了"最低等级的机械师和工人"的示威。他们的嘘声主要针对惠灵顿公爵（当时坚决反对议会改革），但他们的不满既针对政治也针对经济。特别是纺织的机械化，给兰开夏郡的手工织布者带来了极大的困扰。范妮·肯布尔（Fanny Kemble）止住了自己上气不接下气的激动，说道：

> 在那一群阴沉、肮脏、愁眉不展的面孔中间，高高地竖起了一台织布机，旁边坐着一位衣衫褴褛、满脸饥饿的织布工人，他显然是为了抗议机器的胜利而站在那里的。[36]

10 年后，宪章主义抗议者和小册子作者表达了反机器和反工厂的情绪，特别是那些手摇织布机的工人，他们的生计正受到机械化的破坏；1842 年罢工的工厂工人所遭受的可怕境况，让人们暂时认同了这一观点。[37] 在宪章主义者的领袖中，费格斯·奥康纳（Feargus O'Connor）认为机器对手工业者的影响"与铁路对卖给屠夫的马的影响一样"。[38] 恩格斯以类似的风格用一首诗

---

[32] Charlesworth et al. , Atlas of industrial protest, 51 – 58.

[33] William Kenworthy, Inventions and hours of labour. A letter to master cotton spinners, manufacturers, and mill-owners in general (Blackburn, 1842), repr. in The battle for the ten hour day continues: four pamphlets, 1837 – 1843, ed. Kenneth E. Carpenter (New York: Arno Press, 1972), 7.

[34] 同上，15.

[35] 参见上文，41 – 45.

[36] 转引自 Michael Freeman, Railways and the Victorian imagination (New Haven and London: Yale University Press, 1999), 31. 关于手工编织的漫长而痛苦的衰落，参见 Geoffrey Timmins, The last shift: the decline of hand-loom weaving in nineteenth-century Lancashire (Manchester: Manchester University Press, 1993); Berg, Machinery question, 226 – 252.

[37] Berg, Machinery question, 288 – 289.

[38] J. T. Ward, Chartism (London: Batsford, 1973), 170, 转引自 Berg, Machinery question, 287.

《蒸汽之王》来强调他的观点，这首诗是伯明翰的爱德华·P. 米德（Edward P. Mead）写的，代表了工人们对工厂制度的看法。在这里，蒸汽机绝不是许多自由主义者和激进分子所设想的和平与和谐的潜在使者；它更像是一个“无情的国王”和“暴君”，毁坏身心，吞噬儿童，把“血变成金子”，制造“人间炼狱”。[39] 在班扬（Bunyan）1839 年出版的《天路历程》（*Pilgrim' Progress*）一书中，有一篇宪章主义者的讽刺文章，让人回想起一篇更老的“斯威夫特式”批评的文章，批评发明人是幼稚的傻瓜——如今他们在为资本服务。作为朝圣者的“激进派”，到达“掠夺之城”后，发现在“庸医象限”里有一群计划者正在试验一个再生人类的机械方案。“他们打算让车辆在平坦的平原上载着富人以每小时 48.3 英里的速度行驶，让穷人看精彩的展览，以此来满足和‘改善’穷人。”[40] 这是针对技术变革所产生不同影响的雄辩的评论，而主流媒体不分皂白地把技术变革称赞为“进步”。

当雇主们特别向工业发明人求助，希望其提供用以约束和破坏熟练工人力量的武器时，这些工业发明人则显得更加令人反感，理查德·罗伯茨（Richard Roberts）就是这样来描述自己是如何被哄骗发明了自动纺纱机。他记得，在 19 世纪 20 年代中期，兰开夏郡一群棉纺厂老板对工会组织的纺纱工们日益增长的战斗性感到沮丧，于是恳求他发明一种不需要熟练工人参与的纺纱机。[41] 罗伯茨最初不愿服从雇主的要求，完全不是因为他关心工人的生计；相反，作为一名专业的机器制造商，他知道其中所蕴含的巨大技术挑战和商业风险。自动纺纱机的推广一开始进展缓慢，部分原因是，仅仅是引入它就足以对上涨工资的要求带来威胁；而由于工厂老板们不愿投资这种获得专利的新机器，因此，罗伯茨直到 10 年后才开始从他的发明中获利。他在 1851 年曾证实（有些夸张），自动纺纱机大大提高了雇主的生产力，以至于“纺纱部门的罢工活动几乎停止了”。[42]

---

[39] 转引自 Engels，Condition of the working class，194 – 195.

[40] The political pilgrim's progress（Newcastle upon Tyne，1839），最初由 Northern Liberator 出版并转引自 Berg，Machinery question，288.

[41] Bruland，Industrial conflict，100 – 104；Ricahrd L. Hills，Life and inventions of Richard Roberts，1789 – 1864（Ashbourne：Landmark，2002），142 – 154.

[42] Report from the select committee of the House of Lords to consider the bill intituled An act further to amend the law touching letters patent for invention；and the bill，intituled，An act for the further amendment of the law touching letters patent for invention，BPP 1851，XVIII，426 – 429. 新技术在多大程度上让雇主占了上风，一直被 W. H. 拉佐尼克所质疑，Industrial relations and technical change：the case of the self-acting mule，Cambridge Journal of Economics 3（1979），231 – 62. 另见 Per Bolin Hort，Work，family and the state：child labour and the organization of production in the British cotton industry，1780 – 1920（Lund：Lund University Press，1989），107 – 116.

重新定义发明

我们已经看到约翰·法伊试图用詹姆斯·瓦特具有非凡创造力的个人品质来解释他的"天赋"。托马斯·霍奇金认识到，这可能与激进派主张政治权利和经济正义的观点相左，只要这一观点还是基于工人的"技能属性"。[43] 当他在 1827 年出版《大众政治经济学》时，霍奇金对正统政治经济学日益激烈的批判已经使他与以布鲁厄姆和詹姆斯·穆勒（James Mill）为领导的哲学激进派疏远了。[44] 霍奇金详细阐述了他颠覆性的观点，即国家真正的资本在于工人的技能；他对发明的描述非常细致、独特，与法伊的完全不同。

霍奇金意识到，如果瓦特不是一个普通的工人，他的创造力超越了对他技能的简单运用，那么不仅激进派无法视他为榜样，而且他的这种例外可能会危及他们对工人在财政和政治上对国家繁荣的重大贡献的认可。[45] 他提出了集体创造理论，这与他对正统政治经济学的激进挑战是一致的；这一理论把瓦特降低为熟练技术工人的代表。我们可以把他的思想建立在对工艺的传统自豪和相互责任的精神上，这是自中世纪以来欧洲技术贸易的文化和意识的基础。尽管行会在 18 世纪的实力不断下降，并且立法机构在 19 世纪初对其法规进行了攻击（特别是在 1814 年废除了伊丽莎白时代的技工法令），但工匠们仍试图维护他们对地位和由学徒传统所赋予的特权要求。他们提出了"关于财产的具体说法"，其依据是他们应得到社会的适当尊重和法律对他们在获得技能方面的付出的保护。[46] 这不仅意味着他们的经济价值得到了合理的回报，而且也为他们争取选举权和政治代表权奠定了基础。[47] 此外，尽管少数人能够通过购买专利获得个人知识产权，但许多人可能仍然认为，技术变革包含了他们技能实践的集体进步。后一种立场在 17 世纪晚期和 18 世纪早期被一些行会所采用，

---

[43] John Rule, The property of skill in the period of manufacture, in Patrick Joyce (ed.), The historical meanings of work (Cambridge: Cambridge University Press, 1987), 104 - 113.

[44] Stack, Nature and artifice, 137 - 139; Gareth Stedman Jones, Rethinking Chartism, in his Languages of class: studies in English working class history, 1832 - 1982 (Cambridge: Cambridge University Press, 1983), 133 - 139.

[45] Saturday Magazine（1837）上的一篇文章对劳动价值论的激进观点进行了反驳，文章称"詹姆斯·瓦特和罗伯特·富尔顿对社会的价值超过 50 万普通人"。转引自 Pettitt, Patent inventions, 67.

[46] Rule, Property of skill, 105.

[47] Jones, Rethinking Chartism, 109 - 110, 126 - 127, 138n. 工匠们对"技能财富"的独占权和许多激进分子以及宪章主义者所呼吁的劳动者的普遍财富（包括熟练的和不熟练的）之间存在一种难以名状的紧张关系。

这些行会通过授予工匠专利来对抗王室对其技术控制的侵犯。[48]

例如，约翰·布莱克纳（John Blackner）在讲述诺丁汉袜子行业的历史时，就不自觉地提到了这一概念，他在书中称赞针织机既是当地发展起来的发明，也是当地繁荣的主要推手。作为一名股票经纪人学徒，布莱克纳先后担任《政治家》（伦敦激进派报纸）和《诺丁汉评论》的编辑。[49] 在他的《诺丁汉史》（1815 年）中，发明基础性机器的功劳被授予了威廉·李（William Lee）和杰德迪亚·斯特拉特（Jedediah Strutt），其他所有人都是以这些机器为基础进行“逐步改进”的；原本一项发明的所有权很少是没有争议的，他保证“发明者的名字都会得到应有的尊重”。[50] 然而，这绝不是对个人天才的英雄式解释：布莱克纳从内部了解了这个行业，对它的发展进行了务实性的评估，在他认为应该表扬的地方给予表扬。他把斯特拉特简单地描述为“一个勤奋而有独创性的工人（因为我知道他是一个轮匠）”，[51] 并描述了其他工人为进一步发展他的发明所采取的步骤：“针织机……已经被许多人的集体才能带到目前的高度完美状态。”[52] 特别是，机械工匠的“机械判断和灵巧的工艺”和“发明技能和……调整的准确性”是这个机器完美的原因。[53] 随着市场的推动，这些技术工人提出了新的想法：“贸易产生了新的欲望……这些欲望引来了改进的需求，从而推动了工业发展并孕育了发明的萌芽。”[54] 显然，布莱克纳对他的工人同人的成就感到自豪，他很开心地强调他们的技能和灵巧的手工；他对“哲学”或“科学”的主张没有任何虚假的成分，确实，他们的聪明才智并不需要通过这样的粉饰来赞扬。布莱克纳也没有在表面上提出任何政治理由。

相比之下，霍奇金在十年后对发明的描述充满了政治色彩。的确，大卫·斯塔克（David Stack）的论点，即霍奇金的政治哲学植根于他的神学理论，要求我们超越对“技术属性”的辩护，来充分解释霍奇金对解释发明的不同寻常的关注。斯塔克认为，霍奇金对政治经济学的批判是基于“他对慈善、自给自足和进步的本质的辩护”。与马尔萨斯和里卡多关于一个经济增长必然受到人口压力限制的平稳状态的悲观预测相反，霍奇金认为，知识的持续积累将

---

[48] Macleod, Inventing the industrial revolution, 82－84, 112－113.

[49] Mark Pottle, Blackner, John (1770? －1816), ODNB, 参见 www.oxforddnb.com/view/article/2532，最后登录时间为 2006 年 10 月 18 日。

[50] John Blackner, The history of Nottingham (Nottingham: Sutton and Son, 1815), 219－220.

[51] 同上，220；布莱克纳称赞他的激进派同伴斯特拉特是“王国里首屈一指的爱国者”。

[52] 同上，218－219.

[53] 同上，245. 另见同上，223，228，231，234.

[54] 同上，195.

解除这种对增长的限制。[55] 他建立在技术的世俗发展上的集体创造概念，本质上是天命论的自然神论版本。这为他驳斥马尔萨斯对激进主义意识形态基础的攻击提供了一个主要的论据，甚至可能是霍奇金通过当代对瓦特发明创造的迷恋而想到的。然而，如杰弗里或法伊所提出的个人“天赋”，则会给霍奇金的累积的、集体的发明模型带来外部原因。他对 1824 年瓦特纪念活动的反应既复杂又尖锐，既怀有对瓦特的无言钦佩，也对人们纪念他的方式表示了讽刺。现在他不得不更有力地反驳瓦特是一个非凡的天才和哲学家的观点。为了维持他反马尔萨斯主义仁慈本性的论点，发明必须是人口增长的必然结果，而不能是个人智慧的偶然产物。

如果说法伊认为轮船和航海的发展不是天才的产物，而是另一种或者说更低层次的一种发明，那么霍奇金则认为它代表的是唯一的发明类型，并明确地应用于蒸汽机。[56] 但是，他本质上并不是与法伊和其他将瓦特视为杰出人物的人有争执，而是与主流政治经济学家有争论，他以劳动人民的名义向后者的资本主义观念发起了挑战。（斯塔克认为，在霍奇金的著作中，“激进主义对资本的批判达到了最高的理论成就”。[57]）霍奇金的发明模型是他将资本重新定义为劳动人民的劳动和技能的结果的产物。他的观念是集体的和历史性的：每一项发明都只是无数代技术工人根据自己所处时代和环境的需要所作出的改进积累的最后阶段。对霍奇金来说，技能包含了复杂的身心能力：没有对两者的练习，就不可能学会手工技巧；发明既需要“心灵”（基于传递知识的健全身体），也需要“手巧”（将想法付诸实践）。[58] 他特别强调了技术工作中往往被低估的智力成分。在《针对资方主张为劳方辩护》（*Labour Defended Against the Claim of Capital*，1825 年）中，他以绘图员、船员或工程师为例，指出“他们在脑海中”看到了每一种创新的效果，并且使复杂机器的各个部分相互适应。[59] 言外之意，技术工人所承担的每一项新任务，在解决方法上都孕育着一项发明。

机器越复杂，就越依赖于从几个世纪的经验中所得来的知识。比如，霍奇

---

[55] Stack, Nature and artifice, 18, 23 – 33, 108.

[56] 参见上文，145.

[57] Stack, Nature and artifice, 112.

[58] Thomas Hodgskin, Popular political economy: four lectures delivered at the London Mechanics' Institution (London: Charles Tait, and Edinburgh: William Tait, 1827), 46 – 48.

[59] [Thomas Hodgskin], Labour defended against the claims of capital [1825], 3rd edn, ed. G. D. H. Cole (London: Cass, 1963), 86 – 87. 参见对一位技艺高超的石匠的想象能力的赞赏, by Hugh Miller in My school and schoolmasters: or the story of my education, ed. W. M. Mackenzie (Edinburgh: George A. Morton; London: Simpkin, Marshall & Co. 1905), 270 – 271.

金说，蒸汽机“以其目前不错但尚不完美的形式”，“代表着在全世界范围内，在各个时代所积累下的智慧、观察、知识以及各种各样的实验”。[60] 这种将英国工业和军事霸权视为历史上不断进步的伟大集体成果的偶像观念，对新兴的英雄主义叙事构成了直接挑战，在后者的叙述中，瓦特的思想已经超越了时间与空间，发明了完美的发动机。霍奇金暗示，即使是蒸汽机也应归属于人民，因为祖先们（并且是持续的）对这一发明也做出了贡献，它不应当属于购买它的富人阶层，也不应属于它最后的“发明人”。

随之而来的是，瓦特这位无与伦比的天才不得不被重新塑造成工人阶级发明能力的典范——他只是大自然发展计划之轮上的又一个齿轮。霍奇金将詹姆斯·瓦特引入他的历史语境中：个人对自然和社会的依赖远比想象的多，然后他谴责了英雄意识形态假设的“虚荣”。[61] 在这场罕见的对抗英雄主义意识形态的防御行动中，霍奇金展示了他的信念，在这种信念中仁慈的大自然逐渐向好奇的人们揭示了它的法则：

> 我知道，把个人的发现和发明归结为一般的自然规律，并不能使人感到愉快和虚荣，因为人们总以为自己有某种与众不同的特殊才能。但是，我们不要伤害社会，也不要诋毁自然，这样我们就可以建立一些有形的对象来表达我们的崇敬。很明显，每个人，不管他的个性如何，智力如何，他的性格、情感、思想、激情，甚至他的智力本身，都是由他所处的时代和社会所决定的，所以我们自己所能决定的东西只占人生的一小部分。无论一个人的天赋是什么，他所拥有的知识、技能、发明能力都应归功于其他人（无论生死）。[62]

像哥伦布、培根、牛顿、卢瑟或某些印刷技术的发明人一样，瓦特应被视为“收集并集中了一些伟大而零散的真理的大师级灵魂人物之一，当他们进入反思时代时，无数先前的发现所积累的结果才刚刚在社会上崭露头角，这对他们来说是幸运的”。这些人只需要一点点额外的发现，就能把所有的东西联系起来，并产生了那个时代孕育的发现、理论或发明。[63] 把最后一块放在拼图里不应该被误认为是整体的发明或发现。

---

[60] ［Hodgskin］, Labour defended, 68；我的重点。

[61] 这与约瑟夫·普里斯特利对牛顿的“天才 ”所持的怀疑态度以及担心牛顿夸大的名声会吓倒其他追求真理的人，从而使他们望而却步的紧张有相似之处：Schaffer, Priestley, 45.

[62] ［Hodgskin］, Labour defended, 87.

[63] 同上，88 –90. Cf. 关于孔迪亚克和孔多塞是如何将牛顿独特的“天才”与他们的平等主义思想相融合的：Fara, Newton, 186 –187.

从这种集体的和渐进的技术变革概念出发，霍奇金的论文有两个关键的方面。其一，是他质疑亚当·斯密关于发明与劳动分工之间关系（以及由此产生的知识与经济增长之间的关系）的观点；其二，将马尔萨斯理论对人口过剩的恐惧视为根本错误的观念，这一辩驳对激进派来说至关重要，他们认为，"邪恶源于政府"，而不是"我们不可避免的自然法则"。[64] 霍奇金的主要信仰是天命论的自然观，其中神为了人类的利益和谐地命令世界。因此，他排斥马尔萨斯的悲观主义，认为对人口过剩的所谓"积极的"和"谨慎的"抑制（以痛苦或节制的方式）是对这种自然和谐的否定。[65] 与马尔萨斯对政治制度的开脱相矛盾，霍奇金则歌颂了人口增长的创造性冲动，并把社会堕落的责任又落到了暴虐和贪婪的政府身上。[66] 他转为信奉法国政治经济学家，尤其是杜尔哥（Turgot）和萨伊（Say）针对进步所表达的至上信念。对他们来说，经济增长主要源于知识的进步，而知识的进步又是人口增长的结果：从统计学上讲，人口越多，"天才"的诞生率就越高。言外之意，英国古典经济学家预测经济增长是有限的是错误的，因为人类的思维是无限的。[67]

霍奇金发现，人口增长不仅会刺激发明的出现，也会提高发明的成功率。正如每一个发明人都是在"满足自己的需要或改善自身条件的，自然而又贪婪的欲望"的驱使下从事发明一样，人类作为一个整体，也在饥饿的刺激下从野蛮进化到了文明。一旦人口的压力耗尽了地球上的野生水果，"人类"就被唤醒去寻找狩猎和捕鱼的方法，随即又发现了农业和粗加工的方法；不断增长的人口需求仍然在推动着农业的进步和"我们这个时代的伟大发明"。根据 18 世纪的理论家强调创造性刺激源于同困难的斗争的传统，霍奇金称赞道："需求是发明之母；而需求不断存在源于人口的不断增长。"[68]

霍奇金将这一见解又向前推进了一步：时代的需求、知识的状态与特定社会所达到的技能高度，合力塑造出了发明。他认为瓦特对蒸汽机做了重大改进，因为只有在 18 世纪的英国才具备蒸汽机诞生的所有条件：对新动力来源的需求，

---

[64] T. R. Malthus, An essay on the principle of population as it affects the future improvement of society, with remarks on the speculations of Mr Godwin, Mr Condorcet, and other writers (London: J. Johnson, 1798), 204，转引自 Stack, Nature and artifice, 23. "马尔萨斯主义者"一词在 19 世纪 20 年代开始被工会主义者和激进分子滥用：Jones, Rethinking Chartism, 115.

[65] Stack, Nature and artifice, 6 – 7, 94 – 98. Cf. Andrew Ure, in Glasgow Mechanics' Magazine 2 (1824), 382.

[66] Stack, Nature and artifice, 23 – 33, 99 – 103.

[67] 同上，103 – 104.

[68] Hodgskin, Popular political economy, 86；参见上文，48 – 49. Cf. Toynbee, Lectures on the industrial revolution, 113.

源于对节省劳力机器的“商业需要”，以及与之相匹配的必要燃料和磨坊工人、浇铸工、铁匠和其他金属加工工人们所掌握的，得以实现发明的机械技能。在另一个国家或17世纪，都缺少能使瓦特实现他的伟大发明的动机和知识：

> 不可能存在针对这项发明的动机；它只有在人口密集的国家才有用，因为那里燃料充足，制造业发达；或者即使发明了它，也没有人会制造或使用它，因为人们没有任何使用它的理由。[69]

由此得出的结论是，时代的环境比任何个人都强大：即使没有瓦特，也会有其他人迅速做出同样的发明，因为“这样的思维和这样的人是从知识的普遍进步中自然且必然地产生的”。[70]

尽管霍奇金认为人口压力是技术进步的根本原因，但他提出了其他的补充因素，这些因素使一些社会比其他社会更有创造力，他批评政治经济学家没有探索这个关键问题——一个早期的、长期被忽视的关于“打开技术的黑盒子”的呼吁。尤其应该调查是否任何形式的“社会变革”都特别有助于新知识的产生。一如他的激进风格，霍奇金认为政府给予其公民的自由程度应当是至关重要的。与欧洲其他国家相比，英国人是“最自由的求知者”，因此也是“创造财富知识”的主要先驱；[71] 无论说的是否准确，这都是向疑似信奉自由主义的政府施压的有用关系。这与辉格党历史学家和政治经济学家的观点有明显的相似之处，比如麦考利，他认为英国宪法是国家繁荣的源泉。出于对劳动人民的关切，霍奇金既不赞同麦考利关于自由的单向进步的信念，也不认为它的好处会扩展到整个社会。

在反驳了马尔萨斯之后，霍奇金又转而反驳亚当·斯密。但他既不否认斯密的劳动分工促进了生产力的增长，从而增加了国家的财富的这一前提；也不质疑（或许令人惊讶）分工通过允许工人专注于一项操作而提高其技能的论断。[72] 相反，他对斯密的“机器发明对劳动力的削减和节省源于劳动分工”提出了挑战，并颠倒了这两种现象之间的因果关系。霍奇金认为：“发明总是先于劳动分工出现，并通过引进新的技术和以更低的成本制造商品来扩展劳动分工。”[73] 他通过引用机械工程和动力织布机等新行业的诞生来阐述这一点：这

---

[69] Hodgskin, Popular political economy, 88.

[70] 同上，90.

[71] 同上，97－99.

[72] 同上，100－108. 关于这对这一争议问题的更详尽的探索，参见 Charles More, Skill and the English working class, 1870－1914 (London: Croom Helm, 1980)，特别是第181－197页。

[73] Hodgskin, Popular political economy, 80. 另见 Macleod, Inventing the industrial revolution, 216－217.

些行业是要求新的职业专业化的发明的产物；例如，蒸汽机和纺织机械在由专人生产它们之前就已经存在了。[74] 霍奇金由此支撑自己的观点：按理说，分工的所有好处"自然都集中在劳动者身上；属于他、让他更安逸，或让他更富裕"。[75] 这对他的论点至关重要，即只有技术和劳动是唯二的资本。如果人们接受了斯密的因果顺序，那么那些声称组织劳动分工是自己的功劳的有钱人，可能因此而设立权利，从而窃取技术进步的果实。如果这种分工最初是无关那些工人的知识、技能和观察力而诞生的，那么资本家的论点就崩溃了。因此，尽管劳动分工可能有助于随后的改进，但霍奇金坚持认为，它次于并衍生于工人们固有的技能。此外，正如斯塔克所说，霍奇金对斯密因果顺序的颠覆，"消除了斯密认为最终会出现稳定状态劳动分工的限制"。[76]

在激进派中，霍奇金强烈关注对发明的解释（并捕捉其原因），这无人能及。也许他更关注技能和知识而不仅是劳动，这被认为是精英主义的潜在分裂：他们更广泛的政治权利基础来自每名工人的劳动，而不是熟练工人的创造力。[77] 威廉·汤普森（William Thompson）还认为，国家财富的基础在于劳动者所拥有的技能，用他书中的话来说是"尽全力产生所有产品"的需求。[78] 虽然汤普森对发明的讨论相对较少，但他同意霍奇金的假设，即发明主要来源于劳动人民。然而，作为一个欧文主义者，他恶毒地抨击霍奇金既不是"工人"，也不是工人们的真正朋友，因为他不支持联营性质的社会主义，导致他没有为工人们提供使其获得产品全部价值的办法。[79] 汤普森认为，以不平等的劳动报酬来鼓励技术精英的出现是错误的，因为这会使大多数人的技能弱化，从而减少了有创造力的人的数量。相比之下，"如果所有人的技能都得到平等的提高，那么发明创造的诞生概率就会增加 100 倍或 1000 倍"。[80]汤普森含蓄

---

[74] 霍奇金是否理解斯密将分工的程度尚不清楚：与其说霍奇金将一个制造过程简化为细微的任务，不如说霍奇金似乎想到了将工作分成专门的行业。

[75] Hodgskin, Popular political economy, 108；最初的重点。

[76] Stack, Nature and artifice, 120.

[77] 关于霍奇金对激进思想的有限影响，参见 Stack, Nature and artifice, 135 – 136, 140 – 147. 关于工匠们对希望他们的作用得到认可的持续坚持，参见 Brian Maidment, Entrepreneurship and the artisan: John Cassell, the Great exhibition and the periodical idea, in Louise Purbrick (ed.), The Great Exhibition of 1851: new interdisciplinary essays (Manchester and New York: Manchester University Press, 2001), 80, 107.

[78] 关于汤普森更为宽泛的观点，参见 Jones, Rethinking Chartism, 120 – 125; Berg, Machinery question, 281 – 283; Noel Thompson, Thompson, William (1775 – 1833), ODNB, 参见 www.oxforddnb.com/view/article/27284，最后登录时间为 2006 年 10 月 18 日。

[79] Stack, Nature and artifice, 150 – 152.

[80] [William Thompson], Labor rewarded. The claims of labor and capital conciliated: or, how to secure to labor the whole products of its exertions, by one of the idle classes (London: Hunt & Clarke, 1827), 26.

地抨击了专利制度和针对少数人的过高奖励（无论是名还是利），他认为，在自由合作和相互帮助的环境下，从自身利益出发（出于思维训练的乐趣和因将公共利益与个人利益等同而获得大众的认可）所追求的发明最能蓬勃发展。然而，他担心“现在并不是出于自身的利益而追求技艺和发明的乐趣，而是将其作为一种超越他人而招致反感的手段，以成为别人嫉妒和虚假崇拜的对象”。[81]

民主的发明

在抛弃了对自然神论天意的信仰和极端的激进主义之后，霍奇金渐进式的发明模式在19世纪中期产生了许多反响，尤其是在那些致力于促进工人阶级教育的作者中间。它与民主的、传记式的发明模式并不矛盾，在这种模式中，发明人通过人人都可模仿的对美德的实践（如毅力、勤奋、专心和对科学的研究）来取得成功，而不是通过与少数具有自然“天赋”的人相关的卓越思维品质取得成功，尤其是那些被赐予了神圣灵感的天才。[82] 然而，这条意识形态的钢丝很难走得通，而且在霍奇金强调工人们的日常技能是一个宏大集体项目的一部分的情况下，很少有作家能够抑制住赞美这些发明所体现出的个人才华和特征的冲动，无论是为了创作一个好故事、为了上一堂生动的美德课还是出于一些政治动机。另外，由于暗示不需要特定的发明者，霍奇金的模式倾向于对发明作宿命论的解释，这种观点实际上消除了人类在其中的作用，并从中世纪开始就被用于攻击专利制度的基本原理。[83] 许多工人阶级发明人——尤其在《机械师》杂志的鼓励下——希望改革专利制度，保护他们的个人知识产权不受雇主和其他资本家的掠夺：但霍奇金的集体模式则对这种保护构成了威胁。

早在1825年，在一本写给孩子们的科普书中，玛丽亚·埃奇沃斯（Maria Edgeworth）就以一种非常积极的态度介绍发明人。尽管她只提到了少数人的名字，但她的做法更民主，而非英雄主义。[84] 作为发明人和月光社成员理查德·

---

[81] 同上，27.

[82] 在许多可能的例子中：John G. Edgar, Footprints of famous men, designed as incitements to intellectual industry (London: David Bogue, 1854), 344 – 352; [Cooper], Triumphs of perseverance, 91 – 97.

[83] 参见下文，267 – 271.

[84] Maria Edgeworth, Harry and Lucy concluded; being the last part of early lessons, 4 vols. (London: R. Hunter and Baldwin, Cradock and Joy, 1825). 关于对埃奇沃斯方法的预期（其中提到了阿克赖特和韦奇伍德），参见 Barbauld and Aikin, Evenings at home, 166, 170.

埃奇沃斯（Richard Edgeworth）的女儿，玛丽亚·埃奇沃斯的目标是通过为两个虚构的孩子提供不同寻常的体验式（第一手的）学习来抓住年轻人对科学和技术的兴趣。书中的哈里（Harry）和露西（Lucy）参观了兰开夏郡的一家棉纺厂，在那里他们的父亲向他们解释了哈格里夫斯、阿克赖特和克朗普顿的发明。哈里"很高兴爸爸总是记得并告诉他这些发明人的名字"。[85]（在这方面走在时代前列的"爸爸"实际上并不完全可靠：例如，煤气照明的发明人仍不为人所知。）他们还了解了阿克赖特是如何"像哈格雷夫（Hargrave）一样，一开始是穷人和文盲"，后来积累了巨额财富并获得了骑士头衔。哈里对阿克赖特家族的物质成功评价道："所有这些都来自他的发明创造。""还有勤奋和毅力。"他的父亲说，不失时机地给孩子们上了一堂道德课。[86]约西亚·韦奇伍德是埃奇沃斯笔下的另一个榜样，他通过在陶器行业中的改进，"赚了一大笔钱……但他的人品和名声远高于任何财富"。[87]一次蒸汽船之旅引发了一场友好的、带有嘲讽式的民族主义色彩的争论，争论的主题是谁发明了蒸汽船，而埃奇沃斯一家购买了"一本苏格兰小说"，这让埃奇沃斯得以重拾斯科特对瓦特的赞歌。[88]哈里说，他想见见这位"伟大的机械师……伟大的化学家……以及高度理性、有创造力的人"。[89]到最后，他热切地希望自己也能成为一名发明人："在我的内心深处，我一直有一个伟大的抱负，就是希望在自己人生中的某个时刻能有重大的发现或发明。"[90]埃奇沃斯认为，对于一个中产阶级的男孩和他的工人阶级同伴（如果不是他妹妹）来说，发明现在可能被视为一种可敬的、现实的抱负。[91]

埃奇沃斯热衷于揭开发明过程的神秘面纱，尤其是要打破那些归因于运气或偶然的神话。[92]哈里和露西多次都被坚定地告知，发明创造绝不是偶然的。一次意外至多可能为一个"富有观察力的大脑"提供找出解决方案的暗示，但机会总是留给有准备的人。例如，许多人看到一个纺车翻倒了，却没有想出珍妮纺纱机的点子，但詹姆斯·哈格里夫斯就想到了。埃奇沃斯虽然没有强调

---

[85] Edgeworth，Harry and Lucy，vol. Ⅰ，228.

[86] 同上，229－230.

[87] 同上，vol. Ⅱ，19.

[88] 同上，311－312，335－336.

[89] 同上，338.

[90] 同上，vol. Ⅳ，329.

[91] 不考虑作者的性别，但露西仍然处于哥哥的阴影下，她的女性气质并没有因为太接近科学实验或新技术而受到威胁。也许，她也会像玛丽亚一样，成为他的成就的普及者！

[92] 偶然发明的"神话"不仅是流行的传说，而且也受到了上帝论者的认可，他们低估了人类的作用：Bowden，Industrial society in England，55；Schaffer，Priestley，50.

技能的作用，但她暗示，发明是那些头脑清醒的优秀劳动者们能力范围之内的事。正如她所解释的那样，“发明就是为了特定的目的把东西组合在一起。这是需要思考的，不可能仅仅靠运气就能做到的。”[93] 她似乎暗示，要完全消除“意外发现”甚至“偶然观察”的污点，就意味着将车间里的发明过程变成实验室里的科学应用（工人们现在被鼓励到新的机械师学院去学习）。对埃奇沃斯来说，戴维的安全灯无论在救生效果还是在发明方法上，都是一项好发明的典范：

> 这是一个有科学头脑、有天才、有知识、有仁德的人，通过观察和推理他面前的一切现象并交替运用理论和实验，在头脑中确定了一个良好目标之后得到的结果。[94]

戴维本人当时也因瓦特采取了类似的方法而称赞他。[95]

埃奇沃斯认为，由于创造性的成功是建立在良好的实践基础上而不是纯粹的灵感上，因此，两个或两个以上的人可能同时获得成功。她认为，同样的发明可能在不同的国家独立完成是不言自明的，“只是因为人们能够感觉到某些需求，而且在知识方面也取得了同样的进步”。[96] 这种基于需求侧的刺激与新知识的供给之间的相互作用的观点将她与霍奇金的解释紧密地联系在一起，所幸没有将她卷入源于人口增长的反马尔萨斯主义、天意论的争论中。相反，她认为发明变得更普遍了，“因为知识被更普遍地传播了。更多的人尝试实验”。[97]不是更多的人，而是受过更好教育的人使社会更有创造力。然而，埃奇沃斯虽然表现出对发明的社会背景的一定认识，但她的重点仍然坚定地放在个人身上：她的主要关切在于鼓励年轻人成为发明人，而不是解释为什么有些社会可能比其他社会产生更多的新知识或产生更多的发明。在这一点上，她绝对是个典型。

为了激励工人们的雄心壮志，布鲁厄姆在两年后为实用知识传播协会创作了赞美科学研究的小册子，乔治·克雷克在1830～1831年也为协会写了两本

---

[93] Edgeworth, Harry and Lucy, vol. Ⅰ, 222. S另见同上, vol. Ⅱ, 15－16; vol. Ⅳ, 325. 关于把发明看作是各种因素系统结合的一种类似的叙述（出自一个工人之手），参见Charles Babbage, On the economy of machinery and manufactures (London: Charles Knight, 1832), 136.

[94] Edgeworth, Harry and Lucy, vol. Ⅳ, 325.

[95] 参见上文, 101.

[96] Edgeworth, Harry and Lucy, vol. Ⅳ, 194. 关于对“同步”发明的一个类似的当代认可，参见Charles Wyatt on the rival claims of his father, John Wyatt, and Richard Arkwright, in Memoirs of the Literary and Philosophical Society of Manchester, 2nd ser., 3 (1819), 137.

[97] Edgeworth, Harry and Lucy, vol. Ⅳ, 331.

传记。[98] 两位作者都和埃奇沃斯一样，渴望消除偶然成分，强调研究才是新发明的源泉。布鲁厄姆认为工匠们最有能力识别和纠正行业中的“需求以及错误的旧方法”，尤其在他们对所涉及的过程有科学性理解的时候。[99] 因此，瓦特的蒸汽机是“对数学、机械和化学真理最深入研究”的产物；同样，“阿克赖特的珍妮纺纱机”（原文如此）、戴维的安全灯和霍华德的制糖工艺都源自对各自问题的长期精心的专注。[100] 克雷克同样也反对那些“幸运的发现……引起未受过教育的人的幻想”的“寓言”，相反，他强调了由对知识的强烈渴望所驱动的、有条理而又机警的探究的重要性。[101] 他强调学以致知，而不是学以致用。他的著作《在困难中寻求知识》的书名是为反映他对那些“无论地位卑微还是高尚，都曾以热情追求知识”的人的关心而特意挑选的；事实上，他原本更偏爱的书名是“热爱知识的奇闻轶事”。[102] 他列举的例子来自广泛的领域（“哲学、文学和艺术”），不受时间和地点的限制，但包括非常多的“科学家”。对瓦特、阿克赖特、布林德利和卡特赖特各自单列一章介绍，本杰明·富兰克林（Benjamin Franklin）甚至独占三个章节。修路建造者约翰·梅特卡夫（John Metcalfe）是“失明造成困难”的典范，而天文学家开普勒（Kepler）则是“在极度贫困中献身于知识”的榜样。然而，最重要的是，艾萨克·牛顿爵士“作为有史以来扩展人类知识领域最广的人”——与伽利略、托里塞利（Torricelli）、帕斯卡（Pascal）、鲁伯特王子（Prince Rupert）和蒙特哥菲尔兄弟共同在序言章节中得到了介绍。[103]

克雷克在介绍瓦特时指出，所有其他现代发明“与采用蒸汽作为机械动力之后取得的非凡结果相比，都显得微不足道”；而这一切都“主要归功于”

---

[98] 霍奇金在 1827 ~ 1831 年恶化了与 SDUK 的关系，当时它发表了一篇文章攻击他的财产理论，以及其他激进分子对 SDUK 的敌意，关于这一点，参见 Stack，Nature and artifice，135 – 143.

[99] ［Henry Brougham］，A discourse of the objects，advantages，and pleasures of science（London：Baldwin，Cradock & Joy，for the SDUK，1827），42. 关于 SDUK 以及布鲁厄姆在其中的关键作用，参见 R. K. Webb，The British working class reader，1790 – 1848；literacy and sicial tension（London：George Allen & Unwin，1955），66 – 73，85 – 90，114 – 120；Richard D. Altick，The English common reader：a social history of the mass reading public，1800 – 1900（Chicago：University of Chicago Press，1957），269 – 273，333 – 335；Berg，Machinery question，292 – 293；Gray，Charles Knight，24 – 28.

[100] ［Brougham］，Discourse，41.

[101] ［George L. Craik］，The pursuit of knowledge under difficulties；illustrated by anecdotes，2 vols.（London：Charles Knight，1830 – 1831），vol. Ⅰ，3. 另见［Cooper］，Triumphs of perseverance，80 – 81，93 – 95.

[102] Charles Knight，Passages of a working life，3 vols.（London，1864 – 1865），vol. Ⅱ，133 – 134，转引自 T. H. E. Travers，Samuel Smiles and the Victorian work ethic（London and New York：Garland，1987），357.

[103] ［Craik］，Pursuit of knowledge，vol. Ⅰ，1.

瓦特。[104] 他将分离式冷凝器的发明描述为方法研究的典范：追求既定目标（更有效地利用蒸汽），并“通过对蒸汽特性的全面了解来制备”，通过他所进行的“广泛的实验过程”，瓦特开始思考如何纠正他在纽科门发动机中发现的缺陷。在这漫长而仔细的准备之后，分离式冷凝器的“幸运的想法”才“出现在他的脑海中”，不久之后，“他的聪明才智也让他想到了实现它的方法”。[105] 自然，在实现它的想法时，瓦特必须克服“许多困难”——在这个例子中，最困难的技术挑战“主要来自不可能以人类的技术所必须使用的材料来实现结构的理论完善”。[106] 克雷克强调瓦特的“独创性和毅力”是他成功实现这一目标的两大美德。

然而，虽然每名工人都可能决心要赶上瓦特，因为“他持续……孜孜不倦地坚持”，但不一定拥有瓦特“在机械方面无与伦比的独创性”。[107] 在克雷克将瓦特描述为良好实践的典范的过程中，存在尚未解决但并不罕见的，存在于瓦特所代表的有条理的、科学的发明方法和无法解释（可能无法解释）的“独创性”之间的紧张关系。即使有人坚持认为命运眷顾那些准备充分的人，并避免将发明人描述成一个神秘的“天才”，但任何着眼于“先天能力”的解释都可能与“发明是人力可为的”观点相冲突。只有像霍奇金这样严格的反英雄主义立场才能实现这一点：瓦特不可能同时作为英雄和普通人存在。然而，对克雷克来说，更重要的是，要与天才灵感的浪漫主义概念和幸运的意外的流行概念做斗争，因为这两者都没有认识到努力和精心准备（这是在任何领域取得成就的必要前提）的重要性。事实上，他一开始就直截了当地提出了这个问题，并把他的理论应用到艾萨克·牛顿爵士身上，他相信，牛顿将知识边界拓展得比任何人都远。克雷克说，表面上看来可能是神的启示或意外发现的产物，其实不过是把一种准备充分、心胸开阔的思想运用到“一些普通事件上的结果，而这些很普通的事件逃过了那些不那么活跃、缺乏独创性的头脑的注意”。[108] 他认为，这是从牛顿和苹果的传说中得出的恰当结论。

克雷克认识到，那些用“缓慢而持续的努力”来描述发现和发明的故事，不如“突然的灵感”的故事更有戏剧性——这其中也包括卡莱尔所阐述的那种灵感。克雷克机敏地指责道：发明人自己对这种虚构负有一定的责任，他们“宁愿相信自己是被选中以向其他凡人传播超自然信息的传播者，也不愿相信

---

[104] 同上，vol. Ⅱ，295.

[105] 同上，309－312.

[106] 同上，313.

[107] 同上，313，317，319.

[108] 同上，3.

与周围其他人相比，自己只是胜在睿智、耐心等纯粹属于人类的属性上。"[109]

尽管关于瓦特地位的提升存在矛盾的说法，但他后来还是出现在许多发明人、工程师、"科学家"或"白手起家的人"的集体传记中，这些集体传记强调了在生活的任何领域"出人头地"所必需的世俗美德。这种悖论似乎很少困扰作者。一个明显的例外是塞缪尔·斯迈尔斯。尽管斯迈尔斯今天对"自己拯救自己"的观念有着坚定的认同，但他的思想根源却深深植根于19世纪早期的激进思想；他的传记作品有一些与英雄主义发明模式格格不入的设想。我们甚至可以从中看到一些霍奇金的影响。[110] 在《自助》（*Self-help*，1859年）的开头，斯迈尔斯强调了进步的代际性："所有国家都是由许多代人的思想和工作造就的。"[111] 在第二章中，当他专门研究"工业的领导者——发明人和生产者"时，他的目光仍然是渐进的和包容的：当代的物质享受是"许多人的劳动和聪明才智的结果"；蒸汽机是"逐步发明的"。[112] 霍奇金的观点在斯迈尔斯评估少数名人所产生的作用时体现得更加明显：

> 阿克赖特与纺纱机的关系，大概和瓦特与蒸汽机、史蒂文森与铁路运输的关系是一样的。他把已经存在的那些零散的、别出心裁的线索收集起来，按照自己的设计把它们编织成一种新颖的织物。[113]

斯迈尔斯说，工业的需求促使许多人产生了类似的想法，但要靠"大师的头脑、强大的实干家"来提供解决方案。[114]

尽管斯迈尔斯认可社会环境和更广泛的创新群体，但不应该将他与霍奇金联系得过于紧密。特别是，斯迈尔斯既不认同发明的天意论观点，也不赞同个人性格由其所处社会塑造的观点。《自助》所要传达的信息是，一个人的性格

---

[109] 同上，vol. Ⅰ，3.

[110] 斯迈尔斯评论说，这个标题经常被人误解：这不是"自我的讴歌"，相反，这是"在最高意义上帮助自己的责任是帮助自己的邻居"：Self-help：with illustrations of conduct and perseverance（new edn，London：John Murray，1875），ⅲ-ⅳ. See Travers，Samuel Smiles，特别是第371页；Asa Briggs，Victorian people：a re-assessment of person and themes，1851－1867（rev. edn，Harmondsworth：Penguin，1971），118.

[111] Smiles，Self-help，5.

[112] 同上，29.

[113] 同上，32；我的重点。请注意，阿克赖特在发明中的作用是毋庸置疑的。

[114] 同上，32. 另见Samuel Smiles，Industrial biography，（1863），209，转引自Travis，Samuel Smiles，269；Samuel Smiles，Lives of the engineers：the locomotive，George and Robert Stephenson（London：John Murray，1877），374.

是由他自己塑造的。[115] 同样，一个社会所享有的任何发明都是人们出于对需求和机遇的呼应，通过一系列个人努力和技能而产生的。正如贾维斯（Jarvis）所指出的，斯迈尔斯作品中的发明从没被认为“归功于上帝”——我们也可以加上一句，也不归功于霍奇金的仁慈“天性”。[116] 斯迈尔斯也承认并非所有的发明人都是平等的，例如，瓦特不仅是众多技术工人中的一个。但他到底强多少呢？

穆尔海德传记的出版使斯迈尔斯放弃了自己写书的想法，直到在索霍区发现了马修·博尔顿的档案后，才提出了双重传记的概念，尽管如此，这个传记仍然主要聚焦于瓦特和蒸汽机（“现代最伟大的发明”）。[117] 至少在前 100 页中，人们感觉（通常认为）其观点更趋近霍奇金而不是斯迈尔斯，因为他描绘了发动机的早期发展，并主张：“因此，纽科门的发动机功率和效率逐渐提高……像其他所有发明一样，它不是一个人聪明才智的产物，而是许多人的智慧结晶。”一个人改进了一点，另一个人又改进了一点。[118] 这也与霍奇金坚持把工人的技能作为技术变革的源泉的观点相一致，斯迈尔斯反复强调了机械经验在发动机开发中的重要性。虽然英国作家对丹尼斯·帕潘的赞美并不常见，但斯迈尔斯认为：“他在最难以成为机械师的条件下工作。在使用新的和未经试验的机器时，不能依靠别人的眼睛和手。”在这一点上，帕潘和几位英国发明人进行了比较，“最重要的一位是詹姆斯·瓦特”。[119] 斯迈尔斯对著名的观察茶壶蒸汽的意外发现不屑一顾，他强调瓦特在父亲车间里所获得的经验——在那里他学会了“灵巧地使用双手……训练自己养成应用、勤奋和发明的习惯……并在那里制造了许多精巧的小物件”。事实上，斯迈尔斯暗示：“他从小培养出来的使用机械的灵活性，在很大程度上可能是他建立各种推测的基础，而他的荣誉正来自这些推测。”[120]

正如这篇关于“他的荣耀”的文章所暗示的，当斯迈尔斯“把注意力从

---

[115] MacKay（ed.），Autobiography of Samuel Smiles，106. 关于“人格理想”在声乐艺术思想中的突出地位，参见 Stefan Collini，Public moralists：political thought and intellectual life in Britain，1850 – 1930（Oxford：Clarendon Press，1991），94 – 116. 关于对迈克建构“工人阶级科学英雄”的敏锐探讨，参见 Secord，Be what you would seem to be，147 – 173.

[116] Jarvis，Samuel Smiles，6. 另见 Travis，Samuel Smiles，260，263.

[117] Smiles，Lives of Boulton and Watt，preface. 斯迈尔斯还获准进入瓦特在希思菲尔德的阁楼工作室：同上，512 – 514.

[118] 同上，67；另见，38.

[119] 同上，34.

[120] 同上，91，88. 这与其他关于发明人和工程师童年的描述有相似之处：尤其参见 Cooper，Myth，rumor and history，83 – 87，95.

蒸汽机的历史转移到瓦特的特殊贡献上时，他开始用近乎针对英雄的方式赞美瓦特。"从这一点来看，他的观点与克雷克的观点相似：瓦特的发明是"独立实验过程"的结果，在分离式冷凝器的想法"突然闪现在他的脑海"之前，他为此付出了艰深的思考和巨大的努力。[121] 同克雷克、布鲁厄姆和埃奇沃斯一样，斯迈尔斯坚持认为这项发明不是偶然产生的，而是"密切和持续研究的结果"；此外，即使瓦特对冷凝器已经有了完整的概念之后，"他还是经历了漫长而艰苦的岁月才弄清楚具体的细节"。[122] 同样，斯迈尔斯一方面欣赏瓦特的才智——他认为其对发明的助力效果非凡——另一方面又要坚持自己的"努力和坚持"的信条，这之中的内在矛盾是他要与之做斗争的。他承认："虽然真正的发明人就像真正的诗人一样，是天生的，而不是后天培养出来的……但瓦特最伟大的成就是通过不懈的努力和勤奋取得的。他是一个敏锐的观察者和不断的实验者……他的耐心是无穷无尽的。"[123] 然而，与所有这些优点相比（请注意，机械技能已经被排除在这个总结之外），"瓦特之所以是伟大的发明人，可能因为他是一个伟大的理论家。他发明的分离式冷凝器本身就是一个理论的结果，他通过实验证明了这个理论的正确性。"[124] 最后，斯迈尔斯引用了一位法国作家的话（他把瓦特的创造力比肩于牛顿和莎士比亚），称瓦特从"丰富的想象力"中获得了"杰出的发明"。瓦特作为一名"机械师"的"巨大优越性"在斯米顿身上得到了体现（后者的成就仅次于他），斯米顿"工作时间长，有耐心，但完全出于一种技术精神……总之，斯米顿知道如何改进，而瓦特知道如何创造"。[125] 与他最初的、民主的对集体的努力和技能的强调大相径庭，斯迈尔斯最终承认瓦特是无与伦比的：即使用无懈可击的工作习惯和科学的方法也不足以解释他的杰出成就。斯迈尔斯将瓦特提升到读者无法企及的高度，只保留了一点：即使是瓦特也无法仅凭才华获得成功——他与生俱来的"发明能力"也是必要不充分条件。如果没有这些好习惯和他对科学研究的应用（我们不要忘记，还有博尔顿的经济和道德支持），瓦特的天赋能力不会产生任何成果。[126] 通过一条曲折的道路——甚至允许人们认同霍奇金的观点——斯迈尔斯成功地将瓦特视为工人阶级的杰出产物，同时保持了他作

---

[121] Smiles, lives of Boulton and Watt, 122 – 127.

[122] Ibid., 129 – 130.

[123] Ibid., 510.

[124] 同上。

[125] 同上，511. 斯迈尔斯似乎抄袭了约翰·伯恩的"改善/创造"的杰出成就：参见上文，149.

[126] 关于类似的解读，参见 Travis, Samuel Smiles, 270 – 271. 关于斯迈尔斯向博尔顿的角色的致敬，参见 Lives of Boulton and Watt, 477 – 478, 485.

为普通人的身份基本不变。

然而，不管斯迈尔斯对瓦特的非凡能力作出了怎样的让步，这些让步的目的仍是解释瓦特，而不是解释发明。斯迈尔斯在他的自传中承认："我们也许可以在没有瓦特的情况下拥有蒸汽机，在没有乔治·史蒂文森的情况下拥有火车头。"[127] 尽管他常用整本书来描写这些重要人物，但在其他书中，他却写满了更多默默无闻的人的成就，并暗示说，任何发明都是几代人贡献的总和。事实上，斯迈尔斯认为真正的英雄不是一个人，而是整个工人阶级——19 世纪中期英国的统治地位都归功于他们：

> 与欧洲大陆国家相比，英国不值一提，直到它开始商业化。它做得很好……但是，作为一个国家，它的实力逐渐减弱，直到 19 世纪中叶，在这个王国的各个地方诞生了许多彼此之间没有明显联系的有才华和创造力的人，并成功地给民族工业的各个方面带来巨大的推动力；其结果是国家得到了财富和繁荣。[128]

杰弗里把瓦特提升为国家的平民救星——尽管也将他认作他身边众多开明的科学和商业人士的代表——但斯迈尔斯接过了激进派的接力棒，坚持认为英国伟大的真正源泉是其劳动人民。他设想了一种"劳动英才"制度，其不仅有助于发明新机器和新工艺，还能激励那些在懒惰和自私的贵族统治下同样消极和放任的人们。诸如特尔福德和布里奇沃特公爵这样的公路和运河建设者是最早养成良好工作习惯的人；阿克赖特的工厂体系以及博尔顿和瓦特的车间同样克服了"劳动者的不正常习惯"并产生了"重要的道德影响"。[129]

霍奇金对政治经济学家悲观主义的回答是，技术进步的源头正是他们认为停滞不前的人口增长：霍奇金说，人不是软弱无能的，而是富有成果和创造力的。根据斯迈尔斯的说法，人曾经是软弱无能的，但是在"劳动贵族"的努力下，人已经从负担变成了宝贵的资源。言外之意，即使曾经有过"马尔萨斯式的威胁"，它也不断地被当时英国劳动人民普遍存在的技术独创性所抵消。尽管斯迈尔斯的大多数作品出版于 19 世纪下半叶，但由于他的观点根植于 19 世纪 20 年代至 40 年代的激进思想，因此在此进行了讨论。同激进派的创作模式一样，斯迈尔斯本人也不是一个孤立的英雄，而是作者不断发展的一部分，是那个世纪上下半叶间的一座桥梁。正如我们将在随后的章节中看到的

---

[127] Mackay（ed.），Autobiography of Samuel Smiles，275.

[128] Smiles，Lives of the engineers，vol. Ⅱ，54，66，220；引文来源同上，vol. Ⅰ，xvii，转引自 Travis，Samuel Smiles，264.

[129] Travis，Samuel Smiles，266 – 268.

那样，歌颂瓦特及其"计划者兄弟"时所出现的许多问题在 19 世纪中叶之后继续引起共鸣——尤其是以下两种主张：首先，认为当时英国的成就在于它的发明和技术，而不在于其军事实力；其次，一切成就归属于熟练工人。争取将发明人纳入国家先贤祠并对他们的确切身份提出质疑仍然很重要。

第7章
技术的神殿

直到19世纪50年代，尽管詹姆斯·瓦特获得了像荣誉一样的专利。正如他在1769年延长到1800年到期的专利阻碍了蒸汽机的进一步改良一样，在他死后的30年里，再没有其他发明人被誉为民族英雄。然而，他是成千上万为英国经济的技术转型做出贡献的人之一。对他们大多数人来说，即使是再小的名声都是有争议的。只有瓦特和詹纳在《英国的圣贤》（1828年）中得到了介绍，书中记载了大约80位“这个国家的创造性天才”。[1]直到1854年，瓦特和布林德利还仍然是孩子们追逐的偶像。许多其他的传记作品中完全没有发明人的身影。[2]1833年，查尔斯·奈特将纺织机械的发明人埃德蒙德·卡特赖特写入了《肖像画廊》，他评论道：尽管卡特赖特在国家的恩人中仅次于阿克赖特排名第二，但其实他的名字“远未达到举世皆知”。[3]同样，纺纱机发明人之子乔治·克朗普顿（George Crompton）对“兰开夏郡的英才和早期发明人”的预计数量表示认可，因为这会“使他们免于被世人遗忘（即使是那些正在使用发明的人都很少记得他们的名字）”。[4]1835年，爱德华·贝恩斯（Edward Baines）曾抱怨这种遗忘是国家的耻辱，大卫·布鲁斯特爵士将之与

---

❶ The worthies of the united Kingdom; or biographical accounts of the lives of the most illustrious men, in arts, arms, literature, and science, connected with Great Britain (London: Knight & Lacey, 1828).

❷ Edgar, Footprints of famous men, 335 – 351.

❸ Gallery of portraits, Ⅵ, 102 – 103；关于阿克赖特，参见同上，vol. Ⅴ, 181 – 188. Cf. F. Espinasse, Lancashire industrialism: James Brindley and his duke of Bridgewater and Richard Arkwright, The Roscoe Magazine, and Lancashire and Cheshire Literary Reporter, 1 (1849), 202.

❹ George Crompton to Col. Sutcliffe [1845], Crompton MSS, ZCR 66/2, Bolton District Archives. 另见 MacLeod, Concepts of invention, 139.

欧洲大陆国家（尤其是法国）所授予的荣誉进行了鲜明的对比。[5] 然而，在这段时间里，一些个人（尤其是铁路工程师）开始挑战瓦特的无上地位，总的来说，发明人的地位持续上升，这在很大程度上要归功于公众对瓦特及其他人成就的认可与日俱增。1851 年，伦敦装订商 J. & J. Leighton 用“万国博览会”的纪念盾牌来装饰他们的吸墨纸书籍，在 21 位艺术家和科学家中挑出了 9 位英国发明人，用他们的名字围绕盾牌一圈：先贤祠正在扩张（见图 7.1）。

图 7.1　伦敦装订商 J. & J. Leighton 用“万国博览会”的纪念盾牌来装饰他们的吸墨纸书籍

边缘上的名字包括 9 名英国发明人：阿克赖特、卡克斯顿（Caxton）、卡特赖特、克朗普顿、戴维、哈格里夫斯、斯坦霍普（Stanhope）、瓦特和韦奇伍德（安·佩瑟斯拍摄）。

专利、补贴和宣传

虽然自 19 世纪后期以来发明人的集体声誉一直在提高，但现在很多人明确地呼吁为他们提供更好的待遇，这既是私人正义的问题，也是公共利益的问题。[6] 1825 年，《季度评论》上的一篇反对偏见和草率判断的文章中提到，因为一项发明“乍一看可能显得轻浮，甚至可笑，但最终却非常有用……每一

[5] Edward Baines, Junior, History of the cotton manufacture in Great Britain [1835], ed. W. H. Chaloner (London: Frank Cass & Co., 1966), 53; [David Brewster], The decline of science in England, Quarterly Review, 43 (1830), 306 - 307, 314 - 316, 320 - 321. Edward Baines 在他 90 多位成员的兰开夏郡名人堂中列出了 6 位来自运河和棉花工业的先驱，Baines's Lancashire, vol. I, 142 - 143.

[6] 参见上文，59 - 81，136 - 143.

项发明都应该被公正对待”。[7] 不久之后，《星期六》杂志宣称“国家的繁荣依赖于对个人创造力的鼓励”。[8]《机械师》杂志开始为更便宜的专利而鼓励，提及发明人作为社会恩人的形象以及发明对国家财富创造的重要性。[9]《泰晤士报》也支持这一运动，将发明人描述为“人类的选民”。[10] 作为对这些请求的回应，司法大臣申明：促进发明人的工作是议会的责任，因为这“很可能对国家有用”，“对人类有益”。[11] 四年后，议会首次对专利制度的运行进行了调查：一个特别委员会同情地听取了发明人在提供和实施专利时所面临困难的证据。尽管没有立即对此进行改革，但游说活动仍在继续，几项流产的法案也被提了出来。1835 年，布鲁厄姆勋爵促成了一项小的立法修改，允许专利权人放弃部分专利而无须申请新的专利，从而使专利权人受益。[12]

在一篇对专利制度的毁灭性批判中，大卫·布鲁斯特认为，专利制度的高额收费应该被废除，因为它要么惩罚了那些对国家和人类都有益处的优秀发明人，要么对那些“缺乏经验和满怀希望的计划者们”作出了罚款（他们自己愚蠢行为的受害者），成功的发明人和失败的计划者都是这种专利制度的受害者。[13] 杰弗里把瓦特描绘成国家的救星，这总体上给批评专利制度不足的人，提供了一个宝贵的形象。[14] J. R. 麦卡洛克在一篇文章中热情洋溢地描述棉花产业及其发明人，谴责议会授予塞缪尔·克朗普顿的 5000 英镑太微不足道。正是“发明人的天赋和发明使议会得以承受住这个国家的必要开支”，然而这就

---

[7] [Barrow], Canals and railroads, 355. 比如，另见，对 J. L. 麦克亚当筑路技术的赞赏性评论：McAdam, John Loudon (1756 - 1836), by [Anon.], 1893, ODNB, Archive, 参见 www. oxforddnb. com/view/article/17325，最后登录时间为 2006 年 10 月 18 日。

[8] Anon., Encouragement of inventions, Saturday Magazine (18 June 1825), 172, 转引自 Pettitt, Patent inventions, 45.

[9] Mechanics' Magazine, 3 (1825), 171 - 173；同上，7 (1827), 149 - 150, 187 - 188, 315 - 316, 324 - 326, 350 - 351, 362 - 364, 371 - 373；同上，8 (1827), 74 - 78, 140 - 141；同上，11 (1829), 152 - 154；Dutton, Patent system, 43.

[10] The Times, 22 April 1826, 3a.

[11] Hansard, P. D., 2nd ser., XV (1825), 72 - 73.

[12] Report from the select committee … patents for invention, BPP 1829, Ⅲ；Dutton, Patent system, 43 - 44, 48 - 50.

[13] [Brewster], Decline of science, 334. 另参见下文，357；Woolrich, John Farey Jr, 117；Richard Noakes, Representing "A Century of Inventions"：nineteenth-century technology and Victorian Punch, in L. Henson et al. (eds.), Culture and science in the nineteenth-century media (Aldershot：Ashgate, 2004), 158. 布鲁斯特的女儿巧妙地运用了一些文字，她这样描述他：“他自己是一个发明人，他不仅在更高的意义上取得了非凡的成功，也在商业意义上取得了非凡的成功。” Gordon, Home life of Sir David Brewster, 349.

[14] 参见上文，94 - 97. 关于瓦特自己对专利制度的抱怨，参见 Dutton, Patent system, 36 - 41；Robinson, James Watt and the law of patents, 115 - 139.

是官方对待他们的可耻态度，麦卡洛克说道。[15] 约翰·法伊在1833年游说布鲁厄姆从事专利改革事业时，也借鉴了这一辉格党的原则。当法伊将发明带来的巨大国家利益与除少数发明人之外的所有人所获得的可怜回报作对比时，他期待举办一次友好的听证，并且还补充道："对过去50年来英国财富的大大增加追本溯源，就会发现这完全得益于新发明的实践。"[16] 阿拉戈对那些反对或侵犯瓦特专利的人所进行的长时间谩骂也起到了同样的对比作用，还含蓄地支持了专利改革的事业。[17] 作为一名认可发明人对自己的知识产权拥有自然权利的法国人，阿拉戈对他在英国看到的吝啬态度感到不满，他说：在这种态度中，人们通常会以宿命论的观点来逃避，认为思想"没有时间成本，不麻烦"，很快就会"传遍全世界"。他讽刺地评论道：

> 天才和思想的制造者们似乎不应该有任何的物质享受；并且他们的历史应该继续类似于殉道者的传说。[18]

当查尔斯·狄更斯在1850年发表《穷人的专利故事》时，他总体上讽刺了政府官僚主义整体的复杂方式，更具体地则讽刺了未经改革的专利制度给发明人们带来的无谓的开支和麻烦——他们得小心对待35位不同的官员，上到"王座上的女王"下到"蜡印副官"都在其中。[19] 使人们接受狄更斯的讽刺作品的关键在于他塑造的"穷人"的可信性和正直的性格，使小吏没有任何借口对其进行盘剥。这些寄生虫般的小吏没有提供有用的服务以保护公众免受无良或自欺欺人的"计划者"的伤害；他们只负责在小纸片上盖章。狄更斯笔下的发明人"老约翰"用体面的熟练工人的方言讲述了他的故事。他的"职业是铁匠"，是一个工作勤奋的"好工人"，平日喝点小酒，但从不喝醉，是一个负责任的居家男人，结婚35年，养育6个孩子，现在都各自成家立业了。"我从来都不是个宪章主义者。"为了获得专利，仅是在和妻子商讨之后，他才花了一笔小小的遗产，而这遗产本是用于保证自己在遭遇意外和年老时还能长期保持安全的，他是独立、自给自足、可靠的人，不是一个因背负债务或者因错误的判断而伤及家人和朋友的人。

此外，老约翰是一个有能力和成功的发明人。他总是"能想到天才般的

---

[15] [McCulloch], British cotton manufacture, 16.

[16] John Farey to Lord Henry Brougham, 21 August 1833, Brougham MSS, 45, 493, University College London.

[17] Arago, Life of James Watt, 86 –95. 另参见上文，122 –123.

[18] 同上，94. 参见 Machlup and Penrose, Patent controversy, 11 –13, 以及上文，45 –46.

[19] [Charles Dickens], A poor man's tale of a patent, Household Words, 2 (1850), 73 –75.

点子”，有一次他发明了一个螺钉，得到了20英镑——“现在它被投入使用了”。这项专利发明花了他20年的时间来不断完善，他默默地为它感到骄傲，以至于他能记得他带着喜悦的泪水最终完成它，并带着他的妻子来看它的时刻。他花了96英镑7先令8便士申请了专利（仅是英格兰的专利），再加上他在伦敦的6个星期里始终没有工作和住处（当时正在官场的泥淖中前行），他花光了自己全部128英镑的养老金。这是一个关于剥削的故事，而不是一个关于毁灭的故事：“我的发明现在被采用了，我很感激，我做得很好。”老约翰是幸运的，他的养老金帮助他取得了一项英格兰专利，但是他仍然没有得到在整个全国范围内的保护——那需要超过300英镑。而狄更斯认为成本本应只有“半克朗”（12.5便士）。英国的冗长的制度是“制造宪章主义者的专利方式”，人们对他们通往名利的道路上的障碍深感不满。“老约翰”不是像瓦特和史蒂文森那样，用发明改变了整个国家的人，尽管如此，他是一个聪明的人，他的思想将以一种谦逊的方式使他的家庭受益，使公众受益。他问道：“让一个人在发明一项旨在做好事的巧妙改进时，感觉他好像做错了什么，这合理吗?”

狄更斯显然是希望这种受到伤害者的抗议能得到同情，而不是怀疑的大笑，足见发明人的声誉有所转变。6年后，老约翰的化身——《小多莉特》（*Little Dorrit*）中的丹尼尔·多伊斯（Daniel Doyce）证明了他的判断是正确的。多伊斯是一个“非常谦虚和有见识的人”，一个兼具聪明才智和正直品行的有才能的工程师，他受到了诡计多端的投机者的威胁，又因专利制度而受挫。只要这个国家官僚机构不坚持把他当作“冒犯公众的人”，多伊斯的发明就会造福这个国家。相比之下，真正威胁这个国家福祉（最终也威胁到多伊斯的福祉）的是雄心勃勃的、不讲道德的金融投机者——现代计划者的缩影——梅尔德（Merdle）。[20] 然而，与此同时，专利改革的压力不断增加，终于在1852年以专利法修正案的形式达成了目标，该法案最终在积极的法定基础上建立了专门的体系。现在，一项覆盖整个联合王国的专利的初始成本是25英镑，还不到老约翰要支付的费用的1/2。[21]

如果发明者想要防止侵权并从专利中获得巨额利润，诉讼是他要跨越的下

[20] Charles Dickens, Little Dorrit (Harmondsworth: Penguin Books, 1967), 159 - 165, 310 - 313, 568 - 572, 804 - 805; James M. Brown, Dickens: novelist of the market place (London and Basingstoke: Macmillan Press, 1982), 45 - 51, 107 - 111.《小多莉特》以19世纪20年代为背景；多伊斯处理的是未经改革的专利制度。

[21] Dutton, Patent system, 57 - 68; Pettitt, Patent inventions, 122 - 132. 关于对新法案的投诉的持续原因，参见下文，191.

一个障碍。在19世纪的第二个25年，随着法官和陪审团对专利权人越来越同情，专利权人获胜的难度降低了。布鲁斯特最主要的指控之一是“法律以最琐碎的理由剥夺了他（专利权人）的特权”；一项专利的有效性在最近的49次审判中有30次被撤销。现代的研究支持了这一观点。[22] 在截至1829年的30年间，只有30.9%的普通法案件和45.5%的衡平法案件中，专利权人成功地提起了侵权诉讼。然而，在19世纪30年代，他们的成功率分别上升到76%和60%，并在19世纪40年代保持在76.2%和55.5%。[23] 我们可以推测，这种结果的转变，至少在一定程度上是由于人们对发明人态度的改变，专利权人不再被视为贪婪的垄断者和“计划者”，而更多地被视为有独创性的国家恩人。另一个新的因素可能是关于专利诉讼的专著的出版，这无疑有助于改进和规范专利申请的撰写，并遏制不理智的起诉行为。[24] 尽管如此，大律师马修·达文波特·希尔（Matthew Davenport Hill）曾告诉1851年专利特别委员会：“陪审员对发明人有强烈的偏爱。”[25]如果瓦特能听到这个消息，一定既高兴又惊讶。

在专利制度之外的奖励制度也在恢复，在这种制度下，私人慈善机构和公共资助机构都被呼吁去减轻那些苦苦挣扎中的发明人的贫困状况，并认可他们的成就。[26] 蒸汽航海的先驱者是瓦特发明的最早受益者。19世纪20年代中期，正是亨利·贝尔解决财政困难的好时机，1812年，亨利·贝尔的“彗星号”蒸汽船在克莱德河上启航，从而成为英国的第一艘商业蒸汽船。爱德华·莫里斯（Edward Morris）不忍见到贝尔的贫困，为改善他的处境而四处奔走。结果，贝尔从格拉斯哥的一笔公共捐款中得到了500英镑，这笔捐款是由市长、几位地方议员、工程师和其他人赞助的，克莱德受托人会议也被说服将他们每年给贝尔的100英镑津贴增加一倍。莫里斯发现国家和地方媒体都非常支持他，特别是《利物浦墨丘利报》和《曼彻斯特时报》。尽管英国公众的捐助响应普遍较差，但利物浦公司还是捐出了20英镑，伦敦机械师学会也在其讲座上募集了11英镑，其中包括马克·伊桑巴德·布鲁内尔和威廉·福塞特

---

[22] [Brewster], Decline of science, 338.

[23] Dutton, Patent system, 77－79. 卢巴尔注意到，美国当时处于工业化的早期阶段，也出现了类似的现象：Lubar, Transformation of antebellum patent law, 938－940. 这将需要进一步的研究来发现这是否只是一个巧合。

[24] John Davies, A collection of the most important cases respecting patents of invention and the rights of patentees (London: W. Reed, 1816); Edward Holroyd, A practical treatise of the law of patents for inventions (London, 1830).

[25] Report from the select committee of the House of Lords, BPP 1851, XVIII, 516；见同上，384, and Andrew Carnegie, James Watt (Edinburgh, 1905), 52.

[26] 参见上文，82.

（William Fawcett）在内的几位工程师的慷慨捐赠。[27] 然而，莫里斯的语气中有一种责备的意味——贝尔并没有得到更多的帮助，尤其是英国政府和利物浦市政府的帮助——而蒸汽船发明归属的几位竞争者之间的激烈争论，则进一步加剧了获得奖励的通常困难。

威廉·西明顿（William Symington）已经向财政部递交提案，主张获得100 英镑的补贴（后来又增加到 150 英镑）。[28] 詹姆斯·泰勒是另一位蒸汽航海业的先驱，每年从利物浦政府获得 50 英镑的补贴。[29] 莫里斯动员了 35 个苏格兰城镇和郡代表贝尔向政府请愿，这促使首相乔治·坎宁批准了 200 英镑的拨款：莫里斯显然认为这"太少了，也太晚了"。[30] 然而，为贝尔筹集的各种款项表明，人们对发明人的感激之情与日俱增，特别是在那些从贝尔的发明活动中直接受益的地方里。[31] 贝尔在死后也没有被人遗忘。1839 年，在邓格拉斯的克莱德河旁竖起了一座自由方尖碑，这可能要归功于莫里斯或克莱德受托人会议。1853 年，在海伦斯堡附近的教堂墓地里，竖立了第二座纪念碑——贝尔的坐像，这无疑是来自海洋工程师罗伯特·纳皮尔（Robert Napier）的礼物，作为他个人对贝尔的尊敬和感激之情的见证。纳皮尔还于 1872 年在海伦斯堡的海滨广场上建造了一座红色花岗岩方尖碑，上面刻着贝尔的名字；他和詹姆斯·科尔昆爵士（Sir James Colquhoun）承担了 800 英镑成本里的大部分费用。[32]

从 19 世纪 30 年代开始，政府的资助就溯及拓展到发明人和他们贫困的亲属身上。起初，这主要归功于一位部长——罗伯特·皮尔。1824 年，皮尔是瓦特纪念活动的密切参与者；他喜欢与科学界的重要人物交朋友，并对他们的研究保持着浓厚的兴趣，特别对其实用价值感兴趣。[33] 通过他争取的皇家赞助，19 世纪 30 年代早期诞生了一小批科学爵士和男爵，王室专项津贴被授予

---

[27] Morris, Life of Henry Bell, passim.

[28] W. S. Harvey and G. Downs-Rose, William Symington, inventor and engine builder (London: Northgate Publishing Co. Ltd, 1980), 152.

[29] 1848 年，他的遗孀仍然享受着这一切：Benet Woodcroft, A sketch of the origin and progress of steam navigation (London: Taylor, Walton & Maberly, 1848), 41.

[30] Morris, Life of Henry Bell, 8－9, 94－96. 1829 年，海军委员会拒绝了莫里斯为贝尔募捐的申请，理由是它"没有任何提供资金的自由"：ADM 106/2168b/76/29, National Archives.

[31] 和为詹纳的追悼会募捐相比，见上文，88.

[32] Brian D. Osborne, The ingenious Mr Bell: a life of Henry Bell (1767－1830), pioneer of steam navigation (Glendaruel: Argyll Publishing, 1995), 236, 247－248; Donald MacLeod, A nonagenarian's reminiscences of Garelochside and Helensburgh (Helensburgh: Macneur & Bryden, 1883), 156.

[33] Roy MacLeod, Of models and men: a reward system in Victorian science, 1826－1914, Notes and Records of the Royal Society of London, 26 (1971), 82.

天文学家詹姆斯·索斯（James South）、乔治·艾里（George Airy）、化学家迈克尔·法拉第和约翰·道尔顿（John Dalton）。[34]

由于市场通常被认为是对发明最公正的裁判，这个尚处于萌芽阶段的赞助制度没有为发明者保留任何位置。尽管如此，在市场机制显然未能正确发挥作用的情况下，这种限制可能会被放宽。例如，威廉·雷德克里夫（William Radcliffe）曾向皮尔请求一小笔资助，以作为对他多年前发明梳棉机（一种重要的动力织布辅助工具）的补偿。雷德克里夫的成功反过来又促使乔治·克朗普顿发出同样的请求。[35] 1842年，61岁的乔治·克朗普顿因经济萧条而失业，他向政府寻求帮助。他的请愿得到了兰开夏郡主要制造商的支持，理由是纺纱机在英国棉花产业中至关重要，而发明人的回报有限，两者之间存在巨大差异。他又讲述了其父亲不走运的故事：1812年，塞缪尔·克朗普顿未申请专利，而在议会中获得了20000英镑的补贴，但由于当时首相斯宾塞·珀西瓦尔（Spencer Percival）不合时宜地遭到暗杀，因此补贴降至5000英镑。30年后，在这交织着希望、恐惧和开支的迷局之中，乔治·克朗普顿游说了议会议员几天并终于得到了回报：在皮尔的建议下，他从皇家奖励基金拿到了200英镑，然后与他健在的弟弟和妹妹们平分了。[36] 另一个例外则是亨利·福特里尼（Henry Fourdrinier）的家庭。他的女儿哈丽雅特抱怨说，1837年议会授予他的7000英镑几乎没有减轻在30年前把造纸机引进英国时欠下的债务；她辛酸地向布鲁厄姆勋爵借了10英镑好度过圣诞节。[37] 在布鲁厄姆勋爵向帕默斯顿（Palmerston）政府叮嘱之后，她和她的妹妹每年可以领取100英镑的王室专项补贴。[38] 布鲁厄姆还帮助理查德·罗伯茨的女儿获得了每年200英镑的皇家补贴。[39] 然而，19世纪50年代的一场旨在帮助亨利·考特年迈体弱的后代摆脱贫困的公众呼吁则只取得了少许的成功。[40]

诸如此类寻求资助、补贴、募捐和切实的专利改革的故事被不停地讲述，

---

[34] Roy MacLeod, Science and the Civil List, 1824 - 1914, Technology and Society, 6 (1970), 50 - 51.

[35] [Alfred Mallalieu], The cotton manufacture, Blackwood's Edinburgh Magazine, 39 (1836), 411 - 413.

[36] Crompton MSS, ZCR 63/6 - 9, 63/11, 63/16, 64/3.

[37] Report from the select committee on Fourdrinier's patent, BPP 1837, XX; Harriet Elizabeth Fourdrinier to Lord Brougham [15 December 1856], Brougham MSS, 36, 913.

[38] Harriet Elizabeth Fourdrinier to Lord Brougham, 18 July 1859, 3 June 1862, Brougham MSS 5064, 32, 968.

[39] The Builder, 24 (1866), 91.

[40] H. W. Dickinson, Henry Cort's bicentenary, TNS 21 (1940 - 1941), 45; JSA 4 (4 July 1856), 583.

这有助于形成英雄的对比形象——发明人作为受害者或殉道者出现，他们或因不谙世故地追求新奇而陷入贫困，或被更富有或更狡猾的人窃夺了思想。[41]“阿克赖特先生是一名幸福的机械师，”1787年一名棉纺工对另一名同行说道，“在他的一生中，他的聪明才智得到了回报——这种情况一般不会发生。”[42] 克莱尔·派提特引用了一长串令人心碎的描述，“摘自”1827年至19世纪末出版的“廉价图书和期刊”：这位发明人贫穷、孤独、受迫害，需要保证自己不受他人伤害，他也是一个幻想家、一个疯子。[43]［1880年，英国议会议员亨利·布罗德赫斯特（Henry Broadhurst）在发明人协会的年度晚宴上表示，如果他们在改革专利制度的提议中过于激进，就会被视为“疯狂的发明人”而不予考虑。[44]］具有讽刺意味的是，这些悲惨故事所引起的同情，正是人们对发明人日益增长的尊敬所产生的进一步影响，而这种尊重在一定程度上正是建立在对瓦特的歌颂之上的。因为，只要发明人被视为“计划者”或江湖骗子，他们就不太可能被这样对待。在过去两个世纪的大部分时间里，他们被视为欺诈和欺骗的实施者，而不是受害者。[45]

此外，把发明人描绘成一个国家的主要恩人的新论调，与经常听到的对他们被不健全的专利制度亏待的不协调，给了人们足够的空间来谴责专利制度。在19世纪中期，继1852年法案之后的“专利争议”期间，人们采取了类似的策略来保护专利制度——这为可怜的发明人提供了唯一的庇护。[46] 把发明人描绘成国家忘恩负义和资本家冷酷无情的受害者是一种简单的策略。特别是，那些要求降低专利保护成本的人有充分的理由这样描述发明人：如果他是一名工人，那么他不仅要支付远远超出其经济能力的昂贵的保护费用，而且他也明显不同于那些企图通过廉价专利来垄断贸易的狡猾的资本家。与此同时，在其他文献中也在提倡将发明人与熟练工人进行区分：比如像托马斯·霍奇金这样挑战正统的政治经济的激进分子；还有像布鲁厄姆这样的自由派，他激励工人们学好教育课程的方法包括描绘通过发明创造来获得名望和财富的前景。[47]

---

[41] 这种双重的“对天才的有益行使的障碍”已被匿名作家明确描述，On the necessity and means of protecting needy genius，London Journal of Arts and Sciences，9（1825），317－319.

[42] S. Salte to S. Oldknow，5 November 1787，转引自 Richard L. Hills，Power in the industrial revolution（Manchester：Manchester University Press，1970），217.

[43] Pettitt，Patent inventions，41.

[44] The Times，26 November 1880，5f.

[45] 参见上文，33－38.

[46] 参见下文，253－256.

[47] 参见上文，161－169，173－174.

毫无疑问，当我们发现詹姆斯·瓦特被描述为“我们最伟大的工程师，机器的计划者”时，“计划者”这个词已经失去了它的贬义含义。[48] 尽管如此，对有远见的“计划者”的恐惧感长期以来损害着发明人的境况；“瓦特效应”还是有其局限性。主张降低专利成本的推动者一致认为，廉价专利会导致大量无用的想法，还会滋生一些针对制造商的“专利流氓”，他们要么会推动一些微小的改进，要么就主张对侵犯其专利的行为进行赔偿。[49] 虽然 1852 年的法案降低了专利的初始成本，但它也引入了高额的续展费（为保持有效而支付），尤其是为了剔除那些无用的专利。在随后的“专利争议”中，同样的争论——贫穷发明人的专利使用权和“无用”专利的妨碍——被不断地重复。1883 年专利、设计和商标法案（46 & 47 Vic. C. 57）再次大幅削减专利申请的初始成本，同时保留高额的续展费用。[50] 在缺少专利审查的情况下，这一制度很容易被傻瓜和骗子滥用，议会在一个世纪的时间里都试图通过高收费的市场机制来制止这种滥用。议会担忧在“过滤浮渣中的黄金时”不应排除现实生活中的老约翰们和丹尼尔·多伊斯们，这种忧虑通过专利保护的初始成本不断下降得以体现。

发明人在全国性报纸和期刊（尤其是《泰晤士报》）的讣告栏中出现得更加频繁，表明他们受到越来越多的尊重。[51] 在 19 世纪中叶之前，《泰晤士报》只注意到那些作为富有实业家或杰出工程师发明人的去世——比如斯米顿、阿克赖特、韦奇伍德、瓦特、伦尼、戴维和特尔福德。从那以后，即使是相对不太出名的人也能引起这家知名报纸的注意，仅仅因为他们是发明人。1851 年 7 月，该报刊登了曼彻斯特人托马斯·埃德蒙森（Thomas Edmondson）的讣告，称他是“火车票的发明者和专利权人”。这段故事讲述了在 1839 年，埃德蒙森作为一个在兰开夏郡和约克郡铁路公司每年挣 60 英镑的车站职员，是如何既设计了打印和编号车票的机器，又设计了一个追踪铁路交通的高效系统（铁路票据交换所的起源）：在接下来的 12 年里，这两项发明被全国的铁路公司采用。埃德蒙森由此成为审计部门的负责人——这一成就以往不足以让《泰晤士报》为他写讣告。[52] 埃德蒙森的故事激发了哈丽雅特·马提诺的灵感，马提诺将之扩写入《家常话》（*Household Words*），而且 40 年后埃德蒙森还被

---

[48] Fairbairn, Rise and progress, iv.

[49] [Brewster], Decline of science, 335. 另参见下文，265.

[50] MacLeod et al., Evaluating inventive activity, 544－547, 560－561.

[51] 《机械师》杂志刊登了发明人的简短讣告，当地的报纸也刊登了：Pettitt, Patent inventions, p. 9n.

[52] The Times, 19 July 1851, 5f.

写入了《国家传记词典》。[53] 许多这样的讣告都以副标题“……的发明者”（例如，“电镀”或“布德灯”）或简单的“发明人”来表示。[54] 1863 年，当《泰晤士报》未能刊登塞缪尔·鲍德温·罗杰斯（Samuel Baldwyn Rogers）的讣告时，一位记者纠正了这一遗漏。他的稿件以“发明人的命运”为题，叙述了这位年老且贫穷的威尔士发明人如何为炼铁炉引入铁质锅底的：罗杰斯的宝贵发明最初经历了嘲笑，“如今已被普遍采用”。[55]

此外，讣告的内容也发生了变化，更多地考虑发明的创造性成就。帕特里克·米勒的孙子写了一篇关于帕特里克·米勒的文章，其中引用了他 1815 年的讣告：文章赞扬了他伟大的精神力量和“道德品质”，但没有直接提及他在 18 世纪八九十年代的许多发明和蒸汽航行实验。[56] 与此形成对比的是，约翰·希斯克特（John Heathcoat）1861 年去世时，他的讣告除了一句话是关于他在英国下议院 30 年的不间断服务外，剩下的半栏文字都是关于他 50 年前发明的蕾丝制造机器以及随后在制造方面的成功：

> 杰出的建设性天才之一，这些天才们在 19 世纪末期和 20 世纪初期凭借其发明创造力改善了我们的机器并提高了生产能力，从而为我们目前的伟大制造业奠定了深厚和强大的基础。[57]

类似地，H. D. P. 坎宁安（H. D. P. Cunningham）的讣告也只简单地提到了他在皇家海军的杰出职业生涯，作为详细介绍他众多发明的前篇：他最著名的身份是“自缩式上桅帆的发明人”，这一发明降低了出海的危险。[58]

---

[53] Harriet Martineau, The English passport system, Household Words, 6 (1852), 31 – 34; J. Holyoake, Edmondson, Thomas (1792 – 1851), rev. Philip S. Bagwell, ODNB, online edn, May 2006, 参见 www. oxforddnb. com/view/article/8492，最后登录时间为 2006 年 10 月 18 日；MacLeod and Nuvolari, Pitfalls of prosopography, 757 – 776.

[54] The Times, 5 December 1865, 9c; 8 March 1875, 6b; 4 February 1876, 5f; 3 May 1877, 11a; 25 May 1877, 4e.

[55] The Times, 16 September 1863, 7d.

[56] [W. H. Miller], Patrick Miller, in William Anderson (ed.), The Scottish nation: or, the surnames, families, literature, honours, and biographical history of the people of Scotland (Edinburgh: Fullarton, 1862), 引自 The Caledonian Mercury, 14 December 1815, Woodcroft MSS, Z27B, fo. 497, Science Museum Library.

[57] The Times, 26 January 1861, 12d.

[58] The Times, 23 January 1875, 5e. 另见 The inventor of the heliograph, The Times, 9 January 1883, 4d.

理查德·阿克赖特——“工厂体制的拿破仑”

19 世纪上半叶，阿克赖特是与瓦特联系最紧密的名字（当然，除了瓦特的商业伙伴马修·博尔顿），而在下半叶，与瓦特联系最紧密的则是乔治·史蒂文森。[59] 虽然阿克赖特和史蒂文森的故事在今天仍然为人熟知，但他们各自的发迹史却大相径庭。在本章的其余部分，我们将探索为什么是史蒂文森而不是阿克赖特与瓦特共享荣誉，从而巩固了在维多利亚早期时代发明人作为工程师的形象，以及蒸汽机何以在技术史中居于核心地位。

1820 年，利物浦勋爵曾告诉议会：英格兰现在的伟大成就应归功于瓦特、博尔顿和阿克赖特等人。[60] 同样地，当机械工业面对人们提出的“导致失业”的指控时，小说家约翰·高尔特（John Galt）为其辩护，并谈到了“人类从阿克赖特和瓦特的天赋那里所得到的恩惠”。[61] 1824 年 7 月，乔治·菲力普斯在曼彻斯特发表了慷慨激昂的演讲，他将瓦特的名字与阿克赖特和克朗普顿联系起来，称他们是曼彻斯特繁荣的先驱。在保守派批评家罗伯特·沃恩博士（Dr Robert Vaughan）看来，如同柏拉图和亚里士多德是古代传统的象征一样，阿克赖特和瓦特就是现代功利主义科学的代表。[62] 托马斯·卡莱尔把“手指焦黑、眉毛阴沉，在车间里搜寻火的秘密……蒸汽机里的瓦特”与那个“脸颊鼓鼓、大腹便便、经久不衰且创意不断的，赋予了英国棉花以力量的阿克赖特”结成一对，以作为现代工业的化身。[63] 瓦特、阿克赖特和克朗普顿也被一个截然不同的社会阶层，即工程师、机械师、碾磨技师、铁匠和制模匠混合协会（成立于 1851 年）选择展示在其会员证书上。[64] 当然，阿克赖特也得到了其他纺织发明人的一致好评。

考虑到棉花产业自 18 世纪晚期以来的崛起，阿克赖特可能会享有更大的名

---

[59] 1867 年巴黎展览委员会的英国执行官为机械陈列馆设计了百叶窗，展示了瓦特、史蒂文森、阿克赖特和威廉·海德利的发明：Leone Levi，History of British commerce and of the economic progress of the British nation，1763 - 1870（London，1872），444.

[60] hansard，P. D.，2nd ser.，Ⅰ（1820），421.

[61] Bandana [John Galt]，Hints to the country gentleman，Blackwood's Edinburgh Magazine 12（1822），489. 感谢威尔·哈迪提供的这一参考。

[62] Robert Vaughan，D. D.，The age of great cities：or，modern society viewed in its relation to intelligence，morals，and religion（London：Jackson & Walford，1843），112. 关于 Philips，参见上文，116 - 117.

[63] Carlyle，Chartism，181 - 185.

[64] 参见下文，286 - 287.

气。[65] 在他1792年去世的时候，曾有人建议在曼彻斯特为其建一座雕像；1836年，工程师威廉·费尔贝恩重新提出建议，但没什么结果。[66] 在19世纪五六十年代，当为瓦特和其他发明人建造纪念碑的工程进展迅速的时候，在英国甚至没有任何地方公开纪念过他。[67] 阿克赖特何以被这个国家的先贤祠拒之门外？

正如瓦特在商业上一直缺少来自直接竞争者的仰慕一样，阿克赖特的声誉也受到来自专利政治或同行嫉妒的不利影响。[68] 事实上，在1824年，一些曼彻斯特人可能会将对阿克赖特的感激之情隐藏在对瓦特的钦佩之下，并将“这个手指变黑的人”视为这座城市真正的恩人。在那里，任何对阿克赖特的纪念活动都可能被冠以虚伪的罪名，因为在罗伯特·皮尔爵士（“政治家之父”）的领导下，曼彻斯特纺织厂在18世纪80年代联合起来战胜了阿克赖特的专利。[69] 他们认为发明人从不慷慨解囊，他们认为阿克赖特高昂的许可费令人无法忍受，并决心打破他对这个行业的控制。在一次法律诉讼中，他们坚持认为阿克赖特不是棉纺机的发明人，而是剽窃他人思想的人，最终他们获胜了。[70] 相比之下，很多苏格兰人则支持了阿克赖特的主张，他们认为他的专利被不公正地剥夺了。在边界以北，阿克赖特的发明曾帮助新兴的拉纳克郡棉花产业与兰开夏郡竞争，他为此甚至成为格拉斯哥和珀斯这两座城市的荣誉市民。[71] 1823年，当理查德·盖斯特（Richard Guest）再次提出水力纺纱机（阿克赖特发明的纺纱机）是由托马斯·海斯（Thomas Highs）发明的时候，争议被再次点燃，随后，两个主要的棉花产业中心就此展开了激烈的斗争：兰开夏人重申了他们的指控；苏格兰人则为维护阿克赖特的清白和天赋而抗议。[72] 约翰·肯尼迪（John Kennedy）是一位有创造力、有影响力的棉花纺纱业者和机械制造商，自18世纪90年代起就居住在兰开夏郡，他对其他发明人（瓦特、克朗普顿和阿克赖特）的声誉尤其关注。[73] 克朗普顿的孙子认为，“虽然肯尼迪先生

---

[65] 参见上文，64-65.

[66] The Times, 8 August, 1792, 3b; Fairbairn, Observations, 17.

[67] 参见下文，230-238, 290-314.

[68] 参见上文，107.

[69] Arthur Redford, Manchester merchants and foreign trade, 1794-1858 (Manchester: Manchester University Press, 1934), 5; Hewish, From Cromford to Chancery Lane, 85-86. Cf James Butterworth, The antiquities of the town and a complete history of the trade of Manchester (Manchester, 1822), 46.

[70] Hewish, From Cromford to Chancery Lane, 80-86.

[71] David J. Jeremy, British and American entrepreneurial values in the early nineteenth century: a parting of the ways, in R. A. Burchell (ed.), The end of Anglo-America: historical essays in the study of cultural divergence (Manchester: Manchester University Press, 1991), 34, 39.

[72] 同上，35-39; Guest, Compendious history of the cotton manufacture, 3-4.

[73] 参见下文，298.

是我祖父的好朋友，但他与阿克赖特家族关系密切”，正是肯尼迪说服了政治经济学家 J. R. 麦卡洛克（J. R. McCulloch）在《爱丁堡评论》上谴责盖斯特对阿克赖特的攻击。[74] 费尔贝恩（另一位苏格兰人）正是因为看到了肯尼迪为阿克赖特辩护的文章，才于 1836 年建议在曼彻斯特为他竖立一座雕像。[75] 但阿克赖特的苏格兰辩护者们却无法为他正名：尽管关于阿克赖特发明了“水力纺纱机”的说法流传甚广，但在更多的专业文献中，质疑的声音仍然存在。发明人协会发表的一篇文章轻蔑地提到“阿克赖特类的伪发明人、商业人士”。[76]

尽管真相仍然模糊不清，但阿克赖特的名声却经久不衰。关于他的故事实在精彩，让人难以错过：从一个贫穷的理发师到极其富有的郡里的爵士，他为人们提供了一个向上层社会发展的典型故事。R. A. 达文波特（R. A. Davenport）选择阿克赖特的肖像作为他《从贫困走向成功的人生》（1841 年）的卷首插画。达文波特很少关注阿克赖特的技术成就，更多地关注他的企业家天赋和管理才能。[77]（除了詹姆斯·布林德利，达文波特的另外 17 个“励志”故事大多介绍的是文学或军事人物。）许多作者同样将他们的观点建立在阿克赖特的创业和创新才能上，并将他的方法推荐为通向社会进步的必经之路。在当时，这种看待发明人的方式并不是个案。从 19 世纪 20 年代末开始，在布鲁厄姆的领导下，实用知识传播协会开始为发明人和工程师们著书立传，但从内容来看，他们还没有为发明人想到一个单独的“技术”类别。它揭晓了一系列由爱国者、勇士、发现者、励志者、道德哲学家、航海家和政治家组成的“个人历史”。其中的 12 位发现者包括如拉瓦锡（Lavoisier）和布莱克这样的化学家，或者像伽利略和牛顿这样的物理学家，以及培根和哈维。发明人和工程师为人们提供了另一类人物的主要范例，即“励志的”或上进的人，对于这一类人的选择，无关职业或成就，只考虑他们的社会经济地位：理查德·阿克赖特爵士、本杰明·富兰克林、约翰·伦尼、约翰·斯米顿、詹姆斯·瓦特和克里斯托弗·雷恩爵士（Sir Christopher Wren）。[78] 这显然是布鲁厄姆对这些传记的主要价值的看法：“那些通过自己的功劳极大地改变了自己地位

---

[74] Samuel Crompton to Gelbert French［1859］, Crompton MSS, ZCR 74/4.

[75] Fairbairn, Observations, 17.

[76] Thomas Richardson A review of the arguments for and against the patent laws, The Scientific Review, and Journal of the Inventors' Institute 2（1 April 1867）, 224. 参见 Frederic Warren 在艺术协会的演讲，登载于 The Spectator（19 February 1853），从而引出了一封来自“Z. Z.”的为阿克赖特辩护的信，登载于 Manchester Guardian［1853］：Crompton MSS, ZCR 69/6；Tann, Richard Arkwright and technology, 29－44.

[77] Davenport, Lives of individuals, 434.

[78] Society for the Diffusion of Useful Knowledge，附载于［Brougham］, Discourse of objects.

的人……以‘自我提高’而不是‘自我教育’作为分类的基础，尽管二者经常会不谋而合。”[79]

玛丽亚·埃奇沃斯完全无视关于阿克赖特剽窃的指控，而向年轻读者呈现了这样一个简单的人物形象：他的“发明和改进”——但最重要的是，他的毅力——为他赢得了“巨额财富”和爵士头衔。[80] 其他作家认为，即使关于他剽窃的指控有一定根据，也不能抹杀阿克赖特作为革新者和见证发明项目成功完成的人的价值。例如，根据克雷克的说法，如果没有阿克赖特，这项发明可能无法实现，因为再没有其他人有能力承受这项工作所需的疲劳和危险；克雷克以阿克赖特的肖像作为自己著作第二卷的首页插画。[81] 安德鲁·尤尔钦佩阿克赖特的战略把握能力和管理技能，众所周知，他将阿克赖特视为“工业体制的拿破仑”[82]。尽管麦卡洛克一开始为阿克赖特对发明所有权的主张进行辩护，但在1835年，面对爱德华·贝恩斯提出的约翰·怀亚特（John Wyatt）是第一个发明滚轴纺纱工艺的人的说法时，他改变了自己原有的立场。[83] 另一位评论者甚至把阿克赖特缺乏创新才能的弱点变成了美德：

> 他在很大程度上被赋予了那种进取的力量……那种对行动不可抑制的热情很少与发明创造的才能相伴随，那种在自己工作室里苦思冥想或在车间里琢磨机械组合的创造性才能，并不适于同外界竞争。[84]

同样，1849年，弗朗西斯·埃斯皮纳塞（Francis Espinasse）曾在曼彻斯特机械学院对他的听众说，阿克赖特是“未受教育的天才”，他是“作为一个管理者，而不是一个发明创造者”声名鹊起；他确实拿了别人的发明，但那又怎么样呢？埃斯皮纳塞粗鲁地否认了有关知识产权的任何概念，他认为：与“管理人类”所需的“天赋”相比，发明只不过是一个次要的才能。[85] 他提议，

---

[79] Knight, Passages of a working life, vol. Ⅱ, 134，转引自 Travers, Smiles, 358；最初的重点。

[80] 参见上文，65，note 26。

[81] ［Craik］, Pursuit of knowledge, vol. Ⅱ, 338. 另见，Edgeworth, Harry and Lucy, vol. Ⅰ, 229－230；Davenport, Lives of individuals, 433－434；Gallery of portraits, vol. Ⅴ, 181－188.

[82] Andrew Ure, Philosophy of manufactures：or, an exposition of the scientific, moral, and commercial economy of the factory system of Great Britain（London, 1835）, 16. 关于拿破仑在19世纪英国的名声，参见 Pears, The gentleman and the hero, 216－236.

[83] ［J. R. McCulloch］, Philosophy of manufactures, Edinburgh Review 61（1835）, 471. Baines 本人对阿克赖特的机械改进和适应能力以及他伟大的创业天赋给予了很高的评价：Gallery of portraits, vol. Ⅴ, 187.

[84] ［Mallalieu］, Cotton manufacture, 407.

[85] Espinasse, Lancashire industrialism, 204. 另见 Gilbert J. French, The life and times of Samuel Crompton, inventor of the spinning machine called the mule（London：Simpkin, Marshall & Co., 1859）, 96－97.

兰开夏郡应该迅速采取行动，维护阿克赖特的遗产：买下他的克伦福德工厂（尽管它位于德比郡），委托一位诗人或小说家收集传记材料，写一部“阿克赖特传——一部喜剧史诗”。这可能是一件轻松愉快的事情，尽管没有阿克赖特和他的纺织发明，“拿破仑不可能被打倒”，但也很少有英雄的史诗始于“普雷斯顿镇的理发师”。[86]

铁路的传奇

是土木工程师们而不是棉花大王们最先接过了瓦特的英雄衣钵，他们用机械和工程学帮助巩固了人们对发明的认同。特别是铁路的建造者，他们带来了技术上的新奇和恐惧。无论由此激起的是焦虑的漫骂还是乐观的敬畏，他们都很少离开公众的视线。与只能在磨坊和矿井里使用且大多数人只知其功能的固定的蒸汽机不同，火车头和它的轨道是清晰可见的。它们更直观地影响大众。[87] 铁路重塑了地面景观——无论是乡村和偏远地区还是小镇和大都市都一样。它们为每个人提供了快速旅行的刺激和便利、全新体验的前景以及获得新鲜农产品和新鲜事的途径。它们吸引了那些歌颂铁路建筑和火车最新发展的艺术家，也吸引了在轻率地追求进步的过程中设想死亡和破坏的漫画家。[88] 其他的漫画家则预言会有摇摇欲坠的客栈，更离奇的是，失业的马在街头卖艺或乞讨为生，而马的骨架则散落在乡间（见图 7.2）。一幅 19 世纪 30 年代早期的图画手帕，题为《公元 2000 年后的发明世纪：航空学、蒸汽和永动机的到来》，描绘了（也挺准确）一个被蒸汽马车堵塞的城镇景象，它的天空挤满了蒸汽推进的气球和靠翅膀驱动的人；甚至它的建筑都是有轮子的，在高架桥上向前推进。[89] 出版于 1841 年的《笨拙先生》杂志正好赶上了 19 世纪 40 年代铁路的“狂热”。尽管这本杂志讽刺了投资铁路和乘坐铁路的双重危险，但对铁路作为进步象征的潜在信念却常常使它成为铁路工程师的拉拉队长，尤其是

---

[86] Espinasse, Lancashire industrialism, 205.

[87] Wolfgang Schivelbusch, The railway journey: the industrialization of time and space in the 19th century (Leamington Spa, Hamburg, New York: Berg, 1986), 52 – 69, 以及其余各处。关于一个类似的“毫无歉意”的、浪漫化的例子，参见 Iwan Rhys Morus, “The nervous system of Britain”: space, time and the elctric telegraph in the Victorian age, BJHS 33 (2000), 463.

[88] Freeman, Railways and the Victorian imagination, 215 – 239, 及其他各处。

[89] Not to be sneezed at: images of London on pocket handkerchiefs, Exhibition at the Guildhall Library, London, 1995. 另见 M. Dorothy George, Hogarth to Cruikshank: social change in graphic satire (London: Allen Lane, 1967), 177 – 184; Julie Wosk, Breaking frame: technology and the visual arts in the nineteenth century (New Brunswick, NJ: Rutgers University Press, 1992), 30 – 66.

罗伯特·史蒂文森。[90]

图 7.2　1831 年的一幅漫画《铁路对野生生物的影响》，预言了英国的马群将被铁路毁灭。相反，运送货物和乘客往返火车站的马匹数量大量增加

马克·布鲁内尔和伊桑巴德·金德姆·布鲁内尔、乔治·史蒂文森和罗伯特·史蒂文森这两对父子搭档在 19 世纪第二个 25 年里成为名人。[91] 他们都有自我宣传的天赋。[92] 马克的名字以他的朴茨茅斯制砖机而闻名。布鲁内尔父子要在泰晤士河下方建立隧道的雄心计划（使用马克的隧道盾专利）也激发了公众的想象，他们的事迹定期“见报”，并且 1827 年还在隧道内部举行了一

[90] Noakes, Representing “A Century of inventions”, 155, 161.

[91] 名人地位本身就是 19 世纪早期印刷工业化推动的一种新现象：Tom Mole, Are celebrities a thing of the past?，参见 www. bris. ac. uk/researchreview/2005/1115994436，最后登录时间为 2006 年 5 月 13 日。

[92] Jack Simmons (ed.), The men who built railways: a reprint of F. R. Conder's Personal Recollections of English Engineers (London: Thomas Telford, Ltd, 1983), Preface, 1; The Times, 1 August 1844, 6a.

场精致的宴会。[93] 尽管致命的洪水和其他代价高昂的事故消耗了公众的好奇心，隧道最终还是在 1843 年开通，并为马克·布鲁内尔赢得了爵士头衔。隧道公司发行了纪念章，展示了马克的英雄形象（见图 7.3）。在后来的十多年里，隧道里灯火通明、挤满了摊位的道路，是水晶宫之前的伦敦主要旅游景点，并催生了一个纪念品行业，所供纪念品将布鲁内尔父子的惊人成就描绘在从盘子到平版西洋镜的一切物体上。[94] 那时，伊桑巴德广受赞誉的大西部铁路即将完工，而他强大的蒸汽船“大西部号”也已经使怀疑论者受挫并证明了跨大西洋蒸汽运输的商业可行性。[95]

图 7.3　泰晤士河隧道公司为纪念该隧道的开通而发行的马克·伊桑巴德·布鲁内尔爵士的圆形浮雕，由一位隧道开凿者在《伦敦新闻画报》的支持下雕刻而成

安·佩瑟斯拍摄。

与此同时，开通于 1830 年的曼彻斯特和利物浦铁路也以乔治·史蒂文森和罗伯特·史蒂文森的名字命名。此项以及后续计划的不断建成引起了新闻界的不断报道和对纪念品、印刷品、游戏和玩具的巨大需求。[96] 约翰·卢卡斯

---

[93] M. M. Chrimes, J. Elton, J. May, T. Millett (eds.), The triumphant bore: a celebration of Marc Brunel's Thames Tunnel (London: Science Museum, 1993), 25–29; Andrew Nahum, Marc Isambard Brunel, in Andrew Kelly and Melanie Kelly (eds.), Brunel, in love with the impossible: A celebration of the life, work and legacy of Isambard kingdom Brunel (Bristol: Bristol Cultural Development Partnership, 2006), 40–56. Christine MacLeod, The nineteenth-century engineer as cultural hero, 同上, 62–65; Iwan Rhys Morus, Manufacturing nature: science, technology and victorian consumer culture, BJHS 29 (1996), 423–424.

[94] Richard Trench and Ellis Hillman, London under London: a subterranean guide, (2nd edn, London: John Murray, 1993), 104–115; Chrimes et al., The triumphant bore, 21–23; Michael Chrimes, The engineering of the Thames Tunnel, in Eric Kentley, Angie Hudson and James Peto (eds.), Isambard Kingdom Brunel: recent works, (London: Design Museum, 2000), 26–33. 关于诗歌批判，参见 James Smith, The Thames Tunnel, in Comic Miscellanies (1840), Literature on line: http://lion.chadwyck.co.uk/.

[95] Steven Brindle, The Great Western Railway, in Kelly and Kelly (eds.), Brunel, in love with the impossible, 133–155; Andrew Lambert, ss Great Britain, 同上, 165–166.

[96] Freeman, Railways and the Victorian imagination, 73, 203–213. 比如，纪念品等正在曼彻斯特科学与工业博物馆、约克郡国家铁路博物馆和伦敦科学博物馆的“现代世界的创造”画廊展出。

(John Lucas) 为乔治·史蒂文森创作了肖像，用以纪念他对查特莫斯的征服——这是他在建造该铁路线的过程中面临的最严峻的技术挑战。1848 年他去世时，募捐者们可以得到由托马斯·刘易斯·阿特金森（Thomas Lewis Atkinson）制作的“全尺寸”版画，价格从 2 基尼到 6 基尼不等（见图 7.4）。[97] 他去世时恰逢国家铁路网的大发展（19 世纪 40 年代中期“铁路热”的产物），这为人们提供了一个绝佳的机会，用以塑造一个能与瓦特相匹敌的英雄形象。史蒂文森被广泛认为是英国铁路系统（那个时代最受欢迎的技术创新）的先驱，他的公司生产出的蒸汽机车使他从瓦特手中接过了接力棒，而在他儿子成就的助力下，他的声望在后续十年里又得到了进一步提升。1847 年，史蒂文森很自然地成为机械工程师协会的首任会长；1849 年，他的儿子成为他的继任者。[98] 他的声望已经成为新兴工程专业和铁路公司的一项主要资产。在他去世后，这两大集团都不愿放弃这一优势。

图 7.4 乔治·史蒂文森在位于查特莫斯的曼彻斯特和利物浦铁路上的肖像

由托马斯·刘易斯·阿特金森于 1830 年根据约翰·卢卡斯的一幅油画所创作的镂刻版画。

---

[97] George Stephenson, line engraving by T. L. Atkinson (1849), after John Lucas (1847): printed advertisement by Messrs Henry Graves & Co., with obituaries and order form [1849], Institution of Mechanical Engineers, London; The Times, 5 June 1849, 5f.

[98] Buchanan, The engineers, 80 – 82.

史蒂文森以前的赞助人和同事很快发起了两个纪念项目。伦敦和西北铁路公司的董事们在最近完工的利物浦圣乔治大厅里商定了地点，来竖立为约翰·吉布森（John Gibson）设计的一座“尺寸巨大的”雕像，他们早在史蒂文森去世前几年就委托了建造这座雕像，资金显然来自公司。[99] 他们将史蒂文森视为一位古典知识分子，而不是一位伟大的铁路工程师，因为他的坐像穿着古罗马长袍，一只手拿着一块写字板，另一只手拿着一对圆规，但它的风格与大厅的新古典主义建筑风格很相称（见图 7.5）。[100] 与此同时，为纪念其首任会长，机械工程师协会发起了一项募捐活动，以在尤斯顿车站的大厅里为他建立一座大理石雕像。利用在其成员和史蒂文森的其他朋友及崇拜者（包括 3150 名工人）那里迅速筹集到的 3000 英镑，他们委托爱德华·贝利（Edward Baily）为史蒂文森打造一个 3 米高的雕像，这个雕像是一个穿着现代服装的工程师，他右手拿着规划或图纸（见图 7.6）。[101] 特别有趣的是，当这座雕像于 1854 年 4 月揭幕时，《泰晤士报》曾抱怨说，揭幕仪式低估了史蒂文森的重要性。“活动现场没有太多纪念性的仪式”，雕像揭幕时“只有委员会中比较活跃的成员在场”。然而，《泰晤士报》承认，史蒂文森是“一个与 19 世纪精神联系很紧密的人，比我们所认为的还紧密”；他有着“最高层次的兴趣”；他从“一个在煤矿棚里的‘忙碌工人’的出身凭借天赋的力量崛起……这可能被视为浪漫时代尚未远去的证据”。实际上，在这种低调的仪式中，工程界没能提出提升自己地位的主张，《泰晤士报》只能这样总结：“也许这就是这个时代的特点，如此伟大的人物的名声也只能静静地通过他所取得的成就来得以保存。”[102]

---

[99] The Times, 27 March 1851, 8b; Smiles, Lives of the engineers, 354; Martin Greenwood, Gibson, John (1790 – 1866), ODNB, 参见 www. oxforddnb. com/view/article/10625，最后登录时间为 2006 年 10 月 18 日。

[100] Sir Nikolaus Pevsner, Lancashire: Ⅰ, The industrial and commercial south (Harmondsworth: Penguin, 1969), 156 – 157；感谢吉莉安·克拉克为我提供了这一对经典文献的考察报告。1874 年，史蒂文森与亨利·布斯（1788—1869）的雕像一道进入了圣乔治大厅，后者是利物浦和曼彻斯特铁路的主要发起人，也是一位发明人（他的底座上有火箭的图案）：Cavanagh, Public sculpture of Liverpool, 292 – 294.

[101] The Times, 17 December 1851, 7f; 3 January 1853, 5f; 11 April 1854, 10a; Katharine Eustace, Baily, Edward Hodges (1788 – 1867), ODNB, online edn, October 2005, 参见 www. oxforddnb. com/view/article/1076，最后登录时间为 2006 年 10 月 18 日；这尊雕像现在可以在约克郡的国家铁路博物馆看到。感谢工人们的贡献，参见下文第 10 章。

[102] The Times, 11 April 1854, 10a. 关于另一个早期的土木工程师赞歌，参见 Edinburgh Review 141 (October 1839), 47.

图 7.5　乔治·史蒂文森作为古典的知识分子或工程师形象的大理石雕像，由约翰·吉布森于 1851 年打造，位于利物浦圣乔治大厅

图 7.6　乔治·史蒂文森大理石雕像，由爱德华·贝利于 1854 年打造。于 1890 年，在伦敦尤斯顿车站大厅拍摄

然而，乔治·史蒂文森在建立自己的声誉方面却是双倍幸运的。他的大理石雕像所表现出的工程师的宏伟姿态，为他吸引了游客的目光，并在塞缪尔·斯迈尔斯的传记中引起了人们的兴趣。斯迈尔斯和《泰晤士报》一样，对史蒂文森的生活和工作有着浓厚的兴趣，也正是他向工程界人士透露，《泰晤士报》的大量受众渴望了解更多关于这位重塑社会的人的信息。斯迈尔斯经常去听史蒂文森在利兹机械学院举办的"社交晚会"上发表的演讲，他是利兹机械学院"最受欢迎的人"，斯迈尔斯为《伊丽莎·库克的杂志》写了一篇简短的讣告。[103] 这份讣告在多家报纸上的再版促使他考虑写一本完整的传记。起初，他很难说服罗伯特·史蒂文森支持这个项目。"如果人们有了一条铁路，"史蒂文森说，"这就是他们想要的：他们不在乎铁路是怎么造的，由谁造的。看看《特尔福德的一生》，一个很有趣的人……已经从新闻界销声匿迹。"[104] 斯迈尔斯确信，特尔福德的传记之所以失败，是因为它干巴巴的技术写法，因此他决定，他创作的史蒂文森传记"将努力把他塑造成既是一个有血有肉的人，又是一个工程师"。[105] 尽管罗伯特有所保留，但他还是向斯迈尔斯提供了许多趣闻轶事和细节来促成此事。《乔治·史蒂文森的一生》于 1857 年出版，广受好评，仅在一年多的时间里就再版了 5 次（7500 册）。[106]

这本传记的出版恰逢其时，因为 1857 年，《建筑师》公开谴责了泰恩河畔纽卡斯尔的公司的一项提议，即拆除乔治·史蒂文森的小屋（罗伯特·史蒂文森的出生地），以便为一所新学校让路。它抗议道，如同毁掉莎士比亚和牛顿的出生地会被视为"一种亵渎"一样，纽卡斯尔也应该想到，"随着时间的流逝，乔治·史蒂文森的名声会越来越大"，而这会反过来吸引成千上万的游客来到这座城市。[107] 当位于惠灵顿码头的史蒂文森纪念学校于 1860 年大张旗鼓地开幕时，它已经成为史蒂文森父子的纪念仪式；而作为主要赞助人的罗伯特·史蒂文森于 1859 年 10 月去世。[108] 虽然小木屋已被拆除，但乔治·史蒂文

---

[103] Mackay（ed.），Autobiography of Samuel Smiles，135. 关于"the sentimental Eliza Cook's Journal（1849 - 1854）"，参见 Peter Roger Mountjoy，The working-class press and working-class conservatism，in George Boyce，James Curran and Pauline Wingate（eds.），Newspaper history from the seventeenth century to the present day（London：Constable，and Beverly Hills：Sage Publications，1978），267，273 - 274.

[104] MacKay（ed.），Autobiography of Samuel Smiles，162. 这里指的是 J. Rickman（ed.），Life of Thomas Telford，civil engineer，written by himself（London：Payne & Foss，1838），reviewed in Edinburgh Review，141（1839），5.

[105] MacKay（ed.），Autobiography of Samuel Smiles，163. 关于斯迈尔斯对《乔治·史蒂文森》的研究和写作，参见同上，216.

[106] 到 1900 年，斯迈尔斯估计仅在英国就卖出了 6 万册作品：同上，221，223. Cf. Oswald Dodd Hedley，Who invented the locomotive engine? With a review of Smiles's Life of Stephenson（London：Ward & Lock，1858），在其中，威廉·赫德利的儿子提出了他父亲（和其他人）对这项发明的权利要求，详细说明了在他看来斯迈尔斯的许多错误。

[107] The Builder 15（1857），581. 另同上注，598，以及小屋的雕刻和不赞成的文字见 ILN 33（9 October 1858），323 - 324.

[108] The Times，14 February 1860，12f.

森位于威兰的出生地却被明确无误地保留了下来。[109]

实际上，史蒂文森在泰恩赛德的名望根深蒂固：乔治和罗伯特都出生在那里，并在那里度过了大半生，他们的机车车间（罗伯特·史蒂文森公司）为当地提供了一个重要的就业来源。早在他的铁路壮举引起全国关注之前，乔治就因发明了矿工安全灯而受到当地的欢迎。汉弗莱·戴维在同一时间发明了矿工安全灯，并最终赢得了历史名望，但当时的争议很大。1818 年，东北部煤矿的老板们为了表示对史蒂文森的支持而捐赠了 1000 英镑，为他举行了宴会，还为其打造了昂贵的银盘，“感谢他发明的安全灯为科学和人类所做出的贡献”。[110]

1858 年 10 月，纽卡斯尔举行了一次公众集会，以此来纪念乔治·史蒂文森。据当地建筑师托马斯·奥利弗（Thomas Oliver）说，这次聚会“主要由富人和科学阶层的代表出席”：由拉文斯沃思（Ravensworth）勋爵主持，集会在时间安排上（下午 2 点）不允许那些疲于生计的人参加。奥利弗察觉到，人们对在城市里建造纪念碑抱有相当大的热情，但也对纪念碑的形式存在分歧，而这种分歧在他看来本可以通过适当地征询公众意见加以化解。[111] 据报道，罗伯特·史蒂文森支持“以地球作为基座，以代表铁路系统在全球范围内的延伸”。[112] 奥利弗本人对此也有强烈的意见：它应该是一座用来“装饰”城市开放空间的宏伟的纪念碑，最好是哥特式风格的，而不该是坐落在高架桥一端的小雕像。同时，他也不赞同将其做成拱形，因为拱形与军事胜利者联系紧密，而史蒂文森的“征服是和平的”，并且他的“胜利是……有益的……不流血的”。相反，奥利弗提出“在一个建筑的天棚里，艺术地、象征性地让他站在一个由他的发明制作的雕塑底座上，就像他出现在我们中间一样”。[113]

---

[109] The Times, 10 June 1881, 7e. 乔治·史蒂文森的出生地现在由国民托管组织保管，这证明了他如今的地位。

[110] The Times, 20 January 1818, 3c-d, repr. From the Newcastle Chronicle; Account of resolutions made by the committee for remuneration of George Stephenson for the safety lamp, including list of subscribers, Institution of Mechanical Engineers, IMS129/fo. 7. 由机构保管的银质杯上刻着“由为乔治·史蒂文森筹集的 1000 美元认购”字样。另参见上文，79.

[111] Thomas Oliver, Architect, The Stephenson monument: what should it be? A question and answer addressed to the subscribers (3rd edn, Newcastle upon Tyne: M. & M. W. Lambert, 1858), 5-6. 另见 The Times, 29 October 1858, 8e. 关于奥利弗，参见 Robert Colls, Remembering George Stephenson: genius and modern memory, in Robert Colls and Bill Mancaster (eds.), Newcastle upon Tyne: a modern history (Chichester: Phillimore, 2001), 276. 关于 Ravensworth，参见 W. A. J. Archbold, Liddell, Henry Thomas, first earl of Ravensworth (1797-1878), rev. H. C. G. Matthew, ODNB, 参见 www.oxforddnb.com/view/article/16641，最后登录时间为 2006 年 10 月 18 日。

[112] The Builder, 17 (1859), 599.

[113] Oliver, Stephenson monument, 6, 8-9, 12-13, 16.

在6个月的时间里共募集到5000英镑。[114] 这座由约翰·格雷厄姆·拉夫（John Graham Lough）设计的纪念碑尽管避免了一些奥利弗所担心的错误，但本质上仍是新古典主义风格的。[115] 史蒂文森的青铜像没有穿长袍，尽管他宽松的衣服和肩上的诺森伯兰格纹肯定带有一定古典服装的风格；站在9米高的石头基座上，他的面容从地面上看变得模糊不清。在它的底部，斜靠着4个充满古典色彩的人物，分别体现着他的发明和工程成就的标志：提着一盏安全灯（"乔迪"）的未成年人，靠在火车头上的司机，手持一段像"鱼腹般鼓起的"铁轨的铁路工人，还有拿着锤子和铁砧的铁匠（见图7.7）。[116] 纪念碑建在内维尔街，离火车站很近：据斯迈尔斯说，这是"工人们的必经之路，成千上万的工人每天上下班时都能看到它"。他认为，对于纪念史蒂文森来说，这无疑是"最好、最合适的雕像"；《建筑师》杂志称赞了它的现实主义，并对它所

图7.7 乔治·史蒂文森纪念碑，由约翰·格雷厄姆·拉夫于1862年打造，位于泰恩河畔纽卡斯尔的内维尔街

版画出自《伦敦新闻画报》（由安·佩瑟斯拍摄）。不幸的是，它现在被一座现代化的办公大楼所遮挡。

---

[114] The Builder 17 (1859), 240, 317; Colls, Remembering George Stephenson, 275.

[115] Colls, Remembering George Stephenson, 278 - 283; P. Usherwood, J. Beach, and C. Morris, Public sculpture of north-east England (Liverpool: Liverpool University Press, 2000), 149 - 152.

[116] ILN, 41 (1 November 1862), 456; 另见ILN, 91 (16 July 1887), 79, 81.

受到的广泛好评进行了报道。[117] 1862 年的揭幕仪式与 8 年前尤斯顿的简单仪式形成了鲜明的对比。泰恩赛德为此宣告了公共假日，估计有 7 万人参加了庆祝活动，包括"几乎所有与北方贸易有关的显要人物"。1 万人的队伍包括罗伯特·史蒂文森公司的许多雇员以及该地区的工会和与他们关系友好的协会成员，花了半个小时才穿过市中心。[118]

东北地区对乔治·史蒂文森的骄傲体现在当代其他私人和公共的纪念碑上。他出现在沃灵顿庄园（诺森伯兰郡）新改建的庭院的装饰方案中，这里是坚定的自由主义者特里维廉（Trevelyan）家族的家。在它的墙壁上，年轻的前拉斐尔派画家、纽卡斯尔的威廉·贝尔·斯科特（William Bell Scott）通过该地区自古罗马长城到勤奋的今天的历史——以"铁与煤"（1856～1861 年）为例，来阐述辉格党人关于进步的思想。在最后一幕中，沃灵顿的继承人查尔斯·爱德华·特里维廉（Charles Edward Trevelyan）也和史蒂文森、霍克（Hawk）、克劳肖（Crawshaw）的强壮钢铁工人一样，举起了一把大锤。[119]"铁与煤"中提到了许多工业元素，包括一盏"乔迪"灯，以及罗伯特·史蒂文森在纽卡斯尔设计的高架桥，桥上有一列火车飞驰而过。在上方，屋顶横梁上的肖像大奖章描绘了从哈德良（Hadrian）皇帝到乔治·史蒂文森的相关历史人物——言下之意，此时已达到了进步的顶点。[120] 1858 年，伦敦雕刻家爱德华·W. 怀恩（Edward W. Wyon）将史蒂文森父子的两尊半身雕像的复制品送至纽卡斯尔市政厅展出。乔治那一尊的费用由他的侄子 G. R. 史蒂文森（G. R. Stephenson）支付；罗伯特的那一尊则由他的朋友 G. P. 比德（G. P. Bidder）支付。《纽卡斯尔纪事报》大肆宣扬支持的观点，同时对史蒂文森未能入选爱默生（Emerson）和卡莱尔的作品表示遗憾，因为在这里，史蒂文森才是真正的英雄："英雄是白手起家的人……是工人、发明人、新动力的创造者，间接地也是一个新时代的创造者。"[121]

---

[117] Smiles, Lives of the engineers, 355－356; The builder, 18 (1860), 204; 同上, 19 (1861), 468; 另见 The Times, 15 September 1862, 10b, 及下文, 293－296. Cf. Colls, Remembering George Stephenson, 283, 287.

[118] The Times, 3 October 1862, 10b; The Builder, 20 (1862), 736.

[119] Clare A. P. Willsdon, Mural painting in Britain, 1840－1940: image and meaning (Oxford: Oxford University Press, 2001), 309; Plate 173. 讽刺的是，史蒂文森父子都是极端的保守主义者，罗伯特被形容为"彻头彻尾的贸易保护主义者": J. C. Jeafferson, The life of Robert Stephenson, FRS, 2 vols. (London: Longman, Green, Longman, Roberts & Green, 1864), vol. Ⅱ, 145.

[120] Nilolaus Pevsner, Northumberland (Harmondsworth: Penguin, 1957), 307－308.

[121] Newcastle Chronicle, 5 November 1858, reprinted in ILN 33 (11 December 1858), 555. 乔治·罗伯特·史蒂文森 和乔治·帕克·比德都是土木工程师，他们以及律师都是后来罗伯特·史蒂文斯的遗嘱执行人，Charles Parker: Jeafferson, Life of Robert Stephenson, vol. Ⅱ, 253.

当约瑟夫·帕克斯顿爵士（Sir Joseph Paxton）在 1859 年罗伯特·史蒂文森的葬礼上提出应将他父亲的遗体从切斯特菲尔德（德比斯）移到史蒂文森在威斯敏斯特教堂的遗体旁重新安置，《泰晤士报》的编辑对此表示反对："我们没有理由剥夺切斯特菲尔德的兴趣对象和永恒的教训。乔治·史蒂文森的价值无须外力强加。"[122] 史蒂文森在全国范围内享有显赫声望的另一证明，是他跻身于一群杰出人物之列，这些人的雕像被捐赠并安放在牛津大学新博物馆的大礼堂。除了牛顿、哥白尼（Copernicus）和拉瓦锡等博物馆想要传颂的科学领域杰出人物外，其他一些人也被选为"人类的恩人，如培根、沃尔塔（Volta）、奥斯特（Oersted）、瓦特和史蒂文森，他们被选入的理由各不相同"。[123] 他也成为许多以家庭为背景的风俗画的主题。[124]

虽然伊桑巴德·金德姆·布鲁内尔和罗伯特·史蒂文森在 1859 年去世的时候都得到了隆重的哀悼，但只有老史蒂文森直到今天还被视为创新型土木工程的典型代表。[125] 每当一名演讲家、记者或者二流诗人想要赞美英国的科技成就，或者特别想要赞美蒸汽的力量时，他的名字就会与瓦特一起出现。[126] 而史蒂文森的事迹最常被载入史册和学校课本，成为工业革命宏大叙事的一部分。理查德·特里维西克（Richard Trevithick）没有因为他是蒸汽机车的第一位发明人而获得应有的名望，这不难解释：他在 1833 年（他的开创性实验后 1/4 个世纪后）去世了，他离世过早以至于任何铁路公司或工程机构都无法确认他的名字。如果不是工程界人士和他的家乡康沃尔在 19 世纪 80 年代开始纪念

---

[122] The Builder，17（1859），709. 虽然斯迈尔斯钦佩罗伯特，但他认为乔治是更伟大的工程师：Mackay（ed.），Autobiography of Samuel Smiles，255.

[123] The Builder，17（1859），401. 托马斯·伍尔纳被推定为是史蒂文森雕像的雕刻家：The Builder，18（1 December 1860），但近来的学者们却认为是约瑟夫·杜伦的作品：Jennifer Sherwood and Nikolaus Pevsner，Oxfordshire（Harmondsworth：Penguin，1974），282；Frederick O'Dwyer，The architecture of Deane and Woodward（Cork：Cork University Press，1997），253. 另见 Henry W. Acland and John Ruskin，The Oxford Museum（3rd edn，London and Orpington：George Allen，1893），25－27，102－103. 我非常感谢牛津大学博物馆馆长斯特拉·布拉内尔女士，她帮助我确定了雕像的雕刻家和赞助人。

[124] ILN 40（4 January 1862），25－26；Sally Dugan，Men of iron：Brunel，Stephenson and the inventions that shaped the world（London：Macmillan，2003），29.

[125] 参见下文，320－322.

[126] 关于歌颂史蒂文森和瓦特事迹的诗歌，参见 Literature on line：http：//lion. chadwyck. co. uk/. 另见他们在 19 世纪末的 ASLEF 会员证书上的肖像，repr. in MacLeod，Nineteenth-century engineer，77.

他，特里维西克可能已经被人完全遗忘了。[127] 罗伯特·史蒂文森能够保持名望主要得益于他和他的父亲的联系；除了在他们死后所立即举行的盛大悼念活动外，他和伊桑巴德·金德姆·布鲁内尔都在将近一个世纪的时间里没有引起任何传记作家、雕塑家或其他纪念活动的注意。[128] 马克·布鲁内尔是一位才华横溢的工程师（也是唯一一位获得爵士头衔的工程师），却在晚年被他儿子的光芒所掩盖，自那以后，他甚至被更严重地忽视了。

我们将在下一章中看到，伊桑巴德·金德姆·布鲁内尔和罗伯特·史蒂文森在其生命的最后十年里见证了发明人与铁路工程师一起，处在英国公共生活前沿短暂时期的开始。围绕着他们的去世而爆发的悲伤表明，他们和其职业已经在更大程度上获得了名望。对伟大铁路工程师的公共和私人纪念活动（作为悼念仪式中几乎例行的一部分）已经成了一种新现象，它代表了人们对社会地位的追求和对一系列高度重视技术成就和实用性的价值观的认可。这个行业里的人们变得日益显赫和富有，并享有包括贵族煤矿业主和铁路公司董事在内的一些最有权势的社会成员的支持。在相当大的程度上，他们作为铁路、桥梁和轮船的先驱者所取得的成就本身就是这种名望的源头。

---

[127] 参见下文，322－325.

[128] 关于布鲁内尔在20世纪末戏剧性复兴的原因的考虑，参见 MacLeod, Nineteenth-century engineer, 77－79.

第 8 章 英式和平中的英雄们

1851 年，发明人突然成为人们关注的焦点，这要归功于在伦敦海德公园举办的万国博览会。这次博览会在歌颂英国在全球经济中占据主导地位的同时，还将注意力集中在维多利亚时代消费者越来越容易获得的大量商品上，并进一步将注意力集中在这些商品的发明人身上。与此同时，它又重新引出了两个与发明人密切相关的争议性问题。首先，由于信奉通过和平的国际竞争实现进步的意识形态，这次博览会将发明人重塑为替代战士的另一种英雄。然而，没过多久，这种思想及其在发明人身上的体现都经受了考验。其次，这次展览加速了酝酿已久的专利制度改革。尽管它对英国制造业的颂扬使许多发明人报酬不足的问题得到了极大的缓解，但将创新型产品和机器暴露在公众视野中也加大了充分保护其知识产权的难度；显然，社会应当为此做些什么。

万国博览会

从 1850 年 11 月水晶宫动工的那一刻起，这个国家的注意力就被这座建筑的规模、新颖的设计和施工速度所吸引。由于新闻界对此抱有极大的期望，所以无须再作进一步的宣传以提醒公众展览将于 1851 年 5 月 1 日开幕。在随后的 6 个月里，有 600 万游客参观了水晶宫。尽管算上回头客和外国人后，参加展览的英国成年人人数可能不会超过 250 万人，但这仍然相当于英国人口的

1/10。[1] 新闻界的广泛报道使其他人也充分知晓。《伦敦新闻画报》还为此特别出版了一份专门报道这次展览的增补周刊，其发行量超过13万份，增刊里的绘画和描述为在全国范围内传播海德公园的博览会方面发挥了重要作用。[2] 其他的期刊也专门报道了这次展览，例如，从1851年6月到1852年12月，由约翰·卡塞尔（John Cassell）出版的《画报》周刊，其价格和内容旨在吸引（也可能是赋权于）工匠。[3] 这次博览会所产生的大量指南、目录和文章，使之成为“迄今为止被记载得最丰富的19世纪事件”。[4]

许多游客可能会被水晶宫的规模和壮观所折服，并对异国商品的丰富程度感到敬畏，但也有许多人被制造业的进步（尤其是重型机械的运行）所吸引。[5] 罗伯特·阿斯克利尔（Robert Askrill）写道：“这些机器的展览在人群中激起的兴趣远远超过其他展出的东西。”而另一位记者也说道，“从早到晚聚集在这些展览景点周围的大量人群”可以找到各种各样的机器。[6] 每台机器都以它的发明者或制造者命名（通常是同一人），例如，有考克斯（Cox）的充气水装置、阿普尔盖斯（Applegath）的立式印刷机、克拉布特里（Crabtree）的排版机，还有德拉罗（De La Rue）的信封机（以其复杂的运行动作引人注目）。公众的好奇心最初可能是被媒体上的报道或插图激起的，这也提醒了公众注意到那些被点名的发明人的成就。[7] 对运行中的机械的迷恋绝不是这次展览所独有的，只是在此之前从未有过如此大规模的展览。科学和机械展品一直吸引着大批公众参观伦敦和曼彻斯特的美术馆，并且从1838年起，在英国科

---

[1] Peter Gurney, An appropriated space: the Great Exhibition, the Crystal Palace and the working class, in Purbrick (ed.), Great exbihition of 1851, 120. 另见 Su Barton, “Why should working men visit the Exhibition?” workers and the Great exhibition and the ethos of industrialism, in Ian Inkster, Colin Griffin, Jeff Hill and Judith Rowbotham (eds.), The golden age: essays in British social and economic history, 1850 – 1870 (Aldershot: Ashgate, 2000), 146 – 163.

[2] Christopher Hibbert, The Illustrated London News: social history of Victorian Britain (London: Angus & Robertson, 1975), 13.

[3] Maidment, Entrepreneurship and the artisans, 86.

[4] Klingender, Art and the industrial revolution, 144.

[5] Maidment, Entrepreneur ship and the artisans, 80; see, for example, Tony Bennett, The exhibitionary complex, New Formations 4 (1988), 73 – 102.

[6] Robert Askrill, The Yorkshire visitor's guide to the Great Exhibition (1851), 转引自 Jeffrey A. Auerbach, The Great Exhibition of 1851: a nation on display (New Haven and London: Yale University Press, 1999), 104; Delarue's envelope machine, ILN, 18 (21 June 1851), 603.

[7] ILN, 18 (31 May 1851), 502; 同上, (21 June 1851), 603.

学促进协会的赞助下，一系列的地方城市都举办了临时性的制造及发明展览。[8] 在1862年伦敦的第二次大展览上，机械大厅的高人气以及工人阶级参观者间的知识交流再次吸引了《伦敦新闻画报》的注意，并促使其为此占据两个版面发表评论（见图8.1）。[9]

图8.1 《国际展览会机械运行展厅》

这是1862年10月18日刊载于《伦敦新闻画报》上的一幅双页版画，从这幅版画上可以看到机械展厅，它展示了这些受欢迎展品的宏大规模以及由其所引发的热烈讨论（安·佩瑟斯摄影）。

当在展览结束后该如何处置水晶宫的问题出现时，《伦敦新闻画报》立即表示，应该继续推进水晶宫的教育作用。“为什么？”它问道，“难道我们不应该为接受和展示工业产品、机械发明、新发现和改进设立一个永久性场所吗？”[10] 毫无疑问，有些参观者可能和约翰·拉斯金、威廉·莫里斯等评论家一样，对许多展品的审美缺陷和工业化生产对社会经济的有害影响感到矛盾甚至沮丧。[11] 对很多人来说，这次展览为他们提供了对物质享受丰富性（并且有越来越多的英国人可以接触得到）的令人惊叹的介绍、对工业技术的全新视野和千载难逢的在家门口欣赏来自世界各地异域文化的机会。

然而，万国博览会远不止是一个替代消费的节日。它还试图作为体现自由贸易和国际竞争优势的课堂，其灌输的信念是，共同的商业利益正在使国家之

[8] Morus, Manufacturing nature, 417 - 426; K. G. Beauchamp, Exhibiting electricity (London: Institution of Electrical Engineers, 1997), 40 - 47, 61 - 69; Jack Morrell and Arnold Thackray, Gentlemen of science: early years of the British Association for the Advancement of Science (Oxford: Clarendon Press, 1981), 213, 218 - 219, 264.

[9] ILN, 41 (18 October 1862), 420 - 421, 427. 另见 Report of the select committee on the Patent Office Library and Museum, BPP 1864, Ⅻ, 67 - 68.

[10] ILN, 18 (7 June 1851), 569.

[11] Auerbach, Great Exhibition of 1851, 107, 113, 118; Richard Pearson, Thackeray and Punch at the Great Exhibition: authority and ambivalence in verbal and visual caricatures, in Purbrick (ed.), Great Exhibition of 1851, 179 - 205.

间的战争过时。这一点在1824年的演讲中就已被表达，在演讲中瓦特的蒸汽机被称赞为和平进步的推手。在随后的30年里，许多评论家开始相信“利剑已被永久地打成犁头”。⑫ 在欧洲，这段相对平静的时期也使英国财政政策更为宽松，并在1846年废除谷物法律时达到高潮。⑬ 尽管博览会上充满着国际和平和友好的意识形态，但人们仍然有着这样的焦虑，即除非英国制造商能从外国竞争对手带到水晶宫的精致设计和良好品味中汲取经验，否则自由贸易将导致英国失去工业上的领先地位。⑭

然而，呼吁和平是最重要的，因为少数更理想主义的人也在那年夏天于伦敦集会。自1848年以来，国际和平大会每年召开一次会议，他们满怀信心地认为自己即将说服各国政府采取仲裁等措施，以减少并最终消除它们诉诸战争的行为。⑮ 在拿破仑战争的最后几年，起源于英国和美国的19世纪和平运动一直是由受宗教信仰驱使的人所主导的，主要是贵格会信徒。19世纪40年代，由理查德·科布登和约翰·布莱特（John Bright）领导的英国中产阶级激进分子组成的一个规模不大但颇具影响力的团体加入了他们。⑯ 虽然科布登不是一个彻底的和平主义者，但他完全致力于和平事业，他对自由贸易的全身心投入主要源于这样一种信念，即它将“从道德角度上改善世界关系”。⑰ 科布登满腔热情地参与了万国博览会的组织工作；其他代表称赞这次博览会是“全世界反对战争的伟大抗议”，它的会场是“第一座和平殿堂”。他们听说他们的千禧情怀得到了阿尔伯特亲王的呼应，他们的愿望也得到了主流媒体的认真对待。⑱ 1905年，已经退休的工程师约翰·麦基（John McKie）的回忆录中捕捉到了新时代到来时令人兴奋的气氛：

---

⑫ 比如，参见 Henry Bell, Steam navigation, in The Scotsman, 1824, 503; Baines, History of the cotton manufacture, 53; Ure, Philosophy of manufactures, vii; 以及上文, 103-104.

⑬ Margot C. Finn, After Chartism: class and nation in English radical politics, 1848-1874 (Cambridge: Cambridge University Press, 1993), 59, 80-81.

⑭ Auerbach, Great Exhibition of 1851, 108-110, 113-118; Adrian Forty, Objects of desire: design and society since 1750 (London: Thames & Hudson, 1986), 42-43, 58; ILN, 18 (31 May 1851), 477-478, 496-497. Cf. 关于英国协会内部支持国际主义的紧张局势: Morrell and Thackray, Gentlemen of science, 372-386, 特别是第385页。

⑮ David Nicholls, Richard Cobden and the International Peace Congress Movement, 1848-1853, Journal of British Studies, 30 (1991), 351-354, 366-369; Alaxander Tyrrell, Making the millennium: the mid-nineteenth century peace movement, HJ, 20 (1978), 93-94; Gavin B. Henderson, The pacifists of the fifties, Journal of Modern history, (1937), 316-325.

⑯ 关于它的成员，参见 Nicholls, Richard Cobden, 373-375.

⑰ 转引自同上, 363; 另见同上, 354-364; Tyrrell, Making the millennium, 90-91.

⑱ Nicholls, Richard Cobden, 366-367; Tyrrell, Making the millennium, 93.

> 今天的我们很难理解那个年代的人们对改善人类的普遍信念，这次博览会的召开预示着：这是在所有国家间开始的和平友好的时期，其中唯一的竞争就是谁能给他们的同胞带来最大的好处。普鲁士送来了一架结构奇特的大炮……这引起了人们关于是否应该承认大炮是战争的工具、野蛮时代产物的讨论，但在展览会注定要展示的崇高的道德和知识的熏陶下，这些东西不久就会变成犁头和镰刀。最终，这门炮还是被视为了野蛮时代的产物。⑲

无论是从宗教还是政治的角度来看，蒸汽运输的发展和国际电报网络的建设似乎都预示着更加和平的未来。它们可以被解释为使各国和睦相处的天赐手段是使冲突得以迅速和平解决的贸易和即时通信渠道。⑳ 当时仍有一股思潮试图把科学家提升为和平和建设性社会进步的英雄，用以和英国统治阶级的军事和破坏性偶像相抗衡。这种呼声在 1792 ~ 1815 年的法国战争中首次出现，并在 1824 年纪念瓦特的活动中正式公开，“它仍是一根有用的棍子，用来敲打一个仍然对感谢和支持科学家明显漠不关心的政府”。㉑《笨拙先生》杂志尤其针对这种报偿不足的情况，发挥了自己的机智。也许让罗伯特·史蒂文森感到了难堪，但《笨拙先生》杂志为他在 1850 年拒绝了骑士爵位而欢呼：这个荣誉实在太过卑微以至于根本不足以奖励这位英国最伟大的工程师（也许是当时世界最伟大的），他以自己的才华使我们的国家更美好，而连从印度战场胜利返回的将军们都能被尊为“侯爵”。㉒ 当英国惠灵顿公爵亲自拜访史蒂文森的布列坦尼亚桥时，《笨拙先生》杂志嘲笑了他表面上思考的样子：“铁战士正在考虑另一种铁的征服——随着时间的推移——它将使枪炮和炮弹成为最古老的铁。工程师将取代将军。”㉓ 到 1851 年，英国人似乎可以期待有一天，瓦特可以和莎士比亚、培根、牛顿一道，将纳尔逊和惠灵顿从国家先贤祠中驱逐出去。伦敦和伯明翰的埃尔金顿梅森公司正是以这四个标志性人物来阐明“科学和工业技术的胜利”（阿尔伯特亲王站在上面），他们仿造伊丽莎白时代的

---

⑲ Memoirs of John McKie（c. 1820 - 1915），5 vols.，vol. Ⅲ，59，MSS Acc 3420，National Library of Scotland，Edinburgh. 关于《笨拙先生》杂志对这一插曲的讽刺性评论，其中，一群辉格派的小姑娘围着枪站在一起，一脸茫然地惊愕，参见 Punch，21（1851），22；另见同上，20（1851）.

⑳ Tyrrell，Making the millennium，82，89；Paul Greenhalgh，Ephemeral vistas：the Expositions universelles，Great exhibitiions and World's Fairs，1851 - 1939（Manchester：Manchester University Press，1988），23 - 24.

㉑ F. R. S.，Thoughts on the degradation of science in England（London：John Rodwell，1847），3，转引自 George A. Foote，The place of science in the British refrom movement，1830 - 1850，isis，42（1951），206 - 207.

㉒ Punch，19（1850），113；另见同上。17（1849），235，及上文，92 - 95，123 - 124，200 - 211.

㉓ Punch，21（1851），113.

花瓶，上面摆满了各种各样的电镀物品；底座周围的寓言人物代表着战争、叛乱、仇恨和复仇，这些都已被“推翻和束缚”（见图8.2）。

图8.2 这只4英尺高的电镀花瓶上的牛顿、培根、莎士比亚和瓦特被描绘成现代文明的英雄，图中花瓶为W. 贝蒂（W. Beattie）为埃尔金顿梅森公司打造的模型，并于万国博览会上展示

安·佩瑟斯拍摄。

和平的英雄？

展览刚一结束，现实的政治就浇灭了和平主义者的乐观情绪。路易·拿破仑于1851年12月发动的政变引发了一场入侵恐慌，这导致了民兵法的通过和当时军费开支下降趋势的逆转。[24] 在法兰西共和国瓦解，路易·拿破仑夺取皇位后，惠灵顿公爵于1852年9月的逝世进一步加剧了英国人的焦虑。“惠灵顿之剑不是用来奴役，而是用来解放的。”《伦敦新闻画报》如此哀叹道。现在谁会去迎击波拿巴主义者的威胁呢？[25] 然而，拿破仑三世被证明是英国的盟友，1854年与英国作战的不是法国，而是俄国。

---

[24] Nicholls, Richard Cobden, 367 – 368.

[25] ILN 21 (18 September 1852), 225.《伦敦新闻画报》对公爵的生活和事业以及相关主题的报道，包括纪念活动，一直持续到1852年的秋天。

面对这些严重的挫折，处于困境的少数人仍坚持其建立爱好和平的社会的理想，这个社会将认识到，它真正的恩人是创造者，而不是破坏者。[26]《笨拙先生》杂志则继续为和平事业而抨击。在克里米亚战争期间，它发表了一篇令人振奋的讽刺文章，题为《这些事情法国人处理得更好》。据说，法国人比“约翰牛”做得更好的许多事情之一，就是它对发明人和科学家的奖励和对战士的奖励一样多：

> 约翰牛的每一个城镇都是对人类最有用的发明的中心；
> 但是，唉！为了成为约翰牛最伟大的发明人，
> 除非他能为自己的计划申请专利！
> 约翰牛的头衔、绶带、袜带，
> 都是为了地位，为了财富，为了战争，
> 那些伟大的科学家们都是殉道者，
> 他们仍然戴着十字架，而不是星星——
> 在约翰牛的宫廷里，艺术和科学一文不值，
> 如果能被追求，那将是恩惠或机遇；
> 至于对和平及其英雄的敬意，
> 法国人处理得更好。[27]

《笨拙先生》杂志对电报的主要发明人查尔斯·惠特斯通（Charles Wheatstone）最终被授予爵位的消息的反应，与 20 年前对罗伯特·史蒂文森拒绝被授予同样的荣誉时的讽刺反应如出一辙：一切都太微不足道、太迟了。[28] 然而，其他人可能会以更尚武的眼光看待惠特斯通和史蒂文森的发明。[29]

从发明人中培养出人道主义英雄很容易陷入一个尚未解决的两难境地：他们可能会同时受到军事国家的拉拢。詹纳曾因疫苗在击败法国人的过程中的作用而受到称赞（保护英国军队免于天花之苦），瓦特也因蒸汽机对军事行动的支持（加强了英国经济）而受到赞扬。很少有人认为这种紧张的关系值得研究。[30]

19 世纪 50 年代，莫里斯的窘境进一步加剧，他目睹了一场大规模的武装力量回归，这动摇了（但并未完全破坏）自由贸易将阻止战争的假设。在这

---

[26] Taylor, Decline of English radicalism, 255 – 257; W. H. van der Linden, The international peace movement, 1815 – 1874 (Amsterdam: Tilleul Publications, 1987), 467 – 471.

[27] Punch, 29 (1855), 221. 另见同上，33 (1857), 136; 37 (1859), 169; 41 (1861), 182; ILN, 21 (2 October 1852), 295.

[28] Punch, 54 (1868), 44.

[29] 参见下文，229 – 230, 245.

[30] 参见上文，82, 94 – 95.

种出乎意料的好战的新气氛中，那些把发明人尊为和平英雄的人面临着一个无法回避的事实：一些英国最著名的发明人和工程师正在设计和制造战争武器。如果说詹纳、瓦特和贝尔的贡献是间接的和无意的，那么现在如威廉·阿姆斯特朗（William Armstrong）和约瑟夫·惠特沃思（Joseph Whitworth）这样的发明人则已经成为战争行动的一部分，为英国及其盟国提供武器和战舰。

当战争促使人们仔细审视那些将发明人描述为国家恩人的说法时，人们的价值观出现了巨大的分歧，尽管和平主义者和其他反战人士谴责发明人参与武器生产，但许多非和平主义者认为，他们对战争的贡献进一步证明了现代社会对发明人的依赖。《泰晤士报》支持纪念亨利·考特的活动，赞扬了他在炼铁工业中的发明，正是这些发明使英国从“俄国和瑞典的商业奴役”中解脱出来。皇家海军的铁船尤其显示了那些“赋予了国家如此多的财富和权力的人”对这个国家的恩惠。[31]《建筑师》杂志上的一篇文章呼吁在“文学和科学”领域为人们竖立更多的公共雕像，其中包括武器的发明人：

> 当我们想到即使是最聪明的将军或最勇敢的士兵，在面对现代大炮、有膛线的火枪和其他已经投入使用的技术手段也将无能为力时，现在似乎到了让国家和平的恩人得到与剑士们同等荣誉的时刻了。[32]

作家和编辑似乎都没有打算用“和平”这个形容词来讽刺致命武器的发明人。

这样的矛盾很可能与《机械师》杂志产生冲突，该杂志理想化地（而且不准确地）将当时的情况与19世纪初的几十年作了对比，当时“战争武器的制造……并不在工程师的职责范围之内”，他们的技术完全致力于“人类的进步与和平繁荣”。它热切地希望“我们的工程师不久就能获准回归到他们的合法职业中去，不再学习战争艺术”。[33] 塞缪尔·克朗普顿的传记作者吉尔伯特·弗伦奇（Gilbert French）也同意这一观点：克朗普顿打了一场发明战争和工业战争，这些战争比任何或所有吹嘘的军事科学或野蛮的血腥冲突都更大地促成

---

[31] The Times，29 July 1856，8a，8e-f. 关于这次运动的失败，参见下文，340.

[32] The Builder，18（22 December 1860），823. 另见 Henry Lonsdale，The wirthies of Cumberland，6 vols.（London：George Routledge & Sons，1867－75），vol. Ⅲ，310－311. 1865年，也就是美国内战结束的时候，班纳特·伍德克罗夫特写信给约翰·埃里克森说，他相信“浅水炮舰（军舰）拯救了联邦，而你创造了监测员；如果真是这样的话，你个人为联邦做的贡献比任何其他爱国者都多”：Woodcroft MSS，Z27A，fos. 212－213.

[33] Mechanic's Magazine，27 September 1861，203. 另见同上，3 May 1861，299－300；曼彻斯特机器制造商对1841年特别委员会的证词，转引自 Maxine Berg（ed.），Technology and toil in nineteenth-century Britain（London：CSE Press，1979），39；The poem，England's Heroes，by Matthias Barr，in Working man 1（5 May 1866），277；及上文，133. 关于这一陈述的不准确性，参见下文，228.

了英国的霸权。[34] 作为宪章主义者的托马斯·库柏在《毅力和进取心的成功》（1856 年）书中所选取的代表都是平民，从艺术家、语言学家到商人和土木工程师都在其中。其中，“科学发现者”是人数最多的一个类别，戴维、阿克赖特、卡特赖特和瓦特都被加入了哥伦布、牛顿、威廉·赫歇尔、雷穆尔（Réamur）和博伊尔的行列之中。

> 这些教会我们征服物质世界的辛勤的智者……是文明的先驱，他们让这个世界值得我们生活在其中……他们还是人身安全、健康、丰足和运动方式的启示者，从而为心灵提供了一个获得更高的修养和更纯粹的快乐的优越地位。[35]

库珀为自己遗漏军事领域代表的行为找了理由，因为这些军事代表的行动结果与科学发现者所带来的好处形成了鲜明的对比：

> 渐渐地，世界认识到，战争是一种无法估量的罪恶；军事领域的光荣是一种虚假的毁灭之光；那些能增加人类的舒适、幸福和知识的事业才是最伟大的事业。[36]

战争的爆发以及围绕战争所产生的新军事英雄的情况，让原本以为战争已经灭绝的人们感到震惊——尤其是“勒克瑙的英雄”亨利·哈夫洛克爵士——这似乎促使许多作家重申了“和平征服”的修辞。[37] 它甚至可能是激发他们书写那些他们认为国家应该尊敬其他英雄的原因。也许我们应该把 19 世纪 50 年代的战争加入 19 世纪 70 年代中对发明人的英雄崇拜有所上升的原因中去。

1862 年，伦敦在南肯辛顿举办的第二次万国博览会再次引发了争议。[38] 约翰·麦基重新审视了自 1851 年以来社会风气的变化，对一门普鲁士大炮的接纳则引起了许多人的反思：“在这期间，与俄国的战争和印度的战争已经发生，各种各样的战争工具是这一时期的主要特点。”[39]《笨拙先生》杂志也发表

---

[34] French，Samuel Crompton，34；最初的重点。另见截取自《迪尤斯伯里记者报》的片段，4 February 1860，in ZCR80/12，Crompton，MSS.

[35] ［Cooper］，Triumphs of perseverance and enterprise，80.

[36] 同上，280. 在这一点上，库珀与许多支持欧洲国家战争的激进分子意见不一：Finn，After Chartism，172 – 175，200 – 201.

[37] 关于作为英雄的哈夫洛克，参见 Dawson，Soldier heroes，79 – 121. 斯迈尔斯认为他是一个“真正英雄式的人”：Self-help，235. 关于斯迈尔斯对军事英雄更广泛的看法，参见同上，229 – 242.

[38] Greenhalgh，Ephemeral vistas，31 – 33.

[39] Memoris of John McKie，vol. Ⅲ，60，MS Acc 3420. Cf. 他在 1867 年的巴黎展览上说：“近年来，军用玩具的数量大大减少；现在的国家倾向于给孩子们更能使人联想到和平艺术的玩具”：Reports on the Paris Universal Exhibition，BPP 1867 – 1868，XXX，136.

了自己的讽刺性评论，这是一幅题为《和平》的整版漫画，画中一个悲伤的天使坐在一门大炮上：这是“笨拙先生为一座巨型雕像所做的设计，它本该被放在万国博览会上”（见图8.3）。它对于将武器放入“砖宫”表达了赞许，因为“它们提醒我们，我们与天使差得有多远”，我们与“那些比魔鬼高尚不了多少的外国人”有多接近。[40] 对于那些记忆好的人来说，《笨拙先生》杂志的《和平》与阿米蒂奇（Armitage）的同名画作形成了鲜明对比，后者于1851年展出，其中和平女神（由英国狮子支撑）胜过了战争，她的脚边躺着一堆杂乱的、锈迹斑斑的设备，而“她的额头上缠着玉米，象征着她的同伴——丰盛。”（见图8.4）。[41]

图8.3 《和平》

在《笨拙先生》杂志对1862年万国博览会上数量巨大的军事装备的讽刺评论中，一位郁郁寡欢的和平天使栖息在一门大炮上。

---

[40] Punch, 42 (1862), 177, 184; 同上, 209 – 210.

[41] ILN, 18. (31 May 1851), 477, 478; Robyn Asleson, Armitage, Edward (1817 – 1896), ODNB, online edn, May 2006, 参见 www. oxforddnb. com/view/article/650, 最后登录时间为2006年12月6日。另见一个关键的比较，登载于 British Workman, 90 (June 1862), 358.

图8.4 《和平》，爱德华·阿米蒂奇（Edward Armitage）绘

这幅画陈列在万国博览会展览的美术展厅里，并于1851年5月31日刊登在《伦敦新闻画报》上。其表达了一种国际贸易和“英式和平”已经使武器装备过时了的普遍信念。

自从1859年威廉·阿姆斯特朗被授予爵位以来，《笨拙先生》杂志就一直关注着他和他的军用武器。[42] 其中最受欢迎的一个主题是“枪械制造商和造船商”之间无意义的军备竞赛，而长期受苦的纳税人则承担了多余的开支。它设想了这样一个年表，其中，阿姆斯特朗的枪炮发明与海军部寻找耐腐蚀材料的努力形成了对比：“1862年，他的炮‘把铁船打得粉碎’；到1868年，海军部发明了‘有软木龙骨的石制舰队’，但阿姆斯特朗则用‘含有最强力的醋、能溶化石制船的汉尼拔号（或称阿尔卑壳号）’进行了反击。”在第三次击败了英国舰队后，阿姆斯特朗被誉为“炸弹勋爵”，海军部又提出了一种“空中舰队”以远离“射程”，格莱斯顿（Gladstone）在10年内第4次将所得税翻倍。直到法国皇帝宣布千禧年的到来，这场竞赛才算结束。[43]

---

[42] Punch，36（1859），108；参见同上，97.

[43] Punch，42（1862），160；参见同上，195；44（1863），164－165；45（1863），111；45（1868），257.

这两个当代集体的群体肖像，既表明了顶尖发明人和工程师所取得的卓越成就，也可能进一步揭示了这种意识形态上的困境。其中一个群体明确指出了他们对英国军事力量的贡献；而另一个则有更大的解读空间。后者是由威廉·沃克（William Walker）和乔治·佐贝尔（George Zobel）在1862年刻制的版画《英国的杰出科学家，于1807年8月在皇家学会的图书馆中集会》（见图8.5）。[44]这是虚构的场景，以半个世纪前的伦敦为背景。坐于中央的是詹姆斯·瓦特；在他身后是拉姆福德伯爵（Count Rumford），他在1799年创立了这个机构。[45]它描绘了51个人，他们被分成三组。围在瓦特（他的膝盖上放着一张他最伟大发明的图）周围的是一群极富创造力的工程师和化学家，分别是他在苏豪区的同事马修·博尔顿、威廉·默多克和约翰·伦尼，以及他的密友约瑟夫·赫达特，还有其他工程师同人托马斯·特尔福德、马克·伊桑巴德·布鲁内尔爵士、亨利·莫德斯雷和塞缪尔·边沁爵士。桌子对面坐着沉思的约翰·道尔顿，他是曼彻斯特科学界的老前辈，周围还有一群其他的化学家，包括汉弗莱·戴维爵士、亨利·卡文迪什（Henry Cavendish）、威廉·亨利（William Henry）和E. C. 霍华德（E. C. Howard）（“糖蒸发罐”的专利权人）。图8.5右边的这一组包括了其他发明人，他们中的大多数被查尔斯·斯坦霍普伯爵（Earl Charles Stanhope）的铅版印刷吸引住了；与此同时，约瑟夫·布拉玛背对着画家（因为无法找到他的肖像）正与理查德·特里维西克进行交谈。左边的小圈子里有天文学家、植物学家和地质学家：其中最著名的有英国皇家学会主席约瑟夫·班克斯爵士（Sir Joseph Banks）、地层地质学创始人威廉·史密斯（William Smith）和爱德华·詹纳。令人吃惊的是，这些“科学人士”中有2/3（33人）是发明人［包括那些因科学研究而出名的人，如W. H. 沃拉斯顿和弗朗西斯·罗纳德斯爵士（Sir Francis Ronalds）］，7人是土木工程师，只有11人是从没做出过任何一项发明的自然哲学家。正如伦敦和爱丁堡的皇家学会的

---

[44] 关于集团的组成及其出版历史，参见 Archibald Clow, A re-examination of William Walker's "Distinguished Men of Science", Annals of Science, 11 (1956), 183 – 193; Ludmilla Jordanova, Science and nationbood: cultures of imagined communities, in Geoffrey Cubitt (ed.), Imagining nations (Manchester: Manchester University press, 1998), 192 – 193; Mary Pettman (ed.), K. K. Yung (comp.), National Portrait Gallery, complete illustrated catalogue, 1856 – 1979 (London: National portrait Gallery, 1981), 648 – 649. It is exactly contemporary with Charistian Schussele's men of progress. 这幅美国群像同样是虚构的男性，不同之处在于，它只以发明人和创新者为主角，这19个人在画这幅画的时候都还活着：Henry Petroski, Reshaping the world: adventures in engineering (New York: Alfred A. Knopf, 1997), 88 – 94. 感谢亚历山德拉·努沃拉利为我提供的这一参考。

[45] David Knight, Thompson, Sir Benjamin, Count Rumford in the nobility of the Holy Roman empire (1753 – 1814), ODNB, 参见 www.oxforddnb.com/view/article/27255，最后登录时间为2006年10月18日。

历任主席和众多成员所展现的那样，发明人和工程师是与英国科学界精英平起平坐的人物。当代的评论家似乎都没有对这句话提出异议或质疑：他们都是“杰出的科学人士”。[46]

图 8.5 《英国的杰出科学家，于 1807 年 8 月在皇家学会的图书馆中集会》

原画是 1855～1858 年由皇家学会院士约翰·吉尔伯特爵士（Sir John Gilbert, R. A.）设计，人物由约翰·F. 斯基尔（John F. Skill）绘制并由威廉·沃克和伊丽莎白·沃克（Elizabeth Walker）最终完成的一幅铅笔淡彩画，由威廉·沃克和乔治·佐贝尔于 1862 年刻制而成。

据报道，沃克花了 6 年时间，投资了 6000 英镑制作了这幅版画。它通过私人订购的方式出版，根据大小和签名的内容，价格从 2 基尼到 10 基尼不等；每份印图都附有一把钥匙和一本回忆录。[47] 不考虑版画内容，其在出版界受到了热烈的欢迎，销量非常好，以至于在 1864 年又出版了第二版。[48] 沃克希望他的作品（开始创作于克里米亚战争期间）能够提醒他的同胞，“这些天才的发

---

[46] 参见下文，352－355. 关于 19 世纪中期“科学家”一词的起源和“科学家”一词的持续流行，参见 Sydney Ross，Scientist：the story of a word，Annals of Science，18（1962），65－86；以及 Raymond Williams，Keywords：a vocabulary of culture and society（rev. edn，London：Fontana，1983），276－280.

[47] The Times，10 September 1867，9d；proof sheets，Crompton MSS，ZCR 73/3，75/17；William Walker，Junior（ed.），Memoirs of the distinguished men of science of Great Britain living in the years 1807－1808，intro. Robert Hunt（London：Walker，1862）.

[48] 关于短评，参见 Walker（ed.），Memoirs（2nd edn，London：E. and F. N. Spon，1864），164－167.

明和发现……是我们国家财富和事业的主要源泉”。[49] 他把他们描绘成在图书馆里社交的有教养的启蒙主义者，然而同时代的人应该知道，在 1807 ~ 1808 年，英国不仅进入了“制造业时代”，还与拿破仑处于战争状态。[50] 沃克作品中所提及的发明人大多参与了早期的战争行动。瓦特发明的蒸汽机和詹纳发明的疫苗一直被认为是击败拿破仑的主要原因。站在瓦特（作品的中心）身边的是边沁、布鲁内尔和莫德斯雷，后者把高度创新的制块机引入了朴茨茅斯的皇家船坞，而同一时期赫达特发明的蒸汽驱动机器也提高了帆船上穿过各方块的绳子的质量。[51] 他们的右边是两位蒸汽船运的先驱威廉·西明顿和帕特里克·米勒（Patrick Miller）；瓦特和莫德斯雷的公司已经成为海军蒸汽船的主要供应商。像伦尼和特尔福德这样的土木工程师，他们设计过既有军事用途，又有民用用途的码头、桥梁和道路。特里维西克和罗纳德斯分别是蒸汽铁路和电报的先驱，这两项发明对商业和帝国统治的重要性与日俱增。除了制造造纸机械外，布莱恩·唐金（Bryan Donkin）还发明了保存食物的方法，延长了船只在海上停留的时间。沃克的版画还囊括了几位改进望远镜、天文钟和其他导航设备的制图师和仪器制造商；还有像尼维尔·马斯基林（Nevil Maskelyne）和弗朗西斯·贝利（Francis Baily）等建立并改革了航海历的天文学家。地质学家的研究成果强化了英国的煤炭和冶金工业；而植物学家们（班克斯是他们的领头人）则从世界各地引进新作物。而诸如克朗普顿和卡特赖特发明的纺织机，以及像霍华德和查尔斯·坦南特（Charles Tennant）发明的化学品对英国的制造业霸权都至关重要。相比之下，军用品只有一个明确的代表，那就是威廉·康格里夫爵士（Sir William Congreve），他以与他同名的火箭而闻名于世——虽然数量不多，但意义却不小。[52] 沃克和佐贝尔的作品不仅颂扬了英国科学家的学术成就，也歌颂了他们对英国在国际上占据主导地位所做出的巨大贡献，在英国，军事进步和商业进步是密不可分的。[53]

---

[49] Proof sheets of advertisement, Crompton MSS, ZCR 73/3, 75/17.

[50] 图书馆（或放着书的桌子）是 19 世纪早期科学家，特别是工程师的肖像的常见背景，这表明了他们对职业地位的要求：Ben Marsden, Imprinting engineers: reading, writing, and technological identities in nineteenth-century Britain, British Society for the History of Science Conference, Liverpool Hope University, June 2004.

[51] Cooper, Portsmouth system of manufacture, 182 – 225; Coad, Portsmouth block mills, 39 – 103; Walker, Memoirs (2nd edn), 64 – 66.

[52] 康格里夫在各个领域至少获得了 18 项专利：Roger T. Stearn, Congreve, Sir William, second baroner (1772 – 1828), ODNB, 参见 www. oxforddnb. com/view/article/6070, 最后登录时间为 2006 年 10 月 3 日。

[53] 经济历史学家最近开始更加重视英国的军事，尤其是皇家海军的作用：P. K. O'Brien, The political economy of British taxation, 1660 – 1815, HER, 41 (1998), 1 – 32; Brewer Sinews of power, 27 – 46, 以及其他各处.

接下来则是另一幅肖像拼接作品，由托马斯·琼斯·巴克创作的《英国的智慧和英勇》，这幅画的主角都是军事、帝国和政治上的英雄，他们要么还健在，要么刚刚去世（见图 8.6）。[54] 在画中位于核心的是理查德·科布登以及在 1860 年与法国签订自由贸易条约的其他 3 位设计者：帕默斯顿、拉塞尔和格莱斯顿。在巴克画中的 36 个人物中，只有 7 名科学家。但是其中有两名科学家被放在了突出的位置。大卫·布鲁斯特爵士向位于中心位置的群体解释着他发明的透镜式立体镜，这个群体包括其他 3 位自然哲学家：迈克尔·法拉第、罗德里克·默奇森爵士（Sir Roderick Murchison）和理查德·欧文爵士（Sir Richard Owwen）以及狄更斯、丁尼生（Tennyson）和艺术家丹尼尔·麦克里斯（Daniel Maclise）。

图 8.6　《英国的智慧和英勇》，由查尔斯·G. 刘易斯（Charles G. Lewis）基于托马斯·琼斯·巴克（Thomas Jones Barker）的油画刻制于 1863 年

[54] Freeman O'Donohue and Henry M. Hake (eds.), Catalogue of engraved British portraits preseverd in the Department of Prints and Drawings in the British Museum (London, 1922), vol. V, 87; Roger T. Stearn, Barker, Thomas Jones (1813 - 1882), ODNB, 参见 www.oxforddnb.com/view/article/1416，最后登录时间为 2006 年 12 月 6 日。

对这些人物的取舍从来都不易做出。1865 年，布拉德福德新交易所的开张，使这个约克郡小镇的主要商人得以借此歌颂英国的贸易和制造业，并象征性地表达了他们对政治和经济自由主义的信奉。他们选择了 9 个人的肖像用以装点大楼的外部。他们分别是，发明人阿克赖特、瓦特和史蒂文森，伊丽莎白时代的航海家雷利（Ralegh）和德雷克（Drake），自由贸易的领袖科布登，自由派政治家格莱斯顿和帕默斯顿，以及当地的制造商和慈善家泰特斯·索尔特爵士（Sir Titus Salt）。[55] 这进一步证明了这种选择的自觉性和文化力量的平衡的是，一项历史调查的作家对许多以军事人物命名的旅馆与少数向那些因追求和平而举世闻名的人致敬的旅馆之间的数量差距感到遗憾："我们在招牌上发现了数百名海军和陆军的将军，但我们不知道有哪怕一个招牌上有瓦特或沃尔特·斯科特爵士；然而，这个国家几乎所有的荣耀和快乐都来自他们的天赋。"[56]

特拉法尔加广场的战斗

战争与和平两派之间的较量，为关于伦敦特拉法尔加广场上爱德华·詹纳雕像的争议局面增加了一个新的维度。这座揭幕于 1858 年的雕像已经引起了疫苗接种支持者和反对者之间的争论。当威廉·考尔德·马歇尔（William Calder Marshall）的詹纳雕像模型在万国博览会上吸引了医学界资深人士目光之后，在 1853 年，一场针对詹纳雕像的国际募捐活动被发动了。[57] 尽管詹纳在 1849 年的百年诞辰没有引起什么注意，但在 1853 年极具争议的《疫苗强制接种法案》通过了。[58] 这座雕像标志着疫苗接种事业的胜利。委员会自豪地宣

---

[55] Michael W. Brooks, John Ruskin and Victorian architecture (London: Thames and Hudson, 1989), 223–224; Nilolaus Pevsner, Yorkshire, the West Riding (Harmondsworth: Penguin Books, 1959), 124; Dellheim, Face of the past, 153–154. 从这些作品中尚不清楚史蒂文森的意图；还有人怀疑好战的巴麦尊对谷物法的记者皮尔来说是否是一个错误。

[56] Jacob Larwood and John Camden Hotten, The history of signboards, from the earliest times to the present day (London: Chatto and Windus [1866]), 55–56；感谢马克·戈尔迪为我提供的这一参考。以发明人、科学家或作家的名字命名的小旅馆仍然很少：Leslie Dunkling and Gordon Wright (eds.), The Wordsworth dictionary of pub names (Ware: Wordsworth Reference, 1994).

[57] The Times, 1 August 1853, 5c; Timbs, Stories, 130–131; WORK20/33, National Archives; Roy Porter, Where the statue stood: the reputation of Edward Jenner, in Ken Arnold (ed.), Needles in medical history: an exhibition at the Wellcome Trust History of Medicine Gallery, April 1998 (London: Wellcome Trust, 1998), 11. 感谢罗伊·波特允许我看到这一章节的早期草稿。

[58] 参见上文，82–88. 1885 年，詹纳的雕像被莱斯特郡愤怒的人群吊起来：Durbach, They might as well brand us, 57.

布，它已收到来自欧洲每个国家以及美国的捐款；费城委员会捐出了340英镑（几乎是总数的一半），据说阿尔伯特亲王也“慷慨捐款”。[59] 言下之意，英国的贡献是微不足道的。然而，在皇室的支持下，雕像于1858年5月17日（詹纳诞辰109周年）在特拉法尔加广场的西南角举行了落成典礼。[60]

可以预见的是，反对接种疫苗的人对詹纳地位的显著提升产生了敌对反应，但他们的反对并不具有影响力。而最终导致雕像被移到肯辛顿花园里相对闭塞的地方的原因是，人们气愤地认为，詹纳并不是特拉法尔加广场应该歌颂的那类英雄。军方的支持者拒绝放松对这一著名景点的控制，也不愿通过认可一位深受和平主义者爱戴的人道主义英雄来淡化其爱国（更不用说好战了）的气氛。疫苗接种在保护英国军队免受天花侵袭方面的英雄作用似乎被忽略了。詹纳的出现“侮辱了大众的品位和适当的感觉”。[61]《泰晤士报》（并非反疫苗运动的支持者）提出了这个问题。它先是痛斥了伦敦所有公共雕像的质量，然后又痛斥了把詹纳的雕像紧挨着查尔斯·纳皮尔爵士（Sir Charles Napier）的雕像放在特拉法尔加广场之上的不合理性。

《泰晤士报》并没有对詹纳表示不敬：医学上的伟人——哈维、亨特（Hunter）和詹纳——“与任何在世的勇士一样值得被公开尊崇”，但不应该“荒谬地将他们与那些在事业和功绩上与他们完全不同的人放在一起”。[62] 杜伦的议员阿道夫斯·范恩－坦普斯特（Adolphus Vane-Tempest）勋爵也表达了同样的观点，他要求工程事务首席专员约翰·曼纳斯（John Manners）勋爵通过更换詹纳雕像位置的方式来“体现良好的品位”。3天后，反对接种疫苗的成员托马斯·邓库姆（Thomas Duncombe）进行了干预，他呼吁“拆除这位胡说八道的传播者的雕像”，相比之下，这似乎是机会主义者跳上了军国主义的马车。[63] 一封早期寄给《泰晤士报》的信件显示了当时人们对场所礼仪的敏感性，这封信可能出自有竞争关系的另一军种之手。作家反对在特拉法尔加广场竖立纳皮尔的纪念碑：把一个士兵（无论他有什么优点）安排在一个本应属

---

[59] Empson，Little honoured in his own country，516－518；The Times，1 August 1853，5c.

[60] Porter，Where the statue stood，11－12.

[61] The Times，3 May 1858，8e.

[62] 同上。关于强烈支持强制接种疫苗的主要文章，参见 The Times，8 December 1859，6c；19 June 1867，9c. 关于 Napier 和 Havelock，参见 Ainslie T. Embree，Napier，Sir Charles James（1782－1853），ODNB online edn，October 2005，参见 www.oxforddnb.com/view/article/19748，最后登录时间为2006年10月18日；James Lunt，Havelock，Sir Henry（1795－1857），ODNB，online edn，May 2006，参见 www.oxforddnb.com/view/article/12626，最后登录时间为2006年10月18日。

[63] Hansard，P. D.，3rd ser.，CL（1858），274，354.

于“海军”英雄的地方是错误的。[64]

詹纳与广场“不相协调”的雕像仍在原地保留了近4年，这可能要感谢皇室的保护。[65] 显然，他的命运是由另一种疾病所决定的，1861年12月，阿尔伯特亲王得了伤寒。不到两个月，雕像就被移到了蛇形湖旁边的一个新底座上。在一个科学的价值比以往受到更普遍重视的时代，《建筑师》杂志对这种明显针对人类恩人的侮辱提出了抗议，它认为这是“原则问题”。[66]《笨拙先生》杂志打趣道：“一些杂志抱怨他被搬来搬去。但可以肯定的是，疫苗的发明人拥有在不同地点进行试验的最佳权利。”如果说这是反疫苗事业的一场皮洛士式的胜利，它同时也是对“发明人才是英国真正的英雄”这一说法的含蓄抵制。在1859～1860年相继去世的3位伟大工程师的雕像也遭到了类似的拒绝。[67] 虽然罗伯特·史蒂文森被授予安葬在威斯敏斯特教堂（托马斯·特尔福德先于他安葬在那里）的最高荣誉，这仍然足以作为打破传统的代表而值得一提。《泰晤士报》谨慎地评论了教长和牧师会的决定，即允许将“一个既不是战士也不是政治家，但至少算是那一代人的恩人的人葬在那里”。[68] 在伦敦的公共场所里为他的纪念碑选址又出现了更多的问题。而对他的同事伊桑巴德·金德姆·布鲁内尔和约瑟夫·洛克的纪念也面临着同样的问题。他们的仰慕者对威斯敏斯特议会广场3个纪念碑都选在一个位置感到失望，因为这将使一个具有很高社会声望的地点与另一个毗邻大乔治街的地点结合到一起，那里是土木工程师协会的总部所在地。[69]

如果如官员们所说的那样，特拉法尔加广场是为“勇士和国王”保留的，而议会广场是为“政治家”保留的，那么科学、技术和医学的英雄们应该在哪里被歌颂呢？政府没有提供其他选择。1871年，卡洛·马罗切蒂男爵（Baron Carlo Marochetti）为史蒂文森打造的2.7米高铜像终于被安装在尤斯顿

---

[64] The Times, 30 October 1856, 5d.

[65] WORK20/33, National Archives.

[66] The Builder, 20 (1862), 273. 关于最近针对恢复詹纳在特拉法加广场雕像的争论，参见Gabriel Scally and Isabel Oliver, Putting Jenner back in his place, The Lancet, 362 (4 October 2003), 1092.

[67] 转引自The Times, 13 February 1862, 9b.《笨拙先生》杂志早先曾献上这首更富有同情心的诗，England's ingratitude still blots/The escutcheon of the brave and free; /I saved you many million spots, /And now you grudge one spot for me：转引自Empson, Little honoured in his won country, 517.

[68] The Times, 22 October 1859, 7b.

[69] MacLeod, Nineteenth-century engineer, 70－71; Burch, Shaping symbolic space, 223－236.

火车站的入口处。[70] 6 年后，大都会工务委员会在维多利亚河堤上为布鲁内尔的雕像让出了一块地，这个安排有欠妥当；奇怪的是，帕丁顿车站似乎没有被考虑进去。[71] 同时，马罗切蒂为洛克打造的第三座雕像，则在他的家乡巴恩斯利找到了避难所。[72] 这个结果一定会让募捐者和整个工程行业感到非常失望。这些纪念碑被分散安置到一些相对偏僻的地方，而不是一个中心的、著名的位置。尽管当局给出了这些选址在美学上的理由，但其中暗含的意义仍然是：在英国统治者的眼中，无论工程师和医生们多么富有创造力或品德高尚，他们仍然排在战场和政治上的传统英雄之后。也有可能是因为统治者不愿意承认那些被和平主义者和激进分子视为战士和政治家的替代者而推举出的人。

在这一时期有关人类事业和国际合作的最强有力的声明之一来自法国，巴黎工业科学、艺术和美文学会以极不寻常的方式纪念了英国发明人爱德华·詹纳。布洛涅－苏尔梅自治市（于 1800 年引进了疫苗接种）为詹纳的纪念碑提供了一块地方，法国政府也为此提供了必要的许可；来自巴黎的雕刻家 M. E. 保罗（M. E. Paul）出于对詹纳的仰慕，无偿地提供了他的服务。这座雕像于 1865 年举行落成典礼，并举行了隆重的民间庆祝活动。雕像高 3 米，由镀铜的铁制成，竖立在 3.6 米高的花岗岩基座上，上面刻着“爱德华·詹纳，法兰西共和国，1865 年 9 月 11 日”。詹纳穿着 1810 年的服装，一只手拿着一把刺血针，另一只手放在一堆书上，书上画着一幅牛的略图（见图 8.7）。在英吉利海峡两岸，它被视为一种开明的国际主义的姿态，是超越国家竞争的人类共同利益的象征。因此，雕像的“右脚牢牢地踩在‘英国’这个词上，而左脚则踩在‘法国’这个词上。”[73]

---

[70] C. Manby to Officce of Works，8 May 1871；Memo dated 20 June 1871，WORK20/253，nos. 6，14，17－19；Philip Ward-Jackson，Carlo Marochetti，sculptor of Robert Stephenson at Euston station：a romantic sculptor in the railway age，unpublished typescript，1－2，7－8；非常感谢作者允许我阅读这篇文章。如今，这座雕像不协调地矗立在尤斯顿车站外的广场上，背景是 17 世纪 60 年代的写字楼。

[71] Memos dated 15 June 1871，5 April 1877，WORK20/253；C. Davenport to Office of Works，3 April 1877，WORK20/25；The Times，3 July 1871，11a；18 November 1871，6d；3 May 1877，11a；5 July 1877，7b；30 July 1877，11b. 《建筑师》对雕像嵌入的新砖石结构一点也不赞赏：13 October 1877，1035.

[72] MacLeod，Nineteenth-century engineer，72；关于这个雕像的照片，参见同上注，71.

[73] The Times，13 September 1865，11a；Empson，Little honoured in his own country，515－516. 詹纳在格洛斯特、伦敦、布洛涅、热那亚（1873 年）和东京（1904 年）的雕像的照片可能会在上注中找到，514－518，以及 The Jenner Museum，Berkeley，Gloucestershire（East Grinstead：The Merlin Press [1986]），11.

图 8.7 爱德华·詹纳纪念碑，M. E. 保罗于 1865 年在布洛涅制作

这幅出自《伦敦新闻画报》（1865 年 9 月 30 日）的版画承认，由于纪念雕像很少跨越国界，因此，法国人向詹纳致敬是一种开明的人道主义的特殊姿态（安·佩瑟斯拍摄）。

那些支持发明人的地位应该高于传统的“血腥”英雄的人们很快就加入了这场持续了一段时间的保卫战，因为 1870 年后，大多数欧洲国家退出了自由贸易，它们投身于对帝国优势的竞争，并开始了一场最终引发了 1914 年战争的军备竞赛。然而，尽管他们从未将战士从万神殿中驱逐出去，但关于发明人的著作无时无刻不在提醒着沙文主义的民众，那些战士依赖于发明人的聪明才智和技术技能，但几乎没有什么特别好的办法让这些发明人出名。[74] 例如，你会发现，在一本关于 19 世纪的历史书中，有一章是关于“我们的战争”，后面紧跟的两章是关于“和平的胜利”，其中包括了一系列的发明以及工业和医疗的进步。尽管在后面的一章中插入了一段并不协调的关于“改进的武器”的段落，作家罗伯特·麦肯兹（Robert Mackenzie）谨慎地选择了他的措词：一种新的来复枪可以“每分钟屠杀 20 人”，而英国海军的大炮可以“摧毁敌

[74] 参见下文，377－380. 瓦莱丽·E. 钱塞勒发现，在 19 世纪末，历史教科书上出现了一种转变，越来越多地推崇战争英雄，“越来越少地坚持战争带来的道德罪恶”：History for their masters：opinion in the English history textbooks，1800－1914（Bath：Adams & Dart，1970），70－77.

船上的数百名勇士”。他伤感地总结道：

> 从机械的角度上讲，这些发明是很令人钦佩的。然而，文明的人类即将结束战争的时代，杀戮工具的完善也可能与对它们的弃用殊途同归，或者几乎如此，这绝不只是一种希望。[75]

与此同时，埃德温·霍德（Edwin Hodder）所著的《英国的和平与战争英雄》也在努力拓宽英雄主义的概念：它被包含于任何有价值事业的勇敢行动之中，包括日常自我牺牲的无名英雄主义——关心他人。这些简明扼要的内容把英雄定义为“具有非凡的勇猛、无畏或冒险精神的人”；英雄主义是“英雄的品质——勇猛、无畏、宽宏大量、自我牺牲”。[76]霍德在卷首直接展示了他眼中的价值秩序：书中有5名“废奴英雄”的肖像，而废奴事业占据了全书的前3章。他介绍了一些军事英雄，尤其是那些因勇气而获得维多利亚十字勋章的人，但他们在数量上却被平民英雄所超过，包括“伟大的发明人”“伟大的工程师”“英勇的科学家”。[77]

然而，对发明人的仰慕不能必然地与对抗萌芽阶段的军国主义或帝国主义意图相等同。尤其对于一个对新武器所展示的新奇和技能感到兴奋的作家来说，很容易就忽略了它们可能造成的破坏。例如，罗伯特·考克伦（Robert Cochrane）似乎认为，1793～1877年的战争中死亡447万人的“悲伤而有益的教训”可以为“欣然联合起来欣赏使马克西姆机枪成为具有可怕破坏力的发动机的奇妙机械装置”的每个人都提供指引。[78]

来自国家的荣誉

在19世纪后期，当英国政府开始定期奖励发明人和工程师时，它主要把荣誉授予那些在武器或电报和邮政通信领域服务其眼前利益的人。[79]大学、科

---

[75] Robert Mackenzie, The 19th century: a history (London: 1880), 196-197；我的重点。

[76] Edwin Hodder, Heroes of Britain in peace and war, 2 vols. (London, Paris, and New York [1878-80]), vol. Ⅰ, 2. 霍德笔下的英雄也包括不少女英雄。

[77] 同上，vol. Ⅰ, frontispiece; vol. Ⅱ, table of contents. 不幸的是，与其他两位发明人相比，霍德的“伟大”发明人形象受损：参见下文，377-378.

[78] Robert Cochrane, The romance of industry and invention (London and Edinburgh: W. &R. Chambers [1896]), 177.

[79] 通过对1900年之前去世的工程师讣告的调查，布坎南确定了97位获得国家荣誉的工程师——大约每36位专业机构的成员中就有一位获得了国家荣誉，这与其他职业相比“不算太慷慨”：The engineers, 20-21.

学学会和伦敦市往往把荣誉授予同一个人。具有讽刺意味的是，恰恰是这些国家的公仆们，在英国历史上短暂地将发明人和工程师视为英雄的一段时期里获得了来自官方的奖励。这些科学家没能成为那些反对国家好战和帝国野心的公众所希望的另一种英雄，他们反而被官方文化所同化。相比之下，拒绝这些荣誉，似乎成为20世纪上半叶几位最著名的工程师和发明人的共同反应。这种对传统的冷漠可能帮助他们赢得了公众的喜爱，并提高了他们的名声——哪怕只是允许那些对国家有误解的批评家对国家的忘恩负义表达不满而已。[80]

“炸弹勋爵”很自然地获得了来自国家和地方的荣誉。1859年，威廉·阿姆斯特朗也因发明了后装线膛枪而被封为爵士；他拒绝为他的军械发明申请专利，并在泰恩赛德的埃尔斯威克建立了一家工厂，依据政府合同生产枪支。为了庆祝他获得爵位，在泰恩河畔纽卡斯尔举行了公开宴会。[81] 1887年（比《笨拙先生》杂志预测得晚多了），他被提升为克拉格赛德的阿姆斯特朗男爵——他是最早获得这一殊荣的实业家之一。[82] 此时，他已是一位富有的武器制造商和军舰制造者。1886年，他获得了多个荣誉学位和工程奖章，还获得了纽卡斯尔市的荣誉市民称号，在那里，他的公司所创造的就业以及慈善捐赠所带来的价值至少与他的“科学造诣”同等重要。[83] 1900年他去世后，该市在巴拉斯桥上为他立了一座纪念碑：托尔尼克罗夫特爵士为他竖立的雕像骄傲地矗立在两个浅浮雕之间，上面展示着成就了他的财富和名声的大炮、战舰、液压起重机和桥梁（见图8.8和图8.9）。[84] 阿姆斯特朗的竞争对手、发明人约瑟夫·惠特沃思（Joseph Whitworth）现在以他的机床和努力使工程行业测量标准化而闻名，但在1869年，他主要是“通过改进步枪和大炮的发明”而出名的。[85]

---

[80] 多位工程师——特尔福德、瓦特、马卡达姆、伦尼、乔治和罗伯特·史蒂文森——拒绝接受爵士或男爵爵位：同上，192－193. 乔治·史蒂文森说他“反对在我的名字上加那些空洞的附属”：George Stephenson to J. T. W. Bell，27 February 1847，IMS157，Institution of Mechanical Engineers.

[81] The Times，12 May 1859，12f；14 May 1859，6 e-f. 另见ILN 91（16 July 1887），79.

[82] Ralph E. Pumphrey，The introduction of industrialists into the British peerage：a study in adaptation of a social institution，American Historical Review 45（1959），10－12；David Cannadine，The decline and fall of the British aristocracy（London and New Haven：Yale University Press，1990），406－420；F. M. L. Thompson，English landed society in the nineteenth century（London：Routledge & Kegan Paul，1963），296，306－307.

[83] Stafford M. Linsley，Armstrong，William George，Baron Armstrong（1810－1900），ODNB，online edn，October 2006，参见www.oxforddnb.com/view/article/669，最后登录时间为2006年10月17日。The Times，9 November 1886，5f. 另见他的讣告，The Times，28 December 1900，8d-f.

[84] Usherwood，Beach and Morris，Public sculpture of north-east England，92－93.

[85] The Times，11 October 1869，10f.

在克里米亚战争开始时，他还在提高船用发动机产量方面发挥了重要作用。拿破仑三世于 1868 年授予他“荣誉军团勋章”以表彰他的火炮发明，一年后，他被维多利亚女王封为准男爵。惠特沃思被选为英国皇家学会会员，并获得都柏林三一学院和牛津大学的荣誉博士学位。1868 年，他承诺捐出 10 万英镑的遗产来资助曼彻斯特欧文学院以他的名字命名的奖学金；一些受益人于 1900 年在克鲁机械师学院竖起了一块巨大的黄铜牌匾来纪念他。[86]

图 8.8　威廉·阿姆斯特朗纪念碑，克拉格赛德的阿姆斯特朗男爵，由威廉·哈莫·托尔尼克罗夫特爵士（Sir William Hamo Thornycroft）打造，于 1906 年竖立于泰恩河畔纽卡斯尔的巴拉斯桥

作者拍摄。

在 1869 年 10 月增加的其他 9 位新男爵中，有 4 位是实业家。他们包括另一位杰出的和创新的机械工程师、英国皇家学会会员威廉·费尔贝恩。费尔贝恩是曼彻斯特一家大型机械制造公司的老板，也是一位白手起家的人，他在蒸汽锅炉、铸铁大梁、起重机等方面拥有多项专利。他曾担任机械工程师协会英

[86] The Times，24 January 1887，8b；Mechanical Engineer 6（7 July 1900），22；Thomas Seccombe，Whitworth，Sir Joseph，baronet（1803 – 1887），rev. R. Angus Buchanan，ODNB，参见 www. oxforddnb. com/view/article/29339，最后登录时间为 2006 年 10 月 18 日。

国协会的主席，并在爱丁堡大学和剑桥大学获得了荣誉博士学位。[87] 1874 年他去世时，曼彻斯特市政厅和曼彻斯特欧文学院的奖学金筹集了 2700 英镑，为他建立了一座大理石雕像。[88] 查尔斯·帕森斯（Charles Parsons）在 1911 年被封为爵士时，他不仅是蒸汽涡轮机的发明者，同时还是几家大型工程和制造公司的负责人，其中一家公司为皇家海军提供涡轮机。[89] 1927 年，他成为第一个获得功绩勋章的机械工程师。

图 8.9 泰恩河畔纽卡斯尔，克拉格赛德的阿姆斯特朗男爵纪念碑上的浅浮雕，展示了一尊吊到战舰上的由他设计的大炮

阿姆斯特朗是当地泰恩河畔的埃尔斯威克的造船厂和武器工厂的主要雇主（作者拍摄）。

弗朗西斯·佩蒂特·史密斯（Francis Pettit Smith）得到承认的速度要慢一些，他为 19 世纪 40 年代将螺旋桨引入皇家海军立下了汗马功劳——这是一项坚持不懈的壮举。由于没有制造基地，“史密斯螺旋”没能和“阿姆斯特朗炮”一样成为与发明人同名的发明，也没能获得同等的经济收益。他在 1855 年被授予每年 200 英镑的国家补贴。同年，一些著名的工程师和造船师发起了一项募捐活动，并在 1857 年的一次公开宴会上向他赠送了价值 2678 英镑的银盘。[90] 最终，他于 1871 年被授予了爵位。在当时，大约有 600 艘皇家海军船只和 2000 艘商船已经安装了螺旋推进器，但史密斯却仍以专利局博物馆馆长的

---

[87] The Times, 9 October 1869, 4d; 11 October 1869, 10f; James Burnley, Fairbairn, Sir William, first baronet (1789 – 1874), rev. Robert Brown, ODNB, 参见 www. oxforddnb. com/view/article/9067，最后登录时间为 2006 年 10 月 18 日；1861 年，费尔贝恩在担任英国科学协会主席时，曾拒绝因“对科学卓越的贡献”而授予给他的爵士头衔：The Times, 25 October 1861, 6e.

[88] Fairbairn, Life, 446; The Times, 20 October 1874, 8c; 16 November 1874, 6c.

[89] Claude Gibb, Parsons, Sir Charles Algernon (1854 – 1931), rev. Anita McConnell, ODNB, online edn, May 2005, 参见 www. oxforddnb. com/view/article/35396，最后登录时间为 2006 年 10 月 18 日。

[90] The Builder 13 (1855), 202; The Times, 12 April 1855, 6c-d; 17 February 1874, 7b; Smiles, Men of invention and industry (London: John Murray, 1884), 71 – 72; David K. Brown, Smith, Sir Francis Pettit (1808 – 1874), ODNB, 参见 www. oxforddnb. com/view/article/25798，最后登录时间为 2006 年 10 月 18 日。

身份谋生。[91] 而“动力鱼雷”的发明者罗伯特·怀特黑德（Robert Whitehead）的境遇更糟。怀特黑德被称为“极具独创性和非凡技能的机械天才”，他的发明和制造为他赢得了“声誉和财富”，并且获得了许多外国政府颁发的奖项。然而，他却没有得到任何的英国荣誉：对于这个拥有世界上最大的舰队——帝国防御和全球贸易的中坚力量的国家来说，发明一枚有效的鱼雷显然是以一种不爱国的方式在运用他的发明才能。[92]

亨利·贝塞麦（Henry Bessemer）发明的廉价大量产钢方法具有明显的军事和航海优势。[93] 但它不过是在众多领域中的一系列发明中最成功、最赚钱的一项：并非所有发明都获得了专利，在 1838 ~ 1894 年他还是获得了 114 项专利。[94] 1879 年，英国为发明人授予的荣誉开始如雨般落下——而此时距离贝塞麦在谢菲尔德建立钢铁厂以表明他对当时颇具争议的炼钢流程颇具信心已过去了 20 年。到 1879 年，他变得非常富有，仅在炼钢过程中就获得了超过 100 万英镑的收入；他曾被拿破仑三世授予荣誉军团勋章（他曾抱怨英国政府不允许他接受这一荣誉）。[95] 也许正是他当初的讥讽最终刺痛了英国政府而使其最终授予了他爵位。《泰晤士报》认为，这一事件值得发表一篇头版文章，将贝塞麦描述为现代钢铁工业单枪匹马的缔造者。当然，这种说法需要纠正，文章说道，“可以有把握地说，在历史上没有其他类似的以一己之力推动制造业的例子，也没有哪种国民经济是来自个人脑力劳动的成果”；两天后，一封要求授予戴维·马希特（David Mushet）其应有荣誉的信刊登了出来。[96]

同年，贝塞麦成为英国皇家学会会员。1880 年，作为“那个时代最杰出的发明人之一”，他被授予伦敦市荣誉市民，并被授予里面装着一份介绍他最伟大发明的文件的金匣子，接着又举办了一场有 300 多人参加的市长晚宴。[97] 伦敦市

---

[91] The Times, 7 August 1871, 5e.

[92] The Times, 15 November 1905, 3a-b; Alan Cowpe, The Royal Navy and the Whitehead torpedo, in Bryan Ranft（ed.）, Technical change and British naval policy, 1860 - 1939（London: Hodder & Stoughton, 1977）, 23 - 25; ILN, 93（18 August 1888）, 305; S. E. Fryer, Whitehead, Robert（1823 - 1905）, rev. David K. Brown, ODNB, 参见 www. oxforddnb. com/view/article/36868，最后登录时间为 2006 年 10 月 18 日。

[93] 这是一个不同寻常的观点，我们把或许是这个时代最重要的发现——贝塞麦钢铁——归功于贝塞麦先生为获得一种优质枪支金属所做的努力。The Builder, 22（1864）, 111.

[94] Geoffrey Tweedale, Bessemer, Sir Henry（1813 - 1898）, ODNB, online edn, May 2006, 参见 www. oxforddnb. com/view/article/2287，最后登录时间为 2006 年 10 月 18 日；Sir Henry Bessemer, Sir Henry Bessemer, FRS, an autobiography（London, 1905）.

[95] The Times, 21 October 1878, 9f; 1 November 1878, 6b-c; 5 June 1879, 9d-e.

[96] The Times, 4 June, 1879, 11f; 5 June 1879, 9d-e; 7 June 1879, 13f.

[97] The Times, 14 May 1880, 6e.

的财政主管对亨利爵士说："人类在艺术方面的进步的编年史，和与你的名字紧密相连的发明所引起的革命相比，简直是小巫见大巫。"贝塞麦本人则更为谦虚地向那些推动钢铁工业技术进步的前辈们致敬，他将自己的丰厚回报与"数百名聪明而坚韧不拔的人……他们共同……遭遇了发明人的不幸"的命运进行了对比。他说，他很幸运生活在这样一个时代："每个公民都明智地同情那些献身于科学研究和……制造业发展的人，而不是反对他们。"[98]《泰晤士报》发表了另一篇赞扬亨利爵士的社论，并指责伦敦市授予像他这样的人荣誉市民的次数太少了，正是他们的工作"加强了伦敦市赖以伟大的商业运作"。[99] 事实上，贝塞麦和罗兰·希尔爵士（Sir Rowland Hill）是继詹纳之后仅有的两位"伟大的发现者"。[100] 然而，这座城市继续把它的感激投在贝塞麦身上：1880～1885年，3家伦敦市的公司授予他"荣誉自由人"称号，并通过宴会、演讲和演说来款待他。[101] 军械公司的老板声称，20世纪只有两件事能与贝塞麦钢铁公司相提并论："詹姆斯·瓦特发明的蒸汽机和罗兰·希尔爵士发明的邮政系统"。[102]《名人》系列和《名利场》的漫画中都出现的贝塞麦肖像照片表明了他在人们心目中的崇高地位（见图8.10）。[103] 北美国家对他的纪念则有本质不同。小亨利·贝塞麦（Henry Bessemer Jnr）写道："美国有好几个城镇都是以他的名字命名的，这让我的父亲一直感到骄傲和满足。"1900年美国人口普查显示，有13个人取名"贝塞麦"，并且毫无意外都来自炼钢区。[104]

贝塞麦于1898年去世，他的葬礼上充斥着令人生厌的讣告，但遵照他的遗愿，他被安葬在伦敦南部的一个公墓里，与妻子葬在一起。[105] 贝塞麦当然在死后获得了极高的荣誉，但与功利主义计划日益增长的趋势相一致的是，人们

---

[98] The Times, 7 October 1880, 4e-f. 在这篇演讲中，贝塞麦把1640年用矿物燃料炼铁的功劳归于达德·达德利。

[99] The Times, 7 October 1880, 7d-e.

[100] The Times, 7 October 1880, 4e. 关于希尔，参见下文，244，312－314.

[101] The Times, 16 April 1880, 11c; 17 February 1881, 6f; 16 January 1885, 6d.

[102] The Times, 16 January 1885, 6d. 具有双重讽刺意味的是，军械库的前主人E. A. 庞蒂费克斯很轻易地忽略了贝塞麦的造枪活动，他为贝塞麦"征服自然"是为了纯粹的和平目的而庆贺。

[103] Thompson Cooper (ed.), Men of mark: a gallery of contemporary portraits of men distinguished in the senate, the church, in science, literature and art, the army, navy, law, medicine, etc., photo. By Lock and Whitfield, 7 vols. in 4 (London: Sampson Low, Marston, Searle & Rivington, 1876－1883), vol. V, 29; caricature by Sir Leslie Ward, Vanity Fair, 6 November 1880.

[104] Bessemer, Autobiography, 367－368.

[105] The Times, 16 March 1898, 8a-b; 21 March 1898, 8c. 1896年6月去世的贝塞麦夫人至少为她丈夫的一项发明出过力：The Times, 1 November 1878, 6b-c.

没有为他竖立雕像。[106] 英国钢铁协会设立了每年颁发的贝塞麦金质奖章。[107] 1903 年，伦敦市长与诺福克公爵、伦敦大学校长和知名工程师等人联合发起了两个雄心勃勃的教育项目的纪念基金——两个项目分别是在伦敦、伯明翰和谢菲尔德设立的冶金测试和研究中心，以及为实用冶金课程的研究生设立的国际奖学金。[108] 对贝塞麦的歌颂显然是受欢迎的，尽管这个国家是从军事的角度来看待他的主要发明的，但对于大多数英国人来说廉价的钢铁至少意味着更加坚固的铁轨和更精巧的桥梁（比如福斯湾上的那座桥），而贝塞麦的天赋恰是这种奇迹和国家荣耀的源泉。

图 8.10　亨利·贝塞麦爵士的照片，出自《名人》，洛克（Lock）和惠特菲尔德（Whitfield）著，1881 年

贝塞麦入选这组精选的照片表明他是当时的名人（安·佩瑟斯摄影）。

1883 年，威廉·西门子（William Siemens）猝然离世，享年 61 岁，但以任何公开的标准来看，他都完全有资格获得爵士头衔。拥有 113 项专利的西门子是一位成功的制造商、工程师和实验科学家，他（与他的兄弟）发明了可与贝塞麦炼钢法相媲美的交流蓄热炉炼钢法，并在 1874 年帮助铺设了第二条大西洋电报电缆。他的成就通过各种各样的学术和专业荣誉得到了认可：用工

[106] 参见下文，296－297.

[107] The Times，28 February 1901，12e.

[108] The Times，1 May 1903，3f；30 June 1903，8c-d；23 July 1903，15d.

程学的话说，“他身负沉重的荣誉离开人世”。[109] 虽然没被允许埋葬在威斯敏斯特教堂，表面上是因为场地空间问题，但土木工程师协会（在威尔士亲王的支持下）成功地获得了在那里举行葬礼的许可。[110]

国家经常奖励的发明人所属领域还包括通信。和贝塞麦的钢铁一样，通信受关注也有军事方面的影响，但这些可能不是公众最关心的。在1840年引入了国家邮政系统的罗兰德·希尔爵士才是真正受民众欢迎的。他可能不符合维多利亚时代对发明人“应当仅限于机械领域”的刻板印象；人们在威斯敏斯特教堂纪念他的逝世时，使用了“便士邮政系统的创始人”一词。[111] 然而，《泰晤士报》认为，他属于“白手起家的那一类人，这类人或许比其他任何人都更能把英国提升到目前的高度”，其中还包括乔治·史蒂文森以及克莱夫（Clive）勋爵。[112] 此外，希尔被安葬在威斯敏斯特教堂，沉睡在钱特雷打造的瓦特雕像之下，这是一个合适的选择：卡农·达克沃斯（Canon Duckworth）在纪念布道中称瓦特是“一位志趣相投的恩人，他的天才发现为希尔的工作铺平了道路，并与之密不可分”。[113] 希尔的物质奖励包括2万英镑的议会拨款和每年2000英镑的补贴（相当于他作为邮政局长的全部工资）。他于1860年被封为爵士。至于英国政府认为其是在表彰一位发明人还是一位公务员，那就很难说了。1857年，希尔被选为英国皇家学会会员，1864年被牛津大学授予荣誉法学博士学位。1879年，他获得了更为难得的荣誉——伦敦市荣誉市民（由于身体虚弱，他无法当众接受这一荣誉），不久之后，他被安葬在威斯敏斯特教堂。[114] 据《泰晤士报》报道，希尔“在团结各个国家和让整个世界联系得更加紧密的事业上，几乎比其他任何人做的都多。”[115]

---

[109] The Times, 17 April 1883, 8e; 28 April 1883, 7e; 21 November 1883, 6a-b; H. T. Wood, Siemens, Sir (Charles) William (1823 - 1883), rev. Brian Bowers, ODNB, 参见 www. oxforddnb. com/view/article/25528，最后登录时间为2006年10月18日．工程师的讣告重印登载于 William Pole, The life of Sir William Siemens (London: John Murray, 1888), 387.

[110] The Times, 23 November 1883, 5f; 24 November 1883, 7a; 27 November 1883, 10a; Pole, Sir William Siemens, 367 - 368.

[111] The Times, 5 May 1881, 9f. 同一个委员会更喜欢题词“罗兰德·希尔爵士”，他在1840年创立了统一便士邮资公司，关于他在皇家交易所的纪念碑：The Times, 28 November 1881, 11f; 29 March 1882, 8b; 22 April 1882, 12d；我在这两个例子中的重点。1893年，美国艺术协会在希尔的汉普斯特德宅邸立的纪念碑上再次使用了“创始人”一词：The Times, 30 June 1983, 10d. 希尔有几项机械发明和其他组织方面的发明值得赞扬：C. R. Perry, Hill, Sir Rowland (1795 - 1879), ODNB, 参见 www. oxforddnb. com/view/article/13299，最后登录时间为2006年10月18日。

[112] The Times, 28 August 1879, 4c-f.

[113] The Times, 8 September 1879, 7f；另见同上，5 September 1879, 8a-b. 另参见下文，313.

[114] The Times, 31 January 1879, 12a; 7 June 1879, 12e; 28 August 1879, 4f.

[115] The Times, 28 August 1879, 4f.

奖励也授予了那些通过电报使国家与其庞大帝国进行即时通信的人。威廉·汤姆森（William Thomson）是最先得到荣誉的，他在成功铺设大西洋电缆后（其他人都失败了），于 1866 年被封为爵士。他同时作为学术科学家和实用发明人的辉煌事业得到了许多专业荣誉的认可，并再次得到了国家的认可，他在 1892 年晋升为拉格斯的开尔文男爵（他是科学界的第一人）。1902 年，开尔文也被任命为枢密院议员。作为那个时代“最重要的物理学家”，他于 1907 年被安葬在威斯敏斯特教堂时，并没有遇到什么阻碍；他的同行、大学以及出生地为他举办了大量的纪念活动。[116] 横跨大西洋的电报网络的落成促使它的两位先驱者查尔斯·惠特斯通和弗朗西斯·罗纳德斯得到了迟来的认可——他们分别于 1868 年和 1871 年被封为爵士。惠特斯通于 1866 年去世时，《泰晤士报》曾大声抗议：它断言道，“多亏了惠特斯通，整个文明世界才得以在瞬间联系在一起”，并为发明人的“悲惨”命运悲叹不已，全篇没有提到汤姆森。[117]

到 1900 年，杰出的土木工程师在成功完成一项雄心勃勃的工程后被授予骑士头衔几乎已是例行公事；而对于其他人，则会因其长期而杰出的职业生涯受到表彰，特别是对那些为国家或地方当局工作的人。[118] 1890 年，本杰明·贝克（Benjamin Baker）获得了他的骑士身份（KCMG），同年，他在福斯河上的铁路桥开通了，接着在 1902 年，他又因为埃及的阿斯旺大坝而被提升为更崇高的高级巴思勋爵（KCB）。[119] 同样，约翰·沃尔夫 - 巴里（John Wolfe-Barry）在 1894 年因建造伦敦塔桥而被封为爵士，并在 1897 年被提升至高级巴思勋爵。[120]

---

[116] The Times, 18 December 1907, 8a-d; 19 December 1907, 7f; 20 December 1907, 14d; 24 December 1907, 4b; Crosbie Smith, Thomson, William, Baron Kelvin (1824 - 1907), ODNB, online edn, May 2006, 参见 www. oxforddnb. com/view/article/36507，最后登录时间为 2006 年 10 月 18 日；另参见下文，326，365 - 367.

[117] The Times, 10 October 1866, 8e; S. P. Thompson, Wheatstone, Sir Charles (1802 - 1875), rev. Brian Bowers, ODNB, 参见 www. oxforddnb. com/view/article/29184，最后登录时间为 2006 年 10 月 18 日；Eleanor Putnam Symons, Ronalds, Sir Francis (1788 - 1873), ODNB, 参见 www. oxforddnb. com/view/article/24057，最后登录时间为 2006 年 10 月 18 日。关于人们对谁发明了电报产生的浓厚兴趣，参见 Invention of the telegraph: the charge against Sir Charles Wheatstone, of “tampering with the press”, as evidenced by a letter of the editor of the Quarterly Review in 1855. Reprinted from the Scientific Review (London: Simpkin, Marshall & Co.; Bath: R. E. Peach, 1869), 27 - 31.

[118] 比如，参见登载于 The Engineer 2 (5 August 1881) 的名单，91.

[119] W. F. Spear, Baker, Sir Benjamin (1840 - 1907), rev. Mike Chrimes, ODNB, 参见 www. oxforddnb. com/view/article/30545, accessed 18 October 2006; The Times, 20 May 1907, 7f.

[120] Robert C. McWilliam, Barry, Sir John Wolfe Wolfe - (1836 - 1918), ODNB, www. oxforddnb. com/view/article/36989，最后登录时间为 2006 年 10 月 18 日；The Times, 24 January 1918, 9d.

最后，国家开始奖励那些在自己的专业领域里很有创造力的人，或者那些已经证明自己是实业家的人。因此，在那些对国家来说直接利益较小的领域中的少数发明人也得到了官方的认可。没有人是纯粹的发明人。塞缪尔·坎里夫·李斯特于1891年被提升为马萨姆男爵，他拥有150多项专利（主要是纺织品发明专利）；他还是一位杰出的实业家和慈善家。[121] 1856年，化学家威廉·珀金（William Perkin）在他发现第一个苯胺染料50周年庆典上被授予爵士头衔，而这要归功于化学学会、皇家学会和化学工业成立的委员会的建议，该委员会负责组织50周年庆典。自1873年卖掉他的合成染料公司以来，珀金重启了实验室研究，发表了60多篇科学论文，他还在各国家科学协会中担任领导角色，并且获得了许多科学家同行的赞誉。[122] 然而，他的名字却很少为公众所知。珀金是经人说服才答应接受爵士身份的。他的大儿子劝他这不仅仅是个人荣誉：

> 这也是对科学，特别是对工业的一种荣誉……如你所知，科学界长期以来都感觉我们过去的政府从来没有充分对研究工作表示认可（和德国的情况一样），因此，这是一个好的开始。[123]

如果英国染料工业没有屈服于外国竞争，官方对珀金成就的认可会如此迟缓吗？最响亮的喝彩确实来自海外。在皇家学会冗长的表彰仪式上，珀金获得了德国化学学会的霍夫曼奖章、巴黎化学学会的拉瓦锡奖章以及欧洲各科学和工业学会的其他一些奖章和贺词。在合成染料工业蓬勃发展的德国或法国，这些荣誉并不是对珀金成就的首次认可。这些演讲强调了化工行业的国际性，以及像珀金这样的人对“全世界的财富、学识和人才”所作的贡献。[124]《泰晤士报》再次不那么委婉地质疑了染料工业从英国消失的原因：它特别指责了大学和英国人普遍的态度。[125] 几周后，威廉爵士横渡大西洋受到罗斯福总统的接见，不仅受到新闻界的热烈欢迎，还受到由“150位科学界和公众人士”组成的杰出委员会的款待。[126]

---

[121] S. E. Fryer, Lister, Samuel Cunliffe –, first Baron Masham (1815 – 1906), rev. D. T. Jenkins, ODNB, online edn, October 2006, 参见 www.oxforddnb.com/view/article/34554，最后登录时间为2006年10月18日；The Times, 3 February 1906, 9d-f. 另参见下文，361.

[122] Anthony S. Travis, Perkin, Sir William Henry (1838 – 1907), ODNB, 参见 www.oxforddnb.com/view/article/35477，最后登录时间为2006年10月18日；Simon Garfield, Mauve: how one man invented a colour that changed the world (London: Faber & Faber, 2000), 124 – 127; The Times, 27 February 1906, 4e.

[123] W. H. Perkin Jnr to W. H. Perkin, February 1906, 转引自 Garfield, Mauve, 128.

[124] The Times, 27 July 1906, 12c-e; Garfield, Mauve, 128 – 136 以及 pl. 6.

[125] The Times, 24 February 1906, 14a; 27 July 1906, 9e. 参见《每日电讯报》引用加菲尔德的评论，Mauve, 134 – 135.

[126] The Times, 6 September 1906, 10c; 15 July 1907, 6d; Garfield, Mauve, 3 – 13.

詹姆斯·扬·辛普森（James Young Simpson）和约瑟夫·李斯特（Joseph Lister）分别以麻醉学和外科防腐技术的开创者的身份，于1866年和1883年被授予了从男爵爵位（世袭的骑士）。这两个人在医学界都很有名望。辛普森还被授予了爱丁堡的荣誉市民身份，1870年他去世后，爱丁堡和威斯敏斯特教堂都为他举行了由医学界人士组织的纪念活动。[127] 李斯特很长寿，从而积累了许多荣誉，包括1897年的贵族身份，“它有史以来第一次被授予外科医生，也是第二次作为科学殊荣被授出”，并且还在1902年获得了荣誉勋章。威斯敏斯特教堂举行的葬礼和数不清的纪念活动标志着他光辉事业的顶峰。[128]

维多利亚时期资产阶级的愿望已经实现了——发明人和工程师对英国繁荣和国际地位的贡献可以得到官方的认可——尽管不是以很多人希望的方式。少数精英完全被国家先贤祠所接纳，但却是基于统治阶级自己的标准。国家最初更喜欢那些直接为国家服务的人，而对向提高了军事或通信能力的发明人和工程师授予荣誉犹豫不决。科学人士并没有取代战士和政治家的地位，后者的雕像仍然垄断着伦敦最负盛名的景点，只把前者留在了首都更偏僻的广场和花园。[129] 然而，如果在英国传统社会精英的眼中，发明人、工程师和其他科学家仍然只是二等英雄，我们不应忽视他们的社会地位在19世纪已经提升了多少。首都的国家荣誉和象征性地点也不是衡量成就的唯一标准。在接下来的两章中，我们将看到这些英勇的发明人是如何被召集起来保卫专利制度免受废除的威胁，并再次为扩大议会选举权而辩护的。

---

[127] The Times, 7 May 1870, 9f; 9 November 1870, 7e; 28 May 1877, 9f; British Medical Journal 2 (1874), 378 - 9, 718；感谢莫蒂默为我提供的这一参考。Malcolm Nicolson, Simpson, Sir james young, first baronet (1811 - 1870), ODNB，参见 www.oxforddnb.com/view/article/25584，最后登录时间为2006年10月18日。

[128] The Times, 31 December 1883, 7d; 12 February 1912, 9f - 10c; 17 February 1912, 6e; Christopher Lawrence, Lister, Joseph, Baron Lister (1827 - 1912), ODNB，参见 www.oxforddnb.com/view/article/34553，最后登录时间为2006年10月18日。院长提出在大教堂举行葬礼（有火化的可能），但被拒绝了，因为李斯特明确要求将他葬在汉普斯特德的墓地里，就在他妻子的旁边。

[129] In W. T. Pike (ed.), Northumberland, at the opening of the twentieth century by James Jameson (Brighton: Pike, 1905)，贵族继续在诺森伯兰郡的名人榜上名列前茅；而“工程师”排名第九：Colls, Remebering George Stephenson, 287.

第 9 章 专利制度之争

万国博览会期间，1852 年专利法修正案通过，英国引入了统一的专利制度。该修正案设立了专职的专利局，大幅降低了最初的费用。该修正案还引发了威胁废除专利制度的论战，专利制度直到 1883 年进一步立法才得以稳定。❶ 19 世纪中期，这类争论伴随着强化专利保护的改革提议传遍欧洲。其一，德意志关税同盟组建后，各邦国的专利保护问题也浮出水面。虽然 1842 年对此已有协议，同盟内统一专利保护立法的呼吁把彻底废除专利的呼声推上了高峰。❷ 1869 年，荷兰开了废除专利的先河，直至 1912 年才在保护工业产权国际联盟（International Union for the Protection of Industrial Property，始创于 1884 年）的道义压力之下恢复专利制度。❸ 瑞士之前一直没有实施专利制度，1907 年在同样的压力下建立了专利制度。❹

随着经济学家和政策制定者中自由贸易思想的兴起，这种对发明专利合法性的泛欧洲质疑并非偶然。曾经助推了德意志关税同盟成立和英国废除谷物法的自由化力量提出了质疑：对个体发明人和社会来说，对一项发明赋予暂时的垄断是否合乎正义和利益?❺即使在法国，1791 年英国专利法明确规定了发明人拥有其知识产权的自然权利这一概念，也可以听到经济学家异口同声谴责专

❶ Moureen Coulter, Property in ideas: the patent question in mid-Victorian Britain (Kirksville, MO: Thomas Jefferson Press, 1992); Victor M. Batzel, Legal monopoly in Liberal England: the patent controversy in the mid-nineteenth century, Business History, 22 (1980), 189 - 192.

❷ Edith Tilton Penrose, The economics of the international patent system (Baltimore: Johns Hopkins Press, 1951), 14; Machlup and Penrose, Patent controversy, 4.

❸ Penrose, Economics, 15; Eric Schiff, Industrialization without national patents: the Netherlands, 1869 - 1912, Switzerland, 1850 - 1907 (Princeton, NJ: Princeton University Press, 1971), 19 - 24, 39 - 41, 124 - 125.

❹ Penrose, Economics, 15 - 16; Schiff, Industrialization, 85 - 95.

❺ Penrose, Economics, 20 - 39; Machlup and Penrose, Patent controversy, 3 - 5, 7 - 9, 23 - 28.

利和保护性关税。❻ 在英国，废除专利的压力在荷兰带头废除专利、议会讨论另一项废除专利法案时达到顶峰，英国的《经济学人》撰文称“专利法不久就要被废除”。❼

英国议会在1851年成立了特别委员会，负责专利制度运作监管及其改革评估，它传召的35名证人里有8人支持废除专利制度。虽然人数不多，但是其中不乏伊桑巴德·金德姆·布鲁内尔、威廉·阿姆斯特朗和英国土木工程师协会会长威廉·库比特等有影响力和创意的人士。❽ 他们的观点大多务实，得到特别委员会主席格兰维尔伯爵的赞同，甚至还对呈交给议会的专利制度改革建议提出了异议。格兰维尔伯爵宣称：“整个专利制度于公众无用，于发明者无益，在原则上就是错误的。”❾ 不过专利法修正案还是于1852年通过。如果不是新法中的一项条款刺激英国制糖商采取行动，废除主义者的声音可能就会逐渐平息。通过将英国专利权的行使限制在不列颠群岛，该法案实际上允许殖民地制糖商免于支付任何专利使用费（英国本土的制糖商则必须缴纳）。由地跨利物浦和莱斯的大型制糖商联盟中的罗伯特·安德鲁·麦克菲带头，英国制糖商和其盟友们纷纷发声，不仅要求废止这一条款，还要求废除整个专利制度。他们声势浩大的呼吁运动使有关专利问题的争论在议会和接下来的30年中都很活跃。❿

数千名专利权人、潜在的专利权人和制造商（他们的专利已被出售或获得许可证）与制糖商们对立，他们决心维护并进一步改进这一制度；其代言人是专利代理人和专业专利诉讼律师 。本内特·伍德克罗夫特——第一任专利办公室的专利登记主管居于这张严密的专利制度防护网中心 。作为发明家和专利权人的坚定拥护者，伍德克罗夫特开始保存英国发明历史的第一次系统的尝试 。他努力记录并提请公众注意在世和去世的发明家的成就。值得猜测的是，如果没有在他任职期间持续存在的对专利制度的严重威胁，他是否会在

---

❻ Machlup and Penrose, Patent Controversy, 8－9, 11－13, 16－17.

❼ Batzel, Legal monopoly, 190.

❽ 布鲁内尔本人没有取得过任何专利；库比特在1807年取得过一项专利，不过当时他是雇员身份，参与了伊普斯维奇的兰萨姆的密集专利申请战略。参见 Report from the select committee of the House of Lords, BPP 1851, XVIII, 450, 455, 482. 阿姆斯特朗的情况参见上注，237－238.

❾ Hansard, P. D., 3rd ser., CXVIII (1851), col. 16.

❿ Christine MacLeod, Macfie, Robert Andrew (1811－1893), ODNB, www.oxforddnb.com/view.article/17499, accessed 19 October 2006. 麦克菲和另一个制糖商约翰·法莱利在1851年的议会特别委员会会议上作过证。参见 Report from the select committee of the House of Lords, BPP 1851, XVIII, 381－385, 390－391.

这一追求中如此精力充沛（这超越了他本已繁重的职责）。[11]

英雄的专利制度保卫战

早在1852年之前，伍德克罗夫特（见图9.1）已经是代表专利权人积极推动专利制度改革的领导者，对专利的历史和技术问题也相当了解。[12] 上任专利办公室主管之后，他继续为提高专利服务的同时降低专利费用奔走游说。他是兰开夏郡染色工人的儿子，在接手发明专利工作之前一直“从事纺织行业”，还在伦敦大学学院当过机械学讲席教授，于1848年出版过《蒸汽

图9.1　本内特·伍德克罗夫特像，西莉作，19世纪40年代

[11] Christine MacLeod, Concepts of invention and the patent controversy in Victorian Britain, in Robert Fox (ed.), Technological change: methods and themes in the history of technology (Amsterdam: Harwood Academic Publishers, 1996), 137－154.

[12] Report from the select committee of the House of Lords, BPP 1851, XVIII, 461－481.

航行的起源与过程概述》，其中有一部分介绍了他本人发明的螺旋桨推进器。⑬ 考虑到当时没有官方的文件，因此跟其他专利代理人一样，伍德克罗夫特也编纂了自己的专利索引和专利说明以弥补官方系列的不足。⑭ 现在，他对法案中要求弥补这一缺陷的条款进行了扩展性解释，并监督建立了一套印制出的索引、列表和专利说明体系，旨在向潜在专利权人提供尽可能多的信息。他把自己整理的专利索引和专利说明文档尽数捐给了全国范围内的有关机构，条件是必须免费向公众开放查阅；有的地方在此前没有公共图书馆，这次捐赠就成了建立图书馆的契机。专利办公室受到了国家和地方媒体的好评，也因此进入了公共视野。这些文献也促进了英国与美国和不少欧洲国家专利主管部门的合作交流，使伦敦专利办公室可用的信息范围更加宽泛。⑮

伍德克罗夫特并不忽略历史：他的几名文员梳理出了1617年以来的专利档案。这项任务让任何记录专利登记簿的人都觉得辛苦和费劲。1856年工作量最高的时候，他们从历年专利登记簿上整理出来准备交付印刷的记录多达300万文字和1500幅插图。⑯ 1858年这项工作结束的时候，伍德克罗夫特分门类并按时间顺序编纂出了一系列自1617年以来的专利说明摘录集。他希望这些简洁的摘录“能够让最谦逊的发明人检索自己的发明是否已获专利”。⑰ 有些编目甚至比官方的正式编目还要早，其中还有相关发明主题的历史介绍。他也出版了一系列题为《早期发明专利描述珍稀手册》（*Scarce Pamphlets Descriptive of Early Patented Inventions*）的图书，伍斯特侯爵的蒸汽引擎也位列其中。⑱ 其中有些专利之前散见于1852年伍德克罗夫特带到专利办公室上任的藏书，这些书都是南安普顿专利局图书馆的镇馆之宝。到了1860年，当时专利局图书馆被称为“英国最伟大的技术图书馆，欧洲最伟大的图书馆可能也

---

⑬ John Hewish, The indefatigable Mr Woodcraft: the legacy of invention (London: Science Reference Library, 1982); John Hewish, Rooms near Chancery Lane: the Patent Office under the Commissioners, 1852 - 1883 (London: British Library, 2000), 18 - 19; Anita McConnell, Woodcroft, Bennet (1803 - 1879), ODNB, www. oxforddnb. com/view/article/29908，最后登录时间为2006年10月19日。

⑭ Hewish, Indefatigable Mr Woodcroft, 17, 23; Woolrich, John Farey Jr: engineer and polymath, 117 - 118; Report from the select committee of the House of Lords, BPP 1851, XVIII, 460 - 461.

⑮ Hewish, Rooms near Chancery Lane, 33 - 35, 45 - 53; Ian Inkster, Patens as indicators of technological change and innovation—an historical analysis of the patent data, 1830 - 1914, TNS, 73 (2003), 198 - 201.

⑯ Hewish, Rooms near Chancery Lane, 37 - 41.

⑰ 同上，41 - 42.

⑱ 同上，43 - 44; Edward Somerset, second marquis of Worcester, An exact and true definition of the most stupendous water-commanding machine engine (London, 1663).

不为过”[19]。

伍德克罗夫特对发明的看法完全是传记式的：他试图保存历史记录、实物和对发明负责人的记忆。他搜寻18世纪和19世纪纺织业发明人的信息和肖像，为的是给他们编写列传。这部列传于1863年面世。他给传记作了一篇序，风格上仍然用了传统的“发明人等于受害人”的叙事。他指称社会迷信轻视发明的陈规陋习，对失败的发明进行嘲讽和夸大，反而忽视成功的发明。传记里的10位主人公大多穷困潦倒而终，而他们若是生在更早的年代，则会被捧上“圣坛来祭奠，被像半神一样被崇拜”。[20] 不过他在专利制度保卫战中关心的更多是物质利益——由此争取议会拨款，或是吸引公众资助，以求增加收益。[21] 根据伍德克罗夫特的说法，发明家塞缪尔·克朗普顿上了棉纺织工的当。棉纺织工们骗他说要支付定期款以阻止他不为其发明的走锭细纱机申请专利。议会拨发的5000英镑的奖励是“对奖励的嘲弄”。发明家埃德蒙德·卡特赖特在1808年获议会拨款1万英镑，听上去似乎好了一些，不过他为了发明动力织布机就花掉了3万英镑。发明家威廉·雷德克里夫做实验以至于破产，生命中最后27年都“举步维艰”。法国发明人约瑟夫·雅科德的境遇跟他们相比简直是天壤之别。虽然遭受了失业织工的敌意，但这位法国发明人在他有生之年受到了拿破仑的尊敬，并在他去世后被一系列纪念活动祭奠。[22]《笨拙先生》杂志打趣道：“在法国，发明人发展得更好。”[23]

伍德克罗夫特跟好些志趣相投的人都有联系，其中就有约翰·蒂布斯和塞缪尔·斯迈尔斯。当时发明人和其他科学技术人员的个人传记仍属罕见，不过1859~1860年就已有4本传记集出版了。[24] 蒂布斯的《科学与实用技术领域发明家和发现家的故事》(*Stories of Inventor and Discoverers in Science and the Useful Arts*)有60章，超过一半篇幅都是近几十年来的成果，其余的都可以上溯到阿基米德时代。几乎各章节的标题体例都是“主人公姓名+某项发明”，少数例外则是“谁在什么地方改良了印刷术？”或者“谁改良了火药？”等颇有澄清

---

[19] Hewish, Rooms near Chancery Lane, 44, 147–159; Hewish, Indefatigable Mr Woodcroft, 7.

[20] Bennet Woodcroft, FRS, Brief biographies of inventors of machines from the manufacture of textile fabrics (London: Longman, 1863), vii-viii, xii–xiii, xv.

[21] 同上，46；参见下文，272.

[22] 同上，15–19，29–31，35.

[23] 同上，219–220.

[24] 斯迈尔斯本人在审阅穆尔海德作的瓦特传记时就评论说，当时的传记里鲜见“大发明人”：“James Watt”, 411. 早些时候，美国人亨利·豪威也有类似的评论，参见 Memoirs of the most eminent American mechanics: also, lives of distinguished European mechanics (New York, 1841)，其中记载了11位美国发明人和18名欧洲发明人的生平概要（其中16人是英国人）。

证明之意的启示。蒂布斯是专业作家，他自称是受了南肯辛顿专利办公室博物馆里发明人肖像和发明模型的启发，决心要写写英国对这些人的亏欠。“我必须承认，对于像瓦特和克朗普顿这样的人，对于发明人和发现者，而不是俗称的‘伟人’，我们国家本应把他们置于至高无上的地位。”[25] 跟伍德克罗夫特一样，蒂布斯也特别关注发明人的荣誉表彰问题。他常批评国家不予承认，民间也疏于纪念；蒂布斯为造桥家罗伯特·史蒂芬森风光的葬礼而感到骄傲。[26] 一位持不同意见的评论者尖刻地评论道：“每当有一个社会上的赞助人受到迫害，就会发现至少有两位获得了回报。”[27]

露西·布莱特维尔的著作《实验室和工坊的英雄》（*Heroes of the Laboratory and the Workshop*）的读者可能会有共鸣。布莱特维尔很少忘记提到她的英雄们所获得的荣誉，无论是来自拿破仑、皇家学会，还是他们自己的工人（为追悼纪念碑或半身像捐款）。毫无疑问，她希望鼓励她为之写作的工人们，希望他们能获得最终的荣誉和声誉，尽管她也强调了许多人“辛勤工作，努力奋斗”，并匿名为“少数幸运者”的最终成功作出了贡献。[28] 布莱特维尔本人继承了她不墨守成规的父亲对自然史和显微镜的激情。她以前出版的作品主要是宗教人物的传记。[29] 在她传记的主人翁中，非英国发明人的比例非常高，其中有几位是胡格诺派教徒，他们因为信仰而受到迫害，对她来说，这或许是对其他发明人经历的“迫害”的一种看法，但他们都是工人。[30] 她坚持认为即便有一小部分人“献身科学”，他们也一样属于“凭借自己的才华和能力脱颖而出”的一类人。[31] 布莱特维尔因同情工匠“命运的困苦”和嫉妒工匠具有“真实独立的感觉”而产生灵感。[32]

弗雷德里克·科利尔·贝克维尔撰写了《伟大的事实》（*Great Facts*）一书，其灵感来源跟上述宗教的或浪漫的同情没有关联。贝克维尔是物理学家和“传真机”的发明人。他主要是根据发明而非发明人来组织写作材料，以至于

---

[25] John Timbs to Gilbert French，5 October 1859，Crompton MSS，ZCR82/16；John Timbs [to Bennet Woodcroft]，29 August 1859，Woodcroft MSS，Z27/B，fo. 246；John Timbs，Stories of inventors and discoverers in science and the useful arts（London：Kent & Co.，1860），viii.

[26] Timbs，Stories of inventors，viii，130，153，270，299，307.

[27] Inventors and inventions，All the Year Round 2（4 February 1860），353.

[28] C [elia] L [ucy] Brightwell，Heroes of the laboratory and the workshop（London：Routledge & Co.，1859），vi-vii，60，65，96，104 等。

[29] Norma Watt，Brightwell，(Cecilia) Lucy（1811－1875），ODNB，www.oxforddnb.com/view/article/3426，最后登录时间为2006年10月19日。

[30] Brightwell，Heroes，viii，69，86－87.

[31] 同上，vi.

[32] 同上，v.

可以记录更多的人，比如英国普遍忽视的丹尼斯·帕潘（Denis Papin）和德·乔弗里（De Jouffroy）[33] 这样的人物虽然在同世纪晚期流行起来，但是在当时并不多见。布莱特维尔和贝克维尔都不关心专利制度，不过他们的书为发明人塑造了正面形象；特别是布莱特维尔将其塑造为英雄。

第四本书比前三本更出色、更畅销，虽然书名里没有提及发明或是发明人，但这本书的主要内容是关于他们的。这本书就是萨缪尔·斯迈尔斯的《自助》（*Self-help*），出版第一年即卖出了两万册，到 1905 年时销量超过了 25 万册，远胜于 19 世纪其他伟大的小说。[34] 斯迈尔斯不关心专利，而是关注主人翁人生中各种作为的教诲，以展示"每个人为自己做了什么"。[35] 尽管如此，这本书的影响力难免对当前的专利制度之争产生影响。斯迈尔斯不仅关注发明人的生平和发明被世人所知，也关心他们作为美德楷模的待遇以赢得读者的同情心。例如阿克赖特（纺织机发明人），他是一位"品格高尚、勇往直前"的发明人。约翰·希斯克特则"屡败屡战"，其人"正直诚实，具备真正伟人的品格"，是有文化的雇主楷模。蒸汽机讲述了" 耐心和辛苦的探索，是英雄产业遭遇并克服苦难" 的高尚故事。这些发明人全是"文明世界的工业化英雄"。[36]

斯迈尔斯的传记对专利制度的隐形支持主要有两点：一是着重宣传了发明完成期间的辛勤、劳动和毅力；二是揭露了专利保护不完善的情况下，应受保护的发明人面对"海盗"侵权人的劣势。斯迈尔斯笔下的发明人无一例外是靠着辛苦劳作实现目标的——瓦特的"勤奋程度世界第一"，没有人"像他一般刻苦"；韦奇伍德（陶瓷发明人）为了攻关，"做了一次又一次实验，持之以恒从不动摇"；阿克赖特"为什么能够成功？唯有长久、耐心的工作"。[37] 这样的叙事揭示了发明和发现不是一蹴而就，也不是"守株待兔"，因此，那些完成了发明和发现的人理应得到相应的奖励。[38] 不过，在斯迈尔斯的传记中，

---

[33] Frederick Collier Bakewell, Great facts: a popular history and description of the most rememberable inventions during the present century (London: Houlston & Wright, 1859). 另见下文，375 - 376. 关于贝克维尔的发明，参见 chem. ch. huji. ac. il/ ~ eugenik/history/bakewell. html，最后登录时间为 2005 年 8 月 12 日。

[34] Briggs, Victorian People, 118. 同上，176 - 177.

[35] Smiles, Self-help, preface [1859], ix. Judith Rowbotham 为这类体裁的鉴赏提供了一些有益的洞见，参见 All our past proclaims our future: popular biography and masculine identity during the golden age, 1850 - 1870, in Inkster et al. (eds.), Golden age, 272 - 275.

[36] Smiles, Self-help, 30, 36, 48, 54, 93.

[37] 同上，30, 90, 95. 另见 Smiles, Men of industry and invention, 57 - 58, 71 - 72, 77 和上文，177 - 180.

[38] Smiles, Self-help, 118 - 124.

这些发明成果赢得的不是金钱与荣誉，而是刻薄与侵权——发明人的挣扎到此尚未结束。兰开夏郡的制造商“对阿克赖特的专利一哄而上”，将它“撕得粉碎”。阿克赖特的专利被无效，“这让正直的人非常厌恶”。康沃尔郡的矿主则盯上了博尔顿和瓦特，“抢劫”了他们的权利。希斯克特和阿克赖特一样，在卢德主义“暴徒”和专利侵权人的夹击当中求生存。不过他最终赢了官司，获赔了一大笔专利许可使用费，这点和阿克赖特不同。若是有人觊觎这些财富，斯迈尔斯则会提醒：消费者们已经因蕾丝大降价得到了实惠，蕾丝贸易也为15万人提供了“报酬丰厚的就业岗位”。[39] 斯迈尔斯书中其他很多主人翁则没有这样幸运。他们被迫逃离“暴民”，遭受诋毁，沦为笑柄，饱受排挤，甚至在贫困中去世。[40]这都意味着发明人需要更强的保护。

1863年1月，伍德克罗夫特告知帕特里克·米勒的后人，“历史学家斯迈尔斯上礼拜问我引进蒸汽航行的人是谁？西明顿、米勒还是泰勒？我回复是米勒，并将您来信的副本交予了他一份。”[41] 斯迈尔斯确信“已故工程师”的传记市场大有潜力，这个预测在1861年果然实现。当年四卷本《工程师的人生》（*The Lives of the Engineers*）第一版问世。虽然每套书定价4基尼，不过还是很快卖出了约6000套。[42]《星期六评论》评价道：“这样处理工程师题材的策划很难被其他人超越。”[43] 这套书受到格莱斯顿和斯塔福·诺斯寇特爵士等社会名流的关注和赞誉，斯迈尔斯大受鼓舞，开始写作关于“机械工程领袖发明人”的传记，重点记述布拉马和内史密斯等机械工具发明人。在当时潘恩、菲尔德、内史密斯和威廉·费尔贝恩爵士等一流机械师的帮助下，《工业传》（*Industrial Biography*）于1863年问世。斯迈尔斯没有在回顾社会知名工程师生平的正文中，而在此书的序言中为自己辩护“有人可能会批评我写的主题庸俗平常”。40年后，他解释道：

> 历史无疑要书写法院事务、政治家作为和勇士的探索，而很少留意发明人或机械师。最好的那种文明与历史的工业劳动力主要依靠这些人。如果不强调为这些人立传的重要性，我坚持认为这些人没有得到应有的重视……在不减损那些崇尚智慧与品味的人的传记的情况下，那些崇尚实用

[39] 同上，356，50－54. 另见上文第212－224页和Smiles，Men of industry and invention，160.

[40] Smiles，Self-help，35，44，60，66，136，148.

[41] Woodcroft to W. H. Miller，9 January 1863，Woodcrodt MSS，Z27，fo. 197.

[42] MacKay（ed.），Autobiography of Samuel Smiles，248－251.

[43] 同上，255－256.

的人不要被忽视。[44]

从读者反馈来看，斯迈尔斯的辩护没有必要。有评论人写道："斯迈尔斯的传记不是为读者发掘未知的人物，而是发掘已知的人物背后未知的历史。诚然，他所写的英雄早就誉满天下，全人类都感激他们的贡献，但是迄今为止，我们对他们的了解也仅局限于他们的贡献。"[45]

在接下来的半个世纪中，发明和工程领域的传记作品不断涌现，无论在成人还是儿童读者中都十分流行。[46] 这些书中鲜见长篇累牍的技术细节，根本目的则在于强调发明人的个人品质以及他们的努力带来的变革。没人会怀疑他们的重要贡献。

正如潘恩的著作"解放了美洲殖民地"，报纸和"小杂志"激发了法国大革命一样，[47] 瓦特蒸汽机的影响也被习惯性地抬高（比如，要是没有瓦特蒸汽机，特拉法尔加海战就不可能胜利），"乔治·史蒂文森与铁路"一章中也总结说"史蒂文森给世界带来了革命"。[48]没有比当一名发明人更有雄心的吧。暂且不谈绝大多数近现代发明人一开始都会遭到嘲讽，他们应得的荣誉也大多归于想象之中。史蒂文森从苏格兰回到家乡时，身上只有 28 英镑，这是他攻克技术难题的奖金，相当于一个技工 3～6 个月的工钱。比工钱更好一点的是他的自我认知，"极卑微地讲，他是一名发明人"。[49]

伦敦专利代理人迈克尔·亨利 1859～1873 年编撰出版的《发明人年鉴》（*The Inventor's Almanac*）同样对自我创新大加赞扬。[50] 年鉴的封面上写满了从古至今、英国和国外的发明人的名字（亨利如同其他专利代理人一样不仅只

---

[44] 同上，257. 另见 Smiles，Men of invention and industry，77－78 和上注，205. 关于土木工程师和机械工程师之间社会地位的不平等，见 Reader，At the head of all the new professions，178－179.

[45] Edinburgh Daily Review，摘自 Industrial biography：iron workers and tool makers（London：John Murray，1863）衬页宣传语，见 Smiles，Lives of the engineers：the locomotive. 另见 The philosophy of invention and patent laws，Fraser's Magazine 66（1863），505. 作者未署名，在文中引述称"杨的煤油和贝塞麦的钢铁""走进了每个人的生活"，至于杨和贝塞麦本人则"鲜有人知"。

[46] 例如［Robert Cochrane］，Heroes of invention and discovery：lives of eminent inventor and pioneers in science（Edinburgh：William P. Nimmo & Co.，1879）；John Timbs，Wonderful inventions：from the mariner's compass to the electric telegraph cable（London：G. Routledge & Sons，1868），2nd edn，London 1881；James Burnley，The romance of invention：vignettes from the annals of industry and science（London，Paris，New York and Melbourne：Cassell & Co.，1886）；Edward E. Hale，Stories of inventors，told by inventors and their friends（London，Edinburgh and New York：T. Nelson & Sons，1887）.

[47] Great inventors：the sources of their usefulness and the results of their efforts［1864］，34.

[48] 同上注 34，50－53，133.

[49] 同上，114. 关于早期对发明人的神化和现代对发明人的嘲讽等内容，另见该书第 vi-viii 页。

[50] The inventor's almanac（London：Michael Henry，1859－1873）.

关心英国的利益）。有的发明人人名周围环绕六项发明的雕刻，放置在封面的四角与中央，例如纺织业发明人的名字被织机环绕，蒸汽机发明人的名字被火车头环绕，等等。绝大多数发明人的名字都刻在了围绕封边的橡树叶上，16位成就特别突出的科学家则又在大事年表中记载主要的发明和发现成果。年鉴第一版所附的日历为传统的神圣节日的汇编，大多是宗教节日、皇室成员诞辰和法定假期，但也标注了富兰克林、瓦特、阿克赖特和乔治·斯蒂芬森的生卒日期。到了 1861 年，年鉴日历上就只保留了发明人和科学家的重要日期。1864 年版的装帧采用新哥特式风格重新设计，发明人的名字更加突出，发明实物图案也换成了名言警句（不少都是“铸剑为犁”的变体）。

专利局博物馆收藏的肖像画和模型中很大一部分是本内特·伍德克罗夫特多年来潜心技术史的成果，这些也是蒂布斯的灵感来源。伍德克罗夫特一方面密切联系英国国内各界，组织各方力量兴建发明人国家画廊，另一方面也要求当时的发明人提交肖像画（以及书面传记）充实展品。[51] 1853 年，伍德克罗夫特的展览从 18 世纪晚期裁布机专利权人约翰·哈马（John Harmar）的家人送来的一张粉笔画肖像开始办起来了。[52] 1855 年，伍德克罗夫特发布了第一份藏品目录，其中包括了“从阿克赖特到伍斯特侯爵等” 60 位发明人的肖像，开始发起进一步的募捐。1856 年，他对斯坦霍普伯爵（Earl Stanhope）建立国家肖像馆给予了热心支持，不过依然独立搜集展品。[53] 到了 1859 年，伍德克罗夫特总共搜集了 190 件展品，其中有一些复制品，大多数是雕刻，不过也有几幅原版油画、银版相片和圆框画，甚至还有半身像。藏品主要来源于 18 世纪和 19 世纪时期的英国。[54] 偶尔还有发明人以外的人入展。例如 1864 年，博尔顿蒸汽机公司的约翰·希克（John Hick）告知伍德克罗夫特，他在劝说 1829 年雨山实验中驾驶“绝伦号”（Sans Pareil）机车的威廉·戈兰（William Gowland）画像。伍德克罗夫特对这幅画像表示满意，称其为“老机车的有趣附属物”。[55] 若是没有这幅画像，佐贝尔和沃克在《卓越科学家》（*Distinguished Men of Science*）一书上的装饰画不会问世。他们的工作始于伍德克罗夫特在《专利期

---

[51] Woodcroft MSS, Z27A, fos. 53, 79, 93, 151; Z27B, fos. 46, 48, 329, 511.

[52] Catalogue of the gallery of portraits of inventors, discoverers, and introducers of useful arts (5th edn, London, 1859). 1857～1859 年出版的后续目录，参见 Woodcroft MSS, Z27B, fos. 98, 110, 200. 19 世纪 70 年代期间的肖像画记录与清单，参见 Woodcroft MSS, Z28-Z31. 1876 年退休时，伍德克罗夫特报称专利办公室博物馆中约 440 幅肖像系其所有，参见 Woodcroft MSS, Z30-Z31.

[53] Hewish, Rooms near Chancery Lane, 118－119.

[54] Catalogue of the gallery (5th edn).

[55] John Hick to Bennet Woodcroft, 26 November 1864, Woodcroft MSS, Z24/D, fo. 1020; Bennet Woodcroft to John Hick, 8 December 1864, ibid., fo. 1034.

刊》(*Patent Journal*)上公开自己藏品的那年。沃克对协助寻找肖像和搜集信息的个人进行了致谢，他尤其感谢伍德克罗夫特，因为其“缔造的展览中有不少独特的原物收藏，而且全力支持我的复制”[56]。

在万国博览会后，阿尔伯特亲王有兴趣继续支持展会上的科研成果。伍德克罗夫特也因此赶上了开办发明博物馆的机会，还为博物馆与专利局建立了联系。博物馆定名为“专利委员会博物馆”，于1857年6月开馆。馆舍是速建的铁楼，毗邻南肯辛顿博物馆（日后的维多利亚和阿尔伯特博物馆）。伍德克罗夫特兼职负责管理。[57] 他坚持认为博物馆不仅要展览现有的或者获颁专利的发明，还要是“杰出机械师生平的考古收藏……要把他们的事迹和记忆展现出来……也要展示机械创新的过程”[58]。博物馆的初期藏品很大一部分之前是瑞士工程师波德马（J. G. Bodmer）的机械模型，还有伍德克罗夫特从皇家艺术学会淘来的“多余品”。到了1859年，博物馆五花八门的藏品共计300件。[59] 虽然缺少收藏预算，伍德克罗夫特和他的几个职员还是抢救来了一批标志着“发明中重大进步”的机械装置和模型。[60] 伍德克罗夫特收到了一张《格拉斯哥市民报》(*Glasgow Citizen*)的剪报，上面说亨利·贝尔建造的“彗星号”的机器被弃置在一座房子里，屋主是格拉斯哥的一位不久前去世的机械制造师。他读完之后立刻去信争取把机器保存下来。[61] 他对帕特里克·贝尔(Patrick Bell)牧师的遗孀表示，愿意为她提供一个萨缪尔森公司名册上的收割机，以此请她把她仍在使用的先夫发明的机器原型捐出来。“她挺精明，最后要走了一台2马力的最新机器并且让伍德克罗夫特自己付费。”[62] 到了1863年，博物馆的藏品数量翻了3倍。越来越多的工程企业见证了伍德克罗夫特为其保存历史的努力，深受打动和鼓舞，开始为博物馆送去展品，包括历史上的

---

[56] Proof sheets, Crompton MSS, ZCR 73/3, 75/17. Eliza Meteyard 也对伍德克罗夫特的帮助做了致谢，见 The life of Josiah Wedgwood [1865], R. W. Lightbourn 作序重印本 (London: Cornmarket Press, 1970), xxii.

[57] Hewish, Rooms near Chancery Lane, 115 - 121.

[58] Report...Patent Office Library, BPP 1864, Ⅶ, 26.

[59] Hewish, Rooms near Chancery Lane, 11.

[60] 同上，122; Report ... Patent Office Library, BPP 1864, Ⅶ, 19. 另见 Woodcroft MSS, Z27A, fo. 213. 关于同时期爱丁堡的乔治·威尔森(George Wilson)的贡献，参见 R. G. W. Anderson, "What is technology?" education through museums in the mid-nineteenth century, BJHS, 25 (1992), 179 - 180.

[61] Woodcroft MSS, Z24D, fos. 844, 857; Hewish, Rooms near Chancery Lane, 129. 在1840年英国科学促进协会举办的格拉斯哥展会上，这台机器是一项主要展品。

[62] Hewish, Rooms near Chancery Lane, 131; Z24E, fos. 1222, 1224, 1236; Z24F, fo. 1328, Woodcroft MSS.

和当代的产品。[63]

伍德克罗夫特也难免碰壁。1864年听说瓦特在希斯菲尔德大厅的工坊自1819年以来首次开放，他立刻争取到邀请函。他和弗朗西斯·佩带特·史密斯一起去参观工坊的物件并度过了令人心潮澎湃的7小时，仿佛眼前的展品就要被买进博物馆了。不过，工坊管理人坚决不同意把藏品运离伦敦。最终，他们连管理人都没说服。[64] 虽然协商交涉旷日持久，伍德克罗夫特还是不惜要把萨默塞特家族在蒙茅斯郡拉格兰教堂墓园里的铅封棺材挖出来，为的只是寻找第二代伍斯特侯爵发明的而后要求陪葬的蒸汽机。但他最终还是没有找到模型，连一张图纸都没发现。[65]

史蒂文森发明的"火箭"蒸汽机带来了另一种问题。博物馆在把这些生锈尘封的"国宝"拯救回来之后名声大噪，接着就成了纪念品窃贼觊觎的对象。1877年，佩蒂特·史密斯之后的继任馆长阿奇博尔德·斯图亚特·沃特莱撰文警告称，"火箭"蒸汽机被很多参观群众扒掉外层铁锈并被携带回家留作纪念。后来该蒸汽机撤展，"每一秒钟都有访客探问其下落与归还的日期"。复活节的星期一当天，博物馆接待了约6000人。[66] 在1876年5月，博物馆将最好的展品借给了南肯辛顿博物馆的科学设备借调展。这场展会是由一个国际委员会组织的，严格遵循科学教育的宗旨。[67]《工程学》杂志报道称，展会上展出了不少"熟悉的展品"，其展示效果比平时拥挤阴暗的专利局博物馆好了很多：

> 虽然早就熟悉这些展品，我们在参观时仍不由自主地抬起帽子，既是向奠定了我们专业基础的发明人致敬，又是给这些奇妙的老结构致意。无论是图片还是实物，它们都是我们这代工程师孩提时期的朋友。[68]

---

[63] Hewish, Rooms near Chancery Lane, 123; Report…Patent Office Library, BPP 1864, Ⅻ, 19; Woodcroft MSS, Z24D, fos. 833, 834, 845, 854; Z24G, fos. 1502, 1526.

[64] Woodcroft MSS, Z24D, fos. 930, 978, 980; Z24G, fo. 1536, Hewish, Rooms near Chancery Lane, 127-128. 希斯菲尔德大厅出售失败并被拆除之后，瓦特工坊于1924年整体迁入了科学博物馆，伍德克罗夫特的夙愿终于实现了。

[65] John Hewish, The raid on Raglan: sacred ground and profane curiosity, British Library Journal 8 (1982), 182-198; Hewish, Rooms near Chancery Lane, 128.

[66] Woodcrodt MSS, Z24D, fos. 833, 834, 854; Z24I, fos. 1847, 1850, 1871; Science Museum MSS, T/1862-5, Science Museum, London. 关于机车的惨状，另见 The Engineer, 30 June 1876, 481, 28 July 1876, 65. 科学博物馆交流分管馆长 John Liffen 慷慨协助我寻找档案，并允许我使用他的各工程学期刊影印本，在此深表谢意。

[67] Hewish, Rooms near Chancery Lane, 137.

[68] Engineering, 2 June 1876, 465; 16 June 1876, 445.

伍德克罗夫特于当年退休，围绕博物馆、展会和图书馆中大量藏品的所有权争夺持久战随之开始。[69]《工程学》当时也批评他在政策上“听之任之”。[70]《工程学》杂志还批评称，也许是因为岁月最终还是把这阵专利能量旋风带向了停滞；更有可能是博物馆自身的场地狭小和人手不足，这些是财政部门吝啬的结果，总之博物馆要对“藏品的不佳状况”负主要责任。[71] 开馆以来20年里，博物馆总计吸引了450万人参观，1880年登上了《画报》的封面（见图9.2）。[72]多亏了伍德克罗夫特的激情岁月，这些“可贵的古董”——还不算肖像、档案和无数发明人的专利记录——才能流传下来。除了自身努力，他也启发、威胁和诱导了其他人支持他的计划并且同时开展自己的计划。有的人

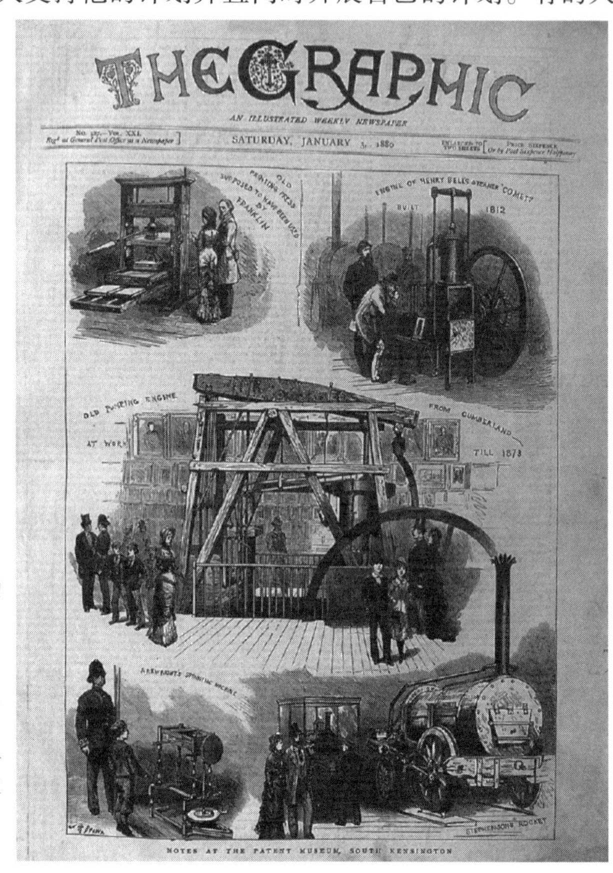

THE GRAPHIC

AN ILLUSTRATED WEEKLY NEWSPAPER

SATURDAY, JANUARY 3, 1880

NOTES AT THE PATENT MUSEUM, SOUTH KENSINGTON

图9.2 南肯辛顿专利局博物馆，《画报》1880年1月3日刊封面图

图上标志性的产品让访问者都会产生兴趣，发明人的肖像则陈列在早期的横梁蒸汽机后。（安·佩瑟斯摄影）

---

[69] Hewish, Rooms near Chancery Lane, 137 – 140.

[70] Engineering, 3 April 1874, 244.

[71] 同上，22 October 1874, 275.

[72] Inkster, Patent as indicators, 199; The Graphic: an illustrated weekly magazine, 3 January 1880, 1.

甚至还在他死后继承了他的事业。普罗塞尔（R. B. Prosser）就是很好的例子。他是伍德克罗夫特在专利局时关系很近的同事，凭着早期的专利说明书，发现了一批英格兰中部不为人知的发明人。若是有可靠的信息，他还会补登未获专利的发明。[73]

在1885～1900年出版的63卷《国家传记辞典》（*Dictionary of National Biography*）中统一了入选的卓越发明人的集体贡献等级。该辞典总共收录词条29000条，其中包括了1650～1850年出生的383名发明人。这是首次呈现"完整、精确和简明的传记，以铭记从古到今英伦三岛和所有英国殖民地上已故的重要人士"[74]。虽然相对数量看起来少，但是考虑到该辞典的综合性极强，其中不可能有任何一个职业占据太多词条。对于发明人这个100年之前还不为人知、经常被人忽视的群体而言，这个数字绝称不上寒酸。[75] 该辞典的编纂者能有如此眼光，不可不谓是伍德克罗夫特的功劳，他搜集、保留下来的各项记录对此可能也是影响深远。普罗塞尔和他在专利局的同事亨利·杜鲁门·伍德（Henry Trueman Wood）都是这些词条的主要编纂者。[76] 至于他们在英国专利制度延续中的作用，虽然表面上少一些，但绝对至关重要。

专利论战与发明的本质

对专利制度的威胁促使一群发明人和专利代理人在1862年建立了发明人研究所。1869年，研究所吸收了700名会员，其中包括贝塞麦、布鲁斯特、西门子、费尔贝恩和塞缪尔·考陶尔德等知名人士。[77] 研究所举办会议、发表文章，批判和研究当时的专利制度并提出各种改革建议。[78] 1874年，英国机械工程师协会主席弗雷德里克·布兰姆威尔爵士向皇家艺术学会致信，反对废除专利制度，协会为此连开三场讨论会议，几乎所有参会人员都全程参加。布兰姆威尔认为公众的奖励会产生无法解决的公平问题，因此他放弃了这种看法，

---

[73] Prosser, Birmingham inventors, preface. 普罗塞尔是伍德克罗夫特生平事迹的记录人，见Hewish, Rooms near Chancery Lan, 59, 92－3, 108－109, 149－150.

[74] Sidney Lee's memoir of George Smith，转引自 Colin Matthew, The New DNB, History Today 43 (September 1993), 10.

[75] MacLeod and Nuvolari, Pitfalls of prosopography, 758－759. 关于《国家传记辞典》收录发明人标准的讨论，764－774。

[76] 同上，766.

[77] The Scientific Review, and Journal of the Inventor's Institute 1 (March, 1865), V.

[78] 同上，2 (1 January 1866), 173; 2 (2 September 1866), 308－309; The Times, 25 June 1869, 8b; 30 November 1877, 10d.

转而选择了“荣誉奖励”。他声称，“即便再高的地位或再动人的演讲，也不能缴纳税收，也不能带来衣服”，引起了公众的欢呼。[79] 在随后的讨论中，一位专利制度的反对者不赞成布兰姆威尔对荣誉和名望带来的满足感的估计，他提到了史蒂文森在尤斯顿火车站的塑像“很能激发发明人的爱国雄心”，受到了几名发明人的嘲讽。他们宣称“目标是赚钱，通过利己的方式来利人”[80]。人人都愿意接受名誉和表彰，前提是要有经济奖励。

大多数争论都很务实，并在自由贸易的意识形态框架下展开。专利制度废除主义者认为专利限制贸易、制约自由竞争，而自由竞争是经济增长的主要驱动力。专利一方面相当于给制造商加税，另一方面抑制再发明热情。[81] 布鲁内尔就谴责专利制度“阻碍了一切它试图发扬的东西，摧毁了它试图维护的阶层……对社会造成了巨大的反面作用”[82]。在专利制度的捍卫者面前，这些论调来自强大的雇主而非作为产业工人的发明人本人，而专利保护的正是发明人，因此，这样的论调是诡辩。他们把发明人塑造成既是英雄又是受害者的双重文学形象，人人都能讲出一个产业工人靠着发明专利获得财富的故事。[83] 约翰·斯图尔特·密尔直接斥责废除专利“滥用自由贸易之名掩盖自由盗窃，还要把人的头脑进一步变成财主的家仆和附庸”[84]。

既然密尔提到“滥用自由贸易之名”，专利支持者们还可以援引亚当·斯密的理论。亚当·斯密对贸易限制作过影响深远的批判，但唯独放过了专利这一种临时垄断。密尔和边沁都同意亚当·斯密的观点。19 世纪中期自由贸易正当时，经济学家们却开始研究这位自由主义大师的理论是否允许不自由的例

---

[79] The Times, 3 December 1874, 7e.

[80] The Times, 11 December 1874, 10f; 17 December 1874, 10f; 同见 19 December 1874, 7e-f.

[81] Robert Andrew Macfie (ed.), The patent question in 1875: the Lord Chancellor's bill and the exigencies of foreign competition (London: Longmans, Green & Co., 1875), 12 - 13; Moureen Coulter, Property in ideas: the patent question in mid-Victorian Britain, Ph. D., Indiana University (1986), 149 - 153 (未出版).

[82] Memorandum for evidence before the select committee of the House of Lords on the patent laws, 1851, 摘自 Isambard Brunel, Life of Isambard Kingdom Brunel, civil engineer (London: Longmans, Green, 1870) 491, 496. 见 MacLeod, Concepts of invention, 145 - 150. 这类观点当时广为传播，参见 Hansard, P. D., 3rd ser., CLXVII (27 May 1862), 49.

[83] 例如 Hansard, P. D., 3rd ser., CXVIII (1851), 1544 - 1545, 1546, 1548. 有些发明人不希望自己被言说成“哭哭啼啼可怜人”，认为这样可能会对专利权人不利，“他们不能自己祸害自己”，见 Capt. Selwyn, RN, in The Scientific Review 2 (1 January 1866), 173; Christine MacLeod, Negotiating the rewards of invention: the shop-floor inventor in Victorian Britain, Business History 41 (1999), 17 - 36.

[84] John Stuart Mill, Principles of political economy (5th edn, London: Parker, Son & Bourn, 1862), 转引自 Machlup and Penrose, Patent controversy, 9 n. 32.

外。[85] 马克卢普（Machlup）和彭罗斯（Penrose）提炼出了维护专利权正当性的四个常用理由，无论是否保持一致，总有一个或几个同时适用。其中两个理由属于伦理，涉及社会对发明人正当待遇问题，另两个属于政治和经济上的合理性，涉及技术发展的社会利益。专利制度废除主义者则逐一驳斥。两方除了传闻证据都没有更强的论据材料，争论就这样持续了 20 年以上。[86]

虽然这场争论根本上还是务实的，但争论中的人也要面临发明本质的考问。试问，专利等激励机制的缺位一定会减缓甚至阻碍发明的速度吗？或者是有一种来自社会整体深层的强大动因才是推进发明创造发展的动力？换言之，一个发明之所以能问世，全凭发明人个体的功劳，还是历史的必然？这些讨论不比上述伦理的、经济的思辨发散得少，不过它们能为我们体察维多利亚时代的专利认知打开一扇窗口。法伊和霍奇金曾就瓦特的“天才”在蒸汽机发明史上的作用辩论过。25 年之后，类似的辩论再度浮出水面，不过这次辩论辛苦而又关键，双方都得对其观点作出强化和发展。

专利权人、专利代理人和他们的支持者们为了切身利益展开辩论，为发明创造增加了不少英雄色彩。他们为了在法理上证成专利授予制度，进行了发明概念化的建构尝试。这对发明来自奋斗和坚持的理论无疑非常有利——发明是在辛勤劳动和不懈坚持当中产生的，而辛劳需要激励，也应获得回报；相对地，所谓的灵感就遭到了无视，也无须奖励。专利制度的反对派则针锋相对地提出了一套相反而融贯的制度，把发明人个体的贡献降到最小。霍奇金把瓦特从杰出的天才还原成合作劳动中的模范工人，由此提出了工人技术的“资本”理论，他的发明概念因此也不要求发明人个体的品质，得以支持模糊专利制度影响的观点。[87] 对瓦特的赞颂，万国博览会、伍德克罗夫特和斯迈尔斯等人的宣传在全国塑造了发明人的英雄形象，专利制度的反对者难以将其破除。

布鲁内尔是专利制度最具有辩论能力的反对者之一。除了之前出于务实角度的反驳，他还发展出了一套跟霍奇金高度类似的发明概念。布鲁内尔提出，应对时代的具体需求，精明的商人促进了知识和技术的世代积累。

> 我认为现在最有用的和最新颖的发明与改进不过是在高度精细和先进系统中的改进步骤。这些步骤取决于之前的步骤，其全部价值和实用意义取决于一些或者其他很多或新或旧发明的成功。绝大多数情况下，这些发

---

[85] Machlup and Penrose, Patent controversy, 7 - 10.

[86] 同上，10 - 28.

[87] 同上，165 - 167.

明都是出于形势的需要应运而生的；绝大多数美好的东西都是同时代的很多人共同思考的结果。[88]

这种发明本质属性是递增的、系统化的观点被专利制度废除派律师约翰·科尔顿浓缩成了一句名言“社会产生发明”，或者按法国专利制度反对者更浪漫的形容：“谁发现了蒸汽动力？是拉潘吗？是瓦特吗？是富尔顿吗？都不是。正如19世纪发现了铁路与电报，是18世纪发现了蒸汽动力！”[89] 但是布鲁内尔的实用论述听起来并不是哲学抽象，而更多来源于他的个人经验。他并非在讲超越个人的决定论理论，而是在讲发明创造和工坊生产中的日常挑战与应对问题。

阿姆斯特朗爵士（《笨拙先生》杂志中提到的“炸弹勋爵”）对专利制度同样反感。虽然他的说理不如布鲁内尔巧妙，但是他从同时性发明的现象出发，以此论证专利既不必要，也不公正。[90] 他在1863年向英国皇家调查委员会作证的时候把专利描述成容易获得并不值得奖励。阿姆斯特朗表示，“一旦对机器、工具或方法产生了需求，满足这种需求的方法同时出现在很多人面前”。他把发明人几乎彻底排除，并宣称：“绝大多数发明都是事件的产物——即便是放着不管，它们也能自动出现。”[91] 在其他场合上，阿姆斯特朗也提出类似但不那么滑头的观点，清楚地表明了自己的立场，即发明的真义“在基本概念上，而……在随后的阐述上，在于与困难的斗争中……这往往需要多经过失望的多年劳动”[92]。他看起来也是在谈自己做发明而后下大力气推广商用的个人经验。

---

[88] Brunel, Life of Isambard Kingdom Brunel, 492.

[89] John Coryton, The policy of granting letters patent for invention, with observations on the working of the English law, Sessional Proceedings of the National Association for the Promotion of Social Science, 7 (1873 - 1874), 168；见 Arthur Legrand, Revue Contemporaine (31 January 1862), 转引自 Robert Andrew Macfie, The patent question: a solution of difficulties by abolishing or shortening the inventor's monopoly, and instituting national recompenses (London: W. J. Johnson, 1863), 72. 另见 J. Stirling, Patent right, 载 [R. A. Macfie (ed.)], Recent discussions on the abolition of patents for invention in the United Kingdom, France, Germany, and the Netherlands (London: Longmans, Green, Reader and Dyer, 1869), 119 和 The Economist, 26 July 1851, 182, 转引自 Penrose, Economics, 33, n. 17.

[90] Lamb 和 Easton 对20世纪的同时性发明现象作了历史考证，提供了有益的讨论，参见 David Lamb and S. M. Easton, Multiple discovery: the pattern of scientific discovery (Amersham: Avebury Press, 1984). Schaffer 对此提出了有价值的批评，见 Schaffer, Making up discovery, 33 - 36.

[91] Report of the commissioners appointed to inquire into the working of the law relating to letters patent for inventions, BPP 1864, XXIX, 414, 415. 另见 Hansard, P. D., 3rd ser., CXCVI (1869), 895.

[92] William G. Armstrong, Address of the president, Proceedings of the Institution of Mechanical Engineers (1861), 119. 斯迈尔斯在1884年的作品里采用了这一观点，但是剔除了其中与专利制度相关的内容，见 Men of invention and industry, 60.

特别是从他跟战争办公室（War Office）打交道的经过来看，他也没少经历挫折。[93] 阿姆斯特朗还认为，专利制度对从事基础研究的科学家而言毫无好处，他们的研究成果反而都被专利权人利用了。估计连瓦特和史蒂文森那些“实干家”也没有任何回报。他们为改进发明贡献了一生，最后也没拿到专利。并且，专利制度更多会给纯粹的投机分子和“阴谋论家”“带去不成比例的财富”。[94]

这里可能会出现一个悖论。职业工程师一方面希望摆脱“害虫一般的”专利权人，贬低发明人的英雄地位，另一方面他们工作的机构又给其同行们举行纪念活动，例如史蒂文森和洛克，甚至布鲁内尔自己。[95] 这也是 1862 年约翰·霍克肖在土木工程师协会主席任上发表讲话时隐含的悖论。霍克肖的观点更类似于布鲁内尔（霍奇金）理论的民主模式，不再像阿姆斯特朗在后面的证词中一样把发明轻率地摒弃为机会的自然产物。协会的新主席要求他的会员们观察合作的风气，自由吸收彼此的工作经验。他警告称，“发明天才们不要一味凭自己意向或者能力就能免于合作”，“没有发现和发明这样的东西，在这个意义上有时是附在文字上的”。没有人是从头开始发明新机器；虽然有的机器更好用，但也都依赖于“一系列在先积累的研究和探索”。[96] 霍克肖以集体精神并带着对工程师职业的称颂结束了他的就职演讲。

> 回望过去的二三十年，没有人会说这不是工程师和机械师的时代。过去的二三十年里，我们的职业为人类事业的道德和社会层面作出巨大贡献。[97]

这次演讲表明，工程师并非鹤立鸡群的佼佼者，而只是一个优秀集体的代表；公众对工程师个人的感谢也应当归于整个行业。在工程师中存在一种行业道德，引向对专利制度等对所有应当向同行免费开放的“贸易工具”进行独

---

[93] Stafford M. Linsley, Armstrong, William George, Baron Armstrong (1810 – 1900), ODNB, online edn, October 2006, www. oxforddnb. com/view/article/669，最后登录时间为 2006 年 10 月 16 日。

[94] 阿姆斯特朗就是以这些上世纪机械发明大家的故事作为演讲开头的。见 Address of the president, 110 – 112.

[95] 同上，265.

[96] John Hawkshaw, Inaugural address, Proceedings and Minutes of the Institution of Civil Engineers 21 (1861 – 1862), 174. 关于个人经验的论说，参见 the letter from Inventor [a patent agent]，登载于 The Engineer, 2 March 1883, 165.

[97] Hawkshaw, Inaugural address, 186.

占制度的不满。[98] 专利不仅阻碍信息共享，也有引起同行竞争的风险。[99] 工程师群体集体决定重视荣誉甚于金钱，因此，在威斯敏斯特教堂中为工程师建一座圣坛，使该职业中的重要人物得到永远的赞誉。[100] 个人荣誉归于全体，知识产权则是绝对权利。

阿姆斯特朗强调的弱化发明在专利制度的反对者中相当普遍。一些主要批评家认为，从同时性发明的现象来看，发明近似于必要性的自动产物，即只要有需求，发明就会自然出现。还有人声称，个体发明人之所以从事发明，纯粹是一种自我冲动，“对有的人来说，发明几乎就是一种疯狂”。[101] 自然，发明不需要什么人为的刺激，也不需要奖励——例如专利。他们的措词说明：专利制度反对者经常说发明是“碰撞的产物”，好像发明仅是一种好运的想法。斯坦利勋爵不屑一顾地说，“经常有 6 个发明人同时研究一项发明，其中每个人估计都能独立‘击中’他们想要的成果”，只是“第一个击中的得到了专利并排除了其他人，尽管这些人也可以在几周的时间内‘击中’发明”。[102] 也有人认为商业的内在竞争对发明产生有天然的激励，他们理所当然地认为发明也是天然的结果。如 1869 年斯特林告诉格拉斯哥商会：“大自然以生产方式改进之后带来的额外利润充分满足了人们的需要并为人们带来鼓励……整个工业进步史就是一部永无止境的利益追逐史。”[103]

专利废除主义者提出的“同时性”观点倾向于对技术的本质进行一种实证主义假设。他们觉得每个技术问题都有且只有一个正确答案，智商正常的人只要花费心思都可获得。据经济史学家索罗德·罗杰斯教授所言，如果一个发明人敢于提出他个人独立的成就，就是“粗鲁无礼的市侩”。因此“要是有人发现了一台其他人自己也能做出来的机械装置，而且不论是同时发明的还是先发明的，如果其他人也经常从事发明的话，只为这一个人提供排除他人与社会

[98] MacLeod, Inventing the industrial revolution, 104 - 105.

[99] 19 世纪早期，瓦特强化了他的专利保护引起的纠纷是一个例子。虽然如此，霍克肖也赞扬了瓦特“睿智、勤奋以及孜孜不倦的品格”，并且将他“倾注在发明成果上的耐心”与牛顿的工作“相提并论”，看来瓦特仍然具有特殊地位。参见 Inaugural address, 184.

[100] 见下文，318 - 319, 322 - 327.

[101] Hansard, P. D. , 3rd ser. , CXVIII, 14 - 16; Our patent laws, The North British Daily Mail, 2 February 1875, 重印版摘自 Macfie (ed.), Patent question in 1875; Stirling, Patent right, 119 - 120; 另见 Eugene Schneider's testimony, Report from the select committee on letters patent, BPP 1871, X, 742.

[102] 引自 Macfie (ed.), Recent discussions, 113 和 Machlup and Penrose, Patent controversy, 24 n. 93.

[103] Stirling, Patent right, 119.

的保护自然是不公正的”。[104] 罗杰斯用了“发现”一词，恰好说明正确的机械范式有且只有一种，通往进步的道路有且只有一条。这是一种科学实证主义的概念，在这一概念之下个体创造力被完全排斥；也不需要有“天才”或者其他杰出的品质，一般智商加上毅力也就足够了。

对于倡导这类看法的人而言，如果跟他们说发明人对其发明享有财产性权利就跟作家对其使用的文字享有财产性权利一样，他们会认为这很荒谬，因为这是性质完全不同的活动。文学创作要求想象力和创造力，发明则不然。因此恰好跟专利制度支持者的论调相反，对文字作家的著作权保护并不以什么固定的标准为前提。罗伯特·麦克菲很快抓住了作家与发明人之间的对比。亚瑟·勒格朗德在《当代评论》(*Revue Contemporaine*) 中即描绘道：

> 作家执笔写出来的东西显然是原创的，他们的作品别人不可复制。工业则截然相反。所谓的发明人，说实在的，与其说是创造者不如说是所有者。“他大可去寻找，去发现，但他不从事创造。”他只能对物质社会中已有的东西进行使用。[105]

议员鲁道尔·帕尔马爵士也持类似的观点，认为发明与文学创作之间没有相似性，因为发明“并非发现人本人思想的创造，而是追求普遍真理得到的结果，自然法则同时指导多人照此思考。”[106]

面对威胁要忽视专利制度所依托的独创性理论的争论，专利制度的支持者在压力之下提出了更加细节化的反驳。按照亨利·科尔的话，必须证明专利“不是像蘑菇一样自己从地里长出来的”，而是高度困难、极其耗时的活动，而且不能保证一定成功。[107]人们经常在发明叙事中强调“坚持不懈”和“持之以恒”主要为了形象塑造的目的，不是只鼓励在日常生活中具有勤勉的职业道德和好习惯就能实现的，而是有更高远的论证目的的，那就是发明中的勤劳刻苦应当受到奖赏，专利就是一项很好的奖赏。[108] 进一步来说，若是从实证主义出发，把专利说成是发现，这在个体的独特性和灵魂的独特创造力面前是站

---

[104] J. E Thorold Rogers, On the rationale and working of the patent laws, Journal of the Statistical Society of London 26 (1863), 125 - 126; W. A. S. Hewins, Rogers, James Edwin Thorold (1823 - 1890), rev. Alon Kadish, ODNB, online edn., May 2006, www. oxforddnb. com/view/article/23979, 最后登录时间为2006年10月19日。罗杰斯教授是理查德·柯布丹的朋友，坚定支持不加限制的市场经济。

[105] Macfie, Patent question, 18.

[106] Report from the select committee on letters patent, BPP 1871, X, 690; 另见上注第694页和帕尔马在下议院的讲话，见 Hansard, P. D., 3rd ser., CXCVI (28 May 1869), 893.

[107] Report from the select committee of the House of Lords, BPP 1851, XVIII, 499.

[108] 关于对“专利事故论”的进一步驳斥，同上，151 - 152, 172 - 174, 256.

不住脚的。如果没有这一点，发明（如果真的有人发明的话）就会大不相同。说到这里，专利制度的支持者必须超越发明仅仅是解决问题的观点，在其论证中引入设计的想象力元素。

伍德克罗夫特在其纺织业发明人传记中展示了他们在歧视和贫困中长久地挣扎，以及“议会或民间资助缺失”带来的苦难。[109] 为了完善理论论证，他还援引了约翰·凯伊的事例。凯伊发明了飞梭，这可不仅仅是提高纺纱机械化程度的产物，也是反击挑战和回应发明需求理论的一大例子。这两项发明之间的时间间隔很长，在伍德克罗夫特看来就是驳倒需求决定论的绝佳论据：

> 凯伊发明了飞梭，纱线业的饥荒随之而来。设计出机械化程度和效率更高的纺纱模式成为对整个纺纱行业发明天才们的巨大刺激。大家也很快看到了发明并无捷径。发明是一种只有极少数人才拥有的特殊才能。不管纺织业对机械的需求多么庞大，不管在发明工作上投入了多少人力，我们从手工纺纱进步到机械纺纱也足足花了40年的时间。[110]

伍德克罗夫特自己就是发明人，意识到技术解决方案远非显而易见，这导致他异乎寻常地坚决否认存在一种自动或直接的创造性解决方案，以满足每一种需求；专注的发明人智力的充足性不是理所应当的。针对同时性发明的现象，斯迈尔斯提出了一个不那么精巧的反驳。他解释称，伟大的发明人是能够解决产业需求的人；为了解决产业需求，不可避免地要有很多人从事同样的工作。虽然有很多人长期从事发明工作，但最终也要由“最强的大脑、实干家”“直接”提供解决方案。“接下来，那些追不上他的、才智不足的人就要发出哀叹，说这些都是小聪明”。不过斯迈尔斯直接把同时发明等同于“才智不足的人”的酸楚成果的诋毁，似乎跟他通常坚称每个成功发明人都要不懈努力的观点冲突——不管一个人有多聪明，也没有“直接”成功的道理。[111]

按照哈里特·马蒂诺的话来说，承认了某项发明“因为强烈的需要而必然诞生”是对专利制度废除主义做出更多的让步。这种论点并不高明，但是也承认发明的诞生取决于具体发明人的品格和能力。其逻辑在于一方面认为发明是发明人对特定时间和地点所提出的挑战的反应，另一方面也不否认发明人

---

[109] Woodcroft，Brief biographies，46. 同上，253.

[110] 同上，3. “对于挑战－反应模式”的早期历史和重要评价，见 Trevor Griffiths，Philip Hunt and Patrick O'Brien，The curious history and the imminent demise of the challenge and response model，in Berg and Bruland（eds.），Technological revolutions in Europe，119－137，尤其是第123页。

[111] Smiles，Self-help，32－33. 关于斯迈尔斯对坚持的论述，同上，256.

自身的条件与禀赋，从而呈现出一种试图将人类能力和发明文化决定论相调和的复杂理论。因此马蒂诺说，发明了火车售票机的托马斯·埃德蒙森比别人都更加幸运，在于他“凭借着真正的天才，发现了一个宏大的创意，依靠工业和耐心使其成为现实，谦逊地享受它带来的名誉，又高贵、慷慨地分享其成果。”[112]《伟大的发明人》（*Great Inventors*，1864年）的匿名作家也说，如果没有詹姆斯·布林德利，英国也能“在时机成熟的时候”发展出运河网络，不过肯定不是布林德利发明的运河网络。离开了布林德利这位“冒险天才”，运河建设一定会“胆怯而缓慢”，在相当长的一段时期内“只有几条乡间梯田水渠型的小运河”。布林德利“敢于打破一切地形障碍”，因此起到了决定作用。“正是有了如此伟大、如此幸运的从设计到竣工的另辟蹊径，我们才能感受到原创天才的力量，才能认识到他们的价值。”[113]

这些实干家们从自己的经验出发，拓展其远见，强调机械建造中设计的独特因素，对专利制度废除主义者否定文学创作与技术发明之间联系的论调给予回击。[114] 在1869年，詹姆斯·霍华德清晰地重定义了“作家”的性质，借此把问题推回给了废除主义者：

> 不可能有两个人同时写出同样的一本书……但经常有两个人在同样的时间内表达了几乎一样的观点，只是表达的语言不同。同样地，经常有两个人同时发明了一台机器，但是从未见过两个人是用同样的机械手段传达同样的工业思想的……发明人利用自然规律发明，正如作家利用人类共通的语言写作。[115]

霍华德得出结论，如果文学作品的作家也和发明人一样，很大程度上都是时代精神的产物，那么发明人和作家的创新程度也应当是一样的——他们的材料都来自共同的人类知识，但是他们处理材料的方式各有独特性。用工程师内史密斯的话来说：“正如每个人的笔迹都有差别，每个机械师的方法也都是有个人风格的。”[116]

在另一位工程师（以及舞台特效“佩帕尔幻象”的发明人）亨利·德

---

[112] Martineau，English passport system，34.

[113] Great inventors，294－295.

[114] 这些观点类似于20世纪70年代雷顿（Edwin T. Layton）和弗格森（Eugene S. Ferguson）发展了的某些理论的前奏，有关讨论见McGee，Making up mind，799.

[115] Hansard，P. D.，3rd ser.，CXCVI（1869），912. 另见上注，920－921. Gordon Goodwin，Howard，James（1821－1889），rev. Jonathan Brown，ODNB，www.oxforddnb.com/view/article/13920，最后登录时间为2006年10月19日。

[116] Report from the select committee on letters patent，BPP 1871，X，792.

克斯（Henry Daks）的笔下，我们能读到对发明英雄的辩护以及对废除主义者有力的回击。德克斯在写给朋友贝塞麦的《发明人与发明》（*Inventors and Inventions*，1867 年）一书中大量阐述了对专利制度的辩护。他毫不费力地就驳倒了认为发明皆为必然，因此会有偶然发现和同时性发明的论调，甚至提到发明还可以“预见时代”。[117] 他称专利反对派之所以低估发明难度的原因在于自己不能理解“发明先于……‘发明过程’”的道理（这种说法有失公允）。[118] 他和伍德克罗夫特一样，强调了发明中的非必然因素，同时列举了发明失败和完全出乎意料的发明成功作为例证。带着维多利亚时代的高傲，德克斯还举了原始人的例子，说他们的技术相当低级，以此证明技术进步“并非人类先天所有”。[119]与霍华德与内史密斯一样，德克斯也重视发明人的个性，认为设计就是“发明之诗”，指出那些真正伟大的发明家都是“有天赋的人”。[120] 发明因而是“有些人特有的，比其他人更为发达的心灵……相当少一部分人则特别发达”。[121] 德克斯宣称，这些罕见的能力不是理所应当的，因而应当受到激励。总之，德克斯的观点没有丰富对发明的理解。他的观点是一系列论断的集合，而非理性论证的产物，但是它仍不失为是当时时代的体现，是对这场由维多利亚时代专利论战偶然引起的公共讨论的颂歌。

在这场旷日持久的论战当中，各方对发明人应受某种形式的适当奖励这件事几乎没有争论。那些认为社会不靠任何其他力量也能自己发明出来东西的极端决定论观点非常罕见。[122] 当时有人担忧打破现状会阻碍英国的工业革命。[123]《泰晤士报》在 19 世纪 60 年代支持废除专利，要求清除无理取闹的“小垄断”，但也支持做出了“真正伟大的发明”的发明人，要求国家为其中没有得

---

[117] Henry Dircks, Inventors and inventions (London: E. And E. N. Spon, 1867), 10, 11, 44, 47. Roger Hutchins, Dircks, Henry (1806 - 1873), ODNB, www.oxforddnb.com/view/article/7681，最后登录时间为 2006 年 10 月 19 日。

[118] Dircks, Inventors and inventions, 85.

[119] 同上，7 - 9. 关于类似的论述，见 McGee, Making up mind, 789 - 96; Michael Adas, Machines as the measure of men: science, technology, and ideologies of western dominance (Ithaca: Cornell University Press, 1989), 143 - 153.

[120] Dircks, Inventors and inventions, 46, 56.

[121] 同上，39.

[122] 维多利亚时代的学者基本不赞成决定论，见 Philippa Levine, The amateur and the professional; antiquarians, historians and archaeologists in Victorian England, 1838 - 1886 (Cambridge: Cambridge University Press, 1986), 76.

[123] 例如 Levi, History of British Commerce, 340. 李维虽然信仰自由贸易，但也赞成保留专利制度，以免“发明人的权利遭到忽视或轻视”，进而损害工业发展。

到市场回报的人直接发放个人补贴。[124] 废除主义者始终拿不出对专利制度的公平替代方案，而英国民众普遍认为历史是由“大人物”创造的，发明人就是英国的大人物，这也最终让废除主义者在公共讨论中处于劣势。专利制度的支持者则占了上风。自美国开始向欧洲倾销低价谷物，导致几乎全欧洲都开始设置保护性关税后，废除派也就走到了历史的尽头。《泰晤士报》不再要求废除专利制度，转而呼唤改革。[125]

1883年专利、设计和商标法案最终让废除运动失效。[126] 这部法案提出的专利制度改革大部分是有利于专利权人的，尤其是法案大幅削减专利申请费，惠及了更广大的贫穷的发明人。贸易委员会主席约瑟夫·张伯伦在向下议院推广法案时解释称，这部法案也标志着国家对发明人理性的信心上了一个新台阶。

> 该法案认为，发明人应当受到鼓励，而非压制，因为他们也是贸易的创造者……我们所用的，我们生活所必需的，我们的健康、快乐和人口安全的一切，无论何时，都归功于专利发明的主体。[127]

消灭英雄：发明的经济学

在专利论战之外，关于发明的理论讨论并不多。不过在相当有限的讨论之中，也涌现出了一批质量极高的文献，堪称是1832年巴贝奇发表论文以来最富有洞见的技术研究。[128] 如前所述，心理学家亚历山大·贝恩曾经对伟大的发明家和发现家作过心理特征分析。[129] 贝恩的专业方法论最终走向了发明人个人主义，其他领域的学者则有更广阔的研究视角。1855～1865年3篇由大学教授撰写的文献对发明的社会经济与历史动因展现出了非同寻常的关切。虽然乔治·威尔森先验地认为发明动因最终都归于英雄式的个人精英主义，海恩和雅翁等两人超出了个体发明人的视角，提供了一套复杂、精致的技术发展理论。

---

[124] The Times, 7 February 1863, 9a-b.

[125] The Times, 9 December 1874, 9c.

[126] Hansard, P. D., 3rd ser., CCLXXVIII (1883), 369.

[127] 同上, 361. 另见 MacLeod et al., Evaluating inventive activity, 544－546.

[128] Charles Babbage, On the economy of machinery and manufacturers (London: Charles Knight, 1832).

[129] 同上, 150－152.

他们共同展现出了对英国工业化进程的深刻理解。[130] 不久之后，至少对于通晓英德双语的人而言，第四项研究问世了。就对技术之外的学科贡献和对政治的深远影响而言，卡尔·马克思的《资本论》（1867 年）彻底超越了前三本当代著作。[131] 如果我们重温本章的主题，马克思在《资本论》第一卷第 15 章中的分析则不仅是对维多利亚时代中期技术在英国社会的地位这一新问题的阐述，还是对当时技术取得的至高无上成就的解析。[132]

根据罗森伯格的观察，对于马克思而言，"最公允地讲，发明的历史也不是发明人的历史"[133]。在当代的评论家中间，唯独马克思对瓦特和他的蒸汽机态度平静。他欣赏"瓦特伟大的天才"，但他对于英国工业化的解释因并未优待蒸汽机而不同寻常：蒸汽只是最新的动力形式，它的发展由制造业的扩张推动（反之亦然）。对马克思来说，最关键的创新是机器取代工人手中的工具，人操纵工具的技能被植入机器，剥夺了人的经济能力（用霍奇金的话来说，就是人失去了资本）。[134] 马克思关心的是这一长时期的社会进程。相比于这些机器是如何被发明出来的，马克思可能更关心发明人的身份。他的分析因此聚焦于机械创新和其商业用途，以及它们对工人阶级造成的影响。从该角度出发，马克思认为发明的动因在于利用机械化瓦解熟练工人力量的资本战略（特别是在罢工期间），这也是安德鲁·尤尔推行的战略。在他的决定论哲学中，技术变革很少考虑个人，它是一个不可阻挡的历史过程，由人类与自然环境和其他人的互动所驱动，在很大程度上不是他们自己选择的条件下。[135] 马克思是一位很好的历史学家，没有消除人的能动性——机器后面总是有人，但他

---

[130] George Wilson, MD, FRSE, Regius Professor of Technology in the University, and Director of the Industrial Museum of Scotland, What is technology? An inaugural lecture delivered in the University of Edinburgh on November 7, 1855 (Edinburgh: Sutherland & Knox, and London: Simpkin, Marshall & Co., 1855); William Stanley Jevons, The coal question: an inquiry concerning the progress of the nation, and the probable exhaustion of our coal-mines (London and Cambridge: Macmillan & Co., 1865); William Edward Hearn, LL. D, Plutology: or the theory of the efforts to satisfy human wants (London: Macmillan & Co.; Melbourne: George Robertson, 1864).

[131] 《资本论》第一卷的英文本只在 1887 年出版过，见 Coleman, Myth, history and the industrial revolution, 17 – 18; Kirk Willis, The introduction and critical reception of Marxist thought in Britain, 1850 – 1900, HJ 20 (1977), 423 – 444.

[132] Nathan Rosenberg, Inside the black box: technology and economics (Cambridge: Cambridge University Press, 1982), 34.

[133] 同上，48；另见上注，35.

[134] Marx, Capital, Ⅰ, 497 – 499, 504 – 507, 545.

[135] 马克思不支持技术决定论。参见 Mackenzie, Marx and the machine, 473 – 480; Rosenberg, Inside the black box, 36 – 39. 这一时期拥护技术决定论的一般都是提倡发明英雄论的人，同上，134 – 136.

坚持把阶级斗争作为他辩证分析的主要动力，几乎没有为“伟人”的行为留下空间。事实上，他的发明模式是累积型的，霍奇金和专利制度的大多数反对者都喜欢这种模式。马克思还说：“批判的技术史会表明 18 世纪的发明很少是个人努力的结果。”[136] 尤其重要的是，通常需要不止一个人来打破技术设计中的假设。

> 只有在机械科学得到长足发展，积累了足够的实践经验之后，一台机器的形状才能按照机械学的原理彻底固定下来，从产生它的工具的原始形态当中解放出来。[137]

以上和其他敏锐的观察表明，马克思和伍德克罗夫特一样清楚地意识到，发明远不是一项可以被视为理所当然的简单操作。然而，考虑到他特别关心的问题，这并不是他需要密切调查的技术变革的一个方面。

19 世纪中叶的社会学家们开创了对发明和技术变革进行细致而深刻分析的先河，但这些分析仍处于当代辩论的主流之外。这些理论的复杂性没能很好地进入技术实践或者政治的舞台，而这两者恰好是发明本质忽然成为热点问题和争论的主战场。虽然双方一般都拥护发明相对粗浅的概念，正如我们所见，他们有时会被激发出更高深的洞察力。专利制度废除主义者的失败消除了进一步发展这种洞见的压力。它的发明文化决定论的意识形态在维多利亚时代，直到 1887 年英文版《资本论》出版后方才重现，并被纳入了马克思对技术变革的政治学的分析。学界也没有相关讨论。经济学家坚持把发明当成外生的“黑匣子”，除非它对经济造成了明显的巨大影响，否则没有意义。经济史学家同样忽视了这一点，因为他们围绕工业化的破坏性社会后果建立了自己的新学科；社会调查家布斯和罗恩特尔对此也表示关切。因此，如果 20 世纪早期美国社会学家和科技史学家奥格本、埃舍尔、吉利夫兰和晚些时候的梅尔顿在用决定论来批评发明英雄论的时候发现这早就被维多利亚世代中期的英国预见到，这也不足为奇。[138]

---

[136] 转引自 Rosenberg，Inside the black box，34 –35.

[137] 转引自上注，48.

[138] McGee，Making up mind，773 –789. 雅翁和海恩著作被 Plant 小部分引用，参见 Plant，Economic theory，34 –35.

第 10 章 工人的英雄

19 世纪五六十年代见证了发明人的造神运动——他们是和平年代的英雄，专利制度的保护人。不过发明人还有另一群受众，就是“工人贵族”，即工匠。❶ 对于那些工业化催生贸易中的熟练工人而言，发明人无疑是他们倾慕和效仿的对象。若是看到这些工人慷慨筹款甚至牵头发起为发明人立碑，那就更能体会他们对发明人崇高的敬意。19 世纪 60 年代，工匠们也为扩大议会议员选举权奔走，促成了 1867 年英格兰和威尔士改革法案（Reform Act for England and Wales of 1867）（苏格兰于 1868 年实施改革）。❷ 伟大发明人的虚名是他们的资本，其根本在于熟练工人的诉求变现为经济价值和个人尊荣的人格化。工匠当中读过霍奇金的书的屈指可数，不过他们也能想到一起去，那就是工匠的劳动和才智乃英国繁荣和强大的基石。❸ 发明人就是代表他们主张的最佳的符号。瓦特、史蒂文森和戴维，这些发明人无一例外都是工匠。

若想发明人扬名全国，政治共鸣必不可少。彼时英国正处于“纪念碑狂潮”之中，为发明人公开立碑也是顺理成章的事情。❹ 毕竟，以前就是这么做的：威斯敏斯特教堂为瓦特立了纪念碑，中产阶级们借此获得了政治参与的机会，也给 19 世纪 60 年代的工人阶级运动家带来了发挥的素材。虽然立碑于庙

---

❶ 关于这个概念的合法性描述（如非阐释），见 Royden Harrison，Before the socialists：studies in labour and politics，1861 – 1881（2nd edn，Aldershot：Gregg Revivals，1994），xvii – xxvii；Finn，After Chartism，2 – 4.

❷ 见 Catherine Hall，Keith McClelland and Jane Rendall（eds.），Defining the Victorian nation：class，race，gender and the Reform Act of 1867（Cambridge：Cambridge University Press，2000）；Harrison，Before the socialists，27 – 39，78 – 136；Finn，After Chartism，226 – 261；另可见 Fentress and Wickham，Social memory，115 – 126.

❸ 同上，164 – 165，169.

❹ The Spectator，repr. The Times，12 August 1850，3e.

堂之上无疑是难以复制的大手笔，但19世纪中期的纪念碑热潮也给工人们开辟了发声的机会。至少这些工人能够通过纪念他们中间“一分子”的发明人增长自信，从而为他们争取选举权加油打气。

19世纪20年代，不少激进分子还对纪念碑不以为然，但是如今也有不少人认为纪念碑是有力的斗争武器。❺ 在1855年8月，宪章派领袖费格斯·奥康纳（Feargus O'Connor）去世的时候，很快就有人筹划给他塑像的事情了。恩斯特·琼斯（Ernest Jones）在《人民报》（*People's Paper*）上撰文，让读者清楚明白地了解此事重大的政治影响：“皮尔（[Robert] Peel，英国政治家）、皮特（Pitts，英国政治家父子）和惠灵顿（Wellington，英国政治家）这些政治家，若民主不能为它的英雄立碑就是耻辱。”❻ 公众踊跃筹款，在肯塞尔·格林公墓建起了纪念塔，又在诺丁汉修建了瓦特的等身雕像。❼ 诺丁汉一个地方议员因此遭到罢免，无意中又为琼斯的运动添了一把火。琼斯发表抗议说：“若是能给皮特、惠灵顿或者牛顿塑像纪念，那给英格兰人费格斯·奥康纳塑像又有何妨？”❽ 那些引导熟练工人政治野心的英雄不仅有这些宪章派和改革派中的领头人，而且有发明人的纪念碑发出更为敏锐的政治宣言。

发明手艺人

在19世纪中期的英国，众所周知，绝大多数发明人出身工人阶层。这在大众文学和经济政策论辩当中都有体现。❾ 1824年，威廉·赫斯基森称，若是废除禁止工匠移居国外的法律，既然“机器主要都是工匠发明的”，同时放松机器出口限制才符合逻辑。❿ 30年之后，航海工程师约翰·伯恩反对对工匠进行正式的技术教育，理由是“天才主要是从工匠族群中招募来的”。⓫ 这套理论就是专利争议双方的试金石：废除派和改革派都认为发明人是工人，也都自称在为工人利益说话。⓬ 1883年，皇家学会会员布兰姆威尔爵士向皇家文艺学

---

❺ 有的激进分子仍然偏好更有实用价值的纪念方式，见下文，296 - 297，299 - 300.

❻ People's Paper，27 October 1855，转引自 Paul A. Pickering，The Chartist rites of passage：commemorating Feargus O'Connor，载 Pickering and Tyrrell（eds.），Contested sites，105.

❼ Pickering，Chartist rites of passage，106 - 115. 另见 Paul Salveson，The people's monuments：a guide to sites and memorials in north west England（Manchester：WEA，1987），6，31 - 23.

❽ Pickering，Chartist rites of passage，117.

❾ Bowden，Industrial society，19.

❿ Hansard，P. D.，2nd ser.，X（12 February 1824），149.

⓫ Bourne，Treatise on the steam engine（1853），21.

⓬ MacLeod，Negotiating the rewards，18 - 19.

会表示，虽然发明背后的科学原理更多是“哲学思想”，“能工巧匠”也发挥了“在一定程度上改进工艺习惯”的关键作用；“只有工人才能架起发现与应用之间的桥梁”。[13]

在19世纪中期的英国，以工匠来定义发明人道出了熟练工人在英国经济繁荣、称霸世界这一过程当中的重要作用，其政治分量不可谓不大。1851年，寇克卡迪的院长和市政官请愿，“我国之所以傲立于世界文明之林，皆有赖于瓦特、哈格里夫斯、克朗普顿、阿克赖特、史蒂文森等人的发明和发现”；曼彻斯特的市政官说，“英国之尊荣都植根于能工巧匠之卑微”。[14] 斯迈尔斯系统地强调了在自我完善典范中的低微出身。[15] 他在书写个人自强不息故事的时候，表面上是非常保守的，最近也被人重新诠释。斯迈尔斯是“理想人格特性”叙事的主要倡导者，这一叙事是维多利亚时代政治思想的新概念。考虑到一个人的个性分析“在解释各人命运不同方面是出了名的好用”。更具争议的是，人的个性主要由自身塑造。[16] 斯迈尔斯突出的一点是把个性的形成归于工作环境，在那里一个人能够展现真正的自我价值。他坚持“性格的提升”，强调个人的价值与社会地位无关；任何人都可以做到品德高尚不受出身决定。[17] 这在更大的程度上也是对贵族道德范式的回击。1867年，个性的话语占据了选举权辩论的中心。斯迈尔斯就说，工匠凭借道德品质就配享有投票权。斯蒂芬·科里尼有一句很重要的评论：“1867年的讨论重点不在于这些可敬的工人的权利，而在于他们的习惯。”[18]

基斯·麦克兰德（Keith McClelland）指出，当时划定谁是“受人尊敬的工人”对延长经营权至关重要。这除了明显的性别歧视之外，还在成年男性之间划定了精确的界限。因而引发了一场关于工人阶级文化的辩论。宪章派要求赋予所有成年男性选举权的主张被改革联盟（Reform League）和行会阐释为“为能工巧匠赋予选举权”，而所谓的能工巧匠就是那些经济独立、品行良

[13] The Times，15 February 1883，9c-d；B. P. Cronin，Bramwell，Sir Frederick Joseph，baronet（1818－1903），ODNB，www. oxforddnb. com/view/article/32040，最后访问日期为2006年10月20日。

[14] House of Lords Record Office，200，Appendix to reports，public petitions，1851（app. 472，20－21 March 1851），210－211以及（app. 709，14 April 1851），319. 另见Manchester Guardian，18 December 1850，6f；The Times，6 December 1850，4e；ILN 18（31 May 1851），487，490；The Builder 22（1864），427；Woodcroft，Brief biographies，vii；Ince and Gilbert，Outlines of English history，134.

[15] 同上，255－256.

[16] Collini，Public moralists，94－116，重点见第100页。

[17] 同上，106. 另见Smiles，Self-help，1866年版前言，v，其中“辛勤劳动对抗好逸恶劳，广大群众对抗上层少数”的观念由Taylor引用，参见Decline of British radicalism，334。

[18] Collini，Public moralists，111－112.

好、能够养家糊口的人。这些人就是工人阶级“男人气概”的楷模。[19] 按麦克兰德的说法，还要重视专门技术。所有的工人都对其劳动享有财产权利，这是宪章派要求男性普选权的理论基础，如此一来就被可敬的独立技术工人与非技术性、劳动强度低、不能独立开业、没有稳定工艺和“无法养家糊口”（亦即维持妻子和子女生活）的“不够格”工人之间的区分取代了。[20] 当时重工业人口持续扩张，在维多利亚时代中期（1848～1873 年）激增，无疑加剧了这种分化，也强化了行会的地位，而行会代表的正是技术最强、薪酬最高的一批工人的利益。[21] 允许这些人参与国家政治决策，就相当于承认了他们对国家富强作出的贡献。1865 年，锅炉工协会泰尼和维尔区分会在泰恩塞德组织了公开游行，麦克兰德的《工人：英格兰的伟人》（*England's Greatness*，*the Working Man*）一文就是他们的纲领。[22]

在这些“能工巧匠”争取选举权的运动中，一个重要的方面就是他们不仅强调自己的技术，而且强调自己的创新性和独特性。虽然斯迈尔斯没有直接参与选举权辩论，他的《自助》（*Self－help*）等一批自传为发明人和工程师提供了主要斗争动力。在《自助》的第一章里，斯迈尔斯开宗明义地宣布了一项信条：

> 一个民族世世代代的思考是怎样的、工作是怎样的，这个民族就是怎样的，所有民族都是如此。那些耐心、勤奋的劳动者，无论是哪个阶层，生活条件如何，种地的、开矿的，发明人、发现者、制造者、机械师和工匠，抑或是诗人、哲人和政治家，一个民族的伟大最终离不开这其中的哪怕一个人，每一代的努力都是前代人的积累，薪火相传才有了民族的进步。[23]

在下一章“发明人和生产者——产业的领头羊”当中，斯迈尔斯进一步论述了美德和成功的超阶级性：

> 正是体现在千千万万英格兰普通老百姓身上的产业精神，为英国的工

---

[19] Keith McClelland，England's greatness，the working man，in Hall，MacClelland and Rendall（eds.），Defining the Victorian nation，71－72，89－116. 另见上文，161－169.

[20] 在布莱特维尔《群英传》第二版的页首插图上，史蒂文森的形象就既是拿着工具站在工坊门边的工匠，也是给妻子和孩子罗伯特展示工作成果的琴瑟和谐、父慈子孝的家长。见 Heroes（new edn，1865），页首插图。

[21] McClelland，England's greatness，102－114；Harrison，Before the socialists，33，113－119.

[22] McClelland，England's greatness，106.

[23] Smiles，Self-help，5. 这里强调，这些职业都是平民职业。

业夯实了基础、搭建了平台……这种精神也是世世代代克服英国法律错误的药方和救赎。㉔

接下来斯迈尔斯用了上百页的篇幅介绍发明人的个人案例，他的观点也愈发明晰起来：

考虑到那些伟大的发明和创造为这个国家带来的财富和力量不可估量，毫无疑问，我们对这些最卑微的人负有义务。㉕

这是斯迈尔斯影响最深远的作品，他的理论也由此建构了起来：英国之所以伟大，就是靠着这些“最卑微的人”。

所谓的“最卑微”，指的还不只是工人阶级，还包括技术行业的世世代代。蒸汽机自然要拿来作为例证。斯迈尔斯指出，蒸汽机就是人们自力更生的纪念碑，是能工巧匠和工程师的造物：

看看托马斯·萨维里（Savary*，英国工程师），行伍出身；纽科门（Thomas Newcomen，英国工程师），原来是达特茅斯的铁匠；考利（John Cawley，英国工程师）是磨玻璃的，波特（Humphery Potter，英国工程师）当过操控蒸汽机的童工，斯米顿（John Smeaton，英国工程师）是从事土木的，这群人的集大成者就是勤劳、踏实、永不疲倦的詹姆斯·瓦特，数学家一般的发明人。㉖

工人贵族的英雄

19 世纪 50 年代，斯迈尔斯的观点其实很普遍。他的观点也不是自己想出来的，毕竟工人阶级不只是被动的听众。对于熟练工人，尤其是对工程和金属加工行业中的熟练工人而言，自 19 世纪 20 年代的瓦特之后，业内领先的发明人和工程师早就是英雄一般的人物了。这些人被印在行会会员证和会旗上，被人们在日常对话中恭敬地提起，被成百上千的工人铭记。1851 年，当英国议会专利法特别委员会就专利是否促进发明的问题向工程师议员 J. P. B. 韦斯特海德（J. P. B. Westhead）咨询时，他的答复就是这种工人阶级自豪感的结晶：

㉔ 同上，27.

㉕ 同上，29.

* 原书标注为笔误，应为 Thomas Savery. ——译者注

㉖ 同上，30.

> 我还记得我年轻的时候对机械很感兴趣，觉得搞发明、拿专利就像封爵一样光荣。对于许多在工业区从小跟着机器长大的人们，我认为他们的想法跟我是一样的。㉗

韦斯特海德没有提到他跟专利权人和发明人的往来。不过在他那个年代，他能够在《机械师》杂志这一类出版物上读到他们的故事，也能从巡回演说家和机械协会的讨论中听到他们的事迹，甚至可能还参加过机械和制造商会展。㉘ 30年之后，《工人》一文直截了当地跟工人读者推介了伍德克罗夫特在博物馆的藏品，"其中著名发明人和发现者的肖像、半身像和勋章达250件左右"㉙。除此之外，韦斯特海德应该也了解行业中的学徒发明人。其中少数几位被精英工人阶层像图腾一样到处推崇。"熟练工工程师"托马斯·怀特（Thomas Wright）曾经就19世纪中期熟练工的行规与习惯写过文章，其中回顾说新入行的工坊学徒要受同门的盘问："姓甚名谁，家庭情况，尤其要问到以后的远大理想，是想做史蒂文森还是瓦特，一言以蔽之就是'有什么规划'。"㉚ 1846年，蒸汽机和机械制造熟练工友好协会克鲁分会办了一场晚宴，祝酒词就是"为詹姆斯·瓦特、亨利·贝尔和阿克赖特英名不朽干杯！"㉛ 罗伯特·罗伯茨（Robert Roberts）的自传里还提到瓦特在机械界久负盛名，20世纪20年代，罗伯茨在索尔福德做工程师学徒，曾经针对一项机械问题提了一点见解，师傅们根本听不懂，干脆斥责一顿："你这个小瓦特，我们有问题自然会来问你，没问你的时候你就别多嘴！"㉜

行会会员证和旗帜、横幅上的肖像能给我们提供另一个视角。19世纪的行会主义者有的时候会把优秀的从业者以及堪称业内"开山祖师"或者工会

㉗ Report from the select committee of the House of Lords, BPP 1851, XVIII, 585. 另见583.

㉘ 同上，213-214.

㉙ The Working Man: a weekly record of social and industrial progress 1 (2 June 1866), 341.

㉚ [Thomas Wright], Some habits and customs of the working classes by a Journeyman Engineer [London, 1867], 88. 见 Alastair Reid, Intelligent artisans and aristocrats of labour: the essays of Thomas Wright, 载 J. M. Winter (ed.), The working class in modern British history: essays in honour of Henry Pelling (Cambridge: Cambridge University Press, 1893), 171-186.

㉛ Keith Burgess, The origins of British industrial relations: the nineteenth-century experience (London: Croom Helm, 1975), 8.

㉜ Robert Roberts, A ragged schooling: growing up in the classic slum (Manchester: Manchester University Press, 1976), 198-199; Andrew Davies, Roberts, Robert (1905-1974), ODNB, www.oxforddnb.com/view/article/61606, 最后登录日期2006年10月20日。1918年的时候，瓦特在谢菲尔德的工人群体当中很有知名度，不过可能不如爱迪生，见 Jonathan Rose, The intellectual life of the British working classes (New Haven and London: Yale University Press, 2001), 190-195.

“护法”的英雄人物画在这些仪式物上。[33] 工程师、机械师、碾磨技师、铁匠和模具工联合会（始建于1851年）的会员证就特别具有代表性（见图10.1）。这一版会员证由兰开夏郡纺织和工程产业中心布雷的一位天才铁匠（后为机器锻造工）詹姆斯·沙普斯（James Sharples）设计，[34] 一座古典工坊剖面图居中，其中安了一台蒸汽机，还有五幅工程师工作的小插画，正上方是瓦特身着托加长袍的肖像（表明他是一位“哲人”），两侧分别是克朗普顿和阿克赖特，穿着当代服饰，布是由兰开夏郡的蒸汽棉纺机织出来的。台座上站着两位机械师，一个穿着铁匠的皮围裙，另一个人手持台钳，分别象征着拒绝为战神马尔斯修理断剑的铁匠和接受了智慧女神密涅瓦所赐书卷的手艺人，代表了

图10.1 工程师、机械师、轮机工、铁匠和模具工联合会会员证

注：该图由詹姆斯·沙普斯创作于1851年。瓦特、阿克赖特和克朗普顿被尊奉为和平与繁荣的英雄，供在新古典主义风格的纪念碑的上部；在纪念碑下部，瓦特蒸汽机和行会熟练工人被置于英国由蒸汽驱动的超凡国力的核心位置。

---

[33] John Gorman, Banner bright: an illustrated history of the banners of the British trade union movement (London: Allen Lane, 1973), 103 -116.

[34] Smiles, Self-help, 190 -196，重点见第195页。

“铸剑为犁”的自由主义理念。最顶部是“丰收祭坛，长了翅膀的天使立于其上”，保佑画中匠人，寓意着高产与繁荣；一只“五旬节鸽”（Pentecostal dove）抓着橄榄枝，在天使头顶盘旋。背景上罗列了当时最先进的机械工程成果：纺织厂的厂房吞云吐雾，铁路机车穿隧而来，海湾里汽船航行，岸上还有蒸汽塔吊。正如英国历史学家克林根德所言：“维多利亚时代中期的英格兰工人仍然沿用寓言和工程轶事，以此表达他们对装点了无数工人家宅的真正民间艺术的深切、真挚的情感。”[35] 机车工程师和消防员联合会发行的跨世纪证书也向瓦特和乔治·史蒂文森致敬。他们的肖像分踞于证书的上端两角，工业与和平的标志物绘于证书下部，中央则是火箭号机车和两台更新的电动机车与远洋轮船，还有一台在纺织厂旁收割谷物的收割机。[36]

这场运动旨在纪念特定的发明人，或许也有一定的教育作用。在1824～1825年格拉斯哥和爱丁堡地区的瓦特纪念运动中收到几笔大的捐款都是来自工坊；绝大多数捐款集中在工程业、金属业或者棉纺织业，但捐助人中也不乏粉刷工、砌砖工、酿酒工和家具商。[37] 詹姆斯·芬莱公司卡钦棉纺厂和迪恩森棉纺厂分别由纺织机发明人阿奇巴德·布坎南（Archibald Buchanan）和詹姆斯·史密斯（James Smith）运营，两个工厂的“机械师和其他工人”捐款总计将近33英镑。[38] 克莱塞德一个刚入行的海事工程师罗伯特·纳皮尔捐了5基尼，他所在铸造厂的工人们捐了15基尼，工程师约翰·尼尔森（John Neilson）和他手下的机械师们捐款的数额也差不多。安德鲁·尤尔和乔治·朗斯塔夫（George Longstaff）分别在格拉斯哥的安德森协会和格拉斯哥机械师协会举办讲座，都是座无虚席，也在格拉斯哥为发明人塑像募集了80英镑，其中朗斯塔夫的讲座约有听众655人（虽然不见得都是工人）。[39] 在伯明翰，博尔顿瓦特公司苏豪铸造厂的257名工人为了威斯敏斯特教堂瓦特纪念碑工程

---

[35] Klingender, Art and the industrial revolution, 153. 美国纺纱工联合会在19世纪晚期颁发的一张会员证上也有克朗普顿和阿克赖特的肖像，藏于洛威尔国家历史公园。

[36] MacLeod, Nineteenth-century engineer, 77.

[37] Glasgow Chronicle, 25 November 1824, 3b; 11 December 1824, 3a; 30 December 1824, 3b; 5 February 1825, 3d; 2 April 1825, 3c; Glasgow Mechanics' Magazine 2 (27 November 1824), 303－304; The Scotsman, 24 July 1824, 559; 14 August 1824, 606.

[38] 1825年2月，詹姆斯·芬莱公司为格拉斯哥的纪念运动捐款200基尼，见 James Finlay & Company Limited: manufacturers and East India merchants, 1750－1950 (Glasgow: Jackson, Son & Company, 1951), 6－7. 公司第一任董事长柯克曼·芬莱（Kirkman Finlay）同时参加了这场纪念运动在格拉斯哥和伦敦的委员会，捐了100基尼；詹姆斯·史密斯则捐了5基尼，更贴近当时通常的捐赠金额，见 Glasgow Chronicle, 25 November 1824, 3b; 17 December 1824, 3a.

[39] Glasgow Chronicle, 20 December 1824, 2d, 3b.

1 先令、5 先令地凑，共计捐款 54 英镑 8 先令[40]（54.4 英镑）；其中有 31 人（很大可能是监工和经理）捐的相对多一些，最多的一个人捐了 3 英镑 10 先令（3.5 英镑）。[41] 考虑到当时一个人一个礼拜的工资也不过 2～3 英镑，这个数额的捐赠不可谓不慷慨。[42]

工人显然会跟着他们的领导一起为纪念活动捐款，有的时候他们的领导本人就是纪念委员会的成员。虽然不能说所有的捐赠都是完全自愿的，也不能说所有工人都没受工作环境的影响，但是对于某些工人来说，这种捐献既是一种神圣的责任，也是宣传工匠们为国奉献的契机。格拉斯哥开展纪念瓦特的活动的时候，《格拉斯哥机械师》杂志刊载了名为 W. G. 的读者来信，信中认为瓦特的丰功伟绩有目共睹，城中的工匠们都应该捐钱为他建纪念碑。W. G. 循循善诱地说："我们的那位工程师兄弟名声在外，才智卓群，我们每个人的饭碗和追求都受了他的恩惠，又怎能不去尊重、景仰他呢?"[43] 这位 W. G. 自称是安德森协会的会员，这家协会是"英国一切机械师协会之母"，至于他自己是不是机械师则无从查考，或者是一位中产阶级支持者。随信刊登的一篇文章则显示出了他对纪念碑项目的激情。文中说修纪念碑的决议通过时，协会的机械师"欢声雷动"，无论是道义还是经济上都慷慨支持。协会主席阿奇巴德·伯恩斯强调，"此时无人比我们这个阶级更激动"。在伯恩斯那里，工人阶级不仅完全知晓瓦特高尚的品格和他发明发现的细节，而且深受其感动：

> 当时，"机械"这个词进入英国的词典为时不久，名声也不如今日这般好，甚至还是个贬义词，有人说是从莎士比亚那里传下来的。但是瓦特先生拯救了机械的污名，我们都亏欠他的，无论如何称赞他都不为过。[44]

1854 年，机械工程师协会在尤斯顿车站为乔治·史蒂文森塑像，收到了 3150 份捐款，绝大多数都是 2 先令（10 便士）左右的零钱。协会表示："这些捐赠令我们倍感光荣，正是因为它是由无数工人为了实现这个宏伟的目标，

---

[40] 先令是英国旧辅币单位，1 英镑等于 20 先令，1 先令 = 12 便士，在 1971 年英国货币改革时被废除。

[41] Boulton & Watt（Muirhead）MSS，MI/5/9；另见上文，106.

[42] Eric Roll，An early experiment in industrial organisation：being a history of the firm of Boulton & Watt，1775 – 1805（repr. New York：Augustus M. Kelley，1930），189 – 191. 罗尔关于 18 世纪 90 年代人物的描写要结合接下来 20 年的工资增长一起来看，参见 Charles M. Feinstein，Pessimism perpetuated：real wages and the standard of living in Britain during and after the industrial revolution，Journal of Economic History 58（1998），625 – 658.

[43] Glasgow Mechanics' Magazine 1（November 1824），317. 杂志刊头自称是"由一个土木工程师和实用机械师委员会主办的"。

[44] 同上，318 – 319.

积沙成塔凑起来的。”[45] 5 年以后，泰恩塞德组织了史蒂文森的纪念活动，《泰晤士报》专门刊载了罗伯特·史蒂文森公司 5 名前雇员的来信，当时这五人都在中国香港，职位都很高，有的人甚至成为蒸汽船上的总工程师。他们“作为最受瓦特发明改进之恩惠的机械师阶层的一分子”，总共捐了 25 英镑（也许相当于他们每个人一周的工资），同样也是对史蒂文森公司长期聘用的感激。公司提拔重用了这些人，他们的感激进一步发展为骄傲之情，因为“通过他的发明和技术成功应用，跻身于最高贵的人之列，其名百世流芳，胜于百年以来的任何君王。”[46] 无独有偶，史蒂文森自己的徒弟“对他堪称膜拜”。1848 年，史蒂文森去世的时候，他手下的工人要求当地教区为其举办一场特殊的仪式，正式葬礼则是在威斯敏斯特教堂办的，有上千人出席。[47] 一个月后，他的徒弟们还开了一场大会，给他筹建纪念碑。[48]

维多利亚大堤上伊桑巴德·金德姆·布鲁内尔的纪念碑主要是由铁路工作者筹建的，尤其是那些他亲自参与过的公司。在 860 位具名捐款者当中，这些公司占了将近一半。大西部铁路工程局和英格兰南部、西南部的铁路工坊都参与了捐赠。[49] 1883 年，工程师们为纪念理查德·特里维西克发动募款的时候，还专门要求用人单位“允许工人以零钱捐款”。《工程师》杂志则称，特里维西克若是见到彼得兄弟铁路承包公司的工人 10 先令（50 便士）的捐赠，一定会特别高兴。[50] 此次募款总计收到 272 英镑 10 先令 2 便士（272.51 英镑），差不多 1/7 是铁路职工通过单位捐出的，其中大西部铁路斯温顿机车厂捐款超过 45 英镑，伦敦和西北铁路克鲁工厂捐款超过 42 英镑。[51]

西米德兰兹郡有的工人虽然不属于瓦特创建的企业，不过他们也以类似的方式纪念瓦特。他们一有机会就会捐款，数额比他们的雇主还要大（考虑到捐款和工资的比例，可能更称得上慷慨）。1868 年，在一群本地历史学家和工程师的支持下，伯明翰市向亚历山大·穆罗（Alexander Munro）委托了一尊瓦

---

[45] Proceedings of the Institution of Mechanical Engineers（1852），34；见上文，203.

[46] The Times，25 April 1859，9e. 不过相比于说他是“工人阶级的一分子”，史蒂文森应该更爱听后面的话，参见 Colls，Remembering George Stephenson，274.

[47] The Times，23 October 1859，7c-d；20 October 1859，7f；22 October 1859，7b. 约翰·埃德尔（John Elder）的葬礼也差不多，参见下文，335.

[48] The Times，21 November 1859，7b.

[49] Brunel Memorial［捐赠人名录］，WORK20/253，no. 1，National Archives；MacLeod，Nineteenth-century engineer，67.

[50] Dickinson and Titley，Richard Trevithick，264；The Engineer，21 September 1883，229. 为罗伯特·皮尔（Robert Peel）募款的时候，收到过 40 万枚便士硬币，见 The Builder 24（1866），240.

[51] The Richard Trevithick memorial［London，1888］，Institution of Civil Engineers Archives，London. 另见下文，322－325.

特雕像，立在市政厅门口。这尊瓦特像穿了常服，一只手搭在一台蒸汽汽缸上，揭幕的时候吸引了大批观众，媒体竞相报道。[52] 当时《泰晤士报》评论称，“在公众募捐中，伯明翰的工人几乎没有出钱”[53]。半个世纪之后的1919年，伯明翰纪念瓦特逝世100周年时，主要的活动是在伯明翰大学中设立机械工程教席，这项活动中捐款人数最多的就是伯明翰地区工程行业的工人和金属行业的企业。有工坊靠着义卖价值2便士的纪念小旗，募得超过218英镑，总计有26000多人购买。[54] 当时工人一个礼拜的工资不过4～5英镑，全家的粮食就要花掉一半，[55] 募捐款绝不是小数目。无数工人扛着瓦特的蒸汽机模型游行，背后行会的彩旗飘飘。他们的机械、工具和产品都“展现了生产的过程和机械对工业的影响……一起构成了一幅引人入胜的图景”[56]。这两代人对瓦特的纪念一同构成了他们要求在大国繁荣中获得承认的主张，以及1865年泰恩赛德的锅炉工意愿，他们宣称的“英格兰的伟大”，无论是在平时还是战时，都拜劳动人民的技术和创造力所赐。[57]

至于工人们对他们的英雄纪念碑，流传下来的记载寥寥。举例而言，《伦敦新闻画报》(*The Illustrated London News*) 也热情报道了穆罗为瓦特塑像一事，不过伯明翰工人阶级的反应更打动人：

> （工人们）要么一大早就聚集起来，要么抽出吃午饭的时间，要么下了班就赶来……从早到晚，几百人沉默地带着尊敬和欣赏的目光注视着雕像，并相互私语，这充分说明了他们已发现瓦特对人类劳动力的启蒙和对英国制造业的提升。区区一座雕像的教化与智识之功，又有谁能说得清呢？[58]

---

[52] The Times, 5 October 1868, 7b; The Builder, 26 (1868), 757; ILN, 53 (7 November 1868), 440; G. Noszlopy, Public sculpture of Birmingham, ed. Jeremy Beach (Liverpool: Liverpool University Press, 1998), 20.

[53] The Times, 5 October 1868, 7b; Noszlopy, Public sculpture of Birmingham, 32. 另见 Pemberton, James Watt of Soho and Heathfield, 166－167. 苏格兰也有类似的情况，“格林诺克总有人谈起给瓦特塑像……总之毫无进展。城中的工程师和锅炉工负责这件事”，见 Engineering, 26 August 1881. 吉姆·安德鲁慷慨提供文献资料，在此致谢。

[54] MacLeod and Tann, From engineer to scientist, 397.

[55] Arthur Lyon Bowley, Prices and wages in the United Kingdom, 1914－1920 (Oxford: Clarendon Press, 1921)，转引自 J. M. Winter, Sites of memory, sites of mourning: the Great War in European cultural history (Cambridge: Cambridge University Press, 1995), 233－234.

[56] James Watt Centenary 1919, Programme, Watt Centenary MSS; MacLeod and Tann, From engineer to scientist, 396－397. 关于另一场同等规模的详细描述，参见 W. Duncan (ed.), The Stephenson centenary, 1881 (Newcastle upon Tyne: Graham, 1975), 11－19, 38－50.

[57] 同上，283.

[58] ILN, 63 (7 November 1868), 440.

虽然这些工人的想法很可能是媒体附会的，不过他们对瓦特像和瓦特本人的兴趣看来是不约而同的真情流露。这则报道令人想起布莱特维尔，他说钟表匠经常去威斯敏斯特教堂里的乔治·格雷厄姆墓和托马斯·汤皮恩墓“朝圣”。这些事迹还有名碑为证，上面称赞他们“精密奇巧”、产品“分秒不差”，一直保存到 1838 年。[59] 此外还有当年威廉·斯图尔特（William Stewart）创作的《第一座亨特博物馆大门前的瓦特像》帆布画，上面有两个工匠，一个盯着钱特雷（英国雕塑家）设计的瓦特像，另一个凝视着瓦特最著名的发明：利用瓦特分离式冷凝器改良的纽科门式蒸汽机（见图 10.2）。瓦特原来是制造工具的，分离式冷凝器就是他有一次在格拉斯哥大学修理纽科门蒸汽机模型的时候发明的。[60] 斯图尔特在画中也许是把瓦特想象成了工匠们顶礼膜拜的圣物，或者说，他确定捕捉到工人们的日常，这就是工人们对瓦特的真情流露。

图 10.2　第一座亨特博物馆大门前的瓦特像

该画由威廉·斯图尔特创作于 19 世纪中期。这幅画的题材在同时期的油画当中不同寻常，表现了当时的工匠对瓦特的无限敬仰。

---

[59] Brightwell，Heroes，68，引自 Adam Thomson，Time and timekeepers（London，1842）. 根据布莱特维尔的说法，这块碑后来换成了一小片简单记载了墓主人姓名和忌日的菱形大理石牌，同上，69. 目前这块碑也恢复了。

[60] The Interior of the first Hunterian Museum with the statue of James Watt（oil painting），by William Stewart（1823 – 1906）：Hunterian Art Gallery Collections，GLAHA 44095. 这座雕塑由小詹姆斯·瓦特捐建，参见 McKenzie，Public sculpture of Glasgow，393 – 394.

纽卡斯尔的史蒂文森像也面临着同样的解释学问题。这尊雕像据说在当地的煤矿工人群体中引发了热烈反响。这种说法见于一份福音派于1866年创办的周刊《劳动者》(*The Working Man*)，当时这份周刊把他写成了"实现了阶层跨越"系列的早期故事人物：

> 一个下煤窑的工人能拥有一座在地球上光荣地站起来的塑像，英国的煤矿工人都该引以为傲。外地人一到纽卡斯尔，就能看见史蒂文森的塑像，四个大块头的青铜矿工扛着，真是气派、合宜。[61]

《劳动者》还引用了卡塞尔、派特和加尔平的出版商加尔平（Galpin）在塑像动工仪式上的讲话：

> 每个工人都有内在的力量。工人有技术，技术就是工人的资本；要是工人们能够把他们的诸多才艺合为一股，那就能打倒一切不合他们意的东西。(欢呼声) 要是工人们能够联合起来，他们就能扫除一切靠着他人诚实劳动吸血的寄生虫。[62]

当时人们出名主要靠视觉媒介，因此，我们不能低估一座雕像对于激发民众兴趣情感的作用。自19世纪40年代开始，照相技术面世，公众人物形象的传播更广泛，霍莱特（Robert Howlett，英国摄影家）在大东方号轮船前舷给布鲁内尔拍的标志性照片就是很精彩的一例，当时相片明信片正流行，也助推了这类人影像的传播。[63] 不过瓦特和史蒂文森分别在1819年和1848年去世，因此只留下了画像、半身像和雕塑（有些杂志和期刊会登载这些实物图像，见图7.7和图10.3）。只要人们对一个名人的外表和行动有兴趣，那自然就可能会对名人的雕塑产生兴趣。[64] 如果说瓦特和史蒂文森的雕塑能够引起工人们的自豪感，这也不是什么奇谈怪论。史蒂文森的雕塑在纽卡斯尔揭幕的时候，是全城的第二座雕塑。第一座是1838年在市中心格雷街口竖立的第二代格雷

---

[61] The Working Man：a weekly record of social and industrial progress 1（13 January 1866），26.

[62] 同上。关于这座雕塑及其来路的争议，同上，206－209.

[63] Peter Hamilton and Roger Hargreaves, The beautiful and the damned：the creation of identity in nineteenth-century photography（Aldershot：Lund Humphries，2001）；John Tagg，The burden of representation：essay on photographies and histories（Basingstoke：Macmillan，1988），34－59. 关于霍莱特照片的记载，见 Kelly and Kelly（eds.），Brunel，in love with the impossible，36－37.

[64] 例如旅行作家蒂卜丁1838年描写亨特博物馆所藏瓦特像时就"透着一股狂热"，见 McKenzie，Public sculpture of Glasgow，394. Cf. James Vernon，Politics and the people：a study in English political culture，c. 1815－1867（Cambridge：Cambridge University Press，1993），58－62.

伯爵像。[65] 挖煤工人能够跟改革派首相一起塑像，人们欢声雷动。1832 年格拉斯哥给瓦特塑像的时候情况也很类似。瓦特像是市内乔治广场上的第二座塑像，第一座是英国将军约翰·摩尔爵士（摩尔是格拉斯哥本地人，在拿破仑战争期间战死），是 1819 ~ 1832 年这座华丽广场上唯一的一座塑像，尽管有些争议。[66] 摩尔像是“格拉斯哥一个世纪以来第一座公共雕塑”[67]。

图 10.3 《英国工人》一书的封面

该封面为 1859 年 1 月版，上面是史蒂文森一幅工人阶级领袖的形象。下面是他出生地的插图，配文中称“生于陋室，长于市井，乃有天助，位居人杰。”（安·佩瑟斯摄影）

不应把 18 ~ 19 世纪之交的雕塑审美疲劳与我们现在所讨论的主题相混淆。那个时候社会上有丰富的图像资料，甚至还有动画；那一时期也大不同往日，在主要的市镇上都有不少老式雕塑。第一代人见到雕塑的惊讶与奇异也都会融入漫长的日常。例如在 1881 年的纽卡斯尔，有报道称：“一到凌晨零点三十，

---

[65] Colls, Remembering George Stephenson, 275; Usherwood et. al., Public sculpture of north-east England, 96 – 98.

[66] McKenzie, Public sculpture of Glasgow, 114 – 123. 关于威斯敏斯特教堂中那尊瓦特像的记载，同上，98.

[67] 同上，xii.

史蒂文森‘满身油腻’的辛劳者就会围在他的雕像旁边吃晚饭，这些人的‘带头英雄’、本地划船冠军钱伯斯（Chambers）和任弗士（Renforth）也混迹于他们之中。”[68] 时至1912年，更有人对公共纪念碑本身提出讽刺，说“这些东西竣工了也没人瞥一眼”，[69] 这种批评并不值得大惊小怪。到了1916年，格拉斯哥一共立了30座独立雕像，《格拉斯哥先驱报》（*Glasgow Herald*）在头版登出批评文章，挑刺说：“如今乔治广场上都是死人的遗照，这座广场是否发挥其美学功能不言而喻。”[70] 格拉斯哥市民也定期提议，要求停止新建塑像，甚至把现有的塑像移往别处。[71] 不过在一些更小、更偏远的地区，一座雕塑仍有可能不失为一件吸引当地老百姓兴趣的珍品。[72]

听到了反对纪念运动的声音，就要去考察纪念的本质。很多人都质疑纪念碑的用处，支持更有实用意义的纪念形式，激进派尤甚。《盖茨海德观察家报》（*Gateshead Observer*）有个激进派编辑詹姆斯·克莱凡（James Clephan），非常崇拜史蒂文森，甚至用报纸的整版头版刊登他的讣告。[73] 1851年，克莱凡带头提议给史蒂文森搞纪念的形式，但对于雕塑不感兴趣，而是重提了一个之前的方案，要建史蒂文森研究会，“办成机械师研究会和工人阶级大学的综合体”[74]。1859年，又有一群激进派要求办纪念史蒂文森的教育机构，其中有史蒂文森本人机车工坊的工人代表拉皮尔（Rapier）、东北铁路的哈里森（T. E. Harrison）和纽卡斯尔最贫穷的一个选区的政务委员、外科医生威廉·纽顿（William Newton）等人。纽顿在之后出了一本小册子，号召在市里一所新设的语法学校增设纪念奖学金，名字不仅要叫史蒂文森，还要冠上“伟大的纽卡斯尔人”。小册子还批评立雕塑，“冷冰冰、了无生气、倒退的、堪称大错特错”[75]。虽然激进派和工人们的意见在纽卡斯尔没受到重视，不过在1863年，英国铁路公务员和乘务员协会提议设立“乔治·史蒂文森基金会”，扶助残疾和年老的铁道职工，认为比建雕塑更有纪念意义。[76] 此外，1879～1881年，史蒂文森100周年诞辰纪念活动组织了大量的募款，资助了数个教

---

[68] The Graphic，4 June 1881，转引自 Colls，Remembering George Stephenson，288.

[69] The Times，2 October 1912. Cf. Agulhon，Politics，images，and symbols，192 - 193.

[70] McKenzie，Public sculpture of Glasgow，xiii，116.

[71] 同上，116 - 118.

[72] 参见下文第338 - 343页。

[73] Colls，Remembering George Stephenson，277.

[74] 同上，275，277.

[75] W. Newton，A letter on the Stephenson monument，and the education of the district，addressed to the Right Hon. Lord Ravensworth（Newcastle upon Tyne：Robert Fisher，1859），转引自上文第278页。

[76] The Builder，21（1863），285.

育项目、一座铁路工会孤儿院和切斯特菲尔德的市政大楼。[77] 无独有偶，兰开夏郡博尔顿的塞缪尔·克朗普顿的纪念者们也对此青睐有加。

“我们的”塞缪尔·克朗普顿

我们从一则文献记录非常翔实的事例谈起。1860 年，博尔顿的一群工人表达了他们强烈的感情，要好好给克朗普顿办纪念活动，并且作了很有力的游说。显然，这些人在心理上很认同克朗普顿，甚至觉得他就是工人的一员，是那一带繁荣的主要功臣。[78]

克朗普顿发明了走锭纺纱机，死时贫困潦倒，当时已经逝世 30 多年了。全英国的纺纱工厂都装配了克朗普顿发明的纺纱机，但由于他疏于为自己的发明申请专利，憾而错失了一大笔专利使用费。[79] 1812 年，克朗普顿争取到了英国议会一笔 5000 英镑的奖励，这笔钱相对于那些专利使用费而言微不足道，但是他并没有经商能力，拿着这笔钱投资了一家夕阳企业，不久便血本无归。[80] 到了 1824 年，克朗普顿的贫困震惊了社会，当地的棉纺厂主因此发起募捐，最后给他一年发 63 英镑的补贴。1827 年克朗普顿去世的时候，后代把他留下的房子和家具变卖，才勉强还清了他生前的债务，最后只能把他葬在博尔顿教堂的后院里，墓碑上一个字都刻不起。[81] 1839 年，克朗普顿的生前好友曼彻斯特棉纺商约翰·肯尼迪（John Kennedy）和当地士绅詹姆斯·哈德卡斯（James Hardcastle）出钱给他的无字碑补刻了姓名，加上了“走锭纺纱机发明

---

[77] 参见下文第 320 - 322 页。

[78] 之前博尔顿就有工人们采取集体行动的先例，见 Barton，Why should working men visit the Exhibition?，154 - 155；Patrick Joyce，Work，society and politics：the culture of the factory in later Victorian England（Brighton：Harvester Press，1980），181.

[79] Bolton Chronicle，30 June 1827，转引自 Samuel Crompton，the inventor of the spinning mule：a brief survey of his life and work，with which is incorporated a short history of Messrs Dobson & Barlow，Limited（Bolton，1927），43 - 44.

[80] Michael E. Rose，Samuel Crompton（1753 - 1827）：inventor of the spinning mule：a reconsideration，译自 Lancashire and Cheshire Antiquarian Society 75（1965），21 - 27.

[81] 同上，27 - 28；John Kennedy，A brief memoir of Samuel Crompton；with a description of his machine called he mule，and of the subsequent improvement of the machine by others，Memoirs of the Literary and Philosophical Society of Manchester，2nd ser.，5（1831），321 - 324. Valuation of the furniture of the late Samuel Crompton，1827，Crompton MSS，ZCR 45/17；Samuel Crompton，last will and testament，ZCR 45/18；J. Horton to Mr Crompton，［1827］，ZCR 46/9；Invoice，Hargreaves & Hutchinson to George Crompton，1 February 1828，ZCR 47/3；William Crompton to George Crompton，2 April 1828，ZCR 47/8.

人”的墓志铭。[82] 肯尼迪还为克朗普顿写了一篇传记，由曼彻斯特文学和哲学协会出版。[83] 克朗普顿的后人哀其无名，却无力摆脱贫困。[84] 直到 19 世纪 60 年代，一个人的出现才给这个家族的命运带来了转机。

这个人就是吉尔伯特·弗伦奇（Gilbert French），苏格兰人，纺织品商人，在博尔顿有生意，也是一个热心的古董收藏家。[85] 1853 年，正值克朗普顿百年诞辰，他跟克朗普顿的后人取得联系，说“博尔顿之所以有今天的繁华，是欠了克朗普顿的”，表明自己要“给生前饱受不公的克朗普顿争回身后名誉”。他制作出一幅克朗普顿的画像，打算“为其立一座半身像，留作后世纪念”，那幅画像的画家当时还给克朗普顿的家“霍利斯木屋”画像。[86] 过了五年，弗伦奇在博尔顿机械师协会上作了两场关于克朗普顿的演讲，引发了热烈的反响，他因此更热心了。[87]《博尔顿纪事报》（*Bolton Chronicle*）号召发动“双重纪念”，第一重是博尔顿市民买下霍利斯木屋，改建成纺纱机博物馆，第二重则是在全国甚至世界范围内运动，在博尔顿给克朗普顿塑像，因为“克朗普顿的发明不仅是英国历史的一个里程碑”，“更改写了世界上每一个国家的前途和命运”。[88]

有人鼓励弗伦奇出版他的讲稿，他也和其他博尔顿的“领军人物”倡议讨论公众纪念的问题，但是“出师相当不利”：他们给博尔顿的棉纺行业人士发出了 200 份请帖，结果只有 14 人来参会。[89] 弗伦奇心酸地说“用老旧纺织机的材料建雕塑吧”；别人则说花 1000 英镑“至少能修一座好的方尖碑”。镇上的激进派议员库克（[Joseph] Crook，1851 ~ 1861 年任下议院议员）干脆推

---

[82] Epitaphs for Samuel Crompton's gravestone [1839], Crompton MSS, ZCR 45/4; James Hardcastle to George Crompton, 18 January 1839, ZCR 58/1; George Crompton to James Hardcastle, 19 January 1839, ZCR 59/2. 1859 年，这块墓碑“无人管理”“当过好几百人的踏脚石”，时人撰文予以述评，见 The Crompton Memorial, Bolton Chronicle, 11 April 1859, 载 ZCR 74/14; report of visit by Lancashire and Cheshire Historical Society, Bolton Chronicle, 9 July 1859, ZCR 75/20.

[83] Kennedy, Brief memoir，关于肯尼迪详见上文第 195 页。

[84] 同上，188 - 189.

[85] Emma Plaskitt, French, Gilbert James (1804 - 1866), ODNB, www.oxforddnb.com/view/article/10163，最后登录时间为 2006 年 10 月 20 日。

[86] G. French to G. Crompton, 29 November 1853, Crompton MSS, ZCR 69/4; 2 December 1853, ZCR 69/5，原文如此。

[87] G. French to S. Crompton, 20 November 1858, Crompton MSS, ZCR 70/12.

[88] Bolton Chronicle, 29 January 1859, 5 February 1859, Crompton MSS, ZCR 71/2, 71/4.

[89] G. French to S. Crompton, 18 March 1859, Crompton MSS, ZCR 71/16; 18 May 1859, ZCR 73/6; printed invitation to public meeting, 23 May 1859, ZCR 73/10; G. French to S. Crompton, 27 May 1859, ZCR 74/1.

翻了整个纪念方案。他认为，“在棉纺历史上，克朗普顿早就永垂不朽了，把他供起来就是多此一举”。有人反问道：“从前我们只给王侯将相塑像……为什么现在不能给一位真正造福了人类的人塑像?”库克则直接否定了克朗普顿的贡献：他的纺织机不过就是“珍妮机”加转轴（例如阿克赖特的水力纺纱机）。不过库克的根本论调是不在不实用的东西上浪费钱，倒是尽显激进派的底色。镇上还有很多实用的项目要用钱，卫生所也急需拨款。库克进一步表示，要是给克朗普顿建一座纪念教育机构，他就愿意捐款。还有几人也表达了类似的想法，直到散会还是没能达成一致意见。[90] 弗伦奇凉透了心，准备放弃计划，不过罗伯特·海伍德（Robert Heywood）的到访给他重燃了希望。海伍德是制造商中最年长的太平绅士，对他的“教友”库克议员的行为进行了谴责。为了表达支持，海伍德作出承诺，要是大会决定在克朗普顿的墓上修纪念碑，他就捐款 5 英镑；建公共雕塑，捐 50 英镑；办教育机构，捐 500 英镑。海伍德批评库克口无遮拦，自己的实用主义态度尽显无遗。既然库克和海伍德都支持开设纪念教育机构，《博尔顿纪事报》也很支持（并且支持的力度越来越大），弗伦奇也不想再冒第二次受辱的风险了。[91] 不过他的讲稿《塞缪尔·克朗普顿的生平与时代》（*Life and Times of Samuel Crompton*）销量很好，到了 1860 年 1 月，弗伦奇又在准备第二套方案了。[92] 他单方面给克朗普顿的墓订作了一块“密实的花岗岩”，募得的捐款超过了物料成本，还能再给克朗普顿的墓碑换一个底座。[93]

这个节骨眼上，弗伦奇的塑像计划还在搁浅中。此时他收到了威廉·斯莱特（William Slater）的一封信。斯莱特是多布森和巴洛公司（Dobson & Barlow）下属一家大机械制造厂的经理，之前弗伦奇写传记的时候，给他提供过走锭纺纱机的图画。信中说，“敝公司棉纺厂几位领班、经理和监工”聚在一起开会，一致决定“不等别人襄助，为塞缪尔·克朗普顿塑像”。他们青睐塑像，而且认为只要知名度足够，“工人们会主动捐款，成此事业”。随信还附了一

---

[90] Bolton Chronicle, 4 June 1859, Crompton MSS, ZCR 74/13.

[91] G. French to S. Crompton, 9 June 1859, Crompton MSS, ZCR 74/12; Bolton Chronicle, 11 June 1859, ZCR 74/14; G. French to S. Crompton, 11 June 1859, ZCR 74/16; 12 June 1859, ZCR 75/1; Bolton Chronicle, 18 June 1859, ZCR 75/2.

[92] Printed advertisement for French's lectures, Life and times of Samuel Crompton [1859], Crompton MSS, ZCR 75/11; G. French to S. Crompton, 24 January 1860, ZCR 80/7; Dewsbury Reporter, 28 January 1860, ZCR 80/9; Dewsbury Reporter, 4 February 1860, ZCR 80/12; G. French to S. Crompton, 7 May 1860, ZCR 82/9.

[93] Bolton Chronicle, 1 September 1860, Crompton MSS, ZCR 82/12.

份捐款单，共有40余人捐赠，其中有21个人捐了1英镑，1个人捐了5英镑，总计将近30英镑。[94] 这些人慷慨解囊，表明了塑像的决心，而他们一周也才挣2~3英镑。

8个月之后，“响应一份由最有影响力的人们签的请愿”，博尔顿的镇长召开了第二次公众大会，超过500人参加。[95] 虽然这次大会办得“还是很寒酸”，不过来了不少男女工人，挤满了政务大厅。海伍德与多布森和巴洛公司的巴洛政务委员（Barlow）在前两位发言，盛赞了工人阶级和富人们的参与。威廉·泰尔文德（William Thirlwind）站在人群之中，热情洋溢地接着讲话，妙趣横生引得众人忍俊不禁。虽然泰尔文德倾向于设立技术学校，但也表态说支持所有对纪念有益的方案，“这样人民就会指着克朗普顿给我们留下来的财富说，‘看看我们的祖师爷’，‘这就是我们的祖师爷！’”泰尔文德还带着工人们一起回忆克朗普顿的事迹。永远不要忘记“再造了博尔顿的、再造了兰开夏郡的和让曼彻斯特重生的……是我们的工人”。他宣称最受克朗普顿发明恩惠的看上去可能“是那些棉纺厂主，对，坐在主席台上的人（他还往主席台上指了指，听众纷纷拍掌大笑）……还有大地主”，但是工人阶级才把克朗普顿当成自己的一分子，“咱们工人哪怕只出得起1便士，也顶得上老爷们的1英镑”（大笑）。

接下来，斯莱特重申了公众募捐的主张，“不分男女、不分贫富”，“每一个工人都要出自己的一份力”，好教富人们看到“我们拧成一股绳，说到就能做到”。斯莱特又举出克朗普顿的事例，提醒雇主说他们的利润都系于他们手下工人的技术和创造力，尤其是这些人对发明人的骄傲和对致富的追求。在斯莱特那里，走锭纺纱机标志着棉纺业的突破：“这不是几件发明的拼凑，而是一件全新的独立发明；不是几个人的产物，而是一个伟人的创造，他就是塞缪尔·克朗普顿。”（掌声）虽然走锭纺纱机已经改进了很多代，但是原型仍然是克朗普顿的产品。斯莱特凭着自己对技术的了解对克朗普顿的价值作出了再认识——这就是手艺人之间的惺惺相惜，否定了库克之前的否定。大会的气氛越来越高涨，主席团眼见就要控制不住了，海伍德不失时机地退了一步，表示“委员会要吸收一些活动家”。

---

[94] W. Slater to G. French, 6 January 1860, Crompton MSS, ZCR 80/1. 这笔钱很有可能是用在了克朗普顿墓前的新纪念碑上，见 Bolton Chronicle, 1 September 1860, ZCR 82/12; Bolton Guardian, Crompton Supplement, 24 September 1862, ZCR 84/3.

[95] 接下来两段都整理自《博尔顿编年史》的报道，参见1 September 1860, Crompton MSS, ZCR 82/12.

尽管美国内战对当时的英国贸易造成了威胁，大家还是就纪念活动达成了一致。55 家企业和个人当场捐出了总共 763 英镑，其中有 19 位棉纺工人和制造商，以及 8 位工程师和机械制造师。接下来的两个月，博尔顿的机械制造工厂和棉纺厂开展了募捐，各家都捐出了几英镑，筹款数额又翻了一番。到了 1861 年 2 月，募款总额达到了 1700 英镑，布拉德福德伯爵（Earl of Bradford）还捐出了纳尔逊广场的中心地块，离筹款目标只剩下 300 英镑了。[96] 威廉·考尔德·马歇尔受托设计雕塑模型，供委员会备选。委员会相中了克朗普顿的自然座像（见图 10.4），并且决定接受雕刻工人的提议，在底座上增设两面浮雕，一面是霍利斯木屋，另一面是克朗普顿和他的小提琴（见图 10.5）。[97]

图 10.4　博尔顿纳尔逊广场塞缪尔·克朗普顿像

该像由威廉·考尔德·马歇尔创作于 1862 年。浮雕上是博尔顿霍利斯木屋的图像，这是克朗普顿幼时的故居（作者拍摄）。

---

[96] Subscription list, 1 September 1860, Bolton Chronicle [September 1860], Crompton MSS, ZCR 82/15; Bolton Chronicle, 19 September 1860, ZCR 83/5; Bolton Chronicle, 20 October 1860, ZCR 83/6; Bolton Chronicle, 27 October 1860, ZCR 83/7; Bolton Guardian, Crompton Supplement, 24 September 1862, ZCR 84/3.

[97] Bolton Chronicle, 27 October 1860, Crompton MSS, ZCR 83/7; Bolton Guardian, Crompton Supplement, 24 September 1862, ZCR 84/3.

图 10.5　博尔顿纳尔逊广场塞缪尔·克朗普顿像浮雕

该像为克朗普顿发明走锭纺纱机的场景，身旁放着一架小提琴，是他的灵感之源（作者拍摄）。

1862 年 9 月，雕像在博尔顿揭幕，当日全城放假。在《伦敦新闻画报》的配图上，纳尔逊广场上人山人海，都在倾听赞扬克朗普顿、棉纺工业和博尔顿的演讲（见图 10.6）。之后人们在节制礼堂举行了一场游行音乐会，放飞气球，准备了 2000 块面包，宰了一头小牛，供大家开怀吃喝。大家还跳起了舞，

图 10.6　博尔顿纳尔逊广场塞缪尔·克朗普顿雕像揭幕仪式

该像的广场上人潮汹涌。载于《伦敦新闻画报》1862 年 10 月 4 日刊（安·佩瑟斯摄影）。

表演海顿（Joseph Hayden）的《创世纪》（*Creation*），最终以漫天的烟火谢幕，“天上仿佛有一道彩虹，每一道虹光里的每一寸都织着‘克朗普顿’四个字，远看着又像是‘克朗普顿’四个透明的大字。”[98]《博尔顿卫报》（*The Bolton Guardian*）出了号外，祝贺弗伦奇将克朗普顿“拯救于无名”，还宣布要出售克朗普顿传记的“群众版”，定价一先令（5 便士）。[99]

唯一的负面评价在于被忽视的克朗普顿家族。他们对这场盛会作了一些尖酸刻薄的评价。《曼彻斯特卫报》报道说，克朗普顿的后代没有一个人受邀参加社交活动；克朗普顿有个儿子，穷得只能借朋友的礼服去参加雕像的揭幕仪式。雕像本身是“对一位贫困而死的国士的……迟来的认可”；现在“市镇长官和富得流油的棉纺商人列队游行，借纪念克朗普顿给自己脸上贴足了金”，克朗普顿的后代则在穷困中挣扎，“不是受鄙视，就是被无视”。[100]《笨拙先生》杂志一样满是讥讽，“幸好所有棉纺大亨的债主都只有一个人”。[101]《皇家艺术学会杂志》（*Journal of the Society of Arts*）则着眼于专利论战，拿克朗普顿的悲惨命运和阿克赖特与瓦特的名利双收作对比。克朗普顿丢了专利，制造商和国家都“没有予以补偿”，但阿克赖特和瓦特都为自己的发明申请了专利。[102]

还有人比克朗普顿的后代更籍籍无名，就是另一位发明人和手动织布机织工约翰·奥斯巴德斯顿（John Osbaldeston）。他在纪念克朗普顿的当年去世，就在附近的一座工坊里，葬在托克豪斯的教堂墓地，靠近兰开夏郡的布莱克本；坟前有一座梭形的石质纪念碑，象征着走锭纺纱机上的缠线梭子。他发明了纬纱叉，提高了手动织布机的工作效率，但始终未受认可，也没有因此获赏，过得苦不堪言。在他自作的墓志铭上说：“这里埋葬着约翰·奥斯巴德斯顿，卑微的发明人，他成就了无数人的财富和幸福，但他自己在贫困中生活，在默默无闻、虚假朋友的哄骗和不适当的自信中去世。”[103] 这又何尝不是 1827 年去世的克朗普顿的写照呢？对于 19 世纪的发明人而言，英雄和落难者只有一线之隔，但这条线又画得多么坚实。要不是靠着弗伦奇和他在博尔顿的工坊和棉纺厂里的朋友，今天我们对克朗普顿的所知怕也不见得要比奥斯巴德斯顿更多。

---

[98] Inauguration of the Crompton Statue [printed programme], Crompton MSS, ZCR 84/2; ILN 41 (4 October 1862), 361.

[99] Bolton Guardian, Crompton Supplement, 24 September 1862, Crompton MSS, ZCR 84/3.

[100] Manchester Guardian，转引自 JSA 10 (17 October 1862), 714.

[101] Punch 43 (1862), 154.

[102] JSA 10 (1862), 713 - 714. 伍德克罗夫特有个类似的观点，参见上文第 253 页。

[103] Salveson, The people's monuments, 56；墓地照片参见第 57 页。1824 ~ 1842 年，奥斯巴德斯顿名下有三项关于纺纱装置的专利。

谁的英雄？

博尔顿镇上浮现出的阶级矛盾，在斯塔福郡陶厂也上演了。当时有人提议纪念约书亚·韦奇伍德，彼时他已经逝世逾60年了。不过当时情况很不一样，工人们一般没有在陶厂中大胆发声的机会。克朗普顿其人在19世纪50年代就已经淡出了博尔顿公众的记忆，韦奇伍德的名字和声誉在陶艺界得以延续，这要归功于这家仍以他名字命名并吸引了王室和贵族光顾的著名公司。由于公司的声誉岌岌可危，除非以最恭敬的方式陶业工人几乎不许声称韦奇伍德是他们其中一员。

1859年2月，《建筑师》杂志上发表了两项纪念提案，“不幸的是，现在人们要争夺韦奇伍德的纪念权了”。韦奇伍德家族和公司的“官方”提案是在波斯兰一场“陶厂工人们广泛参与的群众大会上”通过的。卡莱尔（Carlisle）伯爵任大会主席，当地贤达都宣布支持，或亲自声明，或来信襄助。他们的计划是建设一所纪念大楼，其用途应当体现韦奇伍德“引领实用发明，促进公益进步”的“造福乡里、国家、全人类”的品质。当时大会收到了超过800英镑的捐款。与此同时，韦奇伍德的下葬地、特伦特河畔斯托克城也开了一场“非正式”的纪念大会，以主席最终投票的一票优势决议为韦奇伍德建一座雕塑；至于当地的工人，他们似乎更想建一座会议厅。[104]

有一封寄给《泰晤士报》的匿名信上说得更激进，要求为纪念韦奇伍德开展两类更合适的“慈善事业”，要么建消烟设备，鼓励富人们回到陶厂一带居住，提升当地生活水平，要么为因恶劣的工作环境致残的陶业工人办济贫院（还给出了详细的规划）。来信人对建雕塑和在威斯敏斯特教堂里立碑的计划均表示轻蔑，称其“一看就行不通”。韦奇伍德发明了高温温度计，做过很多有价值的实验，并且由此获得了巨大的利益，如今这么多人大张旗鼓地要纪念他，真是“盛名之下，身不由己”。信中的抗议虽然激进，仍不失有洞见：

> 如果每个坚持不懈、技艺高超和成功追求自己工艺的制造商都能以一座塑像来纪念，如果专利局以后要颁发贵族专利，如果我们的民族性是完全的商业化，那就得以各种手段宣传这一新的真理，就让商业元素在我们的公共纪念碑中占据主要地位。[105]

---

[104] The Builder, 17 (1859), 98.

[105] The Times, 17 February 1859, 10e.

凭借韦奇伍德在本地的经济影响力和社会地位，虽然确实有点儿“不幸的争夺”，但两派在募款上都没遇到什么问题。三周之内，伯斯勒姆的学院提案筹得 1900 英镑，斯托克塑像提案筹得 2000 英镑（主要是本地居民捐赠）（见图 10.7）。[106] 1862 年 1 月，韦奇伍德 2.4 米高的铜像在南瓦克罗杰斯铸造厂（Mr. Rogers' Foundry）竣工，“不少人下午都来参观在这里休闲”。这座雕像由爱德华·戴维斯设计，在伦敦世界博览会上首展，1862 年在斯托克城火车站前安家，“瞻仰者甚至挤满了一整个月台”。韦奇伍德的铜像造型脱胎于约书亚·雷诺德斯（Joshua Reynolds）爵士为他画的像，[107] 穿着他那个时代的衣服，手里捧着一只波特兰花瓶。当年晚些时候，格莱斯顿（英国政治家，后来任帕默斯顿内阁的财政大臣）为伯斯勒姆的韦奇伍德学院奠基，有本地

图 10.7 特伦特河畔斯托克城威尔顿广场约书亚·韦奇伍德像

该像由爱德华·戴维斯创作于 1862 年。韦奇伍德手持波特兰花瓶。他制造的珍版波特兰花瓶赢得了广泛的赞誉（作者拍摄）。

---

[106] The Builder, 17 (1859), 151.

[107] The Builder, 20 (1862), 31; ILN, 40 (28 June 1862), 666 - 667; ILN, 42 (7 March 1863), 247; Nikolaus Pevsner, Staffordshire (Harmondsworth: Penguin, 1974), 262.

贤达出席，当地居民则像过节一样庆祝。学院计划建技术学校、博物馆和公共图书馆各一座；学院大楼门口则立了另外一座韦奇伍德像，门上还系了红陶土色的缎带，象征着本区陶工精通的各式技艺。[108]

一位“工人阶级的代表”给格莱斯顿去信，对自由贸易和韦奇伍德表示赞许。若要庆祝阶层向上流动，这封信来得恰逢其时。《泰晤士报》没刊载这个人的名字，不过应该是韦奇伍德厂里的一个高级职员。他在信中写道：

> 我们感念这位一生做工人的人创建了我们的学院。他凭借着自己的天赋、远见和勤劳举世闻名，为其他从社会底层成长起来的人燃起了希望，帮助提高了劳动群体的社会地位。[109]

格莱斯顿还发表了一段长篇演讲，把韦奇伍德说成是罕见的集才能、品位与经商头脑于一体的楷模。

> 韦奇伍德是一个活跃、心细、手巧、胆大和富有进取心的生意人，他不仅是一个伟大的制造商，还是一位伟人。他有一种真正的天才的气质和风范，我们经常能在伟大的工程师当中找到他的同人，即便是在农业、制造业和商业领域也是极罕见的。[110]

格莱斯顿还对韦奇伍德迄今没有传记问世表示惊讶，不过两年之内，就有两本传记横空出世了，还都献给了“财政大臣阁下”。第一本是德比郡的报社编辑和收藏家卢埃林·杰威特（Llewellynn Jewitt）所著，是一本小书。[111] 第二本则是一套可称权威的两卷本传记《约书亚·韦奇伍德传》，由激进派女权主义记者伊莱莎·麦特雅德（Eliza Meteyard）撰写，主要依据的是韦奇伍德生前的文件，很多都是在 1843 年由她的朋友、韦奇伍德收藏家约瑟夫·梅雅尔（Joseph Mayer）抢救下来的。[112] 在 1861 年的时候，麦特雅德在梅雅尔的纪念册上留言道：

> 早至 1850 年时，我就开始酝酿给韦奇伍德写传记了。那年我接到任

[108] The Times，27 October 1863，5e－6d. 关于协会的韦奇伍德像和缎带的照片，参见 www. artandarchitecture. org. uk/images/conway/1707f2c9. html，最后登录时间为 2005 年 8 月 19 日，以及 www. thepotteries. org/photos/burslem_centre/wedgwood_institute. html，访问日期为 2005 年 8 月 19 日。该协会还举办了韦奇伍德百年诞辰展，参见 The Times，28 June 1895，10c.

[109] The Times，27 October 1863，5e－6d.

[110] 同上。

[111] Llewellynn Frederick William Jewitt，The Wedgwoods：being a life of Josiah Wedgwood（London：Virtue，1865）.

[112] Meteyard，Life of Josiah Wedgwood.

务，写一则关于他的启事，当时就发现相关的资料奇缺，原来我们对这么一位伟大的陶艺家所知甚少，自此就想只要时间允许，尽快为他写出一本尽可能详细的回忆录。[113]

麦特雅德的致谢写得洋洋洒洒，其中就有伍德克罗夫特和斯迈尔斯；她也是哈丽雅特·马提诺的好友。[114]《约书亚·韦奇伍德传》广受文艺批评家的认可。虽然这本书没为麦特雅德赚到什么钱，但是 1869 年，格莱斯顿特批为麦特雅德发放每年 60 英镑的王室补贴，以表彰其在文学领域和对自由党作出的贡献；到了 1874 年，这笔补贴涨到了 100 英镑。[115]

和上文提到的博尔顿或者斯塔福郡陶厂不同，康沃尔郡的彭赞斯的经济发展跟其最著名的当地人汉弗莱·戴维（Humphry Davy）爵士毫无关系。虽然如此，彭赞斯在 1862 年发布了戴维的纪念方案时，《建造者》还是不忘发表议论，惊叹戴维的家乡反应居然如此迟钝，怎么说戴维也是一个作出了重要贡献、有大功于国家的人。[116] 平心而论，评论说得有失公允，但考虑到纪念发明人的活动也不过是 19 世纪 50 年代的事情，媒体难免会矫枉过正。戴维的雕像选址在老临市大屋（Market House）外的一个好地段，差不多过了十年才揭幕，在这之后，《建造者》发文向“彭赞斯某些工作者的能量和坚忍”致敬，尤其是约翰·梅（John May），“他奉献了多少年的时光，雕像才得以落成”[117]。这番话后来在很多演讲中都引用过。约翰·梅后来解释说，纪念戴维的计划肇始于 1861 年，当时青年商会的几名会员闲谈说到此事，一拍即合；他的理由也不过是本乡出了这么个大人物，应当纪念而已。[118] 彭赞斯正是康沃尔煤矿产业的一处基地，若是说戴维跟这项产业没有关系，很多人应该会感到吃惊。虽然戴维发明的安全灯在很大程度上是想解决煤矿的爆炸问题，但锡矿和铜矿工

---

[113] 转引自 R. W. Lightbourn，introduction to Meteyard，Life of Josiah Wedgwood（未标页码）。

[114] 同上，xxii，以及 Lightbourn，introduction.

[115] 同上，Lightbourn，introduction.

[116] The Builder，20（1862），714. 当时洛提安（Lothian）侯爵刚向新牛津大学博物馆（University Museum of Oxford）捐献了一座由穆罗设计的戴维像，见 The Builder，17（1859）401；18（1860）479；见下注，000［ch. 12］. 1870 年，戴维的形象在一群科学家、艺术家和作家中出现了两次：一次是在伦敦大学新本部布灵顿楼外廊上，由诺布尔（Noble）铸造，一次是在南肯辛顿博物馆的大铜门上，见 Nikolaus Pevsner，The buildings of England：London. vol. Ⅰ，The cities of London and Westminster（Harmondsworth：Penguin，1957），549－550；The Builder 28（1870），467，469. 铜门的照片见 www. victorianweb. org/sculpture/misc/va/1. html，最后登录时间为 2005 年 12 月 23 日。

[117] The Builder，30（1872），823.

[118] Cornish Telegraph，16 October 1872. 彭赞斯莫莱布图书馆（Morrab Library）馆员安娜贝儿·雷德（Annabelle Reid）慷慨提供了这篇文章的影印件，在此致谢。

人其实受益更大。

这些人一开始计划给戴维修一尊雕像，以宝塔为基，位于蒙特湾以北的一座高崖之上。他们还打算在塔身转角上装饰“象征戴维发明发现的徽章，安全灯、莱顿瓶、储气罐和蓄电池等不一而足”[119]。在他们的构想中，戴维既是发明人，也是实验化学家。《建造者》则抨击称，这一设计“回到炼金术士之前的时期”，拿来纪念“一位现代科学的开山鼻祖”，简直“不成体统”，是无礼的形式主义。[120] 因为形式主义和预算过高（这个理由可能性更大），所以这个计划被悄然放弃。经过测算，这个工程的耗资达4000英镑。[121] 1864年，纪念委员会筹得了1500英镑，但是其中有1000英镑是“一位女士”附条件捐赠的，即必须建纪念济贫院。委员会干脆放开胆子，宣布要同时办济贫院和塑像，总预算上涨到1万英镑，[122] 一看就是不切实际——在接下来的七年里，委员会几乎没有接到募捐。不过在1871年，委员会还是跟伦敦的威尔斯公司订作了一尊雕像，以便争取日后的捐献。[123]

原计划中要展示戴维的一系列发明，如今也缩小到了他最知名的一项发明（见图10.8）。根据《泰晤士报》的报道：“戴维的右手放在一盏安全灯上，这是一位造福人类的化学天才的发明和象征。”《康沃尔电讯报》（*Cornish Telegraph*）则说，它是“戴维一生中最实用成果的象征”[124]。大多数人也是靠着那盏安全灯才能认出雕像是谁。这座雕像2.6米高，穿着戴维“最喜欢”的“大衣、七分裤，系着领巾”；虽然巨大的底座使雕像高高在上，但铭文也只有简单的“戴维”二字。[125]

雕像的落成仪式也办得简单而庄重。国家的政治家没有人长途跋涉来康沃尔；当地放了半天假，共济会和共济社的人扛着自己的徽标欢庆很久；青年商会自然在纪念委员会、市长、企业家和参加群众面前出足了风头。发言的人绝

---

[119] The Builder, 20 (1862), 14, 714－715; 30 (1872), 823.

[120] The Builder, 21 (1863), 6.

[121] Cornish Telegraph, 16 October 1872. 这份报道中说，原计划是在塔顶建天文台，而不是戴维像。

[122] The Times, 17 April 1864, 14e; 14 June 1864, 11e.

[123] The Times, 23 September 1870, 6e; 9 August 1871, 9c; 18 October 1872, 3a; The Builder 30 (1872), 450, 823; Cornish Telegraph, 16 October 1872.

[124] The Times, 9 August 1871, 9c; Cornish Telegraph, 16 October 1872. 后来为了纪念戴维诞辰两百周年，雕像旁新立一块铭刻，指出“戴维的主要工作在于电化学领域”，意图丰富戴维像单一的发明人形象，见Darke, Monument guide, 107.

[125] Cornish Telegraph, 16 October 1872.

图 10.8 彭赞斯临市大屋汉弗莱·戴维爵士像

注：该像由 W. J 和 T. 威尔斯公司铸造于 1872 年。戴维像右手持安全灯（多罗西·列文斯顿摄影）。

大多数是本地名流，主要在于称颂戴维实现了向上流动——算上戴维斯·吉尔伯特（Davies Gilbert），彭赞斯总共诞生了两位皇家学会主席，这是故乡的荣耀，此外就是夸赞他的发明拯救了人们的生命。好几个人说彭赞斯终于对戴维尽了应尽的义务，这都多亏了当地的工人。[126] 皇家学会派了皇家康沃尔地理学会主席沃灵顿·史密斯（Warrington Smith）作为代表。史密斯强调戴维首先是一个成就很高的科学家，通过长时间的观察、实验和推理“建立了基础牢固的化学科学，并使其成为一门显学”。只有说到戴维“美妙的发明”的时候，他才跟听众点明，戴维发明安全灯的基础在于他前期对气体的科学研究，而且对采煤业很重要。史密斯称，采煤业的从业人口有 35 万人，他们的日常安全都离不开戴维的安全灯，否则人类就无法开采“这项不可或缺的材料”。即便煤矿事故仍有发生，也并非安全灯“将某些人引入危险”，而是他们自己操作

---

[126] 同上；David Philip Miller, Gilbert [Giddy], Davies (1767 - 1839), ODNB, www.oxforddnb.com/view/article/10686，访问日期为 2006 年 10 月 20 日。

不当。史密斯讲话的全程都是掌声雷动。[127]

无论是地方还是国家层面的报道，都看不出像博尔顿和陶厂那般严重的阶级矛盾。虽然在纪念戴维的时候，自豪与羞愧交织纠缠着彭赞斯的工人，不过城中的中产阶级倒没什么太大的心理负担。不比博尔顿，彭赞斯的中产阶级没有从他们英雄的发明当中直接获益，况且约翰·梅在演讲时感谢的是“本乡邻家的慷慨绅士”[128]。不过跟博尔顿一样，在办庆祝活动的时候，当地居民也沾了戴维的光，参与了一些社交活动。他们不仅可以在精神上获得偶像的满足，而且个人的生活也因纪念活动发生了看得见的改变。过了五年，彭赞斯又开始纪念戴维的诞辰，这一次办得更有激情，本地士绅的支持也更多。镇上举办了科技成果展，展品主要是从南肯辛顿博物馆科学技术部租借的，还举办了一系列科学讲座。约翰·圣奥柏恩（John St Aubyn）爵士和议员潘达夫斯·维维安（Pendarves Vivian）在1872年雕像落成的时候都没能来参加，这次也出席了展会的开幕式。他们都提到了戴维发明的安全灯。圣奥柏恩讲的是它的传统主义与人文精神方面，而维维安主要强调了它的经济作用。若是没有安全灯，“某些最好的矿脉就要永不见天日了”[129]。

虽然克朗普顿、戴维和韦奇伍德都受到了本地工人的广泛支持，罗兰·希尔爵士却可称得上是当时最受欢迎的发明人。希尔的形象既不是工人，也不是什么“烈士”或者“受害者”，然而他的名字广为人知，纪念他的人涵盖各个阶级，捐款源源不断。[130] 他对邮政系统进行的改革堪称革命，社会各界一致认为这项改革尤其惠及最贫苦的人民。那些出生相对贫寒、靠着自身努力奋斗的人则把希尔视为自我成就的典型。[131] 伯明翰和基德明斯特都在争夺他的出生地，每座城市都在他还在世的时候就为他发动纪念活动。伯明翰当地的雕塑师彼得·霍林斯（Peter Hollins）为他造了一尊大理石像，在1870年揭幕（比瓦特的雕像晚了两年）。希尔的形象“站得很潇洒”，手里拿着一卷邮票。雕塑基座上的浮雕主题是“1便士邮票的价值”——一个邮递员给一位躺在沙发上的患病妇女送欢迎信。[132] 这幅浮雕体现出了邮政改革后的日常通邮便利与旧时

---

[127] Cornish Telegraph, 16 October 1872. 关于在职业事故中谴责受害者的倾向，见 Barbara Harrison, Not only the dangerous trades: women's work and health in Britain, 1880 – 1914 (London and Bristol: Taylor& Francis, 1996).

[128] Cornish Telegraph, 16 October 1872.

[129] The Times, 12 February 1879, 7c; 17 February 1879, 11f.

[130] 参见上文第244页。

[131] The Times, 27 August 1879, 4c-f. 在邮政局内部，希尔远谈不上广受景仰，见 M. J. Daunton, Royal Mail: the Post Office since 1840 (London and Dover, NH: The Athlone Press, 1985), 5, 34.

[132] The Times, 14 September 1870, 6f.

体制下老百姓付不起取件费而受苦受难的对比，[133] 表达了人们对希尔的广泛尊敬。基德明斯特在 1876 年 12 月开始搞募捐，14 个月内有超过 10 万人捐款，总计募得超过 1600 英镑，参与人数在全国性的纪念活动中名列前茅。人均捐款额不超过 4 便士，表明很多工人可能只捐了 1 便士——这是一笔特别合适的捐款。基德明斯特之后向托马斯·布鲁克（Thomas Brock）订作了一座大理石雕像。据报道，在 1881 年 6 月这座雕像揭幕的时候，全球共有 20 万人捐款。[134] 希尔过世之后，民众的捐款也没有停止。伦敦金融城一个委员会在全英收到 125 份认捐，史无前例地筹得 16000 英镑。委员会在金融城立了一座塑像，在希尔的墓前装了一座半身像，花了不到 2000 英镑，又用余款为“年老困苦的邮政局（Post Office）职工”成立了一个慈善基金。金融城的塑像由昂斯洛·福特（F. Onslow Ford）建造，威尔士亲王 1882 年在伦敦皇家交易所门前为其揭幕，至今仍矗立在伦敦的金融中心，毗邻爱德华国王大街，一左一右簇拥着两个红色邮筒。[135]《泰晤士报》笔下的希尔的葬礼更是见证了人民对他崇高的敬意。在他出殡那天，送行群众把威斯敏斯特教堂挤得水泄不通，“其中一个男孩表示，‘即便是年纪最小的、最穷的人，也都知道希尔爵士设计了 1 便士的邮票’”。当时的采编人员估计是被这个男孩子的话震惊了，因此才从众人中选他当例子，哪怕有失偏颇。[136]

劳动人民往往是最能直接感受到创新的人。创新显现于他们的工厂，改变着他们的生计，因此，若是他们对创新成果有什么强烈的评价，无论是好是坏，都是不足为奇的。那些被新式机器取代了的人自然不会赞赏其发明人，但他们仍有可能认同希尔的 1 便士邮票或者是史蒂文森的铁路。与此相对，中产阶级无须多言就会主动把那些工业革命的发明与工程先驱们奉为英雄。对于工程或者铁路行业的熟练工人而言，这些英雄是比他们更高一等的同辈，他们可以感到无比的骄傲，也渴望如他们一般成功。在那些“现代化”的产业中，例如棉纺织业，这些英雄同样能获得“开山鼻祖”的美名，正是他们开创了行业、创造了就业、带来了繁荣。特别是那种骄傲与愧疚混杂的情绪，驱使这些工人捐钱，积极性比很多有钱人都要高，如此他们能重温克朗普顿这样在行业内某些被埋没的领军人物的故事，或是戴维这样给劳动人民带来了福音的人。

---

[133] 例如 The Times，7 June 1879，11b；漫画作品《罗兰大爵士》（Sir Rowland le Grand），Tenniel，repr. in Daunotn，Royal Mail，4.

[134] The Times，5 December 1876，5b；17 December 1877，7f；23 January 1878，10e；11 July 1878，6f；12 May 1880，13b；23 June，1881，10b.

[135] Ward-Jackson，Public sculpture of the City of London，218－220.

[136] The Times，5 September 1879，8b.

第 11 章
保持工业精神

到1880年，赞颂发明人的三大动力都自然而然地结束：早期的维多利亚时代英雄们已成为自己成功的牺牲品。首先，专利争议减少了。英国的专利制度岿然不动，1883年的专利制度改革还给资源不多的人创造了更大的便利。其次，自1867年起，熟练工人都享有议员选举权，发明人则是这个群体的核心人物，不好说国家还多么亏欠他们。最后，发明人作为和平英雄的论调正在变得过时。自由贸易已牢固确立，新生的、富有魅力的竞争者逐渐涌现，发明人很快就要相形见绌了。

1883年，威廉·西门子爵士去世的时候，伦敦的每一家早报和晚报都刊登了讣告。伦敦的周刊和双周刊总共发了超过50份启事，地方媒体同样有不少刊登了讣告。西门子的传记作者自豪地说："每个镇上的每份报纸都有他的讣告，西门子爵士的英名传遍全国。"❶ 当时最近一期《名人》杂志立马刊登了他的照片（见图11.1）。❷ 西门子生前是著名的职业工程师和成功实业家，有不少科学发现，如何评说自然也是见仁见智。不过对于《泰晤士报》而言，这个问题只有一个答案："西门子爵士本质上是一位发明人"❸，不仅给他发了讣告，还在首版发表了一篇称赞他的文章。或许这就是英雄发明人的巅峰。不过西门子的多才多艺也给予了他几项绝大多数发明人不可企及的优势，那些根据新专利法案取得专利权的人尤其羡慕。发明人的形象被再次改变。

---

❶ Pole, Sir William Siemens, 383.

❷ Cooper (ed.), Men of mark, vol. Ⅶ (1883), 34.

❸ The Times, 21 November 1883, 9e; repr. in Pole, William Siemens, 384.

图 11.1 威廉·西门子爵士（洛克和韦特菲尔德摄）

该像载于《名人》1883 年刊。西门子不久之前被封爵，于 1883 年逝世（安·佩瑟斯摄影）。

西门子的两位有力竞争者出场了，他们也是科学家和企业家，[4] 20 世纪早期的核心人物。1897 年，在《伦敦新闻画报》庆祝女王钻禧纪念头版上刊登的“维多利亚十三位天才像”上，除了希尔，几乎都是科学家或是工程师（有的人既是科学家也是工程师）。其中，西门子、乔治·史蒂文森、罗伯特·史蒂文森、布鲁内尔和开尔文勋爵等人都可以说是发明人，但是没有人是独立的（或纯粹的）发明人。他们也都是成功的企业家（见图 11.2）。这种情况一部分出自科学兴趣与经济利益的结合，另一部分则是源于发明说辞的转变，背后是有势力的个人与群体争夺英国工业力量胜利果实的尝试。虽然一家成功企业的创始人已经可以借此扬名立万，但是工程界和医学界的杰出人物还能得到他们各自学会、皇家学院和职业科学家群体的集体支持，此外，他们所属的高等学校和学术团体也会出力。与之相反，要是一位发明人跟上述组织都不沾边，那就得单打独斗了。发明人协会于 1880 年前后宣告解散，1912 年又“为了保护发明人和专利权人的权利、促进专利法改革和为发明人提供普遍协助”而

[4] 关于科学家的挑战，见第 12 章。

恢复。❺ 这说明了他们看到了对手，强大到足以威胁他们的声望，影响他们在全国范围内的财富与权势。独立发明人则淡出了视野，只有去博物馆才能找到。很快，他在公众记忆当中的地位要靠人民的善良和感动维系，尤其是那些特别关注地方历史和荣耀的人。

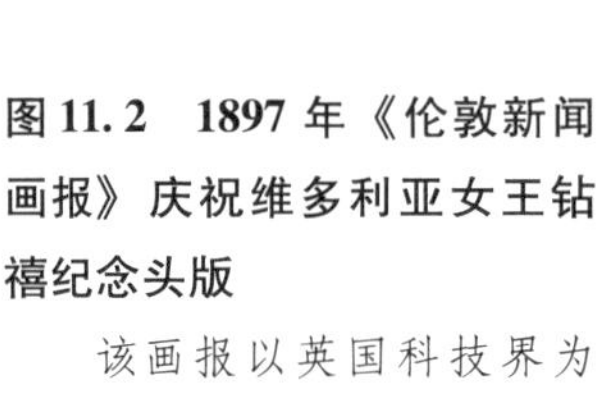

图 11.2　1897 年《伦敦新闻画报》庆祝维多利亚女王钻禧纪念头版

该画报以英国科技界为题材，描绘了三项维多利亚女王统治时期的交通进步。乔治·史蒂文森和罗伯特·史蒂文森的头像在正上方，迈克尔·法拉第在左侧中间，伊桑巴德·金德姆·布鲁内尔则在对面，上下分别是开尔文勋爵和威廉·西门子；查尔斯·达尔文在最左上角。

工程的成就

或许是因为土木工程师协会在成立的头十年见证了瓦特在威斯敏斯特教堂中的崇拜，工程师作为新兴职业，很快就重视了纪念活动的价值，他们可以由此强化自身的地位。虽然土木工程师协会没有直接参与瓦特的崇拜运动，但是协会的第一任主席托马斯·特尔福德在纪念委员会里。❻ 特尔福德 1834 年去世

❺ The Times, 16 January 1912, 4f.

❻ Buchanan, The engineers, 63; MacLeod, James Watt, 101, 116.

的时候，协会不顾他的遗愿，安排把他葬在教堂里。[7] 之后协会还准备在教堂里给他立碑。虽然远没有瓦特顺利，但还是募足了款，向爱德华·贝利定做了一座雕像；事后他们抱怨雕像"过于庞大"，没有现代感，[8] 这一点倒是跟瓦特差不多。

1859~1860 年，罗伯特·史蒂文森、布鲁内尔和约瑟夫·洛克铁路三巨头纷纷离去，土木工程师协会淡出公众视野。他们的亲朋好友和联系最密切的铁路企业很快组织起来，斥巨资办了一系列纪念活动。由于给这三人的塑像寻找地点时遇到了一些麻烦，[9] 于是他们的遗嘱执行人找到威斯敏斯特教堂，按照传统在正殿北廊的窗户上为他们安排纪念彩绘。罗伯特·史蒂文森的纪念彩窗无异于当时关于现代工程学最大胆的宣言：四座史蒂文森设计的大桥通达古今，连接耶路撒冷第一、第二圣殿和罗马斗兽场。彩窗之间由稍小的工程师与建筑师的头像相连，从诺亚、该隐到克里斯托弗·雷恩爵士都有（见图 11.3）。[10] 史蒂文森自己的头像高居彩窗的顶部，周围是 5 个同时代的发明人：乔治·史蒂文森、托马斯·特尔福德、约翰·斯米顿、詹姆斯·瓦特和约

图 11.3　威斯敏斯特教堂罗伯特·史蒂文森纪念彩窗细节

该彩窗创作于 1862 年，该图是彩窗最下部，展示的是史蒂文森设计的布列坦尼亚桥，连通安格尔西岛和威尔士。

---

[7] 不过协会仍然按照特尔福德的愿望，为他办了私人葬礼，见 The Times，12 September 1834，1a，3a.

[8] 蒂布斯说贝利为这尊雕塑报价 1000 英镑，相当于常规价格打了三折，大教堂主任牧师则把安放费从 300 英镑减到了 200 英镑，见 Stories of inventors，270；The Times，23 August 1844 5f；26 August 1844，3d.

[9] 参见上文第 233-234 页。

[10] The Builder，20（1862），537；The times，29 July 1862，11f. 有批评说构图太复杂而放不开了，反而喧宾夺主，隐匿了这些人形象的现代性，见 The Builder，20（1862），557.

翰·伦尼。这些彩窗还会纪念父与子发明人。例如彩窗左侧上书："罗伯特·史蒂文森议员，皇家学会会员，土木工程师协会主席（1803～1859年）"，右侧则是"铁道之父乔治·史蒂文森（1781～1848年）之子"。布鲁内尔的彩窗相对简朴，题材是圣殿的历史，窗顶两侧分别是取材于《圣经》旧约和新约的三样事物，顶端环绕着他的姓名首字母缩写"IKB"。彩窗下部则是4个寓言人物，由设计师R. 诺曼·肖尔（R. Norman Shaw）提议，布鲁内尔的家人首肯，以展现他的个人品质——坚韧、正义、有信仰和热心公益。窗顶还有一朵四瓣花，没有画其他杰出工程师，而是纹上了"荣耀救世主，天使簇拥之"的图样。⑪ 第三扇窗是洛克的，不幸没能保存下来。⑫

乔治·史蒂文森依旧独领风骚。1875～1881年发生了3件巩固史蒂文森声名的事情：1875年英国第一条客运铁路线斯托克顿—达灵顿铁路开通50周年、1879年火箭号火车头首发50周年和1881年史蒂文森诞辰100周年。客运铁路开通50周年庆典分别在斯托克顿和达灵顿举行，沿线地区也开展了庆祝活动，四处张灯结彩、大摆宴席、出游远足。达灵顿为修铁路的主要倡议人约瑟夫·皮斯（Joseph Pease）塑像，在当天办了揭幕仪式；《伦敦新闻画报》为此留出了一整个版面，周围是史蒂文森等其他4位为铁路事业作出贡献的人物画像，图画下方则是三辆火车头。⑬

切斯特菲尔德是史蒂文森的终老之地。地方上把火箭号火车头首发50周年庆典办得盛大、奢华。当地的乔治·史蒂文森纪念大楼由德文郡（Devonshire）公爵亲自剪彩，其中有一座免费图书馆、一座博物馆、一座实验室，有数间会议厅和工作室，还有一个能够容纳900人的剧院。建这座大楼的时候，公众捐赠了8000英镑，但还欠下了6000英镑的债务。⑭ 1877年奠基的时候就已经举办200人的宴会，又办了一场大游行，城市和农村的体面人物与工人协会的代表借此联谊；哈廷顿侯爵（Marquis of Hartington）发表了一场演讲，简直是英雄叙事的范本。在众人的欢呼声中，他谈起英国50年来的富强与扩张，将这些都归于铁路的功劳，又把铁路的发展附会到"史蒂文森一人

---

⑪ Brunel MSS, Henry Marc Brunel Letter Book 8, fos. 50－56, Bristol University Library. 关于两扇彩窗的细节和彩绘图样，见 MacLeod, Nineteenth-century engineer, 68－69.

⑫ 这扇彩窗在第一次世界大战的轰炸中损毁了，见 Westminster Abbey Official Guide（1966），119. 不过史密斯认为这扇窗户在1914年之前就被摘下保存起来了，见 E. C. Smith, Memorials to engineers and men of science, TNS 28（1951－1953），138. 我只找到了一份描述文献，上面说它通体发蓝，以蓝色和红色调为主，见 The Times, 26 January 1869, 10f.

⑬ ILN 67（2 October 1875），337，340－343；（9 October 1875），363.

⑭ The Times, 16 July 1879, 4f. 虽然火箭号火车头主要是罗伯特·史蒂文森的产品，但是宣传上经常出错，把发明人当成是他的父亲乔治·史蒂文森，最典型的例子就是1990～2002年发行的5英镑纸币。

的发明、勤劳和坚韧”。侯爵进一步说，凡此种种“皆胜于诗歌与浪漫的梦想”；一个人的功劳就能带来“舒适、幸福、繁荣与物质的极大丰富”，没有政府能够做到这一点，甚至离开他的发明，政府也就没有今日的百万税收了。⑮

1881 年 6 月 9 日，史蒂文森百年诞辰之际，全国各地都举办了庆祝活动，但没有比纽卡斯尔办得更奢华的了。当地宣布放假，开通特别专列，共计运输数千人一起庆祝。商家都用史蒂文森的纪念品装点门面，出售百年诞辰纪念品；全城彩旗飘飘，当地的高官、商会和社团举行盛大纪念活动。城里还向各大铁路公司租了 16 台铁路机车，一路从中央车站开到史蒂文森的出生地怀勒姆，然后浩浩荡荡地驶回，这种场面实属罕见。他们还展出了几台老式机器，纽卡斯尔文学哲学学会办了另一场有关史蒂文森遗物的展览，还展览了几台模型火车头。展览上还有一场早期火车头发展史的讲座，吸引了“为数众多的感兴趣的听众”；莫尔镇也举办了一场滑稽的演讲大赛，选手们像唱圣歌一样赞美“史蒂文森完美而广泛应用的发明”带来的奇效。⑯ 庆典的结尾由早餐会开始，启动史蒂文森奖学会基金会，旨在中学和高校设立至少 10 项奖学金。庆典以宴会和焰火结束。当时还宣布了另一项纪念计划，要募款两万英镑，为物理科学学院建新的“史蒂文森楼”，以替换 10 年前修建的年久失修的旧史蒂文森楼。⑰《伦敦新闻画报》发表文章称，还有一位伦敦艺术家不辞辛劳，赶制出了史蒂文森和 1 号火车头的圆雕。⑱

1906 年的史蒂文森 125 年诞辰就没有那么大的纪念活动，为此达灵顿的议员亨利·派克·皮斯（Henry Pike Pease）还投诉《泰晤士报》表示不满。他提议在英格兰将以后每年的 6 月 9 日设为“史蒂文森日”，在当日全球的史蒂文森仰慕者都应该向铁路慈善组织捐一点钱。铁路乘务员联合会很快就采纳

---

⑮ The Times，18 October 1877，4a-c，7d-e. 关于哈廷顿侯爵，见 Jonathan Parry，Cavendish，Spencer Compton，marquess of Hartington and eighth duke of Devonshire（1833 - 1908），ODNB，online edn，May 2006，www. oxforddnb. com/view/article/32331，访问日期为 2006 年 10 月 21 日。

⑯ The Engineer，15 April 1881，278；10 June 1881，430；17 June 1881，449；The Times，10 June 1881，7e-f.

⑰ The Times，30 March 1881，9f；6 June 1881，12c；10 June 1881，7f；The Builder，39（1881），748.

⑱ ILN，78（4 June 1881），supplement，533 - 566；另见上注（11 June 1881），585 - 592；（18 June 1881），604 - 610；The Engineer，10 June 1881，425. 关于英国国内外其他史蒂文森的纪念活动，见 MacLeod，Nineteenth-century engineer，76 - 77.

了这一提议。[19] 皮斯的想法实在是有些仓促：他觉得靠着广泛宣传纪念活动、铁路史和工业革命，史蒂文森的名声能够再流传一个世纪。20 世纪 20 年代，意大利铁道工人送来了一块大铜匾，上书“纪念乔治·史蒂文森”，庆祝斯托克顿和达灵顿铁路通车 100 周年。[20] 阿根廷大使为机械师协会送来了阿根廷铁道部门和发明人学社的纪念品。[21] 史蒂文森是协会的第一任主席，自然也享受了特殊的待遇：他的头像和火箭号火车头印在了协会的藏书票上，周围点缀着 7 位同时代工程师的名字（见图 11.4）；当然，他的肖像还被画到了协会大楼

图 11.4 机械工程师协会藏书票

该藏书票由 J. R. G. 艾斯利设计。乔治·斯蒂芬森和火箭号火车头周围点缀着 7 位 19 世纪杰出机械工程师的姓名组成的方框。

---

[19] The Times, 26 May 1906, 14e; 2 June 1906, 10c. 1906 年，兰开斯特道尔顿广场上的维多利亚时代纪念碑揭幕，上面主要是科学家和艺术家；当地商人阿什顿勋爵（Lord Ashton）出资，将史蒂文森手持火车头模型的形象刻在了上面。

[20] Railway Magazine, July-December 1925, 130 – 133. 这块铜匾目前挂在约克国家铁路博物馆的大门上，复制图见 MacLeod, Nineteenth-century engineer, 76. 国家铁路博物馆的约翰·克拉克（John Clarke）提供了这篇文献，在此致谢。

[21] Proceedings of the Institution of Mechanical Engineers 114（1928），237 和卷首插图。

的围墙上。[22] 1948 年史蒂文森逝世 100 周年的时候，也分别在纽卡斯尔和切斯特菲尔德办了纪念活动。[23]

此后纪念活动停滞了 20 年。在这之后，工程师们修复了威斯敏斯特教堂正殿北廊的彩窗。1883 年 2 月，工程师们为特里维西克逝世 50 周年办了纪念会，由此开始抢救特里维西克的记忆遗产。《工程师》杂志专门要求会员们参与募款，由此可见，这场纪念活动的重要意义。它在文章中呼喊："这不仅是特里维西克之事。若是任何一个工程师拒绝为纪念一位给我们带来荣誉的同事解囊，要有多少人说我们的闲话呢？"[24] 虽然人称"火车头之父"，不过特里维西克据说死时连一块坟墓都买不起，最后还是他在约翰·赫尔的达特福德铸造厂的工人们出钱，这才让他入土为安。[25] 这个说法存疑，但也暗示了特里维西克生前不幸、死后无名，跟乔治·史蒂文森的财富和名望一比更是如此。[26] 当时只有《机械师》杂志报道了他的死讯，给他发了一篇简短的讣告。[27] 接下来的 50 年里，特里维西克的纪念一直不温不火。在伍德克罗夫特再三坚持之下，特雷维西克的遗孀才把他的肖像画（画于 1816 年）捐给了博物馆。后来《杰出科学人》一书中特里维西克那一部分用的也是这幅肖像。[28] N. N. 伯纳德（N. N. Burnard）为特里维西克一家做过一尊半身像，此时也复制了几尊，归私人展览，其中有一件放在尤斯顿火车站的董事会议室。[29] 蒸汽机科学史上常常提到他的发明，还有好几位作家根据一手资料，整理出了他的生平简要和工作综述。1872 年，特里维西克的儿子弗朗西斯·特里维西克把这些文献扩充成了两卷本的传记，可惜书中技术性的东西太多，少了些斯迈尔斯的味道，也就没能畅销。[30]

不过特里维西克还有另外一个身份，那就是一个康沃尔人。他的纪念委员

---

[22] Bookplate, engr. by J. R. G. Exley, NPG 37125；参见上文第 202 页卢卡斯画的《史蒂文森在查特摩斯像》（阿特金森雕刻）在 1897 年复制用于协会周年会议，见 Proceedings（1897）.

[23] Colls, Remembering George Stephenson, 289, n. 70.

[24] The Engineer, 16 February 1883, 128.

[25] John Dunkin, History and antiquities of Dartford (London: John Russell Smith, 1844), 406，转引自 Dickinson and Titley, Richard Trevithick, 255 –6n.

[26] Dickinson and Titley, Richard Trevithick, 256; Anthony Burton, Richard Trevithick: giant of steam (London: Aurum Press, 2000), 229.

[27] Mechanic's Magazine 19 (1833), 80; Dickinson and Titley, Richard Trevithick, 256.

[28] Dickinson and Titley, Richard Trevithick, 260；对于《杰出科学人》一书收录特雷维西克一事，《泰晤士报》刊文称赞，见 Walker (ed.), Memoirs (2nd edn, 1864), 164.

[29] Dickinson and Titley, Richard Trevithick, 261; The Engineer, 16 February 1883, 128.

[30] Dickinson and Titley, Richard Trevethick, 282 –283.

会在康沃尔组织了一个分会，希望用纪念基金成立几项奖学金，培养矿业工程师。[31] 不过鉴于募款开源不足，也就只好节流：花1000英镑，在曼彻斯特的欧文学院（Owen's College）成立了一项特里维西克奖学金，每三年颁发一次；此外，花1066英镑足够立一座雕塑，再不济也能画一面彩窗。1888年，委员会选择装了一面彩窗，图案象征着特里维西克发明工程师和康沃尔人的双重身份。彩窗的上半部分是9位康沃尔圣徒的画像，还有康沃尔公爵领地与主教教区的徽章；下半部分则是4位天使，手持绘有特里维西克发明的卷轴，分别注有“矿轨火车，1803年”“康沃尔泵式发动机”“蒸汽挖砂机，1803年”“铁路机车，1808年”（见图11.5）。[32] 窗上不仅有圣徒像和盾徽来标志康沃尔的历史特色，整个题材都点出了康沃尔矿业和蒸汽工程产业中心的特色，堪称一首漂亮的双面颂歌：不仅代表了英国的工程师形象，也是英国一个工业城市的巨子。[33]

特里维西克的纪念活动方兴未艾之时，西门子逝世了，促使土木工程师协会和其他四个行业协会为他组织了一场“工程师纪念”，也发起了募款。虽然募款金额限于每人1基尼，只向5个协会的会员募捐，但是很快超过了700英镑。[34] 1885年11月，西门子下葬一周年纪念时，他的彩窗也揭幕了，就挨着史蒂文森，掀起了对他和工程师职业纪念的新一轮热潮。[35] 西门子的彩窗也是直接展现工程师及其工作，跟史蒂文森的在理念上有些共通之处。彩窗设计师J. R. 克莱顿（J. R. Clayton）和贝尔（Alfred Bell）写道：

> 西门子的彩窗上镌刻了“劳动就是祈祷”的格言，体现出劳动的神圣。这扇彩窗自身就是科学、文艺和体力劳动者一系列劳动的结晶……在彩窗的左半部分，可以看到铁匠、化学家和农业家；在其他部分上，还能看到天文学家、艺术家、大学教授和其他学者。[36]

---

[31] The Engineer, 13 April 1883, 294. 另见安娜·格内（Anna Gurney）的来信，The Times, 17 January 1878, 6d; G. C. Boase and W. P. Courtney, Bibliotheca Cornubiensis: a catalogue of the writings of Cornishmen, 3 vols.（London: Longmans, 1878）, vol. Ⅱ, 799 - 800; Walter Hawkan Tregallas, Trevithick the engineer, in Cornish worthies: stretches of some eminent Cornish men and families, 2 vols.（London: E. Stock, 1884）, vol. Ⅱ, 305 - 344.

[32] Dickinson and Titley, Richard Trevithick, 265. 委员会的善款还结余100英镑，最后由土木工程师协会设立了信托，成立了特雷维西克奖金，自1900年起每两年颁发一次，见 Edith K. Harper, A Cornish giant: Richard Trevithick, the father of the locomotive（London: E. & F. N. Spon, 1913）, 58 - 60.

[33] 参见下文第334 - 335页。

[34] Pole, Sir William Simens, 372 - 373.

[35] 同上，375.

[36] 同上，378；关于这扇彩窗的照片，见第378页旁的插图。这扇彩窗跟洛克的一样都损毁了，见注12。

图 11.5　1888 年威斯敏斯特教堂特里维西克纪念彩窗

该图中，两位天使手持特里维西克生前发明的画像，一个是矿轨机车，另一个是康沃尔（蒸汽）泵式发动机。

西门子的肖像就在大学教授之列，这个形象也很符合他实验室研究与工厂实践相结合的发明哲学。[37]

20 世纪早期，工程师职业的形象符号发生了显著的变迁。1909 年，土木工程师协会主持修建威斯敏斯特教堂北廊第六扇彩窗，也就是本杰明·贝克爵士（1840～1907 年）的彩窗。这也是尼尼安·康柏（Ninian Comper）爵士主持设计的彩窗九部曲系列中的第一扇。彩窗中“每一边都要有一位国王和一位主教的立像”。威斯敏斯特教堂的主教预期这扇窗户能够改善正殿光照，因此采用了白玻璃。[38] 此后又有 4 位工程师上了彩窗，分别是 1913 年的开尔文勋爵和世界大战时期的约翰·沃尔夫－巴里、亨利·罗尔斯（Henry Royce）两位爵士。最后就是 1950 年的查尔斯·帕森斯爵士，布鲁内尔的彩窗因此迁到

[37] 参见下文第 363 页。

[38] The Times，4 December 1909，8f.

南走廊。[39] 彩窗的图案则多是中世纪的国王和主教，以及更传统的教会和国家的英雄；只有读了窗户上的铭文，才能看出来这些是纪念工程师的。

到了最后，这场形象转变中的美学偏好和社会偏见也无法区分开来。特别在那个设计师们竞相逃离维多利亚时代深邃、灰暗色调的时期，自然也没理由质疑他们为什么要用透明玻璃。令人奇怪的是，国王与主教形象的复兴，以及科技元素的彻底消失。特里维西克的彩窗把圣徒和工程学都整合在了一起，这种题材在之后为什么没有再现？有些人认为当时的英国出现了“工业精神衰退”，因而工程师职业共同体的领导者们羞于提及自己的职业，或者是教堂方面施压，因而这是他们留住自己独占北廊彩窗所不得不做的牺牲。虽然这两个解释都有逻辑，但没一个是站得住脚的。笔者在当时的报道上从来没读到过如此的报道。一方面，这些上了彩窗的工程师在当时备受尊敬，政府方面也是礼遇有加：所有的人都至少封了骑士，开尔文还是第一位封爵的科学家和工程家。当时的工程师就是人上人，谈何羞耻或者施压？另一方面，康柏设计的彩窗上的图像也展示了工程师职业的傲慢。彩窗上庆祝的不仅有国家的荣誉，还有它们展现出来的光辉成就。从开尔文的跨大西洋电缆到贝克的福斯铁路桥和阿斯旺大坝，爱德华七世时期任何一个工程师恐怕都不会说这不是工程业的“光辉岁月”。[40] 他们不需要再吹嘘：工程师国家角色的重要性如此明显，在社会中的地位如此稳固，以至于他们的纪念碑可以与英国社会其他精英的纪念碑一起被公众接受。

企业的模式

多亏了詹姆斯·瓦特，19 世纪发明人的形象一直和工程师职业形影不离，乔治·史蒂文森和铁路三巨头的纪念活动更是强化了这种联系。不过发明人和企业家之间的联系更加棘手。理查德·阿克赖特经常受人赞誉的理由是他出色的经商能力，跟他令人怀疑的发明主张形成了鲜明对比。有些评论家则认为，

---

[39] Westminster Abbey official guide，118；The Times，10 July 1913，6c；16 July 1913，6d；8 December 1922，9e. 根据史密斯的记录，史蒂文森的窗户于 1912 年，以给开尔文的窗户让出位置，后因收到抗议，又在 19 世纪 30 年代另址恢复，见 Memorials to engineers，138. 关于第一次世界大战时期帕尔森的纪念，见 The Times，18 February 1931，16d；4 March 1931，17c；5 December 1932，9c.

[40] 这一表述引自内史密斯 1836 年 7 月 11 日的一封信，转引自 A. E. Musson，James Nasmyth and the early growth of mechanical engineering，EHR 10（1957），124；亚历桑德罗·努夫拉里为笔者寻找这篇文献时提供了协助，在此致谢。另见 Cf. Rolt，Victorian engineering，163 和 Reader，At the head of all the new professions，173 – 174，184.

机械转轴的商用化一方面给他带来了更大的挑战，另一方面也为他赢得了更大的荣誉——这就是阿姆斯特朗所说的成就，既要是出色的发明人，也要是成功的企业家。㊶

角色之间的冲突立刻水落石出，还掀起了阵阵余波——尤其是专利改革，使得发明人和创新者对专利改革的辩护变得毫无必要。1905 年，电气行业的领先人物亚历山大 · 西门子向皇家艺术学会表示："发明很容易……但是引入新制造却很困难，能够做到这些的人都该受到奖赏。"㊷ 即便这些话是对皇家艺术学会说的，西门子的看法也引起了轩然大波。铜管乐器制造商艾萨克 · 史密斯（Issac Smith）当场激烈地反驳称（虽然不确定是否为他原创）：

> 所谓价值高、可用性强的发明的奖赏，大多都进了敏锐的、精力充沛的商人的腰包。至于那些籍籍无名的天才们，他们是这些发明的"缔造者"，得到的不过是少许的认可，连像样的报酬都谈不上。㊸

即便不被公开讨论，这个问题也时常在企业里出现。有的时候工人发明的东西，到头来却会被雇主以自己的名义申请专利。只有少部分开了窍的人，才能从劳动合同或者员工发明褒扬奖励方案中的字里行间嗅出知识产权纠纷的蛛丝马迹。㊹ 伯肯海德一家报纸曾经报道称，莱德兄弟造船厂新近下水的一艘船是"由威廉 · 佩里（William Perry）先生设计的"，造船厂设计办公室的高级合伙人看过之后，大笔一挥就改成了"莱德兄弟设计"。㊺

虽然 19 世纪的著名发明人当中，绝大多数也都是成功的企业主和雇主，不过鲜有人提及这个特征。瓦特雇用马修 · 博尔顿管理生意的故事尽人皆知，不过他至少也是一个合伙人，企业的字号里也有他们的名字。史蒂文森父子创办了一家大机车制造厂（布鲁内尔也是如此），又以铁路工程师的身份开办咨询业务，监理现场施工的方方面面。威廉 · 西门子、约瑟夫 · 布拉玛、亨利 · 莫德斯雷等一众工程师都开办了以自己的名字命名的企业，要么独自创业，要么组织合伙。韦奇伍德以他开创的跨国制陶企业而闻名；兰萨姆是犁的制造商，希斯科特是鞋带制造商。

㊶ 参见上文第 237 页、第 268 页。

㊷ JSA 53（1905），173. 亚历山大 · 西门子在 1889 ~ 1899 年是西门子兄弟公司的执行董事，并于 1894 ~ 1904 年任电气工程师协会主席，见 Brian Bowers，Simens，Alexander（1847 – 1928），ODNB，www. oxforddnb. com/view/article/48189，访问日期为 2006 年 10 月 21 日。

㊸ JSA 53（1905），173.

㊹ MacLeod，Negotiating the rewards，22 – 23，29 – 31.

㊺ J. Foster Petree，Some reflections on engineering biography，TNS，40（1967），155.

在19世纪的科技先贤当中，克朗普顿、特里维西克这类不开公司的“纯粹的”发明人就是异类。从他们去世到举办第一次纪念活动之间分别隔了35年和50年，比绝大多数发明人都要长，这不是没有原因的，把他们从历史性的遗忘当中拯救出来的也不是所谓的热心人士。这两人的纪念活动都是勉强办起来的；即便时至当日（在康沃尔之外），特里维西克也一直处在史蒂文森的阴影之下，这是不公平的。还有其他很多人，生时名声在外，死后被人遗忘，连一场纪念活动都办不起来。这不仅是因为他们没开办以他们的名字命名、能时时助推他们声望的企业。试问如今谁还知道托马斯·埃德蒙森?[46] 阿克赖特的纪念之所以不是异类，而是成为常态，唯一的区别在于人们公开称赞他经商有道。一方面，人们越来越强调发明；另一方面，人们也在将企业从发明当中排除，这种局面得以让维多利亚时期的英国人维持一种实现了阶级跨越的英雄发明人的模糊性形象，以及随之而来的发明烈士。[47]

到了1900年，创新（或者发明）企业家取代“纯粹”发明人之势甚嚣尘上。阿克赖特们正在逐渐挤掉克朗普顿。若是能进入一家大企业的管理层，企业家一般都能获得给自己扩大社会名气（以及在官员那里培养知名度）的手段。如果企业家选择从政，或是慷慨解囊做慈善，也能争取到更广泛的公众认可。这些人的形象因此迅速占领了公共生活；他们成为人们的楷模，吸引斯迈尔斯的徒子徒孙等传记作者们蜂拥而上；也就是他们取走了这个国家施舍给非传统阶层的本就少得可怜的荣誉中的绝大部分。[48] 经受了经济学家们长达半个世纪的无视之后，企业家的星辰在1912年重新升起。约瑟夫·熊彼特（Joseph Schumpeter）承认了企业家在发明当中的关键地位。多亏了这些企业家的“意志和行动”，“不仅提升了个体发明人的生产力”，而且通过“作出新的融合产品”，创造了大量财富，亦即他们的“经营利润”。[49] 在接下来的30年中，熊彼特发展“一种关于企业家的英雄视角，认为他们受到‘私有王国’梦想和意志的激励”；那就是“征服的意志和竞争的冲动，以此证明自己比其他任何人都能行”，此外还有“创造的乐趣”。[50]

---

[46] 参见上文第191－192页。

[47] 参见上文第189－190页。

[48] 关于这些荣誉的情况，参见上文第236－248页。

[49] Joseph A. Schumpeter, The theory of economic development: an inquiry into profit, capital, interest and the business cycle [1912], trans. R. Opie (Cambridge, MA: Harvard University Press, 1962), 132.

[50] Mark Casson, Entrepreneurship, The concise encyclopaedia of economics, www.econlib.org/library/Enc/Entrepreneurship.html，访问日期为2005年12月22日。

塞缪尔·坎里夫·李斯特在 1875～1906 年，转变与成功的光辉叙事就是发明人转型为企业家的范本。李斯特通过使羊毛梳理机械化开始发家。不过当时有阿克赖特的参与，很难说他个人实际上作出了多少贡献——他后来不光以自己的名义给梳羊毛机申请了专利，又尽可能收购有关联的专利，还咄咄逼人地提起诉讼，借此巩固自己的专利地位。[51] 他从名下巨大的纺织厂开始经营，把西约克郡布拉德福德整个变成了纺织行业里无可置疑的生产中心，之后也在丝绸和天鹅绒生产上如法炮制。时至今日，他的纺织厂还是当地空中轮廓线上最夺目的建筑。

1870 年，李斯特以远低于市场价值的价格将其家族财产出售给布拉德福德公司，给布拉德福德镇修了一个公园，之后又建了一个画廊和一间博物馆（以第一台羊毛精梳机的发明人卡特赖特命名为卡特赖特·豪尔）。[52] 作为答谢，镇上破例在他还在世的时候为他竖立了一座雕塑。这座像由马修·诺布尔建造，坐落在公园地势较低的那个出入口；基座上画了李斯特的发明为梳羊毛产业带来的改变（见图 11.6）。[53] 1875 年雕像落成，布拉德福德选区议员 W. E. 福尔斯特（W. E. Forster）发表了一场堪称外交辞令的经典讲话。讲话中压下了这些机器发明人的争议，梳羊毛工人对这些发明的抵制和有关镇上纪念李斯特的非议都被掩盖了起来。福尔斯特强调了梳羊毛产业给布拉德福德带来的经济和社会效益，重点提到李斯特的纺织厂创造的就业机会。在夸奖李斯特个人品质的时候，福尔斯特同时强调，李斯特的“发明能力”和“能量、勤勉、意志坚定”等造就了其成功商人的优秀素质，尤其是“这个人所展现出来的勇气”[54]。

1891 年，李斯特受封为马萨姆男爵，15 年后去世，活了 91 岁。[55]《泰晤士报》为他刊登的讣告主要引自他的自传，但是第一段没有引用李斯特的任何材料，其中既说他是“创新的商业英雄”，也捎带着贬低了“纯粹”的发明人：

---

[51] Christine MacLeod，Strategies for innovation：the diffusion of new technology in nineteenth-century British industry，EHR 45（1992），296－297.

[52] The Times，19 April 1870，9d；18 May 1870，11b；Beesley，Through the mill，pls. 40－41.

[53] The Times，17 May 1875，12d-e；据说在 1904 年，李斯特还要求修改其中一面的图案，把原画上的机械换成了方形运动精梳，“好向对手宣示他的专利权”，见 Issac Holden：J. A. Iredale，Noble Lister：the enigma of a statute（Bradford Art Galleries and Museums，n. d.），6. 另见 Katrina Honeyman，Holden，Sir Issac，first baronet（1807－1897），ODNB，online edn，May 2006，www. oxforddnb. com/view/article/13491，最后登录时间为 2006 年 10 月 21 日。

[54] The Times，17 May 1875，12d-e.

[55] 参见上文第 246 页；Pumphery，Introduction of industrialists，10－12.

图 11.6 西约克郡布拉德福德公园李斯特像

该像由马修·诺布尔创作于 1875 年（作者拍摄）。

> 若是卡莱尔（[Thomas] Carlyle，英国作家）的英雄群像要在 19 世纪增补，两个人当之无愧——这就是科学人和产业人。产业人中大概有 6 个人配得上这个荣耀，马萨姆男爵自占一席。建造恢宏的产业大厦，要有两样东西；这两样东西标志着这个时代不同于以往，意味着我们要独自拥抱日益复杂的多元生活，其中不仅是科学，还有发明和组织。不过发明与组织之间似乎普遍存在冲突或者不协调，因为发明人往往不擅长做生意，而做生意是需要有组织才能的，但是大企业往往也毫无创意……虽然如此，对于极少部分人来说，大自然乐意把这两样才能都赐予他们，缔造了“产业英雄”——克虏伯、阿姆斯特朗、西门子，之后就是李斯特。[56]

虽说李斯特有发明人的一面，但他的主要名誉在于“产业人”，属于少部分“同时擅长发明和组织”的精英。那些典型的发明人则早被科学家驱逐，被产业英雄排斥，极少数硕果仅存的有“发明天赋”的人，如今都被说成是

[56] The Times, 3 February 1906, 9d-f; [S. C. Lister], Lord Masham's inventions, written by himself (Bradford, 1905).

受了“商业天赋”的加持。

这一时期苏格兰的技工特别热衷于为他们欣赏的有发明才能的雇主举行纪念活动。詹姆斯·卡迈克尔就是这么一位闻名于乡土的人物，尤其受他的工人欢迎，他本人的发明在工程师当中的知名度也很高。[57] 1876 年，卡迈克尔死后第 23 年，他的雕像在邓迪落成，相关的募款活动“很多年前就开始了”。早在 1810 年，卡迈克尔就和他的兄弟、铸铁工和工程师查尔斯·卡迈克尔（Charles Carmichael）到邓迪做生意。他们在邓迪建造了苏格兰的第一台火车头以及最早一批的蒸汽铁甲船。卡迈克尔发明了一个用于船舶机器的装置，之后又发明了风扇叶片，广泛用于铸造和煤矿通风，兄弟两人都没有为此申请专利。苏格兰钢铁制造商和工程师为此在 1841 年给他们各自做了纪念圆盘，上面刻着风扇叶片，以示嘉奖。[58] 约翰·哈钦森（John Hutchinson）为卡迈克尔铸了一尊铜像，矗立在高 5.2 米的基座之上。《伦敦新闻画报》刊出了它的画像，卡迈克尔在其中是典型的发明人形象，看着喜气洋洋，像是终于想出了一台新机器（见图 11.7）。

> 这位朴实无华的老苏格兰机械师，穿着平常的衣服，看上去像是工作累了，正准备抽空歇一会儿，又突然想到了什么好点子，他坐下来思考。只见他微微俯下身子，一看就是陷入了沉思。他左手扶着一个蒸汽汽缸，右手握着一把尺子，靠在一台抽水机上……代表了船舶机器领域的转向……右脚旁还放了一个鼓风机。[59]

这段引文已经清楚地说明，在邓迪的卡迈克尔像中，发明人的身份仍然优先于企业家，与当时布拉德福德纪念李斯特的思路如出一辙。接下来 25 年中，格拉斯哥又竖立了三座雕塑，标志着英雄企业家的诞生。第一座是约翰·埃德尔的铜像，由 J. E. 波姆（J. E. Boehm）铸造，1888 年在埃德尔公园揭幕，对面就是他的葛文造船厂（见图 11.8）。当时有人评论称，埃德尔雕塑的面孔反映出了“源于成功的思虑与满足”[60]。从雕像上的饰物和人物服装来看，埃德尔已经远非“那个朴素的苏格兰老机械师”。他坐在他的发明上，左手扶着一台组装蒸汽机器，这是他参与做出了重大改进的产品。

---

[57] The Times, 19 June 1876, 11f.

[58] E. Gauldie (ed.), The Dundee textile industry, 1790 – 1885 (Edinburgh: the Scottish Historical Society, 1969), 91.

[59] ILN, 69 (9 September 1876), 245.

[60] Archibald Craig, The Elder Park, Govan: an account of the gift of the Elder Park and the erection and unveiling of the statue of John Elder (Glasgow, 1891), 115，转引自 McKenzie, Public sculpture of Glasgow, 97.

图 11.7　詹姆斯·卡迈克尔像

该像由约翰·哈钦森创作于邓迪，雕版画刊于《伦敦新闻画报》，1876 年 9 月 9 日版（安·佩瑟斯摄影）。

要不是他的纪念委员会介入（其中有船厂工人），埃德尔的形象就是成功企业家了。在波姆原本的设计里，埃德尔的手只是放在一个方柱上的。后来镇长提了意见，委员会这才要求把方柱换成机器，作为“埃德尔天才的纪念”[61]。揭幕典礼当天虽然天气恶劣，但仍吸引了无数群众，堪称是一场盛会。埃德尔的遗孀伊莎贝拉·埃德尔（Isabella Elder）的自豪之情溢于言表：“今天这场纪念活动，从筹划到我今天站在诸位面前，多亏了葛文的工人！”[62]当时葛文经济受到了重创，纪念委员会还是想方设法尽全力筹款，最后总算是募到

[61] Minute book of the John Elder statue committee, 1884 - 1888, 14 September 1887, H-GOV 27 (1), Glasgow City Archive.

[62] Glasgow Herald, 30 July 1888, 9, 转引自 McKenzie, Public sculpture of Glasgow, 99.

图 11.8　葛文埃德尔公园约翰·埃德尔像

该像由约翰·埃德加·波姆创作于 1888 年。埃德尔的左手扶着一台组装蒸汽机器（作者拍摄）。

2000 多英镑。[63] 捐款者为数甚众，这就是埃德尔在当地人缘的体现——既是堪称"发动工程业的革命"，"仅次于瓦特"的伟大发明人，又是一个关心群众、思想开明的雇主。[64]

葛文的第二座雕像是威廉·皮尔斯（William Pearce）爵士像，建于 1894 年。埃德尔死后有三个人受托管理费尔菲尔德船厂（Fairfield Yard），皮尔斯就是其中之一。[65] 他的管理能力很强，在他的帮助下，船厂的规模跃升到世界第一，不过没有什么发明。这座雕像的扣子扣得整整齐齐，双手握着工程设计图纸，上面画着他的一项著名作品"海洋灰狗号"（Ocean Greyhounds），正在大步朝前迈，借此展现皮尔斯的职业能力和高超效率。但是这里可没有任何创造性的元素！皮尔斯是从查塔姆海军船厂的学徒工一步一步做起来的。1885 年，皮尔斯当选为葛文的第一任下议院议员，随后在不少中央和地方组织中任

---

[63] McKenzie, Public sculpture of Glasgow, 98 – 99.

[64] 同上，97. 关于工厂工人们对大家长作风的雇主形象的理想化，见 Joyce, Work, society and politics, 152 – 154, 179 – 186.

[65] 该段整理自 McKenzie, Public sculpture of Glasgow, 184 – 186.

职，1887 年他被封为男爵。虽然他在下议院里“一贯是反工党的”，但他把船厂管理得很好，加上为人乐善好施，尽人皆知（甚至可能是他“奢华浮夸的生活作风”），在工人和市民群体中均有较好的评价。根据《葛文报》(*Govan Press*) 的报道，1888 年皮尔斯逝世的时候，“棺材刚刚入土”，“后脚葛文的工人和他们奢侈的兄弟”就发动了募捐（和埃德尔的募捐活动分开），找到了雕塑家爱德华·昂斯洛·福特（Edward Onslow Ford）。雕像的落成典礼由开尔文主持，其奢华与拥挤仿佛 6 年前埃德尔的纪念仪式再现。

与皮尔斯一样，斯普林伯恩海德公园机车制造厂的工厂主约翰·雷德（John Reid）同样被誉为格拉斯哥的“产业英雄”，同样是靠他的组织能力，而非发明。[66] 雷德是白手起家的另一个典型，他从铁匠开始干起，后来做了工程制图工，而后任海德公园机车制造厂的经理，最后成为工厂主。他能量充沛，高瞻远瞩，把工厂带上了新高度，19 世纪 90 年代的时候就雇用了 2500 名工人，年产机车 200 台。雷德有不少社会和业内的职务，还在 1882 年担任过苏格兰工程师和造船师协会的主席，也是技术爱好者。他于 1894 年逝世。他的几个儿子当时都是尼尔森和雷德公司的合伙人，为斯普林伯恩捐了 1 万英镑修建城市公园，当地报纸因此提议为雷德修一座公共雕塑。1903 年，雷德的铜像揭幕，其自信地立于基座之上，但是气质上没有皮尔斯像那么咄咄逼人：雕像上的雷德身着及膝的礼服大衣，扣子敞开，左手随意地握着一沓半展开的计划书。雕像上的铭文只提到了他的公职。这座雕像堪称对企业家的虔敬的礼赞，是这三座雕像中风格转向最彻底的。埃德尔像中的劳工群像可以看出雇主们对自己发明能力的自我夸耀，而李斯特的公共形象宛如一面镜子，映射出当地企业主与市民生活的完美融合。

不过，如果认为这是 19 世纪 90 年代出现的新动向也不甚准确。这是已经持续了数十年的趋势。[67] 实业家会因创造就业收获赞誉，因为他的社会或者政治赢得掌声，或者是因为自己的慈善活动受到嘉许，那些掌握了当地经济命脉的企业家更是如此。布拉德福德在 19 世纪 70 年代就为第二任市长、工业家长

---

[66] 该段整理自 McKenzie，Public sculpture of Glasgow，354－355.

[67] 19 世纪 60 年代韦奇伍德的纪念可以看作是这种趋势的先声，参见上文第 305－307 页。19 世纪 80 年代开始，企业主的生平全传逐渐开始成卷出版，例如 James Hogg（ed.），Fortunes made in business：a series of original sketches，biographical and anecdotic，from the recent history of industry and commerce，by various authors（London：Sampson Low，Marston，Searle and Rivington，1884－1887）. 该书的增编本于 1891 年出版。

主义的榜样泰特斯·索尔特（Titus Salt）爵士塑了像。[68] 兰开夏郡的奥尔德姆地跨奔宁山脉，也在山脉各处为约翰·普拉特（John Platt，1817 ~ 1872 年）办起了纪念活动。虽然普拉特拥有一些专利，不过人们纪念他并非因为他是发明人，而是因为他是全世界最大的机械制造企业的老板，还是奥尔德姆的议员，三任市长，市政发展的巨大贡献者。在他天才的领导之下，普拉特兄弟公司的规模在 30 年内扩张了 12 倍；在 1871 年，有 8000 名工人为普拉特联署，对他 25 年为官的服务表达肯定。[69] 伯肯海德也为“本地著名造船师”议会议员约翰·莱德（John Laird）办了类似的庆典。1877 年，莱德的铜像揭幕，3000 名各行业和友好协会代表参加游行。[70] 东约克郡的米德尔斯堡又分别于 1881 年和 1884 年举办了关于约翰·沃恩（John Vaughan）和议员 H. W. F. 博尔克洛（H. W. F. Bolckow）的纪念活动。这两个人联手成立了一家公司，1864 年时价值达 250 万英镑，为克利夫兰的铁矿产业作出了开疆辟土的贡献。沃恩于 1868 年去世，不过博尔克洛随后当上了米德尔斯堡的第一任市长和第一任下议院议员。博尔克洛的雕像由 D. W. 史蒂文森（D. W. Stevenson）设计，手持米德尔斯堡的企业管理规定。镇上第三座雕像是塞缪尔·斯莱特（Samuel Slater，1842 ~ 1911 年）爵士，于 1913 年揭幕。这个人是煤焦油制造商，当过三任市长。[71]

纽卡斯尔虽然很快就表彰了阿姆斯特朗勋爵，但对于他的朋友，约瑟夫·斯旺（Joseph Swan）爵士的表彰则比较缓慢。斯旺生前没能评上纽卡斯尔的荣誉市民，死后才获得追授，还是他的儿子代表他出席的仪式。斯旺生前最出名的发明就是白炽电灯，他也一直是职业发明人，没有涉足商业。[72] 在爱丁堡，汽车制造商和经销商协会、苏格兰自行车车友会和苏格兰好几座城市的代

---

[68] Darke，Monument guide，221 – 222；The Times，3 August 1874，8b-c；David James，Salt，Sir Titus，first baronet（1803 – 1876），ODNB，www. oxforddnb. com/view/article/24565，访问日期为 2006 年 10 月 21 日。这座雕塑的描绘图是根据布拉德福中心的原址所作的，载 Great industries of Great Britain，3 vols.（London，Paris and New York：Cassell & Co.，[1877 – 1880]），vol. Ⅰ，84.

[69] The Times，16 September 1878，6e；D. A. Farnie，Platt family（per. c. 1815 – 1930），ODNB，www. oxforddnb. com/view/article/50762，访问日期为 2006 年 10 月 21 日；Vernon，Politics and the people，58 – 62.

[70] ILN，71（10 November 1877），461.

[71] The Times，2 June 1884，12a；3 June 1884，5a，7c；Darke，Monument guide，226 – 227.（这项传统后来延续了下去，同上，171 – 172，176，245.）

[72] Evan Rowland Jones，Heroes of industry：biographical sketches（London：Sampson Low，Marston，Searle and Rivington，1886）。该书涉及 16 位励志人物的故事，其中只有阿姆斯特朗和斯旺是发明人。见 C. N. Brown：Swan，Sir Joseph Wilson（1828 – 1914），ODNB，www. oxforddnb. com/view/article/36382，访问日期为 2006 年 10 月 21 日。

表为充气轮胎发明人约翰·博伊德·邓洛普（John Boyd Dunlop）组织了一个纪念委员会，想要给他塑像，但是响应者寥寥。[73] 如果考虑到邓洛普跟苏格兰没什么联系的话，这次失败其实情有可原。邓洛普是爱尔兰人，后来把他的轮胎厂搬到了英格兰中部的考文垂。虽说他有自己的企业，《泰晤士报》给邓洛普发讣告的时候反而称他几乎没有参与轮胎的商业化发展——随后的头版文章继续论证说："与很多发明人一样"，邓洛普对自己的经济收益并不满意，尤其是当"工业界靠着他的设备获取了巨大财富的时候。但是他低估了略显粗糙的发明创意进入现代化发展时所需的试验的耐心、技术的创造性、商业能力和资本支持之庞大"。[74] 这种认为发明人一定做不好生意的成见业已生长，很可能已经对发明人个人和整个产业经济都造成不良影响。斯旺就是一个例子。人们经常说他在生意上受挫，正是因为生意伙伴都预设他"对产业制造政策一窍不通"[75]。

地方性的发明英雄

纯粹的发明人之所以还没有被他们经商的同行彻底取代，主要是出于历史原因。虽然经商的发明人往往在离世之后（甚至是还在世的时候）就会立即组织纪念活动。维多利亚时代晚期和爱德华七世在位时，人们继续纪念在19世纪中期被定义为工业革命关键人物的发明人，也有少数人新加入了被纪念的行列。发掘地方上的联系因此往往具有相当强的影响力。一座工业市镇可能会效仿古代的城市攀附王侯将相，与某一位发明人搞好团结。一般来说，一场重要的庆典就足以创造机会。维多利亚时代的英国人在很多方面都移植了法国人庆祝国家或地方上著名人物百年诞辰、忌日或者代表作发表周年纪念的习俗。[76] 这种习俗后来成为民间庆典的主要形式，提供了为某些重大成就制造身份认同的契机，也为引入新颖的世俗的而非传统的或是宗教的城市文化生活创造了机会。虽然1881年乔治·史蒂文森的百年诞辰主要是为一位已经非常出名的英雄人物锦上添花，对于其他发明人而言，一场百年纪念（或是双百纪

[73] The Times, 17 May 1910, 7f.

[74] The Times, 25 October 1921, 7d, 11d.

[75] M. E. Swan and K. R. Swan, Sir Joseph Wilson Swan, FRS: a memoir (London: Ernest Benn, 1929, repr. 1968), 123.

[76] 相关的考察见 Nora, Realms of memory; Quinault, Cult of the centenary, 303 - 323; Eric Hobsbawm, Mass-producing traditions: Europe, 1870 - 1914, 另见 Hobsbawm and Ranger (eds.), Invention of tradition, 263 - 307.

念）实实在在是一场重新唤起人们对他们的记忆、感念他们古老的功德的场合。此外，其还可以是募款的好原因。当捐款人看到他们的名字被刻在乡村大厅和学校里，还有以自己冠名的奖学金，这就是推广的好方法，发明人的社会地位也就随之提高。一个品德高尚的圈子就这么形成了：纪念活动提振了特定的发明人在公众当中的知名度。关于他们的措辞也意在宣传一段特定的历史，一段由科技发展驱动的历史；在这段历史当中，蒸汽机也好、铁路也罢，棉纺纱机抑或是低价铁矿都可以，某项发明凭借一己之力永久逆转了英国的国运。

19 世纪 80 年代晚期，有两座苏格兰市镇为了纪念之前被埋没的蒸汽船先驱威廉·西明顿（1763～1831 年）首次试验 100 周年展开竞争。当时西明顿在格兰杰默斯造过两艘船，因此格兰杰默斯向 D. W. 史蒂文森（D. W. Stevenson）定做了一尊西明顿半身像，先是在 1890 年的爱丁堡世界博览会上展出，而后又送到了首都的科学博物馆。第二年，西明顿的出生地，矿村利德希尔斯又为他立了一块花岗岩方尖碑，基座上刻着夏洛特·邓达斯二世（Charlotte Dundas Ⅱ）蒸汽船和设计师西明顿的形象，由他在矿上当经理的孙侄子策划。1903 年，对西明顿的再发现传到了伦敦。伦敦市长主持了夏洛特·邓达斯二号下水 100 周年的纪念活动，在奥德盖特的圣博托夫教堂西明顿的墓前立了一块匾。不过西明顿跟伦敦的联系也几乎仅限于此。[77]

另一位在博尔顿和瓦特手下工作多年的苏格兰发明人威廉·默多克（William Murdoch，1754～1839 年），则受了他本村和油气行会的联合抢救，才得以重新闻名。1884 年，“蒸汽技术在陆路机车上的应用”即将迎来百年纪念，坊间爆发出了对默多克被遗忘的愤怒。英国气球协会的马修·麦克菲举办很多场讲座，当众展示默多克的机车原型，要求为其做正式的纪念。之后成立了一个委员会，由威廉·西门子任主席，在伦敦为默多克塑像，并且把他在伯明翰的故居改造成了“国际油气博物馆”。当时为默多克办纪念活动的时候，还特别提到他生前发明的汽灯没有获批专利，以此正名。[78] 不久之后西门子溘然长逝，纪念活动也因此搁置。1892 年，联合油气研究所为默多克和油气照明发明 100 周年办了世纪纪念讲座。11 年之后，默多克的铜板等身圆浮雕像在他的家乡艾尔郡

[77] Harvey and Downs-Rose，William Symington，165，167－171；The Times，22 November 1890，13a；The Scotsman，22 November 1890，6f. 另参见上文第 187 页、第 228 页。

[78] The Times，1 September 1883，8d；11 September 1883，4d-e；15 September 1883，7f；5 January 1884，7b. 伯明翰工程师乔治·唐杰（[George] Tangye）参与了保护默多克机车模型，又在雷德鲁斯为默多克挂了匾额以表纪念，见 Pemberton，James Watt of Soho and Heathfield，176－177，179.

卢格村揭幕，费用由英国北部油气产业工人协会全额负担。[79] 当时油气产业正在试图跟电气照明相抗衡，因此可能是看上了这次廉价推广油气产业的机会。虽然电气照明新颖，但是油气照明有百年运营经验的积累和能够跟爱迪生的表演唱对台戏的发明人（更何况发明人已经去世，操作起来也安全），足以稳住消费者的情绪。在苏格兰，这场推广就落到了默多克头上。多亏了这些纪念活动，1900 年的时候，默多克声名大噪，他的半身像收藏进了斯特灵的华莱士国家纪念碑的英雄殿堂。[80]

1876 年是航海精密计时器发明人约翰·哈里森（John Harrison）逝世 100 周年。伦敦制表公司因此修缮了汉普斯特德教堂墓地里“离倒塌只有一步之遥”的哈里森墓。新墓的墓志铭详细叙述了哈里森的成就，叙事受到业界熟练工人的好评。[81] 19 世纪 50 年代，皇家艺术学会曾经试图为亨利·科特（Henry Cort）举办一场纪念活动，缅怀他为英国钢铁产业迅速发展带来的贡献，不过铩羽而归；在科特逝世 100 周年时，一家私人慈善机构给他捐了两块铜匾，一块放在其出生地兰开斯特教区教堂，另一块由马萨诸塞伍斯特的查尔斯·H. 摩根（Charles H. Morgan）出钱，送给了科特安葬之地汉普斯特德教堂。[82] 1889 年，莱斯特袜业为威廉·李发明织袜机 300 周年大摆筵席，由当地的主要雇主举办，招待了 700 余名“高寿织袜工”。[83] 1904 年，兰开复郡的伯里则相中了约翰·凯（John Kay）的 200 周年诞辰；早在 19 世纪 50 年代前，伍德克罗夫特就痛斥过他们薄情寡义，如今他们终于要补偿这位之前被埋没的同乡。德比（Derby）伯爵和其他本地贤达与织布工工会一起争取为约翰·凯建造公共纪念碑，最终于 1908 年落成。[84] 1877 年，伯里的大型织布机制造企业罗伯特·赫尔父子公司在自家厂区办公室前面为约翰·凯立起了一座雕像，

[79] The Times, 17 June 1892, 3e; 28 July 1913, 4e.

[80] 参见下文第 346 页。

[81] The Times, 17 January 1880, 4f. 转机发明人约翰·怀亚特（John Wyatt, 1700 - 1766）的墓碑“也在前几年修复了”，见 Prosser, Birmingham inventors, 11.

[82] The Times, 10 May 1905, 15e; 13 May 1905, 12d; Chris Evans, Cort, Henry (1741? - 1800), ODNB, online edn, October 2006, www.oxforddnb.com/view/article/6359，最后登录时间为 2006 年 10 月 21 日。

[83] The Times, 29 November 1889, 5c; James Henry Quilter and John Chamberlain, Framework knitting and hosiery manufacture (Leicester: Hosiery Trade Journal, 1911), 6.

[84] Woodcroft, Brief biographies, 6; The Times, 18 July 1904, 6e; John Lord, Memoir of John Kay of Bury, County of Lancaster, inventor of the fly-shuttle, metal reeds, etc. etc. (Rochdale: Aldine Press, 1903), 151 - 158; D. A. Farnie, Kay, John (1704 - 1780/81), ODNB, www.oxforddnb.com/view/article/15194，最后登录时间为 2006 年 10 月 27 日。

开启了伯里的纪念浪潮。雕像上的约翰·凯穿着 18 世纪的服装，一只手拿着他发明的飞梭，另一只手拿着一卷很像是专利证书的文件。[85] 1890 年，在附近的曼彻斯特，福特·马多克斯·布朗（Ford Madox Brown）为市政大厅创作了一组 12 幅展示这座城市历史的壁画，其中有一幅画的就是人们砸毁约翰·凯的机器的场景。[86]

托马斯·纽科门的出生地，德文郡的达特茅斯为他庆祝了 200 周年诞辰。纽科门缺席了蒸汽时代的历史，因此，甚至都没能享受名字登上《发明人年鉴》封面的待遇。他在 1712 年发明了大气热机；过了 200 年之后，达特茅斯的一个纪念委员会去信《泰晤士报》，表示镇上“很大一部分居民”都希望能给纽科门作永久性的纪念。瓦特和史蒂文森早已扬名立万，特里维西克的声望也日渐增长，达特茅斯的努力姗姗来迟。当地议员说纽科门的热机是“现代发动机的原型……它对我国和全世界的价值都难以估量”[87]。第一次世界大战不久之后爆发，纽科门的纪念碑在 1921 年揭幕，上面刻着 1712 年纽科门热机的图案，还有简短的纪念碑铭。[88]

1912 年格拉斯哥为贝尔的彗星号（Comet）下水办的 100 周年纪念活动最为耀眼。彗星号是欧洲第一艘客运蒸汽船。1909 年，美国纽约庆祝了世界上第一艘客运蒸汽船——罗伯特·富尔顿的克莱蒙特号（Clermont）下水 100 周年，格拉斯哥估计是想盖过“那场盛会”。[89] 于是格拉斯哥举办了为期 3 天的公众庆祝活动，在克莱德河口组织了由 60 艘船出演的“海军大典”，海军上将特批了一个中队的一级战列舰和一个师的驱逐舰参演。格拉斯哥当地民船列队“检阅”了参演军舰，“无数工人”竞相观看。人们扛着彗星号的模型走街串巷，烟火、灯展和各种爱国演出点亮了克莱德河沿岸诸多的市镇。[90] 苏格兰事务大臣麦金农·伍德（McKinnon Wood）出席了一场 450 人参加的企业午餐会，在席间唱起了贝尔的颂歌，为他没能争取配得上贝尔的表彰而道歉，又称赞说“这也是我们开展广阔国际贸易的 100 周年”[91]。这个观点相对片面，是典型的百年庆典修辞，《泰晤士报》刊文为之背书：“贝尔不仅为格拉斯哥商

[85] Lord, Memoir of John Kay, 117; The Textile Manufacturer, June 1933, 229.

[86] Dellheim, Face of the past, 163 – 175; Lord, Memoir of John Kay, 60.

[87] The Times, 5 January 1912, 9b; 11 January 1912, 4a.

[88] Accounts of the Society, 1920 – 1921, TNS, 1 (1920 – 1921), 79; Titley, Beginnings of the Society, 38.

[89] The Times, 31 August 1912, 5c.

[90] The Times, 25 July 1912, 8f; 2 September 1912, 5f.

[91] The Times, 31 August 1912, 5e.

业的繁荣奠定了基础，也为英国航海统治地位打好了基础。”[92] 克莱德河畔已经有一些贝尔的纪念碑，[93] 因此，贝尔的百年纪念委员会启动了两项雄心勃勃的教育计划，包括“为格拉斯哥皇家技术学院补给和保养一艘合适的蒸汽船，以供学生参与航行实训”[94]。当地两个团体还为参与建造彗星号的劳工建了纪念碑。其中有一位约翰·罗伯森（John Robertson），他的家乡尼尔斯顿为其建了一座巨大的灰色花岗岩方尖碑，铭记他“为彗星号设计和建造发动机”，彗星号的建造地格拉斯哥港也为约翰·伍德（John Wood）立了匾。[95]

有的时候，纪念发明人无私的想法和尽全力发掘一个人剩余价值之间能够在募款上找到完美的平衡。1900 年的时候，威尔特郡拉考克修道院借“摄影技术发明人”亨利·福克斯·塔尔博特（Henry Fox Talbot）的名义为教堂重建募款，因为塔尔博特就住在其教区，死后也葬在教堂墓地里。他的儿子小塔尔博特（C. H. Talbot）任纪念委员会书记，他发掘出了老塔尔博特诞辰 100 周年的价值。《泰晤士报》把老塔尔博特的无人问津跟法国银版照相术发明人 J. M. 达盖尔（J. M. Daguerre）的身后盛名作了对比，为老塔尔博特哀歌；法国的达盖尔是一位“成功的演员”，尚且都有如此待遇，但是英国的老塔尔博特作为有名望的大学者，居然就在他同胞的记忆中消逝。英国人现在可以通过购买福克斯·塔尔博特照片版画的限量版来纠正这个国家的错误，以增加修复基金，这是发明人“最需要的”纪念物。[96]

之前有一位被埋没的发明人，如今被两个教区争抢了起来。1890 年，肯特郡海斯教堂的牧师向《泰晤士报》致信，夸耀埋葬在他们教堂庭院里的莱昂内尔·卢金（Lionel Lukin，1742 ~ 1834 年）的丰功伟绩。卢金的墓志铭就是见证：

> 莱昂内尔·卢金，救生艇建造第一人，救生理念发明第一人，从海难中拯救了无数生命，抢回了无数财产，1785 年由国王授予专利。[97]

---

[92] The Times，2 September 1912，5f.

[93] 参见上文第 188 页。

[94] The Times，29 August 1912，7e.

[95] The Times，27 August 1912，6f；2 September，1912，5f.

[96] The Times，8 February 1900，12d；16 February 1900，13d. 格洛斯特郡柏克莱的教堂重建工作也是如此，借用了爱德华·詹纳（Edward Jenner）的盛名，见 The Times，7 December 1871，4f；1 February 1872，12c.

[97] The Times，8 November 1890，6c. 参见 H. M. Chichester，Lukin，Lionel（1742 – 1834），rev. R. C. Cox，ODNB，www. oxforddnb. com/view/article/17170，最后登录时间为 2006 年 10 月 21 日。

教堂最近刚刚恢复了祭坛，牧师要求社会公众慷慨捐赠一面纪念窗，安在祭坛后面。埃塞克斯郡大邓莫教堂的牧师立即对海斯教堂的主张予以驳斥："要是给卢金塑像，就该放在我们教区的教堂，因为他是在我们教堂受洗的，他的第一艘救生艇模型还是在我们教区里下水的。"为了纪念这位"救生艇的发明人"，他希望大家至少能给教堂东侧的新窗户捐一块新玻璃。[98] 说不定是因为海斯教堂就在海边，墓地胜过了洗礼地。两年之后，救生艇员和海岸救生员同海斯的市长一起，宣布为海斯教堂捐赠新的纪念窗，[99] 教堂也凭着这一共生关系得到了美化和保护。维多利亚时代的英国人发现，发明人既可以是英雄，也可以是资产。

国家英雄

在康沃尔和苏格兰中部，对当地工业遗产的自豪当时正在转变成自我认同的一个重要方面。[100] 康沃尔的矿业在 19 世纪晚期的全球竞争之中衰败了，但是它的全球影响力一直持续到 19 世纪 60 年代，彼时康沃尔 30% 的成年人都从事矿业工作，这份记忆仍然鲜活而强烈。[101] 苏格兰中部当时仍然是大工业基地，重工业和造船业在全球首屈一指，享有世界级的名誉。两个地区都会纪念上至工业革命时期的发明人，认为城市的繁荣和名望都是他们的功劳；两地也都跟蒸汽机这一工业革命最显著的标志有渊源。在康沃尔，尤其是坎伯恩，恢复并珍视特里维西克的历史；在苏格兰中部，尤其是格拉斯哥，强调自己与瓦特（以及贝尔）的密切联系。两者也都有能够辐射周边地区的更大的影响力：瓦特能够代表苏格兰文化影响凯尔特文化圈，而特里维西克等康沃尔人则对英伦三岛甚至整个英国在世界的影响力作出了根本性的贡献。两个地方的发展史

---

[98] The Times，13 November 1890，6d. 亨利·格雷特海德（Henry Greathead）针对这项发明与他存在争议，参见上文第 82－83 页。

[99] The Times，4 October 1892，10b. 根据笔者在 1996 年的实地考察，大邓莫教堂的东窗上还有四块玻璃，是用来纪念当地一位太平绅士的妻子的，祭坛墙上的黄铜匾有相关记载。

[100] Philip Payton，Industrial Celts? Cornish identity in the age of technological prowess，Cornish Studies 10（2002），127－130；Bernard Deacon，"The hollow jarring of distant steam engines"：images of Cornwall between West Barbary and Delectable Duchy. 载 Ella Westland（ed.），Cornwall：the cultural construction of place（Penzance：Patten Press，1997），12－14，18－21；Christopher Harvie，Larry Doyle and Captain MacWhirr：the engineer and the Celtic Fringe，载 Geraint H. Jenkins（ed.），Cymru a' r Cymry 2000：Wales and the Welsh，2000（Aberystwyth：University of Wales Press，2001），119－121，136－139. 努沃拉里提供了这些文献，在此致谢。

[101] Deacon，Hollow jarring of distant steam engines，11.

都是19世纪晚期新国家认同或者新地区认同的缩影。

于康沃尔而言，1872年对戴维的纪念与19世纪80年代对特里维西克的纪念之间的对比尤为引人注目。在戴维像的落成典礼上讲话的人，没有一位提起他和康沃尔的联系：他是“彭赞斯最值得骄傲的乡民”，他们的修辞也全都聚焦在彭赞斯的本土叙事上。[102] 只是在10年之后，坎伯恩重新提到特里维西克的时候，彭赞斯才肯把这位英雄跟全县人共享，开始强调他跟康沃尔的工业遗产之间密切的联系。1888年特里维西克受到了全国性的认可，这是一场只有克朗普顿才能与之相比的名誉抢救，不仅在于其迟到，更在于其点燃的激情。虽然工程行业承担起了纪念特里维西克的责任，康沃尔也四处宣传特里维西克的康沃尔元素，与60年前瓦特的苏格兰支持者在威斯敏斯特教堂中的表态异曲同工。[103]

坎伯恩也因此强化了自身和特里维西克的联系，以求他在工业革命中的角色不再受到忽视。在1901年的圣诞夜前夕，坎伯恩庆祝了特里维西克陆路机车首次试运行100周年。数台牵引机车沿着首次试运行的线路浩浩荡荡向前推进，当地的矿工和工程师都参与了游行，还为一块铜匾办了揭幕仪式。[104] 这场庆典由约翰·霍尔曼（John Holman）和J. J. 贝林格（J. J. Beringer）策划，他们分别是当地最大机器制造厂的合伙人和坎伯恩矿业学校的主席，其中贝林格还主编了一部纪念文集。[105] 霍尔曼的爷爷为特里维西克的创新设计造过锅炉，他和他的哥哥詹姆斯·米尔斯·霍尔曼（James Miners Holman）都很为他们家族跟特里维西克的这层关系而自豪。1911年，詹姆斯·霍尔曼、贝林格与其他坎伯恩居民一道，为特里维西克建一座雕塑募捐，不过在第一次世界大战爆发时仅筹得600英镑，因此整个工程直到1932年才告完成。[106] 1913年出版的一本通俗传记提及了特里维西克的康沃尔身份，向史蒂文森的阵营发出挑战。伊迪斯·K. 哈珀（Edith K. Harper）则给她的特里维西克传记起了一个非常讨巧的标题：《康沃尔巨子：理查德·特里维西克——机车之父》（A Cornish Giant:

[102] Cornish Telegraph, 16 October 1872；另参见上文第309－312页。

[103] 参见上文第322－325页。

[104] The Times, 25 December 1901, 9b; Dickinson and Titley, Richard Trevithick, 266; Harper, Cornish giant, 29.

[105] Dickinson and Titley, Richard Trevithick, 284; Clive Carter, Cornish engineering, 1801－2001: Holman, two centuries of industrial excellence in Camborne (Camborne: Trevithick Society, 2001), 32－33. 卡特认为那块铜匾是1919年由纪念委员会挂上的，哈珀的著作中没有提到铜匾即是一个例子，见第78页。

[106] Dickinson and Titley, Richard Trevithick, 262, pl. XVII.

Richard Trevithick, the Father of the Locomotive)。书中还推断说，特里维西克之所以出了名的又高又壮，这都跟他作为康沃尔人取得的伟大成就是相称的——他的功绩是康沃尔的历史遗产，不逊于任何上古凯尔特时代的巨人神话。[107]

1897 年，土木工程师协会向 C. H. 梅比（C. H. Mabey）订做了一尊特里维西克的大理石像，准备在协会的伦敦总部陈列。[108] 现在别的地方也要开始跟特里维西克攀关系。特里维西克生前所在企业中有一个人为达特福德教区教堂送了一块纪念铜匾，上面画着特里维西克和他的机车。[109] 特维雷西克逝世 100 周年的时候，有两个生前展出过他机车的地方都竞相给他立纪念碑。威尔士南部的梅瑟·泰德菲尔坐落在煤矿产区的心脏地带，此时也夸耀自己是“机车的诞生地和摇篮”；它的城徽也早已改妥，特里维西克机车的牵引机跃然其上。1934 年大萧条期间，它还克服万难，在特里维西克曾经工作过的佩尼达伦铁厂旧址附近立了一块纪念碑。[110] 几天之后，交通大臣也为一块匾额揭幕，挂在伦敦大学学院工程学实验室的墙上，以纪念 1808 年“特里维西克的第一辆蒸汽动力机车在此展示上下旅客”[111]。

跟特里维西克一样，瓦特的名声也主要出自两大本营：一是工程师的职业共同体，二是瓦特的家乡。[112] 虽说英格兰没有忘记瓦特，但苏格兰人的纪念活动更为活跃。在整个 19 世纪当中，瓦特代表了当代苏格兰人成就的巅峰，是苏格兰对英国贡献的最生动的写照。不过讽刺的是，多亏了 19 世纪下半叶苏格兰地区挑战联合法案的民族主义情绪高涨，苏格兰人这才又开始强调瓦特的英雄地位。[113] 不少所谓的苏格兰“传统”都是被出版商和旅游行业人员发明出来的，“苏格兰的传统就是可以拿来卖钱的商品”[114]。维多利亚时代后期，一种

[107] Philip Payton, Paralysis and revival: the reconstruction of Celtic-Catholic Cornwall, 1890 - 1945, 载 Westland (ed.), Cornwall, 25 - 39.

[108] Dickinson and Titley, Richard Trevithick, 262.

[109] 同上，266，pl. XVIII.

[110] The Times, 20 April 1934, 11f; Harper, Cornish giant, 37.

[111] The Times, 24 April 1934, 6g.

[112] 参见上文第 93 - 119 页；另见 Kidd, Subverting Scotland's part, 1 - 6, 97 - 99, 250 - 251, 268 - 274.

[113] R. J. Finlay, Independent and free: Scottish politics and the origins of the Scottish Nationalist Party, 1918 - 1945 (Edinburgh: John Donald, 1994), 1 - 9; M. Fry, Patronage and principle: a political history of modern Scotland (Aberdeen: Aberdeen University Press, 1991).

[114] Christopher Harvie, Scotland and nationalism: Scottish society and politics, 1707 - 1977 (London: George Allen and Unwin, 1977), 134; Anderson, Imagined communities, 199 - 206. 另见 Hugh Trevor-Roper, The invention of tradition: the Highland tradition of Scotland, in Hobsbawm and Ranger (eds.), Invention of tradition, 15 - 42.

非政治的民族自豪感与那个世纪的英雄历史偏好混合在一起，由一小群精英表达和述叙。这是一场历史身份和英雄身份的分离重述，其中，发明人、工程师和科学家与中世纪的君王、战士、作家和其他知识分子分享荣光。19 世纪 60 年代，斯特灵的华莱士国家纪念碑就是这场重述在公共艺术中的先声，又在接下来的 30 年中，由一座苏格兰名人堂来装饰。[115] 只要一个人是伟大的苏格兰人，那就能迎合新兴民族主义的需要：瓦特和亚当・斯密的半身像、罗伯特・布鲁斯以及其他十几位著名的科学家（威廉・默多克、大卫・布鲁斯特和休・米勒等）、文学家、宗教家和政治家可以在一座名人堂展出。[116] 位于爱丁堡的苏格兰国家肖像画廊也是苏格兰名人堂理念的体现。在国家画廊里，瓦特手持蒸汽机的模型，辨识度极高，又与工程师特尔福德和建筑师亚当屹立于大堂的饰带之下。

与此同时，瓦特的传记作者也开始强调他的苏格兰身份，19 世纪 50 年代的穆尔海德（Muirhead）和威廉姆森（Williamson）传记就是先例。不过若是论热爱故土、情感充沛的苏格兰特性（Scottishness），要数安德鲁・卡耐基（Andrew Carnegie）为《奥利凡特苏格兰名人列传》（*Oliphant's Famous Scots Series*）所写的瓦特传记体现得淋漓尽致。[117] 据这位苏格兰裔美国钢铁大王兼慈善家所说，瓦特的凯尔特人和盟约派血统对他的成功至关重要："苏格兰的石楠花在瓦特心中盛开。"瓦特对古代的英雄无动于衷，而是"亲自改写了他浪漫故土的历史"，在他客居伦敦"生活最黑暗的时期"，是威廉・华莱士和布鲁斯的罗伯特激励和鼓舞了他。[118] 1913 年，帝王威士忌花了重金，把瓦特"请"上了其"苏格兰名人"系列广告（见图 11.9）。[119] 此时，瓦特的形象事实上已经离启蒙时代爱丁堡的那个国际"哲学家"相去甚远。

---

[115] Morton, William Wallace, 78 – 79.

[116] Hall of Heroes, National Wallace Monument: www.scran.ac.uk/ixbin/hixclient，最后登录时间为 2001 年 10 月 29 日。

[117] Williamson, Memorials; Harvie, Scotland and nationalism, 141 – 142. 讽刺的是，当年面世的还有潘博尔顿（T. E. Pemberton）的"伯明翰版"瓦特传记《苏豪和希斯菲尔德的詹姆斯・瓦特》（*James Watt of Soho and Heathfield*）。

[118] Andrew Carnegie, James Watt (Edinburgh and London [1905]), 11, 13, 15, 22; Geoffrey Tweedale, Carnegie, Andrew (1835 – 1919), ODNB, www.oxforddnb.com/view/article/32296，最后登录时间为 2006 年 10 月 21 日。

[119] ILN, 143 (12 July 1913), 71.

图 11.9　帝王威士忌广告

瓦特是一个“著名苏格兰人”，正从一个蓟花形状的杯子里喝威士忌，载于《伦敦新闻画报》1913 年 7 月 12 日版（安·佩瑟斯摄影）。

这种民族主义纪念的背后是强烈的市民自豪，格拉斯哥和他的家乡格林诺克尤甚。[120] 1824 年，格拉斯哥的市民决定自己为瓦特造纪念碑。10 年之内，市内就有了三座瓦特像：两座由公众募捐，还有一座由小詹姆斯·瓦特捐给格拉斯哥大学（University of Glasgow）。[121] 之后格拉斯哥的所有瓦特像都由私人雕刻。1864～1906 年，有五座城市中的主要建筑都新立了瓦特像，为延续瓦特和他最著名的发明的记忆出了一份力。[122] 在苏格兰工程师和造船师协会及格拉斯哥哲学会社的襄助下，格拉斯哥的工程师每年都举办“瓦特年度晚宴”，并

[120] MacLeod and Tann，From engineer to scientist，397－399.

[121] 参见上文第 112－115 页；另见 McKenzie，Public sculpture of Glasgow，393－394，404.

[122] 同上，107－108，270－271，282－283，305－307，331－336，393－394，417－419. 关于凯文格罗夫公园中的蒸汽引擎雕塑，见 Glasgow of today（Industries of Glasgow）（London：Historical Publishing Company：1888）：www. scran. ac. uk/ixbin/hixclient，最后登录时间为 2001 年 10 月 29 日。

且邀请名人出席讲话。[123] 格拉斯哥大学也自称跟瓦特大有渊源。19 世纪 60 年代，格拉斯哥大学在城市西部扩建新校区募款时就借了瓦特的名义。1870 年格拉斯哥大学新教学楼剪彩的时候，好几位演讲嘉宾都"突出了科学与财富之间广为人知的关系，这也是瓦特的传奇之处"[124]。1919 ~ 1920 年，苏格兰工程师还为纪念瓦特逝世 100 周年组织向格拉斯哥大学募款 3 万英镑，设立了两个詹姆斯·瓦特工程学职位。[125]

苏格兰西部也没闲着。1850 年，邓迪的巴克斯特兄弟公司在他们 5 层楼高的亚麻织布厂的楼顶竖立了瓦特的雕像。[126] 爱丁堡也终于在 1851 年给他做了纪念碑。爱丁堡自 1824 年就开始筹款，后来在亚当广场（今钱伯斯街）上为艺术学校买了一栋楼，改名为瓦特艺术学校，外廊上很快又竖立了一座瓦特的坐像，出自彼得·斯莱特之手。1885 年，艺术学校与乔治·赫利特医院合并，更名为赫利特 - 瓦特学院。[127] 不久之后，钱伯斯街对面的苏格兰皇家博物馆（1866 年开馆）门口又挂起了一幅瓦特的半身画像。[128] 在这里，瓦特与艺术领域的代表米开朗基罗、物理学的代表牛顿和生物学的代表达尔文并列，他的苏格兰人身份看上去更像是一个偶然因素，说不定他在机械技术领域的贡献对进入苏格兰皇家博物馆起的作用要更大些。

在英国南部，尤其是教育领域，瓦特的形象也被类似地使用。牛津大学博物馆在 1860 年定做的瓦特像就属于"伟大的科学家群像"行列。[129] 瓦特的画

---

[123] The Scotsman, 20 January 1893, 5; 23 January 1895, 4f. 苏格兰工程师和造船师协会的前身是创立于 1857 年的苏格兰工程师协会，1871 年发行了一块绘有瓦特半身像的银牌作为纪念（苏格兰国家博物馆藏，编号 H. 1958. 1928，见 www. scran. ac. uk/ixbin/hixclient，最后登录时间为 2001 年 10 月 29 日）。

[124] Crosbie Smith, "Nowhere but in a great town": William Thomson's spiral of classroom credibility, 载于 Crosbie Smith and Jon Agar (eds.), Making space for science: territorial themes in the shaping of knowledge (Basingstoke: Macmillan, 1998), 139 - 142. 另见 Ben Marsden, "A most important trespass": Lewis Gordon and the Glasgow Chair of Civil Engineering and Mechanics, 1840 - 1855, 同上, 98; MacLeod and Tann, From engineer to scientist, 398.

[125] MacLeod and Tann, From engineer to scientist, 391; Glasgow University Archives, Minutes of the Meeting of the University Court, 16 December 1920, 11 March 1921.

[126] Gauldie (ed.), Dundee textile industry, 129.

[127] W. L. Bride, James Watt-his inventions and his connections with Heriot-Watt University (Edinburgh: Heriot-Watt University, 1969), 26; The Scotsman, 16 December 1840, 3f. 1966 年，学院经批准改制为赫利特 - 瓦特大学，如今瓦特的坐像安放在雷卡尔顿校区。

[128] John Gifford, Colin McWilliam, David Walker, Edinburgh (Harmondsworth: Penguin Books, 1984), 187.

[129] 见图 12. 1，另见 Sherwood and Pevsner, Oxfordshire, 282; The Builder, 17 (1859), 401. 这座瓦特像系博尔顿的孙子马修·博尔顿捐建，见 Oxford University Museum (4 June, 1860)，相关简介见 History of the Building of the Museum, Oxford University Museum Archives, Box 5, fldr 5. 这些文献由史黛拉·布莱克内尔（Stella Brecknell）女士提供，在此致谢。

像占据了南肯辛顿博物馆中庭黄铜门六块嵌板当中的一块，和戴维、牛顿、提香、布拉曼特与 1851 年世界博览会场景并列。[130] 在 1881 年的诺丁汉学院，瓦特的半身像和培根、牛顿、居维叶、莎士比亚与弥尔顿并肩而立。[131] 1907 年，伯明翰大学在学校大礼堂门口竖立了 9 尊代表科学艺术界的雕像，考虑到瓦特和伯明翰的联系，他的雕像自然就成为代表工程界的首选。[132]

最早把瓦特捧上英国神坛的是苏格兰的辉格党人，目的在于压倒他们的政治对手支持的英雄军人。在 19 世纪晚期，瓦特被重构为独特的苏格兰英雄，又成为苏格兰反对 1707 年联合的民族主义情绪回潮的象征。死后的瓦特同时成了苏格兰亲英派和民族主义派的工具，不过也为好几座英国市镇上的自由主义政治家、教育家、科学改革家所用，至少给博尔特－瓦特公司（以及后改名的詹姆斯·瓦特公司）打了广告。瓦特生前算得上是深居简出的人，身后成为英国最著名的工程师和发明人，他的发明也开启了人们口中的“工业革命”。

不得不问这样一个问题：瓦特还是发明人中最合适的代表吗？当时的经济正在向以电气化、内燃机、廉价钢铁和有机化学为基础的第二次工业革命转型，瓦特再也不能代表科技进步的最前沿了。事实上，整个发明的模式都在经历一场转型，独立发明人的星火正在逐渐黯淡下去。到了 19 世纪晚期，那些掌控了大公司最高管理层的人，特别是那些能够把发明能力与经商能力结合在一起的人，其风头早就盖过了“纯粹的”发明人。威廉·阿姆斯特朗、塞缪尔·坎利夫·李斯特和约翰·普拉特这样的人创造了就业岗位、办起了慈善事业，广为受到恩惠的市镇纪念与传颂；若是在议会或者地方政府里任个闲职，也足以让他们封个爵士或者从男爵，跻身贵族之列都是可能的事情。至于制造业领域之外，工程和医学职业共同体也确保自己得到应有的认可。一批骨干职业科学家正在成长，他们也在享受着这些群体的红利。在下一章当中，我们也

---

[130] 铜门照片参见 www. victorianweb. org/sculpture/misc/va/1. htlm，最后登录时间为 2005 年 12 月 23 日。

[131] The Builder 40（1881），786；41（1881），484.

[132] Noszlopy，Public sculpture of Birmigham，133－134. 其他雕像分别是贝多芬、维吉尔、米开朗基罗、柏拉图、莎士比亚、牛顿、法拉第和达尔文。1898 年，利兹城市广场立起了另一座瓦特像，由费赫（H. C. Fehr）雕刻，不过跟代表骑术的黑王子和普利斯特里的雕像摆在了一组，未免有些不协调。见 Pevsner，Yorkshire，the West Riding，319；Julian Orbach，Victorian architecture in Britain（London and New York：A. &C. Black，1987），474－475. 乌尔里奇像让笔者想起了吉伯恩·斯科特（Kilburn Scott）的观察，即放上受过博尔顿－瓦特公司羞辱的利兹工程师马修·穆雷的塑像，说不定会更好一些。如果去穆雷在霍尔贝克的工作室旧址附近，或许还能看到一块 1929 年揭幕的穆雷百年诞辰纪念匾额。

将看到某些业内领先的科学家作出了足以令“纯粹的发明人”相形见绌的发明和发现。因此，到了 1914 年，在营造商业帝国的企业家和自命不凡的科学家的夹缝之间，在那个科技改变如同家常便饭的年代，留给独立发明人的公共空间越来越少了。

第12章 科学与逐渐消失的发明人

> 天才发明人的时代似乎已经过去了。那些曾经变革了化学或者电气工业的律师和教士，他们存在过吗？即使存在过，他们如今也不为人知了。如今的实用发明几乎都出自专业人士的日常工作。❶

这是《泰晤士报》1898年的头版文章。这篇文章之后说道，那个时代的发明人“致力于改良、优化小玩意儿，为我们所有人的舒适谋福利”；在这种对比之中，文章作者发问道：“我们这个时代最聪明的发明头脑都在跟什么较劲?”发明人的三个迥异的形象在此汇聚了：作为英雄的发明人，若不是已经成为神话，就是再也跟不上时代了；另两个形象则体现出去英雄化的两极分化，这是20世纪的主流——一极是在花园之间流连忘返的闲暇，另一极则是工业化研发实验室当中没有面孔的工作。后一极是不是就囊括了所有“最聪明的发明头脑”了呢？不清楚，毕竟说不定还有人散落在科学职业圈的其他角落。

5年前，物理学家奥利弗·洛奇（Oliver Lodge）仍以“伟大的天才”来称呼一小群不再为世人所关注的“科学人”，其中有“泰勒斯、阿基米德、希帕索斯、哥白尼和比伟大还伟大的牛顿”等“创造了时代的人”，每个时代几乎只能出一两个这样的人。洛奇是伦敦维多利亚大学学院物理讲席教授，在他眼里发明人甚至还没《泰晤士报》的编辑们笔下的形象来得光辉。洛奇声称：“在浩如烟海的发明当中，有一群借用科学之名却为自己谋利的人，在这个行当里横冲直撞、攀爬抢占，就如同他们在其他行当里一样。”❷ 在19世纪的最

❶ The Times, 19 August 1898, 7d.

❷ Oliver Lodge, Pioneers of science (London: Macmillan & Co., 1893), 7.

后20年里，发明人的英雄形象本就生活在企业家蒸蒸日上的阴影里，如今更是受到了洛奇这种大科学家持续的打击。即便他们没能把“英雄发明人”换成“英雄科学家”，至少也把科学与科学家提到了比发明与发明人或者技术与技术家更高的位置上，整个20世纪都是如此。

与此同时，发明人也成为自己成功的受害者。虽然1883年专利法改革将英国专利申请费从25英镑降到了4英镑，从而保住了专利制度，但它也导致了发明人的数量激增，相应的诉讼也呈现高发态势。每年的专利申请数大约在两万份，当时最不缺的就是发明人。如果人们开始把发明视作理所当然，这也毫不稀奇。说不定他们对发明人的印象早已被30年来专利制度反对者的负面论据所损害。[3] 即便还有些人没有受到影响，他们也早就对斯迈尔斯永远只盯着几个发明楷模的重复故事感到厌倦。

当时还有另一条分散了发明人公众崇拜的成功之道，那就是支持国家发动战争。[4] 对于那些相信和平年代已经到来、国际贸易就能稳定一切、蒸汽撑腰天下太平的人来说，当时的克里米亚战争就已经结结实实地让好些人醒悟，更别说之后第一次世界大战给全社会带来的震动了。即便是在1914年到来之前，已有人开始质疑科技进步的价值，而且引起广泛反响：虽然当时有很多人称这是一种“进步”，但是仍有激进的少数派认为，为了获取物质财富付出的代价太高，无论是社会上的、精神上的还是环境上的都是如此。朗特里（[Seebohm] Rowntree）和布斯（[Charles] Booth）分别对约克和伦敦东区展开了调查，揭露了出人意料的贫困，“英格兰怎么了？”这个问题又在19世纪90年代重新出现。与此同时，第一代职业经济历史学家对工业革命的评价也呈悲观：工业革命分裂了不同社区，压榨了工厂童工的生命，排出的废水污染了城乡环境。对于英雄的发明家来说，这个环境中希望渺茫。[5]

科学人：19世纪中叶的合作关系

1840年，英国学术协会在格拉斯哥开会的时候，晚宴上的祝酒词是“敬瓦特，敬其他为英国科学进步作出贡献的伟人”[6]。20年后，牛津大学博物馆

---

[3] 参见上文第250－251页、第264－271页。

[4] 参见上文第236－240页。

[5] David Cannadine, The present and the past, 133－142.

[6] List of Toasts, repr. In Morrell and Thackray, Gentlemen of science, pl. 23；另见第218页。完整的祝酒词有22句，其中关于瓦特的是第9句，在“贵族与各位嘉宾”和“皇家学会和尊敬的北安普顿侯爵主席”之前，参见上文第225－229页。

的“伟大科学家群像”把瓦特、乔治·史蒂文森和持安全灯的戴维与伽利略、牛顿、普里斯特利和其他对自然世界具有理论洞见的伟人放在一起（见图 12.1）。[7] 这些人都是“自然科学知识的伟大发现者与改进者，这也是本馆孜孜以求的目标”[8]。

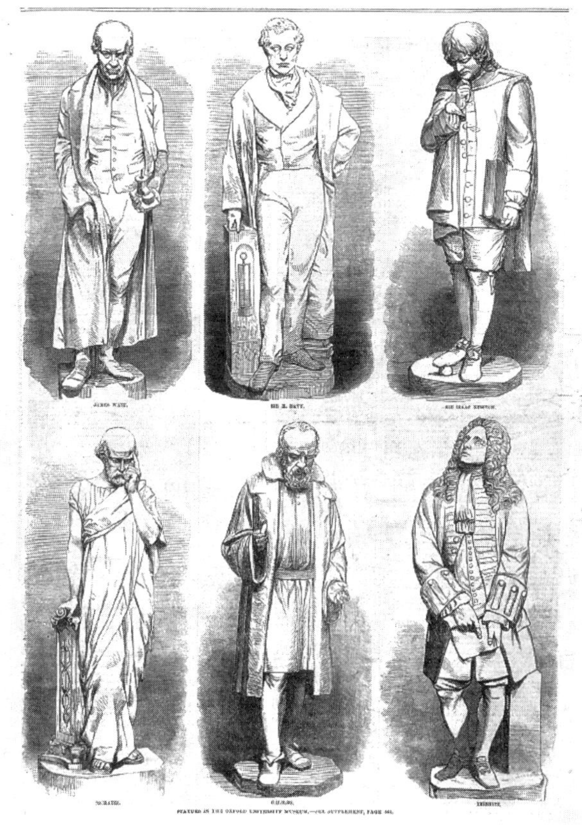

图 12.1　牛津大学博物馆首批 6 座雕塑的雕版

该图载于《伦敦新闻画报》1860 年 10 月 13 日版。制作这些雕塑的雕刻家不尽相同。从左上开始，顺时针方向，雕像中的人物分别是詹姆斯·瓦特爵士、汉弗莱·戴维爵士、艾萨克·牛顿爵士、莱布尼茨、伽利略和苏格拉底（安·佩瑟斯摄影）。

话虽如此，也绝非所有的发明人都能算作“科学家”。[9] 数学家和发明人查尔斯·巴贝奇（Charles Babbage）一方面把瓦特算作“做出了最伟大的科学

[7] Acland and Ruskin, Oxford Museum, 25 – 27, 102 – 103; O'Dwyer, Architecture of Deane and Woodward, 253 – 257. 另见 1844 年 12 月 14 日罗伯特·皮尔给阿尔伯特亲王的信中整理出的“大科学家”名单，转引自 Foote, Place of science, 210, n. 47.

[8] 参见上文第 210 页和第 349 页；另见 The Builder 39 (1881), 757. 把发明人与科学家视作一类的叙事被加尔通继承了下来，见 Francis Galton, English men of science: their nature and nurture (London: Macmillan & Co., 1874), 7 – 8, 51 – 53, 62 – 63.

[9] 惠维尔（[William] Whewell）认为无论是出于哲学还是政治上的理由，科学家都只能是理论精英，因此特别抗拒将瓦特称为科学家或是哲学家，见 Miller, Discovering water, 137, 145 – 152.

上贡献”的人，另一方面也坚持精英和普通大众之间要泾渭分明。[10]

> 如果我们考察机械发明与机械组合出现的频次，就能发现它们绝非难事，也并不罕见……不过那些真正漂亮的机械组合出现得相当稀少。只有那些天才们最快乐的发明，才能让我们同时欣赏至臻至美的工艺和大道至简的手段。[11]

巴贝奇对那些“机械计划者”颇有微词，认为他们的罪状不在于不懂科学规律，而是“对科学规律以及他们自己技术历史的漠视”[12]。进一步地，所谓的“科学绅士”与活跃的工程师和制造商在社会上的区别仍然非常明显，更别提他们管理的工人发明人了。英国学术协会当时为了安置这些突出的实干家，付出了极其艰巨的努力。1836 年，协会专门为这些人创建了一个分部，其宗旨明确为“机械科学（而非艺术）”，不过这个分部里的官员一般都是学者或者所谓的“智者”，现职工程师只能当“低人一等的秘书”。[13] 直到 1861 年，工程师才第一次当选为学术协会的主席。第一任工程师主席是威廉·曼彻斯特的费尔拜恩，1863 年由纽卡斯尔的威廉·阿姆斯特朗继任。[14] 虽然以威廉·惠威尔为首的一部分人坚持认为科学的价值在于其智力水平，而非实用程度，不过协会还是为“应用部门会员”作出宣传。所谓“我们培育科学技术，不仅是植入一种沟通高级理论与实践的意识形态，也是将协会力求进步的工作成绩展现在世人面前。”[15]

发明人与自然哲学家（科学家）之间存在合作关系。他们在一个古典学习至上的社会中抱团取暖，不过那些思想守旧的人又会互相瞧不起：科学家觉得发明人是假内行，发明人认为科学家是半桶水和异教徒。他们一起打造出一个概念：科学人。1851 年国际博览会上，连惠威尔都公开表示支持技术实用性，对“如此壮观的实用成果”表示庆祝，并且退一步说，至少在化学领域，科学的“全部基础就在于技术”。几年之后，他还把这个范围扩大到了现代蒸

---

[10] Charles Babbage, Reflections on the decline of science in England and on some of its causes (London: B. Fellowes & J. Booth, 1830), 199. 巴贝奇在“水争议”中为瓦特辩护，见 Miller, Discovering water, 136 - 137.

[11] Babbage, Economy of machinery, 206. 另见［E. L. Bulwer-Lytton］, England and the English (New York: J. & J. Harper, 1833), 120 - 121, 转引自 Foote, Place of science, 203.

[12] Babbage, Economy of machinery, 213.

[13] Morrell and Thackray, Gentlemen of science, 256 - 266. 当时英国学术协会内部爆发过紧张的争权事件，因而吸收实务部门会员的问题也更加棘手，见 Miller, Discovering water, 138 - 142.

[14] Morrell and Thackray, Gentlemen of science, 265.

[15] 同上，266；Yeo, Defining science, 224 - 229.

汽机和电报。[16]

不过这只是表面上一团和气，暗中仍剑拔弩张。19 世纪早期的自然哲学家经常抱怨说他们的学科已经随着牛顿而去，原因有很多，其中一个版本是：因为皇家学会和国家对他们没有任何激励。他们跟欧洲大陆上诸国，尤其是法国的情况作了比较，“法国政府为那些全身心投入科学工作中的人发补贴、给荣誉”[17]，同英国相比简直是天壤之别。其他人则嘲讽说，“科学是英国的财富与国力之基石，但是英国不把科学当回事”。[18] 他们指责社会大众认为科学研究除非有实用价值，否则就毫无用处。[19] 有一个参与了 1831 年“科学衰退”论战的人指出，“自然哲学家在他人眼里只比耍杂技的好一点”，牛津大学的萨维里安几何学讲席教授则抱怨称，“针对我们的怀疑、厌恶和揶揄还少吗?”[20]

英国学术协会自 1832 年建立时起就留下了早期“科学衰退”焦虑的阴影。这场焦虑来源于汉弗莱·戴维爵士、查尔斯·巴贝奇和大卫·布鲁斯特爵士三位物理学家，他们的公众认可主要在于各自的一项发明。[21] 自然，不能谴责他们利用技术手段推动科学进步，但是他们也享受了技术带来的红利。安全灯把戴维从英国皇家学会里的一位不知名的讲师变成了全国知名的发明人与慈善家，主要原因在于他没有为安全灯申请专利。英国皇家学会的主席约瑟夫·班克斯爵士说他“展示了自然哲学的应用如何消灭社会邪恶，既作了一般的科学普及，也特别把英国皇家学会放在了一个更好的公众地位上”。[22] 戴维则

---

[16] Rev. William Whewell, The general bearing of the Great Exhibition on the progress of art and science, in Lectures on the results of the Great Exhibition of 1851, 2 vols. (London: David Bogue, 1852 - 1853), vol. Ⅰ, 4, 28; Yeo, Defining science, 228 - 229.

[17] Review of An Elementary Treatise on Astronomy, Edinburgh Review, 31 (1819), 394, 转引自 Foote, Place of science, 192.

[18] Present system of education, Westminster Review, 4 (1825), 175, 转引自 Foote, Place of science, 193.

[19] Scientific education of upper classes, Westminster Review, 9 (1828), 330, 转引自 Foote, Place of science, 193. 另见曼德维尔和塞耶的观点，转引自 G. N. von Tunzelmann, Technology and industrial progress: the foundations of economic growth (Aldershot and Brookfield, VE: Edward Elgar, 1995), 39, 120.

[20] Herschel's Treatise on Sound, Quarterly Review, 44 (1831), 476, 转引自 Foote, Place of science, 195; A. N. L. Munby, The history and bibliography of science in England: the first phase, 1837 - 1845 (Los Angeles: University of California Press, 1968), 5 - 6.

[21] A. D. Orange, The origins of the British Association for the Advancement of Science, BJHS, 6 (1972), 152 - 176; Morrell and Thackray, Gentlemen of science, 35 - 94.

[22] Jonathan Smith, Fact and feeling: Baconian science and the nineteenth-century literary imagination (Madison, WI: University of Wisconsin Press, 1994), 87.

高明地借1824年纪念委员会开会的时候，宣布瓦特的发明“为了科学”[23]。

巴贝奇于1830年批评皇家学会领导拖泥带水，要求国家支持自然哲学家的研究，引起很多关注。他因此拿英国的情况跟在欧洲其他地方“为那些改善了我们生活或者做出了成功的科学发现的人”准备的荣誉作令人不快的对比。[24] 他的根本诉求在于为伟大发明背后的理论进步提供经济支持。巴贝奇举例说，瓦特发明分离冷凝器，离不开约瑟夫·布莱克（Joseph Black）关于潜在热能的发现。瓦特本人已经在市场上获益颇多，但是目前没有能够奖励布莱克的任何机制。[25] 在所谓的自然正义问题之外，维持自然哲学研究也很重要，这样才能保证发明的持续产出，因此，国家若是能通过发放补贴和经费来支持基础研究，既高瞻远瞩，又符合正义。[26]

布鲁斯特在为巴贝奇写的书评上支持了他的观点，而且进一步要求政府效仿巴黎科学院为“最杰出的科学人”发放工资，这些人在皇家学会的支持下，能够“成为御用科学顾问”[27]。他还公允地推荐了“默多克和贝尔，因为这两位引入了现代社会最伟大的两项实用发明”，此外，还有一些植物学家、化学家和天文学家。[28] 布鲁斯特虽然自己有专利，但也没能阻止别人在1816年剽窃了他最热门的（也是最有经济潜力的）万花筒发明，因此也对其他发明人一视同仁，为他们争取更好的待遇而奔走。[29] 到了19世纪60年代，他仍然在发表批判专利法和版权法制度下大力奖励作者的文字。布鲁斯特认为，无论古代或者现代的文学多么光辉，它们消失之后对社会的影响几乎为零，不过“一旦将科技等技术和科学为我们带来的礼物抹去——我们衣食住行、享受生活的一切，以及我们的社会——都会倒退回野蛮时代”。[30]

那些主流发明人传记的作家也为通过科技发明给自然哲学正名出了一份力。举例而言，讲解牛顿的反射镜要比解释清楚他的光学法则或者运动力学要容易得多；赞美戴维的安全灯化解了多少凶险的矿难，总比论述他的气体化学理论更加亲民。[31] 弗雷德里克·贝克维尔写的传记提供了解释：

---

[23] 参见上文第101页。

[24] Babbage, Decline of science, 198 – 199.

[25] 同上，16 – 17.

[26] 同上，18 – 21，131 – 132.

[27] The decline of science in England, Quarterly Review 43（1830），330.

[28] 同上，320.

[29] 同上，332 – 341；Gordon, Home life of Sir David Brewster, 141 – 148；Morrell and Thackray, Gentlemen of science, 256 – 257.

[30] Gordon, Home life of Sir David Brewster, 210 – 212. 另见 Miller, Discovering water, 152 – 166.

[31] 例如 Timbs, Stories of inventors；另见 Brightwell, Heroes, ⅴ-ⅶ.

本世纪的无数重要发明为我们的社会带来了便利、舒适和奢侈，这些东西一定会自然而然地激发探究本真、了解科学原理应用的欲望，以了解这些好处的来龙去脉。

贝克维尔本人既是物理学家，也是发明人，“从实用角度出发。这些发明的价值远比它们的科学发现基础要大”㉜。这个排名中暗含了科学家们将要面对的问题：政府资助的考量在于实用主义的计算，虽然能看出科学发现与发明的联系，但是无法对现有研究展开未来预期。还有一个更加大胆的尝试，思路在于强行臆造纯粹科研与技术创新之间的关系，借此贬低技术创新。

科学家与发明人：新阶层

“衰退派”从政府那儿活动来的“荣誉、补贴和奖金的毛毛雨”很快就四处告急、捉襟见肘。㉝ 职业科学家不是唯一宣传科学研究重要性和忽视科学研究弊端的人。社会各界都在抗议，教育界和培训界尤其严重，大家都在担忧英国的工业竞争力越来越面临挑战。讽刺的是，“衰退派”的支持者认为他们需要解决的恰恰是英国的发明经验主义模式尾大不掉的问题，他们主张的是重视正式的技术培训，以及开展“理论和数学教育”。㉞ 很多实业家则不相信“照本宣科”，宁愿维持现有的学徒体制和车间培训。㉟ 1875 年，有人向纺织行业制造者建议：“孤立的发明人或者工人在今日的竞争当中基本没有赢面。如今成功的基础在于科学知识与发明的紧密结合，前人的实验、成功和失败的教训等。”㊱ 10 年之后，斯怀尔·史密斯（Swire Smith）向奥赛特商会提出警告：“未来的史蒂文森和阿克赖特只会是那些学习科学知识、接受科学训练的人。”㊲

㉜ Bakewell, Great facts, ⅶ. 另见同上，1，5.

㉝ Roy M. MacLeod, The support of Victorian science: the endowment of research movement in Great Britain, 1868 –1900, Minerva, 9 (1971), 197 –198.

㉞ J. Anderson, Machine Tools, Reports on the Paris Universal Exhibition, BPP 1867 – 1868, XXX (2), 725. 另见 Report of the select committee on scientific instruction, BPP 1867 – 1868, XV, 172; W. Ashworth, An economic history of England, 1870 –1913 (London: Methuen, 1960), 195.

㉟ D. C. Coleman and Christine MacLeod, Attitudes to new techniques: British businessmen, 1800 – 1950, EHR, 39 (1986), 601 –604. 另见 Bourne, 上文第 149 –150 页。

㊱ Textile Manufacturer 1 (1875), 1.

㊲ The Textile Recorder, 2 (1885), 280. 另见同上，2 (1885), 185; The Builder, 39 (1881), 757; Dircks, Inventors and inventions, 31 – 33; Thomas Brassey, MP, Lectures on the labour question (London: Longmans, Green, 1878), 14.

19 世纪 30 年代隐现的国际威胁如今即将发生，而且很明显。具体而言，英国企业在 1867 年巴黎世界博览会上铩羽而归，本身就是一个严重的警告。[38] 一位陆军中校兼业余天文学家亚历山大·斯特兰奇（Alexander Strange）此次担任展会评审员，要求英国学术协会“争取国家出面拯救物理学”[39]。作为回应，英国学术协会游说政府开了一次正式听证会。虽然萨缪尔森科学技术指导委员会刚刚打过报告，格莱斯顿还是在 1870 年组建了一个皇家委员会，由德文郡公爵威廉·卡文迪什（William Cavendish）七世主持，调查科学指导与研究工作的有关情况。[40] 委员会由 9 人组成，其中有两名职业科学家 T. H. 赫胥黎（T. H. Huxley）和约翰·卢伯克（John Lubbock），都属于规模虽小但极具影响力的“X 俱乐部”（X Club）。俱乐部自 1864 年组建以来，就一直在为强化国家与私人领域对科学的支持四处活动，最低诉求是建立一套资金保障充裕的科学职业体系。该委员会调查了 6 年，其间《自然》（*Nature*）杂志（在某种意义上也是 X 俱乐部的传声筒）称自己听说了“科学人的悲惨境遇”，认为科学指导体系功亏一篑、英格兰的科学实力正在向三四流水平沦陷。[41] 1873 年，《自然》杂志刊出了一系列头版文章，提倡“为科学研究拨款”，要求改革牛津大学和剑桥大学，在这两所大学和《笨拙先生》杂志等某些观点相左的流行刊物当中挑起了对立。之后该委员会虽然肯定了《自然》杂志的绝大多数提议，但是这场运动还有很长的路要走。

19 世纪 70 年代好不容易取得的成果，到了 80 年代再度陷入困境。格莱斯顿的自由主义政府信奉自由放任，对国家资助不感兴趣；当时社会上敌视科学的论调甚嚣尘上，格莱斯顿政府的态度也一样，即认为科学是无神论、败坏道德、助长专制。有观点要求把财政支持从提供有形资产（房舍、设备等）

---

[38] 关于“衰退”修辞的质疑，见 Graeme Gooday，Lies，damned lies and declinism：Lyon Playfair，the Paris 1867 Exhibition and the contested rhetorics of scientific education and industrial performance：in Inkster et. al.（eds.），Golden age，105－120.

[39] MacLeod，Support of Victorian science，202－203. 接下来两段主要引用的也是这一篇文章，可以参考一些更晚近的文章：Ruth Barton，“Huxley，Lubbock，and half a dozen others”：professionals and gentlemen in the formation of the X Club，Isis 89（1998），410－444；Ruth Barton，Scientific authority and scientific controversy in Nature：North Britain against the X Club，in L. Henson et. al.（eds.），Culture and science in the nineteenth-century media（Aldershot：Ashgate，2004），223－234；Crosbie Smih，The science of energy：a cultural history of energy physics in Victorian Britain（London：Athlone，1998），重点参考第 9 章；Turner，Public science，589－608；David A. Roos，The “aims and intentions” of “Nature”，in James Paradis and Thomas Postlewait（eds.），Victorian science and Victorian values：literary perspectives（New York：New York Academy of Sciences，1981），159－180.

[40] Gooday，Lies，damned lies and declinism，118－120.

[41] MacLeod，Support of Victorian science，205－206.

扩张到给科研人员发工资、报销日用杂费，因此，政府要介入大学事务，科学家群体中也有人对此表示质疑。《机械师》杂志还质疑它的竞争对手《自然》杂志动机不纯，定期出版“反对拨款阴谋”的文章，指斥对方是贼喊捉贼的“假科学家和……冒牌医生”[42]。御用天文学家乔治·艾里爵士等体制内人士的表态稍微克制一些，不过也支持 1880 年成立的“反对研究拨款协会”。皇家学会内部吵得不可开交，因此尽量不插手此事。后来，反对的声浪逐渐退去。到了 19 世纪 90 年代，少部分私人和政府拨款得以恢复，不过学界和业界的质疑者仍不在少数，他们的考量主要在于维持科学研究和科研训练的价值。跟德国与美国相比，英国培养的科学专业研究生少之又少，其中能够找到把自己所学发挥到极致的岗位的人更是凤毛麟角。[43] 对于支持拨款的人而言，此时还不能放松警惕。[44]

在这场争论中，强调科学研究与发现的物质利益是主要的争论手段。不过相较于之前而言，没受过科学教育的“纯粹的发明人”的作用更是降低了一大截，甚至受人羞辱，连“发明”的用语也受到了被“应用科学”取而代之的威胁。[45] 这类措辞和废除专利制度的主张都有为发明去英雄化的内在利益，[46] 因此往往一起出现。科学家一到议会委员会作证，通常就要把有价值的发明与科学研究扯到一起，其中研究的重要性要大说特说。1867 年，英国皇家化学学院教授爱德华·弗兰克兰（Edward Frankland）向萨缪尔森委员会陈述称：

> 这个国家过去 20 年来仅有的两项称得上伟大的化学发明都是出自那些受过专门化学训练的人之手，一是扬先生从煤中制煤油，二是珀金先生从煤焦油中制苯胺。[47]

委员会的报告认可了科学研究与实用发明之间的联系，并且附上了简短的评论，反对将发明人视作商人，因为科学教育可以阻止“尝试耗费甚巨且违

[42] 同上，224.

[43] 同上，228.

[44] Sir Norman Lockyer, The influence of brain - power on history, Nature, 10 September 1903, 439 - 446; E. H. Griffths, University College, Cardiff，见上注中收录信件，1907 年 12 月 28 日，12a.

[45] 参见下文第 365 - 368 页、第 370 页。1855 年，乔治·威尔逊（George Wilson）驳斥了“应用科学”的提法，说它只是一个无用的错词，是“技术或者实践的重复描述”，见 What is techonology?, 4 - 6, 24 - 25.

[46] 参见上文第 265 - 271 页。

[47] Report of the select committee on scientific instruction, BPP 1867 - 1868, XV, 439 - 440.

背哲学的不可能的发明”[48]。威廉·珀金爵士的肖像画堪称科学家和发明人新形象的典范。这幅肖像系他的同事于1906年向阿瑟·斯托克代尔·柯普（Arthur Stockdale Cope）爵士定做，庆祝他发明苯胺染料50周年（见图12.2）。柯普笔下的珀金上了年纪，站在他的实验台前，“手持一束染成淡紫色的丝绸”，身边都是放在玻璃蒸馏瓶和其他容器里的五颜六色的液体，正在展示他的科研成果。[49] 珀金等一众嘉宾在50周年庆典上发表讲话，强调科学研究使得染料行业蓬勃发展，其中，珀金还对法拉第表达了特别的敬意。[50]

图12.2 珀金爵士像

该像由柯普爵士创作于1906年。这幅画由珀金的化学家同事定做，庆祝他发现苯胺染料（淡紫色）。这幅画上，老年珀金站在实验台前，手中拿着一束染成淡紫色的丝绸。

英国皇家学会年会上的主席讲话在很大程度上就是英国科学的“橱窗”。重要的科学家历年以来都利用这个场合宣扬科学研究和教育的价值。虽然这些人内部存在很大的分歧，但是对于纯粹科学的物质利益问题，他们在19世纪

---

[48] 同上，8. 另见 Report of the royal commission on scientific instruction（Devonshire），BPP 1872，XXV，625－626.

[49] The Times，27 July 1906，12c-e. 另参见上文第246页。后来珀金把这幅画像遗赠给了国家。

[50] The Times，24 February 1906，14a；27 February 1906，4e；27 July 1906，12c-e；另见6 September 1906，10c；5 July 1907，6d；18 July 1907，10c. 关于法拉第的符号角色，参见下文第367－368页。

晚期达成一致，那就是坚决反对个体发明人。1881 年学会庆祝成立 50 周年，时任主席是约翰·卢伯克爵士，X 俱乐部的杰出会员，拨款计划的支持者。他发表了一场面面俱到的讲话，把 50 年以来科学的各个分支都详尽讲解了一番。[51] 讲到“机械科学”的时候，他的思路相对传统，认为：“在机械的发展当中，我们对实用文明的发展没欠下什么，也没对过去 50 年我国的繁荣欠下什么。”[52] 他历数 1831 年以来的重要科学进步，进化论、能量守恒、频谱分析、高等代数和现代几何均在此列；时代也见证了“无数科学成果被应用到现实生活当中，例如摄影、机车、电报、分光镜和近期的电灯、电话”。[53] 机械师若欲登科学进步之殿堂，需要换下油污的工作服，不要再抱怨什么实用技能和手艺被科学埋没了。

不是所有人都能接受这套讨价还价的说辞。到了第二年，威廉·西门子就出来发声，要求科学自己走下神坛。他本人以制造工程师和发明人闻名于世，对于那些他揶揄的“科学大人物”给生产实践带来的贡献不以为然。这些“大人物”一心做研究，“毫不为功利主义和个人利益所动”。进一步地，他批评那些“拇指法则实务家”不信理性而听任直觉。西门子个人的经历主要在于现代工程企业的工作坊，而非大学的实验室，这也是他立论的重点，更是他回绝“应用科学”这一词语中隐含的单向性输出特征的理据。

> 科学家也要关注实践问题，正如实干家也要花时间做严谨的科学研究。时至今日，我们要迅速行动起来，把科学家和实干家合成一股，那就是自然领域的先驱。[54]

考虑到英国皇家学会的政策，对于西门子而言，将来自不同学科和背景的科学人团结在一起，也是他在威斯敏斯特教堂彩窗上描绘的理想。[55]

不过西门子在当时英国皇家学会的主席当中属于少数派，更多是大学的科学教授。1885 年的里昂·普莱菲尔（Lyon Playfair）爵士和 1891 年的奥利弗·洛奇都发表过激进的演讲，要求将科学研究和实际应用相区分；他们还说后者

---

[51] Sir John Lubbock, Presidential address, BAAS, Report for 1881, York (1882), 42. 鲁伯克认为科学是文明人所特有的，见 McGee, Making up mind, 791 – 792.

[52] Lubbock, Presidential address, 47.

[53] 同上，50 – 51.

[54] C. William Siemens, Presidential address, BAAS, Report for 1882, Southampton (1883), 2. 恩格斯对此作出了很有洞见的评论，转引自 Lamb and Easton, Multiple discovery, 191. 科学家和经济学家都认为科学到技术是单向的，南森·罗森堡对此最近有更多的批判，见 Inside the black box, 141 – 159.

[55] 参见上文第 326 页。

是自动发生的，因此就不足为奇了。[56] 普莱菲尔长期以来一直支持拨款科研和开办技术教育，认为中产阶级应当接受科学教育，而非技术教育，“因为当我们播下科学的种子的时候，技术作为它的第一颗果实，到了适当的时间就会自行长出来”。[57] 他又借另一个比喻把自己的观点重申了一遍，“工业应用不过是横溢的科学成果”。[58] 这绝不意味着普莱菲尔对发明人有什么恶意，当他提到瓦特和史蒂文森的贡献的时候，以及回忆纺织机发明人对英国财力和国力的贡献时，用词都是满怀敬意的，但是他指出目前的工业在根本上缺乏科学研究的指引，因而构成对工业竞争力的巨大威胁。在普莱菲尔看来，科学发现和技术发明追求的目标不同，因此对才智的要求也有所区别。虽然他不否认有不懂科学仍能成功的发明人，“但是如果他能理解他所追求的发明效果背后的科学原理，自能事半功倍”。[59] 与此相反，科学家们在研究的时候不应当被所谓成果的立即应用所干扰，因为成果应用并非科学研究最重要的产出。牛顿的发现就是很好的例子，“他的研究为人类扫清了不少障碍”，但这并非在于他们的实用利益，“而在于他们拓宽了人类智力的边界”[60]。

洛奇甚至都不怎么谈实际应用的问题，只是抽象地说“他们自己能管好自己”。他引用了赫胥黎的话，说这些东西都是平平无奇的雕虫小技，“科学探索卷起来的浪花和漂浮物”，用处仅限于给工人解决就业，填充资本家的腰包，在整体意义上为人类造福。与此同时，“科学探索浪潮的中心还远远不到

---

[56] 1891 年，洛奇是协会数学物理学分会的主席，于 1913 年任协会主席，见 Peter Rowlands, Lodge, Sir Oliver Joseph (1851 – 1940), ODNB, online edn, May 2005, www. oxforddnb. com/view/article/34583，最后登录时间为 2006 年 10 月 22 日。

[57] Sir Lyon Playfair, Presidential address, BAAS, Report for 1885, Aberdeen (1886), 11; Graeme J. N. Gooday, Playfair, Lyon, first Baron Playfair (1818 – 1898), ODNB, www. oxforddnb. com/view/article/22368，最后登录时间为 2006 年 10 月 22 日。普莱菲尔在之前的演讲中就表达过这样的观点，见 The chemical principles involved in the manufacturers of the Exhibition，载于 Lectures on the results of the Great Exhibition of 1851, vol. Ⅰ, 190 – 191.

[58] Playfair, Presidential address, 23.

[59] 同上，23. 布兰姆威尔发表过类似的对发明人报以同情的演说，但也对“科学发明”及其“应用”以及“学术思考”与发明人的“天才”作了区分，参见上文第 264 页。

[60] 同上，26 – 28.

无边无涯的未知之海，这是它的源泉。”[61] 科学研究是精英专属的冒险活动：绝大多数科学家最适合做的就是那些解放了“高级的思想桎梏……探索全新的领域”；发明人则不在此列。[62] 洛奇把发明人归为“招摇撞骗、上蹿下跳”的“一群小人”，这么说非常打击人。[63] 1909 年，洛奇当上了伯明翰大学的校长，战术性地提出了瓦特这个例外，说“他能跻身于世界上最伟大的科学人之列”，“不仅是一个发明人……而是一个创造家”。[64]

虽然《泰晤士报》中登载的开尔文勋爵讣告作者不明，不过说是洛奇也不会令人惊讶，因为这则讣告中体现出的偏见与洛奇如出一辙。它说开尔文“在学术研究领域成果颇丰，更在应用科学领域建功立业”，像是一则完全没有诚意的道歉。在这则讣告的叙事中，开尔文脱离了一般发明人的群体：

> 开尔文是一位高产又成功的发明人，跟脑子里充满胡思乱想、粗鲁无礼又一文不名的专利权人没有一点相同之处。那群人只能偶尔研究一些有价值的东西，而研究它们的人又是既懂机械技艺，又懂科学原理知识的。对于这样的人来说，发明不是撞大运，而是一段结果可预期的理性的历程。[65]

纪念中的科学政治

由格拉斯哥市和格拉斯哥大学共同建造的 1913 年开尔文勋爵雕像设计相当独特。从前面看，开尔文穿着博士学位服，正在笔记本上做笔记，看上去像极了大学教授；至于他最伟大的两项发明——航海指南针和航海测深器——只

---

[61] Oliver Lodge, Address to Section A, BAAS, 1891, Cardiff (1892), 550 – 551. 赫胥黎这番话经常被引用，是 19 世纪晚期科学人自我认知的典型写照。洛奇在卷入与马克罗尼的专利论战时，应该也引述过这段话的意思，见 Sungook Hong, Marconi and the Maxwellians: the origins of wireless telegraphy revisited, T&C, 335 (1994), 717 – 749; Sungook Hong, Wireless: from Marconi's black box to the audion (Cambridge, MA, and London: MIT Press, 2000); cf. Hugh G. J. Aitken, Syntony and spark: the origins of radio (2nd edn, Princeton: Princeton University Press, 1985), 25 – 26.

[62] Lodge, Address to Section A, 550.

[63] 参见上文第 351 页。约翰·廷德尔（John Tyndall）爵士也持类似的观点，即科学到发明是单向输出的过程，发明人不过是科学研究当中的一群害虫，见 George Iles, The inventor at work, with chapters on discovery (London; Doubleday, Page & Co. , 1906), 273.

[64] Boulton & Watt MSS, Timmins, vol. 2, fos. 59 – 60. 另见 Carnegie, James Watt, 37.

[65] The Times, 18 December 1907, 8c.

有绕到雕像背后才能看见（见图12.3）。[66] 对于当时的发明人雕塑来说，这座雕塑绝对是突破性的，因为一般的发明人雕塑都会把他们的发明放到显著的位置上。戴维雕像旁边一般都会放着一盏安全灯，乔治·史蒂文森雕像一般都跟他的火车头在一起；埃德尔和卡迈克尔雕像的主题就是他们发明的精梳羊毛机。[67] 而在开尔文的出生地贝尔法斯特，他的形象一般是穿着学位服的，且航海指南针永远陪伴左右。[68] 这些雕塑没有一座是由职业科学家捐建的。唯独格拉斯哥把开尔文的发明降级到了椅子后面，暗示了同时负责办理雕像事宜的高校科学家和城市领导人之间存在某种妥协。要是游说得再到位一些，说不定连他的发明都不想让人知道。[69] 不过纪念委员会的会议记录上只记载了设计方案的最终选择，看上去没有相关的争论，因此这一切都只是猜测。[70]

图12.3　格拉斯哥开尔文绿化公园威廉·汤姆森·开尔文勋爵像

该像由尚恩（Archibald Macfarlane Shane）创作于1913年。在开尔文的铜椅后面放着他最著名的几样发明，包括一种航海指南针和测深器。

自然，学界对开尔文广泛成就的态度有些矛盾。A. J. 巴尔福（A. J. Balfour）在雕像落成典礼午餐会上的讲话就是例子。巴尔福当时暂时赋闲，在格拉斯哥

---

[66] McKenzie, Public statues of Glasgow, 229.

[67] 参见上文第207页、第310页、第330页、第333页、第334页。

[68] The Times, 22 January 1908, 14c; 20 June 1913, 11e. 贝尔法斯特开尔文像落成典礼上的发言嘉宾似乎更关心他的民族和宗教认同。

[69] 格拉斯哥有很大的航运需求，因此对开尔文非常感激，市长麦克阿里斯特（MacAlister）的讲话中就有体现。他把开尔文抬到与瓦特同等的高度，说他“利用他的发明驯服了电力——他的电表、发电机、留声机……格拉斯哥还有什么是不欠这位大师巨匠的吗?”见Glasgow Herald, 6 May 1908，载于Minute Book of Lord Kelvin Memorial Fund, Glasgow City Archives, G4/1（b），fo. 50.

[70] 1910年2月21日，委员会审议了由雕塑师准备的三座石雕模型，“一致同意第1个模型为最优，因而采用之”，同上，G4/1（b），fo. 70.

大学任吉福德讲席教授，他说“发明人站在一边，享受另一边科学家的研究成果”，而开尔文似乎是一个“能够将这两者统一于实践本质之下的不世出的奇才”。这自然是“史无前例的令人愉悦的例外……说不定也是后无来者的”。[71] 开尔文的发明一方面体现出了伟大物理学家高超的知识技艺（以及功利主义地，崇高的名望），另一方面也模糊了所谓“纯粹科学”的论调。巴尔福坚称，“有一种异端邪说，那就是科学人的工作只在于发展我们关于自然法则的知识，而这些法则的目标在于产出某些实践成果”，开尔文“从来没有掉进过这个陷阱里”。他的学生们一提起他，就会说“他是一个为了求知而求知的人”。[72] 巴尔福暗示称，不应当期待其他人也跟随“不世出的”开尔文的脚步，或是靠着给一些实用“小装置”申请专利来自筹研究经费。[73] 过去 30 年“拨款科研”的说法，足以说明应当允许领军科学家追求如今人称“仰望蓝天”的研究：并非因为它能产出什么好的结果，而是因为它背后的信仰。

迈克尔·法拉第的电学研究对这场运动的价值远超开尔文。正如诺曼·洛克伊尔（Norman Lockyer）爵士在 1903 年所说：“几年前我们以为法拉第不过是在浪费时间和生命玩针，现在电力已经遍布于全世界。”[74] 法拉第对于纯粹科学动因的标志性价值最早是在 1874 年由律师约翰·科尔顿提出来的。科尔顿意图攻击专利制度，认为法拉第就是科学界“负责探索基本原则”的人当中“耐心、无私”的典范。这样的人就是“我们制造业真正的推动者”，“专利权人应对这些人有愧，因为他们获取的专利是排他的”。最后他得出结论，废除专利制度既“为引领科学力量所必需”，又能为法拉第的继任科学家们提

---

[71] The Times, 9 October 1913, 4a。另见 Ruddock Mackay and H. C. G. Matthew, Balfour, Arthur James, first earl of Balfour（1848 – 1930）, ODNB, online edn, May 2006. www.oxforddnb.com/view/article/30553，最后登录时间为 2006 年 10 月 22 日；L. S. Jacyna, Science and the social order in the thought of A. J. Balfour, Isis 71（1980）, 24 – 25.

[72] Glasgow Herald, 9 October 1913，载于 Minute Book of Lord Kelvin Memorial Fund, Glasgow City Archives, G4/1（b）, fo. 87. 该报的首席作者借此呼应了《苏格兰人报》的观点，见 The Scotsman's, 9 October 1913，同上，fos. 88, 92.

[73] 这篇讲词可与查尔斯·维特斯通（Charles Wheatstone）爵士的讣告作一个比较。维特斯通的讣告很自然地从他的电力研究转入了他在电报领域的发明，以此指称“对于科学上的劳动而言它们的辛勤、宽广与结果从来不是对等的”，见 The Times, 28 October 1875, 8a-c. 随着时间推移，皇家学会会员、1904 年皇家学会休斯奖得主斯旺指出巴福尔关于开尔文“不世出”的说法也越来越不牢靠了，参见上文第 379 页。

[74] Lockyer, Influence of brain power, 445. 类似的观点还见于 The Times, 8 June 1891, 9b，以及 1879 年埃尔顿任伦敦大学第一届技术物理学教授的就职演讲，转引自 Graeme Gooday, Faraday reinvented: moral imagery and institutional icons in Victorian electrical engineering, HT, 15（1993）, 196.

供人尽其才的岗位。[75] 6 年之后，《泰晤士报》刊出评论文章，喊出了科学工作者对专利权人的愤懑：

> 科学人该是最有理由抱怨的人了。哪位有创意的化学家没经历过其观点被他人使用并成为赚钱专利的基础？……怪不得科学人如此反对专利法！专利法奖励的是复制、模仿甚至抄袭，而非发现者或者“真正的第一发明人”。[76]

1896 年，颇有革新意识的制碱商路德维西·孟德（Ludwig Mond）博士捐建的戴维－法拉第研究实验室在英国皇家研究院成立。《泰晤士报》再度刊文强调社会和业界对科学研究的亏欠。孟德的制碱工作就是“应用科学的辉煌榜样”，其他“通过科学应用积累了巨大财富的人”都应该效仿，还评论称：“科学从哪里来？科学工作者们从事研究不求大富大贵，但也没得到什么物质奖励。”[77]

新兴的科学职业共同体也看上了纪念自己领头人物的符号意蕴。1882 年，查尔斯·达尔文逝世之后，他的家人本来打算把他埋在本地教堂的墓地，[78] 这时皇家学会拨了一笔“数额不大但很关键”的抚恤金，让他的家人变了主意；他们又积极奔走，跟进步教会人员和政界取得联络，最终获得了主教的首肯，准许他入葬威斯敏斯特教堂。[79] 维多利亚时代英国最具争议的科学人，如今要入侵这个国家最神圣的场所，代表了“职业科学家、政治家和进步神职人员新兴领导权”的胜利。[80] 为这件事情奔走的人很多也都是“拨款科研”计划的支持者，其中不乏赫胥黎、高尔顿和卢伯克等一批 X 俱乐部和雅典娜协会的会员。同样，这批人共同成立了一个国际纪念委员会，计划在南肯辛顿自然历史博物馆的大台阶上竖立一尊达尔文雕像，还要在威斯敏斯特教堂挂一块纪念铜牌。[81] 1909 年达尔文诞辰 100 周年暨《物种起源》（*Origin of*

---

[75] Coryton, Policy of granting patents, 172, 183；另参见上文第 267 页和 Review of H. Dircks, Inventors and inventions, The Scientific Review, And Journal of the Inventors' Institute 2（2 September 1867), 308；W. R. Grove's testimony，载于 Report from the select committee on letters patent, BPP 1871, X, 619；MacLeod and Tann, From engineer to scientist, 408－409.

[76] The Times, 19 March 1880, 9d.

[77] The Times, 23 December 1896, 7c-d；关于实验室成立的报道，见 6b.

[78] Moore, Charles Darwin, 97－101.

[79] The Times, 27 April 1882, 5f.《泰晤士报》否认达尔文是所谓的“作乱者”，认为他不再是一个有争议的人，指出达尔文符合入葬威斯敏斯特教堂的标准，即“为英国作出杰出贡献、贡献智慧”，见 The Times, 26 April 1882, 11f.

[80] Moore, Charles Darwin, 111.

[81] 同上，107－108；The Times, 3 July 1882, 4f；16 May 1885, 11e；10 June 1885, 9d-e, 10d-e.

Species）出版50周年时，《泰晤士报》专门发表纪念文章，为这场“运动”的胜利背书：“达尔文成为他的时代特有的象征，他一人的名字就足以代表19世纪全部科学活动的一般本质。”[82]

在威斯敏斯特教堂正殿北廊工程师画像们的注视之下，科学家通过为最近去世的同行们挂匾额，占领了墙壁和地板。（正如诗人与政客，科学人也在教堂里找到了自己的埋骨之地——旁边一个小角落。）[83] 这些人中有植物学家约瑟夫·胡克（Joseph Hooker），达尔文的早期支持者；数学家、天文学家约翰·科奇·亚当斯（John Couch Adams）和物理学家詹姆斯·普雷斯科特·焦耳（James Prescott Joule）。[84] 其他纪念活动则意在回顾和庆祝关于著名科学家先辈的记忆，因此多强调他们对于科学研究和科学进步的“贡献”。1874年金星凌日，在皇家天文学会的支持下，人们为耶利米·霍罗克斯（Jeremiah Horrocks）制作了一块匾额，以示纪念。霍罗克斯生前是兰开夏郡的一位助理牧师，早在1639年就成功预测了此次凌日。[85]

“应用科学”正在逐渐取代“发明”一词，背后是科学家对发明和发明人的成功贬低。1885年，《泰晤士报》刊文为国际发明展正名，表示它的功能“不是简简单单把一堆发明模型凑在一起，而是展现过去20年应用科学的实践成果。”[86] 本杰明·基德（Benjamin Kidd）也有类似的借机打压发明人的言论，“应用科学在20世纪伊始就改变了世界”。[87] 科学家又是怎样一群人呢？根据1897年一份主流报纸的报道，科学家是“一个征服了时间、空间、空气、火

---

[82] The Times, 12 February 1909, 11f. 这一观点在那个时代也是获得了支持的，见Rose, Intellectual life of the British working classes, 192 - 195. 关于达尔文诞辰100周年的庆祝活动，见Richmond, The 1909 Darwin celebration, 447 -484.

[83] The Times, 24 December 1907, 4a.

[84] The Times, 12 December 1911, 11b; 16 December 1911, 11b; 22 January 1892, 6d; 22 February 1892, 10d; 18 October 1889, 8a; 23 January 1890, 8d.

[85] The Times, 4 December 1875, 7f. 这块匾后来被莫名其妙地挂到了牛顿的外甥约翰·康杜特（John Conduitt）的纪念碑底座上，当时还有人写信表示抗议，见The Times, 7 December 1875, 11f. 另见Wilbur Applebaum, Horrocks, Jeremiah (1618 - 1641), ODNB, www.oxforddnb.com/view/article/13806, 最后登录时间为2006年10月22日。

[86] The Times, 13 August 1884, 2d.

[87] Benjamin Kidd, Social evolution (London: Macmillan, 1894), 6. 关于基德的记载，参见D. P. Crook, Benjamin Kidd: portrait of a Social Darwinist (Cambridge: Cambridge University Press, 1984); Collini, Public moralists, 87. 另见Ronald Kline, Construing technology as applied science: public rhetoric of scientists and engineers in the US, 1880 - 1945, Isis 86 (1995), 194 - 221.

焰、水等自然最深处秘密的族群。”[88] 1941 年，物理学家理查德·格雷戈里（Richard Gregory）爵士为自己所写的通俗传记定题为《英国科学家》（*British Scientists*），其中包括了前两个世纪的著名工程师和发明人，而此时维多利亚时代工人发明人的形象早已被科学家的形象吞没了。[89]

一如 W. S. 杰文斯（W. S. Jevons）1874 年的精准预测一般，科学家在无名化的道路上狂奔，不可不谓之讽刺。[90] 研发一体化遍地开花，科学家从学校毕业就进入实验室追求创新，这一趋势在 19 世纪晚期的英国工业中已然肉眼可见，第一次世界大战更是为之带来剧烈的催化作用。[91] 它将科学家个体隐匿起来，同时又将个体发明人进一步推向边缘化。1919 年，经济学家阿尔弗雷德·马歇尔（Alfred Marshall）提出个体再也不可能提供社会所需的“新方法和新发明”，“在过去的几十年里……这些多数是大集团稳定研发的产物”。[92] 伊士曼柯达公司研究实验室主任表示，研究人员在一起进行系统化协作，不需要“天才的火花”，也能成功“积累经验、测量数据”。[93] 20 世纪 50 年代，一项重要研究显示，个体发明人其实仍有重大突破，但是他们的成就和研究成果一般会被人忽略——发明这项活动也从身份上降级成了“兴趣”。[94]

---

[88] The British Workman（1897），转引自 Peter Broks, Media science before the Great War（Basingstoke：Macmillan and New York：St. Martin's Press，1996），105. 这家报纸还说工程师是“未来的国王”，不是理论家，而是车间一线的工程师，以此取悦读者，这个说法饶有趣味，另见 MacLeod and Tann，From engineer to scientist，404 – 407.

[89] Richard Gregory，British scientists（London：W. Collins，1941）.

[90] W. Stanley Jevons，The principles of science：a treatise on logic and scientific method，2 vols.（London：Macmillan & Co.，1874），vol. Ⅱ，217.

[91] D. E. H. Edgerton and S. M. Horrocks，British industrial research and development before 1945，EHR 47（1994），213 – 238；Michael Sanderson，The universities and British industry，1850 – 1970（London：Routledge & Kegan Pau，1972）.

[92] Alfred Marshall，Industry and trade（London：Macmillan，1919），96. 另见 Otis T. Mason，The origins of invention：a study of industry among primitive peoples（Cambridge，MA，and London：MIT Press，1895），13；J. Fenwick Allen，Some founders of the chemical industry：men to be remembered（London and Manchester，1906），ⅶ-ⅷ. 所引马歇尔的著作由蒙托马斯·杰克逊（Thomas Jackson）慷慨出借，在此致谢。

[93] C. E. K. Mees，The organization of industrial scientific research（1920），24 – 25，转引自 Reese V. Jenkins，Images and enterprise：technology and the American photographic industry，1839 – 1925（London and Baltimore：John Hopkins Press，1975），309. 另见 Autumn Stanley，Mothers and daughters of invention：notes for a revised history of technology（Metuchen，NJ：Scarecrow Press，1903），769.

[94] John Jewkes，David Sawers and Richard Stillerman，The sources of invention（London：Macmillan，1958），91 – 126；另参见下文第 393 – 394 页。

冷漠、焦虑与憎恶

20 世纪初见证了 19 世纪几乎不可想象的一项社会实践：对未来发明的大量预测。1901 年出版的《20 世纪发明预测》（*Twentieth Century Inventions：a Forecast*）称得上是前无古人。[95] 科技巨变带来的最震撼的发展之一就是预测未来会发生翻天覆地的改变，而且这一改变永不停止。[96] 1898 年，《大众科学》（*Popular Science*）杂志评论说："19 世纪即将落幕，而人类在科学发现与发明的征程上没有松懈，这是那个时代的最主要的特征。"[97] 对于阿尔弗莱德·罗素·华莱士（Alfred Russel Wallace）这样的自然主义者而言，19 世纪就是一个《美妙的世纪》（*The Wonderful Century*）（1898 年版）。华莱士给我们算了一笔历史账，画了一张盈亏表，用 1 到 4 度量成功与失败之间的比例是 4：1，其中成功只包括重大的科技发明和科学发现。他认为这些足以取代人类诞生以来直到 1800 年期间的一切成就。虽然产生了严重的社会和道德失败问题，不过正是这些物质和精神上的进步把 19 世纪变成了一个"美妙的世纪"，也开启了"人类进步新纪元的大门"。[98]《伦敦新闻画报》创刊 60 周年特版头条插画也有类似的对比——汽船之于风力航行、机车/电报之于驿站马车（雪中）；街上的电灯一片光明，油灯之下则一团昏暗。通过科技的力量，这些对比定义了国家的成就。[99]

---

[95] George Sutherland, Twentieth century inventions: a forecast (London: Longmans, Green & Co., 1901)。可对比阅读 I. F. Clarke, The tale of the future, from the beginning to the present day: a check-list (London: Library Association, 1961), 20-1, 34-50.

[96] Asa Briggs, The 1890s: past, present and future in the headlines, 载 Asa Briggs and Daniel Snowman (eds.), Fins de siécles: how centuries end, 1400 - 2000 (New Haven and London: Yale University Press, 1996), 159-162. 该文作者认为 19 世纪是"第一个能给很多人留下印象的世纪"，人们也普遍将 19 世纪"与它之前的全部历史"相联系。

[97] 转引自 John F. Kasson, Civilizing the machine: technology and republican values in America, 1776 - 1900 (Harmondsworth: Penguin, 1977), 179. 另见 Britain a hundred years hence; a peep into 1997, Tit-Bits, 9 January 1897, 270, 转引自 Broks, Media science, 106 以及 Briggs, The 1890s, 162-175.

[98] Alfred Russel Wallace, The wonderful century: its successes and failures (London: Swan Sonnenschein, 1898), 2. 另见 Edward W. Byrn, The progress of invention in the nineteenth century (New York, 1900), 转引自 Kasson, Civilizing the machine, 184-185.

[99] 参见插图 11.2. 奈特《通俗历史》一书的封面也有类似的对比效果（不过是中世纪之于现代）。

“从古至今的变化非常巨大!”这种感知很普遍，更鼓励了对于未来的畅想。[100] 科幻文学在19世纪70年代诞生，当时它提出了30种未来可能性，20年后迅猛增长到了90种。[101] 不过也不是所有评论家都这么乐观。在那个“种族衰变论”甚嚣尘上的年代，反对与支持科学乌托邦的著作等量齐观，这也不是什么令人惊讶的事情。无论是科幻作品还是非虚构作品，很多书都预言厄运将接踵而至，非立即采取行动不能避免。[102] 彼得·布罗克斯（Peter Broks）评论称，写非虚构作品的科学家比创作科幻作品的同行更为忧心忡忡，其中有些负面的东西说不定还影响了跟他们联系密切的发明人。科学家的形象经常“最好时是没有感情和冷漠的，最差时是不人道的和疯狂的”。[103] 很多维多利亚时代的人都在变革的大节奏面前觉察出了矛盾与不确定性。这些情绪通过反乌托邦科幻文学纷纷浮现，活体解剖和强制接种引起的反感不言而喻。玛丽·雪莱的“弗兰肯斯坦”（*Frankenstein*）和H. G. 韦尔斯（H. G. Wells）创作的“莫罗博士”（*Dr. Moreau*）等怪物形象展现的就是科学家作为“恩人”和“烈士”之外的黑暗面。[104] 虽然科学家的活动很难理解，但是他们造成的影响看上去如洪水猛兽，这是一种普通人自觉难以掌控的力量。这种情绪也弥漫在弗朗西斯·鲍尔·科布（Frances Power Cobbe）的暗黑讽刺小说《科学时代：一份20世纪的梅林·诺斯托达莫斯办的报纸》（*The Age of Science, a News Paper of the Twentieth Century by Merlin Nosrodamus*）的字里行间。[105]

19世纪晚期的虚构作品中就已经流露出对科学军事化滥用的担忧，1914~1918年的第一次世界大战就是绝佳的例证。[106] 发明人如果只是狂热地追求技术上的新颖，不考虑发明滥用的后果，那这就是聪明且危险的傻瓜。W. 霍尔特·怀特（W. Holt White）在《偷地球的人》（*The Man Who Stole the Earth*）

[100] [Pieter Harting], Dr Dioscorides [pseud.], Anno domini 2071, 译自荷兰语原著，参见Alex. V. W. Bikkers (London: William Tegg, 1871),《泰晤士报》对于历史学发出呼吁，认为研究历史的目的在于对现代趋势保持正确的预见，而所谓的现代趋势都是“由发明锻造的”，“这样思考：我们的社会与之前任何社会都截然不同”, 8 April 1913, 9e.

[101] Clarke, Tale of the future, 23-27, 34-44.

[102] 同上，34-50; Briggs, The 1890s, 166-168.

[103] Broks, Media science, 41-42, 46-49.

[104] 关于《弗兰肯斯坦》一书，参见上文第54-58页；H. G. Wells, The island of Dr Moreau, 载于The works of H. G. Wells: Atlantic edition. Vol. 2, (London: T. Fisher Unwin, 1924).

[105] [Frances Power Cobbe], The age of science, a newspaper of the twentieth century, by Merlin Nostrodamus [1877].

[106] Clarke, Tale of the future, 23-44; I. F. Clare (ed.), The tale of the next Great War, 1871-1914: fictions of future warfare and of battles still-to-come (Liverpool: Liverpool University Press, 1995).

(1909 年版）一书中对航空力量的警告就是一个鲜明的例证。[107] 书中的乔·兰利（Joe Langley）是一个幼稚的“天才怪人”，发明了一艘飞船，被上层人士斯特朗（Strong）利用，而斯特朗又是一个胆大包天的人，也比兰利更有远见。斯特朗看上了兰利的飞船，认为它能够打败其他欧洲强敌，在全世界建立仁政，不过背后的邪恶也丝毫不逊色于这个目标。1912 年的一部报纸连载卡通虽然说得更为短浅、平庸，不过对发明人的敌意倒是把握得很好，即认为他们都是自私的人，失业都是他们的错。[108] 在“为了发明人的光荣”一栏中，一位发明人拿着他的机器，跪倒在欢呼的群众面前，准备领受桂冠；“贫穷，为了工人”一栏则描绘了一群工人最后一次下班，厂房的墙上则贴出了一张告示：“机器进步，裁员一千。”

科学技术的发展通过新大众传媒为千家万户所知。在 19 世纪和 20 世纪之交，有关科学技术的新闻占据了定位为中产阶级读者的月刊、月报版面的差不多 1/10，面向收入较低群体的也有 4%。[109] 前者展现出的是对技术和自然历史特别的兴趣。这类作品对社会大众理解理论问题的水平多有怀疑，因而经常是以一系列有趣的小故事的形式出现的，或是列举它们的物质利益：对科学的不安自然也就被它可能为生活带来的改变所抵消了。[110] 这类定期报道也强化了一种感觉，即技术进步都是自然发生的。1906 年的一本畅销书中说：“我们天天听到新发明，早已司空见惯了。”[111]

1885 年对国际发明展览会的报道中已经能看出科技展示为大众带来的兴奋和留下的印象不如 1851 年展览会了。《伦敦新闻画报》在 1851 年和 1862 年都对发明展览会作了整期的报道，而给 1885 年展览会的版面则少得多，这就是一个例子；直到 1885 年 8 月，展览会开幕 3 个月之后，读者们才看到了一篇简报。[112] 进一步来说，参观展览会的公众已经由“最喜爱伦敦附近的娱乐”变成了“参观大仓库”，那么杂志也要投其所好，主要报道其中娱乐的部分，

---

[107] William Edward Holt White, The man who stole the earth（London, 1909）, 23 –25, 37 –47. 米索基尼（Misogyny）则是一个迥异于很多早期科幻文学的形象。

[108] The Benefactor?, Cassell's Saturday Journal, 1 June 1912, repr. in Broks, Media science, 122. 关于科技革新对各个技术领域的影响，参见 P. L. Robertson and I. J. Alston, Technological change and the organization of work in capitalist firms, EHR, 45（1992）, 330 – 349, 以及 Royden Harrison and Jonathan Zeitlin（eds.）, Divisions of labour: skilled workers and technological change in the nineteenth-century Britain（Brighton: Harverster Press, 1985）.

[109] Broks, Media science, 26 –27.

[110] 同上，35 –40，参见上文第 357 页。

[111] Cottager and Artisan（1906）, 11, 转引自 Broks, Media science, 100.

[112] ILN, 87（8 August 1885）, 139.

而科技内容则不得已才写上三言两语，几乎要成为向读者赔礼道歉的边角料了。

> 对于少部分严肃的观众而言，发明展览会并不仅是一座泉水叮咚、流光溢彩、乐音绕梁的“伦敦老街”极乐园。这场展览会的目的和计划仍然在于实用的、功利的、工业的和科学的。

展览会的科学报道被漫不经心地一笔带过。《泰晤士报》的报道虽然更加严肃，不过也还是相对短小、就事论事，只是加了一句欣赏“原创的胜利果实”所带来的快乐的评论以表同情，平常报道的主要是展览会的观众数量：6个月内的参观人数达到了300万~325万人，还是很震撼人心的。[113]

1852年和1883年两次专利法的自由化改革，使得这种把新发明视作理所应当的倾向进一步恶化。改革后的专利权申请费大幅降低，绝大多数工人都能负担得起；直到1905年都没有任何关于专利审查的官方规定。以上原因导致了专利权人数量飙升，“不重要”的发明甚至对专利制度造成了严重冲击。[114]在这种生产过剩的环境下，发明人越来越不受公众的好奇和尊敬了。记者乔治·萨瑟兰（George Sutherland）的批评就成功地抓住了问题。在一部普遍受发明人欢迎的著作当中（萨瑟兰称很多发明人为“文明的英雄与国士”），萨瑟兰指出：

> 千千万万的人都幻想自己是头脑发达的发明天才，这些人要么就是脑子不清醒的狂热家，要么就是极其天马行空的人，设计出来的产品也是一文不名，对于攻克机械技术难题百无一用。很多产业用人单位就没能把这些人跟真正的发明人区分开来，这正是它们失败的地方。[115]

萨瑟兰的批评主要是巴贝奇和布鲁斯特70年前论点的重复：总有一些投机分子模仿发明人。[116]

与此同时，斯迈尔斯文学也走到了穷途末路，只有小孩子才会去读。这些

---

[113] The Times, 31 May 1884, 8b; 13 August 1884, 2d; 8 October 1884, 9e-f; 15 October 1884, 4a; 18 May 1885, 13a; 1 June 1885, 7f; 29 June 1885, 7c; 10 November 1885, 9c.

[114] Klaus Boehm and Aubrey Silberston, The British patent system, 1. Administration (Cambridge: Cambridge University Press, 1967), 33-34; Khan and Sokoloff, Patent institutions, 298-302; MacLeod et al., Evaluating inventive activity, 542, 555-560.

[115] Sutherland, Twentieth century inventions, viii-ix, 276-277. 也有人以历史学家的口吻，对发明人人数过多的问题提出了微词，见 Sydney George Checkland, The rise of industrial society in England, 1815-1885 (London: Longmans, 1964), 95.

[116] 参见上文第353页；另见 Pemberton, James Watt of Soho and Hearhfield, 14-31.

书里处处是重复，从这些修辞中描绘出来的名利双收的发明人故事读来较为冗长。书中的选角几乎都能猜出来，瓦特和史蒂文森是主角。一位书评人在给一本成功商人列传《商业中的财富》（*Fortunes Made in Business*）写书评的时候说，自己惊奇地发现这本书的材料非常新，因而很是愉快。他承认自己一开始翻开书的时候心情沉重，“一看见老生常谈的名字，我就叹气并以为是那些老派的故事”。[117]

科技题材的作品正在悄然转向。它们的焦点逐渐从发明人转移到发明，从人转向机器。罗伯特·科克伦编写的《发明和发现的英雄》（*Heroes of Invention and Discovery*，1879 年）和《工业与发明的浪漫》（*The Romance of Industry and Invention*）两本书就是典型。虽说这两本书背景相似，不过第二本一改第一本的传记体风格，转变为以论题推进，这个论题就是工业。[118] 说不定正如前面那位书评人所言，出版商发现传记体“已经被写滥了”，或者他们又在高歌猛进的技术教育中发现了一片新蓝海，而传记体在其中不大适用了。[119] 或者也可以说关注累积性、合作性的发明模式的作家越来越多了。罗伯特·鲁特莱奇（Robert Routledge）的《19 世纪的发现和发明》（*Discoveries and Inventions of the Nineteenth Century*）提供了一种专题型的百科全书式的纲要。用他的话来说，“伟大的发明从来不是一个人的功劳，而是一群人智慧的结晶。”[120] 即便是英雄风格的科克伦也承认：“一个领域当中的每一位新劳动者都能为进步的链条增添一点，使其臻于完美。”[121]

《发明人年鉴》的修订也是这场转变的一个符号。原来迈克尔·亨利管理的时候，发明人的名字既占据了整体设计，也充斥着其中的记事法，甚至还挤掉了君王和圣徒。[122] 年鉴修订时（换了新东家），风格也随之大变。发明人姓名的字号缩小了，游走在纸边，除了记事法之外的表格都被砍掉了。节省出来的空间放上了 12 块刻印着发明的奖牌——大规模、最新潮的工业与农业机械，

---

[117] Textile Recorder，1（1884），285.

[118] 不过科克然对“浪漫”的定义还是“在于发明人的职业生涯”，参见 Romance of industry and invention，preface. 这本书也没有彻底摆脱传记体的影响，见 Allen，Some founders of the chemical industry.

[119] Textile Recorder，1（1884），285. 另见 Roy MacLeod（ed.），Days of judgement（Driffield：Nafferton，1982），以及 Robert Fox and Anna Guagnini（eds.），Education，technology and industrial performance in Europe，1850 – 1939（Cambridge：Cambridge University Press，1993）.

[120] Robert Routledge，Discoveries and inventions of the nineteenth century ［1890］（repr. London：Bracken Books，1989），445；Lamb and Easton，Multiple discovery，26.

[121] Cochrane，Romance of industry and invention，preface.

[122] 参见上文第 258 – 259 页。

例如蒸汽犁、车床和有轨电车，甚至还有加农炮。年鉴的报头上还有一个船坞外景，上面画着蒸汽船、塔吊、巨型储气罐、机车、矿井井口和灯塔，最底部则是电报收发装置。[123]

《发明人年鉴》的目标读者是发明人，如果连它的出版商对机器的兴趣都比发明人要大，那么更何况写给普通老百姓的呢？虽然学界对维多利亚时代的英雄历史叙事颇有微词，但在那个时代，英雄的故事并不黯淡。然而他们的兴趣更多是由那些关于冒险与悬念的故事培养起来的，远非斯迈尔斯文学里所谓最成功的发明人所能及。维多利亚时代晚期的英雄不仅要面对生命的危险，还要为更高的目的服务——或是保卫国家，或救人于危难，或予人以救赎。[124] 相较之下，顽强的毅力解决了一个棘手的技术问题，最后举世闻名的故事令人昏昏欲睡。更可怕的是，那些不属于企业的发明人正逐渐在他最亲近的对手身边黯淡下去，而科学家的形象则构成了专注于追求真理，直至世界尽头的公正的探索者。

霍德尔的《英国和平与战争时期的英雄》（*Heroes of Britain in Peace and War*，1878～1880 年版）直击这一要害。[125] 只靠勇气是造就不了英雄的。霍德尔比较了杂技演员的寻求刺激和科学人赌上了一辈子解决一个问题、只求为全人类谋福利的无畏探索与真正的英雄主义情怀，他说："科学探索者认准前方一些伟大的目标，认为它们能在某个阶段带来福利，并且为此牺牲自己的舒适和幸福，说不定这就是生活本来的样子。"[126] 他的"科学人"包括"探索家、化学家、电学家、航空学家和物理学家"等，发明人不仅被排除在外，"探索家"和其他冒险家眼看就要取而代之。[127] 其中"科学发现之凶险"一章提到，詹姆斯·辛普森（James Simpson）爵士以身犯险，亲自试验氯仿麻醉；汉弗莱·戴维爵士则"面对烈火熊熊的矿井，一往直前，毫无惧意"，为的就是测试他的安全灯。[128] 尽管霍德尔提到了两人的发明，不过仍遵循当时的做法，把他们定性为"科学家"。"伟大工程师"一章类似地渲染了要克服的现实危险：约翰·斯米顿冒险建造埃迪斯通灯塔，约翰·梅特卡夫虽然是盲人，但也勇敢地获得了成功。伊桑巴德·金德姆·布鲁内尔从泰晤士河隧道洪水中侥幸逃出

---

[123] Inventor's almanac（1879－1880）.

[124] Broks, Media science, 44－45.

[125] 参见上文第 236 页。

[126] Hodder, Heroes of Britain, vol. Ⅰ, 2.

[127] 同上，vol. Ⅰ, 11. 霍德尔在这之后提到了"伟大发明人承担的风险"，见 vol. Ⅰ, 13.

[128] 同上，84－102，重点见 91.

一事更能调动情绪，“堪为现代工程史上最大胆的举动”。[129] 不过“伟大的发明人”一章在开篇就泼了一盆冷水，说那些典型的常见的发明人跟这些英雄壮举形成了鲜明对比：“这些是容易被忽视的英雄主义时期。”霍德尔也说发明人是和平时期的英雄，对国家伟业的贡献甚至比那些最崇高、最自我牺牲的战士还要大。

> 选择追随责任，迎难而上，冷对千夫所指，毫不为偏见所动，这要比追逐荣光来得更平淡些；本书某些章节与本章一样，讲述的是那些沉稳、坚韧、克服万难以及平静面对失望的人的抗争与伟业。除去其中戏剧性的偶然，我们能够看到人们往往忽视了英雄主义的责任，但这才是我们国家的力量和脊梁。[130]

除了罗兰·希尔的故事还稍有点儿原创，这一章主要就是韦奇伍德、瓦特和乔治·史蒂文森事迹的重复，因此读来肯定不是最激动人心的。

发明人的工作坊或者实验室中日常的危险不足以美化他的荣誉。要是出了什么事故，说明的不是勇敢，而是无能。[131] 在 20 世纪的时候，这些事故甚至还成了发明人的卡通形象。托马斯·埃斯科特（Thomas Escott）当时对英国人日常生活的考察进一步体现了关于英雄的冒险主义，这就超出了发明人范畴。埃斯科特用浪漫的笔调赞美探险外国的英国土木工程师，这类人的形象就是探索家，“踏遍石峡、穿过山脉和大陆……时间与空间尽数摧毁”。这样的土木工程师就是现代世界的霍金斯（John Hawkins）、罗利（Walter Raleigh）和德雷克（Francis Drake）船长。[132] 虽然 1860 年之后的工程师再也没能入当时传记作家或者历史学家的法眼，不过他们也算是享受了一些国家的荣光。[133]

无论是发明人还是工程师都不如探险家受人瞩目。探险家就是 19 世纪晚期英国英雄的核心。其中最出名的无疑是大卫·利文斯通（David Livingstone），既是“科学的英雄”，又是“新教的英雄”，是“精神与世俗英

---

[129] 同上，vol. Ⅱ，34－50.

[130] 同上，143.

[131] 即便发明人的工作室里发生了灾难性的爆炸，只要没有死人，时人都不以为然，把它当成是发明的“乐趣”的一个点缀，见 Wirt Gerrare，The warstock：a tale of tomorrow（London：W. W. Greener，1898），3.

[132] Thomas Hay Sweet Escott，England：its people，polity and pursuits（rev. edn，London：Chapman and Hall，1890），555；另见 Adas，Machines as the measure of men，216，参见上文第 23－24 页。

[133] Buchanan，The engineers，16－24；R. A. Buchanan，The lives of the engineers，Industrial Archaeology Review 11（1988），5－15. 参见上文第 326－327 页。

雄”和“英国崛起的最佳注脚”的结合体。[134] 斯迈尔斯对这种价值的结合很是着迷。1873 年利文斯通去世之后，每一版《自助》的封面都是他的肖像。[135] 科学家兼探索家取代了发明人，还有比这更生动的写照吗？

1904 年，约瑟夫·斯旺爵士获颁皇家学会休斯奖时谦虚地说：“发明人总要或多或少地用到别人的成果。”他用了一个生动的比喻：“我就像是那些说要攀爬人类从未登顶的山峰的人一样。”斯旺表示自己很多时候是踩着前人的台阶一步步向上走的，“只是在最后一个脚印消失之后，我才拿出冰斧，再凿出剩下的台阶，多凿几个也好，少一点也没关系，我就在前人的基础上再往上爬一点，这就是我的目标。”[136] 这套攀登高山的措辞流露出他对于发明的激情，也暗示说现代的英雄已经不再是从工作坊甚至是实验室里诞生了，而是在地球的某些角落上面对巨大危险的人。

英雄说不定还在空中。飞行器首航成功的激动贯穿了 20 世纪的头 10 年。[137] 不是所有的气球驾驶员都是发明人，只有莱特兄弟展现出特别的发明才华。1912 年威尔伯·莱特（Wilbur Wright）逝世之后，《泰晤士报》的悼文堪称是极尽溢美之词。文中称赞他是一个“德技双馨”的发明人，将过人的勇气与坚毅和反思、直觉的经验主义相结合，这就是他的成功之处。莱特兄弟正是靠着“艰苦卓绝的实验”发明了飞机。[138] 一年前一篇报纸刊文呼吁航空事业“更加科学化”，《泰晤士报》的悼文刚好与之相左。《泰晤士报》批评了大众对于“飞行杂技和毫无必要的危险竞赛”的狂热，要求对飞行机械和飞行条件开展严谨的研究，“要用实际操作检验实验室的工作”，以此实现更加安全可靠的飞行。[139] 不过莱特兄弟不是第一批意识到飞行表演能够名利双收的发明人。在

---

[134] MacKenzie, Iconography of the exemplary life, 94, 100. 另见 John M. MacKenzie, Heroic myths of empire, 载 John M. MacKenzie (ed.), Popular imperialism and the military: 1850 - 1950 (Manchester: Manchester University Press, 1992), 109 - 137; R. H. MacDonald, The language of empire: myths and metaphors of popular imperialism, 1880 - 1918 (Manchester: Manchester University Press, 1994), 重点参见第 3 章。

[135] MacKenzie, Iconography of the exemplary life, 92.

[136] Swan and Swan, Sir Joseph Wilson Swan, 139. 斯旺注意到当年 8 位休斯奖获奖者中有 7 位都是因为科学发现获奖，只有他自己是凭发明成果得的奖，参见 137. 有人研究过斯旺是否知道当时丁达尔的高山譬喻和法拉第关于科学成就如登山的比喻，参见 Cantor, The scientist as hero, 177; Alice Jenkins, Spatial imagery in nineteenth-century science: Faraday and Tyndall, in Crosbie Smith and John Agar (eds.), Making space for science: territorial themes in the shaping of knowledge (Basingstoke: Macmillan, and New York: St Martin's Press, 1998), 185 - 187.

[137] Darke, Monument guide, 78, 141.

[138] The Times, 31 May 1912, 6c-d, 7c-d.

[139] The Times, 3 January 1911, 8a-c.

他们同时代的发明人当中，托马斯·爱迪生要求跨大西洋旅行表演的主张尽人皆知；古列尔莫·马可尼（Guglielmo Marconi）的陆地表演一开始是为了说服海军接受他的发明，后来则赢得了媒体的注意。[140] 无论是约西亚·韦奇伍德还是马修·博尔顿在引导公众舆论方面都毫不逊色，不过在他们那个时代，只消在伦敦开一间表演室就足够了。

英国工业化的宏大叙事逐渐带有讽刺的意味。这场叙事将瓦特塑造成了英雄，也开启了他同时代的人从史诗到悲剧的道路。借1882年汤因比的话来说，这就是“工业革命”，负面的诠释正在卷土重来。[141] 按照他的论调：

> 工业革命堪称是一个国家所经历过的最大的灾难和恐怖。财富迅速增长的同时，贫困也如影随形……一个庞大的生产者群体就此没落了。[142]

当时仍然相当强势的蒸汽动力再一次变成了反英雄叙事的对象——旧秩序“在蒸汽机和机械动力纺织机的冲击之下轰然倒塌”[143]。自由放任也同样罪孽深重，因为它抛弃了脆弱的工人，使其任由无休止扩张的资本主义摆布。汤因比的观点不仅由当时的哈蒙德和韦伯等激进派和社会主义者所承继，也被接下来半个世纪以阿尔弗雷德·马歇尔为首的各路历史经济学家所共享，这些人同情关税改革，敌视新古典主义者的无历史性理论。[144] 在更广阔的社会语境中，他们的文章流露出一种愧疚，对工业革命物质财富的不平等分配的愧疚，维多利亚时代也正是在这种不平等当中终结。布斯和罗恩特尔的调查研究、皇家委员会的不同调查报告、一群记者的观察和被军队淘汰者的悲惨境遇都能说明一个问题：对于大多数人来说，“工业革命没有起到作用”[145]。

种种压力最终导致了20世纪之初英雄般的发明人的退场。这本质上是一个自然增长的问题。那些早有定论的发明英雄，绝大多数都是工业革命早期的

---

[140] The Hero of the Hour（1889），登载于 Robert Fox and Anna Guagnini，Laboratories，workshops and sites：concepts and practices of research in industrial Europe，1800－1914（Berkeley，CA：Office for History of Science and Technology，University of California，1999），72；Anna Guagnini，Guglielmo Marconi，inventore e impreditore，载于 Anna Gagnini and Giuliano Pancaldi（eds.），Cento anni di radio：le radici dell' invenzions（Torino：Edizione Seat，1995）355－418；Robert Fox，Thomas Edison's Parisian campaign：incandescent lighting and the hidden face of technology transfer，Annals of Science，53（1996），157－193.

[141] 参见上文第143－144页。

[142] Toynbee，Lecturers on the industrial revolution，84.

[143] 同上，31.

[144] Cannadine，The present and the past，133－139；D. C. Coleman，History and the economic past：an account of the rise and decline of economic history in Britain（Oxford：Clarendon Press，1987），37－62；Coleman，Myth，history and the industrial revolution，16－30.

[145] Cannadine，The present and the past，134.

人物，即便颓势明显，公众也能保持对他们的想象。但是19世纪中后期才活跃起来的发明人中就少有能经久留名的。1907年大众传媒开展的英国贡献最大的民意调查显示，排名第一的是达尔文，前十名当中有4位发明人：卡克斯顿、瓦特、乔治·史蒂文森和因发明麻醉剂闻名的詹姆斯·辛普森爵士。[146] 辛普森是在1870年去世的，若是放到今天，重返榜单的可能性估计也是最小的。[147] 若是50年前进行这样的民调，卡克斯顿、瓦特和史蒂文森的位置肯定差不多；不过在一个世纪之后，这3位和达尔文也在“最伟大的一百位英国人”之列。维多利亚时代发明英雄的地位就此奠定了。

---

[146] Broks, Media science, 35. 另外，根据谢菲尔德在1918年做的调查，其中达尔文和爱迪生远在瓦特之上，不过洛奇还不如瓦特，参见Rose, Intellectual life of the British working classes, 190 - 196.

[147] 虽然开尔文在那个时期名声很大，“对于大多数人来说，他是一个发明人”，但是今天科学圈之外的人对他所知甚少，参见Professor Andrew Gray, Good Words（1900），29，转引自Broks, Media science, 43；另见同上，43 - 44，143n. 11. 如今爱丁堡王子街西口的辛普森雕像还保留着，克莱兹代尔银行之前发行的20英镑和现在发行的100英镑钞票上都有他的头像。

结语　维多利亚时代的遗产

祖先崇拜

2002 年的一次英国民意调查发现，英国公众对维多利亚时代发明和工程英雄的敬仰经久不衰。当选为 100 位最伟大的英国人的有查尔斯·巴贝奇、亚历山大·格雷厄姆·贝尔、伊桑巴德·金德姆·布鲁内尔、威廉·卡克斯顿、约翰·哈里森、爱德华·詹纳、乔治·史蒂文森、詹姆斯·史蒂文森和詹姆斯·瓦特，都是活跃在 1900 年之前的人物，1900 年之后的有蒂姆·伯纳斯-李（Tim Berners-Lee）爵士、亚历山大·弗莱明爵士、约翰·洛吉·贝尔德（John Logie Baird）、阿兰·图灵、巴恩斯·沃利斯（Barnes Wallis）爵士和弗兰克·惠特尔爵士，两个年代人数之比是 9∶6，唯一跻身前十名之列的是布鲁内尔（排在丘吉尔之后）。占据统治地位的是 1900 年之前的发明人和工程师，与民意调查数据相反，其中有 52 位“最伟大的英国人”属于 20 世纪，39 人属于 20 世纪下半叶，其中还有 17 位娱乐业人士和 4 位运动员。伯纳斯-李称得上是当代发明人的唯一代表，发明了与其同名吸尘器的詹姆森·戴森（James Dyson）爵士和“试管婴儿”的先驱帕特里克·斯特普托（Patrick Steptoe）与罗伯特·爱德华兹（Robert Edwards）都榜上无名。❶

在那 8 位早期发明人和工程师当中，6 人属于 18 世纪中期到 19 世纪中期，贝尔稍晚一些，卡克斯顿则早很多。这个结果与笔者的观点是一致的。19 世纪尤其热衷于赞美发明人和工程师，我们对那个时代工业英雄的继承主要是从一场发明精英的工业革命中来的。休·托伦斯（Hugh Torrens）称之为“偶像

❶　参见 news. bbc. co. uk/1/hi/entertainment/tv_and_radio/2208671. stm，最后登录时间为 2006 年 9 月 8 日。2001 年末，超过 3 万人参与调查，其中令人瞩目的是，有 19 位“英雄”出自“科学、工程和发明领域”，前十人中有布鲁内尔、达尔文和牛顿。上榜的 5 位科学家当中，也有 4 位是在 20 世纪之前活跃的人物。这 19 位都是男性，100 位“最伟大的英国人”当中也只有 13 位是女性。

崇拜和祖先崇拜”，现在这种崇拜已经占领了畅销书架和电视纪录片，成为工业博物馆和复古铁路的“遗产”。❷ 其实这并不令人惊讶，这段崇拜中有很多好故事和主人公，有那些靠着自己发明和奋斗从草屋住进城堡的人，也有那些因为遭人剽窃、受人轻视或者太过超前而未能功成名就的人，有意外的发明，还有终获认可的经年累月的坚持。书写这个国家绝大多数科技史的都是工程师，自然要把他们的祖先奉为偶像。与他们的功绩相比，这些人几乎没受过什么持久的批评。经济历史学家和科技社会学家两派都没能将其拉下神坛，使其返璞归真。❸ 中学和大学讲到的经济和社会历史的衰落可能会进一步促进这种英雄式的解释，因为大多数学生将在相对初级的文字和工业博物馆中遇到工业革命，在那里，对过去生活条件的准确再现不可避免地受到文化的限制，商业上的当务之急是不要让来访者感到厌恶。❹

在很大程度上，这些英雄的声誉由本地团体和专业协会产生，也由它们维持。有些英雄“从未死去”，另一些人则被复活和重现。当地视他们为城市遗产，是团体的标志。一开始他们是现代科技与可敬历史双重身份认同的产生原因；在近些的时候，他们是旅游推广的噱头和本地企业的商业广告。他们的100周年庆典提供了重温记忆、加强认同的机会。例如，1927年博尔顿的塞缪尔·克朗普顿逝世100周年纪念就办成了一场持续一周的盛会，招待会和游行层出不穷，音乐会和展览纷至沓来；人们召开各种会议，去跟克朗普顿有关系的地方“朝圣”，办了一场橱窗设计大赛，还举行了一场3500名孩子参演的大型露天历史剧，讲述克朗普顿发明的历程和影响，最后在一首专门为克朗普顿写的歌中落幕：“克朗普顿的乡亲们啊……把他的功绩传颂世界!”❺ 博尔顿还重修了他的雕塑，用他的名字命名了几条新路，还给他和阿克赖特造了新铭

---

❷ Torrens，Some thoughts on the history of technology，226 – 229. 格里菲斯关于“瓦特崇拜”的提法跟这个有关，参见226. 关于两次世界大战期间相关电视纪录片的拍摄，见 Boon，Industrialisation and catastrophe，115 – 117.

❸ Cannadine，Engineering history，167 – 170；Torrens，Some thoughts on the history of technology，227 – 229. 另见上文第388页。

❹ Coleman，History and the economic past，1 – 3，93 – 127；Bob West，The making of the English working past：a critical view of the Ironbridge Gorge Museum，载于 Robert Lumley（ed.），The museum time machine：putting cultures on display（London：Routledge，1988），36 – 62；Tony Bennett，Museums and the people，同上，63 – 85；Torrens，Some thoughts on the history of technology，229 – 230.

❺ 第二节采用了19世纪的主题，在第一次世界大战的屠杀当中听着更为悲楚：“光荣的仗他已经打完了……英雄啊，赢得了和平的胜利”，见 Samuel Crompton Centenary，Bolton June 7th – 10th 1927（Bolton，1927），16. 蒙杰克逊出借这套官方纪念小册子，谨此致谢。

牌。[6] 当地博物馆馆长为他出版了一本传记，机械制造企业多布森和巴洛公司也赞助了一本传记，公司的领导还发起活动为他塑像。1953 年克朗普顿诞辰 200 周年之际，博尔顿再次对他致敬。[7] 今天，这座雕塑被精心地维护，矗立在一条商业街上，旁边是一家叫“走锭纺纱机”的小酒馆；博物馆永久展出克朗普顿亲手做的东西，他的童年故居霍利斯木屋也向公众开放。后来当地教堂的墓地改造成停车场的时候，克朗普顿的坟墓是为数不多保留下来了的坟墓，也算是对吉尔伯特·弗伦奇的历史贡献有所交代。[8]

康沃尔的坎伯恩对特里维西克的纪念还要活跃一些。自 1901 年特里维西克的机车成功运行 100 周年以来，每年圣诞夜镇上都要按传统庆祝“特里维西克日”；2001 年，200 周年纪念的时候，他们还制造了一辆机车复制品。[9] 1935 年，特里维西克协会（Trevithick Society）成立，旨在鼓励康沃尔地区的工业历史研究，维护特里维西克的名声甚至到了不容置疑的程度。2004 年，英国发行了一枚 2 英镑的纪念硬币和一套纪念邮票，以此庆祝特里维西克的潘尼达伦蒸汽机车问世 200 周年。虽然相关的典礼是在当时的始发站梅瑟·泰德菲尔办的。[10]

在跟本地的大工程师发明人拉关系上，伯明翰和布里斯托反应相对迟缓，不过近些年也在迎头赶上。[11] 1956 年，伯明翰市议会向威廉·布洛耶（William Bloye）拨款 7500 英镑，制作一面黄铜材质的《群贤毕至》雕刻，其中，瓦特、博尔顿和威廉·默多克正在讨论工程制图。[12] 1988 年，文森特·沃罗帕的“瓦特柱”在牛顿街和詹姆斯·瓦特街街角揭幕（见图 13.1）。这座柱子由黑色印度花岗岩雕成，瓦特的形象从 4 块垒起来的石头当中逐渐显现，雕工之精细令人惊讶，能让人想起他发明的复印机，而非蒸汽机。[13] 1995 年，博尔顿故居苏荷馆重建后向公众开放。

---

[6] 同上，3－16；Crompton MSS，ZCR 90，102.

[7] Rose，Samuel Crompton，12，29 n. 1.

[8] 参见上文第 298 页、第 300 页。

[9] 参见 www. zawn. freeserve. co. uk/press. htm，最后登录日期为 2005 年 12 月 23 日。另见上文第 344 页。

[10] 参见 www. trevithick-society. org. uk/coin_stamps. htm，最后登录日期为 2006 年 8 月 23 日。

[11] 在伯明翰办瓦特 100 周年纪念的不是市政府，而是职业工程师，参见 MacLeod and Tann，From engineer to scientist，394－395.

[12] 1939 年，惠特莱向伯明翰遗赠 8000 英镑，用于美化市中心，见 Noszlopy，Public sculpture in Birmingham，16；Darke，Monument guide，163.

[13] Noszlopy，Public sculpture in Birmingham，94－95；Darke，Monument guide，164.

图 13.1 伯明翰詹姆斯·瓦特街和牛顿街街角瓦特柱(Wattilisk)

该柱由文森特·沃罗帕(Vincent Woropay)创作于1988年。瓦特的形象是从4块垒起来的印度花岗岩中雕刻出来的(卡罗琳·威廉姆斯拍摄)。

1970年，在民间崇拜者的大力支持之下，"大不列颠号"蒸汽船的残骸在首航127年之后从马尔维纳斯群岛*运回了布里斯托，又花了35年重建。[14] 现在大不列颠号是一个旅游胜地，还在2006年获得英国最佳博物馆古尔本基安奖。在布里斯托重新发掘伊桑巴德·金德姆·布鲁内尔历史的时候，大不列颠号的回归扮演了重要角色，因为布鲁内尔就是这艘船的建筑师和工程师。1982年，布里斯托和韦斯特建筑学会为布里斯托市捐赠了建城以来第一座布鲁内尔雕像，又在帕丁顿火车站捐建了第二座布鲁内尔雕像，都在同一日揭幕。[15] 布鲁内尔如今声名显赫，有近30家的布里斯托社会组织和企业以他的名字命名。2006年4月9日"布鲁内尔200岁诞辰"办得蔚为壮观，展出、会议、音乐会、剧场表演和学校教育项目等活动持续了一年，还专门整理了一卷庆祝文

---

* 英国称为福克兰群岛。——编辑注

[14] Lambert, ss Great Britain, 176 - 180.

[15] The Brunel statues, 载于 Kelly and Kelly (eds.), Brunel, in love with the impossible, 82 - 83.

集，1959 年的布鲁内尔逝世 100 周年纪念也望尘莫及。[16] 有一段时期，布里斯托跟早期跨大西洋奴隶贸易的历史联系被人发掘了出来，布鲁内尔就为布里斯托做了正面防守。这个形象无论怎么看都很正面积极，布里斯托也借他做起了航海工程中心的宣传文章。

詹姆斯·布林德利借着英国恢复运河网的机会重见天日。进入现代之后，布林德利籍籍无名，20 世纪末期则接连为他造了两座塑像。斯坦福郡伊图里亚给他在卡尔顿河、特伦特河和默西运河的三河交界处矗立了一座塑像。[17] 第二座雕塑屹立在考文垂的运河盆地里，由沃里克郡雕刻师詹姆斯·巴特勒（James Butler）所建，当时国家彩票给考文垂运河走廊项目下拨的 100 万英镑工程款中就包含了塑像的费用。[18] 20 世纪 60 年代，韦斯特科克为托马斯·特尔福德建了一座朴实无华的石质纪念碑，上面既记载了他的成就，也为行人提供了一个歇脚的地方。[19] 而在同一时期，什罗普郡另一个同名镇的荣誉"艺术地标"工程中，也要为特尔福德做纪念，后来安德烈·华莱士（André Wallace）用巨大的字母把特尔福德的名字雕刻了出来，不过这是 1987 年的事情了。[20] 纽卡斯尔也有类似的"地铁艺术"计划，借此在 1984 年为查尔斯·帕森斯蒸汽涡轮机专利获批 100 周年办了一场纪念活动，由大卫·汉密尔顿（David Hamilton）为该市地铁系统的人行道抽风机设计了一个高度抽象的"帕森斯多边形"。[21] 10 年之后的伦敦地铁建的雕像更大。当时詹姆斯·巴特勒为重建银行地铁站提供通风设备，建起一座 4.5 米的塑像，纪念一位先前默默无闻的维多利亚时期工程师英雄詹姆斯·亨利·格雷赛德（James Henry Greathead），用于伦敦地铁建造的盾构机就是他改进的。[22]

无论是作为共同体还是个体，工程师职业都在保存自己前辈记忆的事业中充当了重要的角色。乔治·坦吉（George Tangye）就跟随着伍德克罗夫特的脚步，不仅在 1915 年拿出了大量关于瓦特、博尔顿和默多克的档案和实物藏品，在伯明翰市展出，也为瓦特保留了他的故居希斯菲尔德大楼内的阁楼工坊，与

---

[16] MacLeod, Nineteenth-century engineer, 78 – 79.

[17] 参见 www. manchester2002-uk. com/celebs/engineers2. html. 我没能查找到雕塑者的姓名。时至今日，该网站仍在更新当地科学技术的名人录，可谓不同寻常。

[18] 参见 www. cwn. org. uk/arts/news/9809/980915-brindley-statue. htm，最后登录日期为 2006 年 11 月 10 日。

[19] Brian Bracegirdle and Patricia H. Miles, Thomas Telford (Newton Abbot: David & Charles, 1973).

[20] Darke, Monument guide, 146.

[21] 同上，231；Usherwood et al. , Public sculpture of north-east England, 98 – 99.

[22] Ward-Jackson, Public sculpture of the City of London, 84 – 86.

瓦特1819年离开的时候一模一样。[23] 1919年，参加了瓦特百年庆典的工程师一致决定成立一家协会，保护他们职业的记忆，纽科门协会应运而生，特别是通过持续出版公报等活动，成长为关注英国科技史的主要力量。[24]

该协会最初的活动是支持达特茅斯纪念纽科门，相当名副其实。1934年，青年工程师协会在伦敦地铁兰贝斯北站装了一块铜牌，纪念自己成立50周年，铜牌安放之处正是19世纪伟大的机械工程企业莫德斯雷父子与菲尔德公司的工坊。[25] 1956年，化学业界赞助了一场五彩斑斓、极尽奢华的狂欢派对，纪念珀金发现淡紫色染料100周年，至今无人能出其右。[26] 2006年，敬重制表公司为约翰·哈里森在威斯敏斯特教堂建了一座纪念碑；哈里森也是靠着达瓦·索贝尔（Dava Sobel）的畅销书《经度》（*Longtitude*）出名的。[27]

那些试图建立身份认同的地区乐意纪念或者修复他们与当地已有定论的发明或者工程英雄的关系，19世纪末期涌现的工程和科学职业共同体也热衷于寻找他们自己的标志人物，由此团结共同体成员，为他们在全国范围内争取承认创造一个符号化的主张。西蒙·谢弗（Simon Schaffer）就评价称，“同个文化群体的关键之一就在于共享一位文化英雄”[28]。只要选定了一位文化英雄，联系就会紧密；庆祝所谓的“祖师爷”成为仪式化的尊敬；谁想换掉这个“祖师爷”，不仅会面临以下犯上、亵渎符号的指控，而且可能跟选择了这个“祖师爷”的人内斗。这种事情甚至想都不用想：无论入哪一行，都要服从它的传统和效忠对象——身边充斥着“祖师爷”的画像和半身像、争夺以他们名字命名的奖项和参加以纪念他们为名义举办的晚宴和会议。[29] 因此，一开始选谁当“祖师爷”就是一件影响深远的事情，19世纪末期，工程行业的扩张与职业化也与维多利亚时期高歌猛进的英雄崇拜交织在一起，英国的技术崇拜也就此成为传统。

---

[23] The Times, 2 October 1912, 24f; James Watt Centenary Commemoration [programme], Birmingham, 1919. 珍妮弗·谭（Jennifer Tann）向我告知此事，在此致谢。

[24] Titley, Beginnings of the Society, 37; Cannadine, Engineering history, 104 - 107; 另见上文第341页。

[25] The Times, 13 March 1935, 8f.

[26] Garfield, Mauve, 168 - 176.

[27] Dava Sobel, Harrison memorial: Longtitude hero's slow road to the abbey, The Guardian, 25 March 2006, 8; 另见上文第340页。

[28] Schaffer, Making up discovery, 48. 另见 Gooday, Faraday reinvented, 201 - 202; Miller, Discovering water; Andrew Warwick, Cambridge mathematics and Cavendish physics, Studies in History and Philosophy of Science 23 (1992), 631 - 634.

[29] Schaffer, Making up discovery, 18 - 23.

发明人消失了吗?

“伟大发明人的名号一般没有伟大的科学家和艺术家来的响亮，至少对于20世纪的发明人而言的确如此。”[30] 虽然18世纪和19世纪早期精英的名号仍是如雷贯耳，他们的继任者却在努力获得认可，甚至是尊重。[31] 时至今日，我们早已把科技进步视作理所应当，甚至忘记了我们使用的“高科技产品”背后的天才创造力，说不定连人类创造力才是科技进步的关键这一点都遗忘了。2004年，伦敦希思罗机场的一块公告牌上自豪地打出了“发明之乡苏格兰”的口号，列出了28项发明，甚至连时间都清清楚楚，独独没有名字，最近的一项还是“1997年：单细胞克隆”。另一场广告活动也着眼于我们熟视无睹的发明人无名化现象。那个在公交车上坐在你旁边的人说不定就是发明了你刚入手的小玩意儿的人，居然是一个真实存在的人，多么难以置信，又是多么神奇![32] 问题不在于缺少科技成就，而在于其隐形性。后者的丰富性也是问题的一部分，不可谓不讽刺——即便是那些上了国家级报纸的极少部分发明，我们也很难做到实时关注，更何况那些个体发明人的姓名早已被企业和大学的名号淹没了。[33]

毫无疑问，发明人的沉默仍不是问题的全部。正如我们所见，一些20世纪英国发明人的名字其实是为公众所熟知的，他们也受封为骑士，意味着更高水平的公共认可。如果说肖像、雕像和纪念彩窗等19世纪时期的纪念形式如今已经相当罕见了，我们也有新的纪念形式加以填补。弗兰克·惠特尔就是一个例子。他跟航空部长时间地交涉，有时甚至吃了一些苦头，这才让他们采用了他的喷气引擎，最终声名大噪。惠特尔1948年以准将军衔从英国皇家空军退役，不久之后被封为骑士，选为皇家学会会员，皇家奖励发明人委员会又奖

---

[30] Robert, J. Weber and David N. Perkins (eds.), Inventive minds: creativity in technology (New York and Oxford: Oxford University Press, 1992), 330.

[31] 自从20世纪90年代英国广播公司开播《当地英雄》(*Local Heroes*)系列以来，很多人也开始关注这些精英之外的发明人了，在这一系列的发行人哈特-戴维斯(Hart-Davis)插画精美的书中即有所反映，见Chain reactions. 不过可以发现，他们当中绝大多数发明人都生活在18世纪和19世纪，20世纪的主要是科学家而非发明人，而且选角思路也作了调整，稍微解决了性别不平衡问题。

[32] Scotland Development International, 2004; Hewlett Packard, 2002.

[33] 关于提高大学知名度的尝试，参见Eureka UK－100 discoveries and developments in UK universities that have changed the world (Universities UK, 2006).

励给他 10 万英镑。1986 年他又获得荣誉勋章，名望仍在增长。[34] 他的传记和电影层出不穷，他的发明还被刊登在一套邮票上。[35] 惠特尔爵士喷气式飞机遗产中心建在考文垂，他的出生地附近；2001 年，考文垂大学又以他的名字为一座工程楼命名。[36] 1900～1914 年，贝塞麦、西门子、珀金和开尔文都获得了荣誉，不过之后的邮票和新媒体能把惠特尔的名声传播得更远。

巴恩斯·沃利斯在分别受到皇家学会和皇家奖励发明人委员会的承认之后，终于在 1968 年获封骑士，而之前他已经两次因政治原因遭到否决。[37] 与此同时，1954 年电影《大坝爆破人》（*The Dam Busters*）也让英国电影人对沃利斯的大坝爆破发明产生了兴趣。英国皇家空军就曾列装过沃利斯发明的“弹跳炸弹”，通过空袭瘫痪了纳粹德国的钢铁产业。布里克希尔（[Paul] Brickhill）书中的英雄被拍成了电影，迈克尔·瑞德格雷夫（Michael Redgrave）把沃利斯塑造成了一个怀才不遇的天才……这种印象甚至成为沃利斯公众形象的主要部分。[38]

阿兰·图灵获得公众认可则耗费了整整 50 年，其中反差不可谓不大。他的名誉主要是由计算机科技在今日的主导地位撑起来的，也主要集中在学术圈。2001 年起，曼彻斯特大学和萨里大学分别为图灵塑像，曼彻斯特大学还成立了一所以图灵命名的数学研究所。很多人在给曼彻斯特大学捐款的时候，都特别提到自己对图灵在第二次世界大战期间参与破译纳粹德国英格码表示感激。[39]

不过在名誉争夺战中赢得最轻松的应该是诺贝尔奖得主、细菌学家亚历山大·弗莱明。早在 20 世纪 40 年代，弗莱明的名气大增，媒体竞相报道他“发

---

[34] G. B. R. Feilden, Whittle, Sir Frank (1907 – 1996), ODNB, www. oxforddnb. com/view/article/67854，最后登录日期为 2006 年 9 月 7 日。

[35] 同上；Ken Peters, Inventors on stamps (Seaford, E. Sussex: Aptimage Ltd, 1985), 79, 100 – 103. 另一套邮票于 1991 年 5 月 15 日发行，纪念惠特尔机器首次试飞 50 周年，罗尔斯·罗伊斯（Rolls Royce）和埃索公司（Esso）也为他发放了纪念证书，参见 Whittle MSS, 205/7 – 8, Institution of Mechanical Engineers.

[36] 参见 www. cwn. org. uk/education/coventry-university/2001，最后登录日期为 2006 年 9 月 7 日。航空工程师对兰切斯特（F. W. Lanchester）也表达过类似的纪念，参见 P. W. Kingsford, F. W. Lanchester: a life of an engineer (London: Edward Arnold, 1960), 236.

[37] Robin Higham, Wallis, Sir Barnes Neville (1887 – 1979), ODNB, www. oxforddnb. com/view/article/31795，最后登录日期为 2006 年 9 月 7 日。

[38] 同上；Paul Brickhill, The dam busters (London: Evans Bros., 1951).《大坝爆破人》发行过首日封，有一些带了沃利斯的签名，参见 Peters, Inventors on stamps, 73.

[39] Dennis A. Hejhal, Turing: a bit off the beaten path, The Mathematical Intelligencer, 29 (2007), 27 – 35.

现青霉素”的事迹，把他描述成一个爱国者，甚至是战事吃紧、局势不明时的一场及时雨。从此以往，青霉素“就是战后重建的标志，它标志着福利提高，象征着现代化”，弗莱明本人“周游列国，宛如现代的英雄……奖项纷至沓来，拿了十几个荣誉学位，雕像四处生长，各大城市纷纷授予他荣誉市民称号，还有不少街道干脆改成他的名字，以示光荣”。[40]

这3位20世纪的发明人都获得了超常的国家甚至国际荣誉，广为人知，身后仍有盛名，个中原因不难解释。[41] 第一，他们所属的职业共同体都主动为他们的发明创新培养名誉。惠特尔和沃利斯都是工程师，弗莱明是药学家。虽说一般都把他们描述为与世无争的孤傲英雄，他们最终也从有权势的同行和所在单位那里得到了巨大的帮助。无论是出于忠诚，抑或是为了私利，这些人都靠颁发知名奖项、发文夸耀他们的悲壮、为他们拍电影和给《泰晤士报》写信施压来增加他们的名誉。[42] 第二，正如工业革命时期的发明人一般，他们也属于第二次世界大战和英国击败纳粹德国等英国现代史的宏大叙事。在这场叙事之中，这3位都是浪漫的、英雄的、孤独的发明人，克服万难只为缔造那项能够赢得战争的伟大发明。如果说惠特尔和沃利斯是20世纪的瓦特和阿姆斯特朗，弗莱明堪比詹纳，那么任何敢于烦扰这些天才的冥顽不灵的官僚就是狄更斯笔下“迂回办公室”（Circumlocution Office）的转世。

这些还不是全部的答案。在其他的大众叙事当中，惠特尔和弗莱明扮演了特殊的角色，不仅是罗伯特·巴德（Robert Bud）指认的“现代主义反叛者”，而是一种“衰退派”思潮的代言人。这股思潮混合了科技强国的民族自豪，说得好听，也不过是英国失去了奋进的力量，放弃了它的发明才智；难听的说法就是“我们英国人被抢劫了”。在青霉素一事中，虽然弗莱明与牛津大学的霍华德·弗洛里（Howard Florey）和恩斯特·钱恩（Ernst Chain）团队共同获得了1945年的诺贝尔生理学或医学奖，青霉素则进入美国企业。美国人实现了青霉素的量产，并获得高昂利润。[43] 巴德对弗莱明战后形象的诸多方面很有洞见，认为它的基础远不止于对于重要医学进步的欣赏：

---

[40] Michael Warboys, Fleming, Sir Alexander (1881 - 1955), ODNB, www.oxforddnb.com/view/article/33163，最后登录日期为2006年9月7日；作者还列出了四座半身铜像，藏于国家肖像画廊（National Portrait Gallery）等伦敦各单位，但是没有全身像。

[41] 虽然一般都说弗莱明是“发现家”，笔者认为他也是“发明人”，因为他观察的成果是药物“盘尼西林”，这是一样新产品。再者，他一开始并不清楚培养皿上霉菌的性质。

[42] Bud, Penicillin and the new Elizabethans, 321 - 333; Feilden, Whittle, Sir Frank; Higham, Wallis, Sir Barnes Neville.

[43] Bud, Penicillin and the new Elizabethans, 321.

> 复杂的新世界如何理解？这个故事模糊不清，自相矛盾。它的科学基础高度复杂，试图把科学家作为个体和团队成员的角色整合在一起，认为科学家相对于专利人是一种现代化，还有他们对于国家、业界和学术界的功能、对新产业的渴望、运营新医保的自豪……它想把这些大杂烩都拼在一起。[44]

我们对这个问题的兴趣在于发明人（科学家）的身份：他们究竟是个体，还是一个集体的一分子？迈克尔·沃博伊斯（Michael Warboys）对“弗莱明神话”的说法表示惋惜，因为它讲的是一个孤独的科学家，偶然发现了一样东西，为征服传染病作出了贡献，而这种说法是不能代表1945年后全世界的“大科学研究”的。这是一个以牺牲牛津团队为代价的神话，他们对青霉素的有条不紊的研究已经进入了临床试验阶段，而弗莱明却声称他早期但被放弃的“发现”具有优先权。[45] 虽然这个说法到现在看上去还是有道理的，从更广阔的角度上看，沃博伊斯的说服力还是不足。当时的个体发明人已经不存在了，无论是战后还是直到现在。弗莱明、惠特尔其他寥寥几位20世纪发明人的名誉也从未动摇过这个事实。[46] 20世纪50年代，以科学为名的研发实验室或者大企业就已经驱逐了孤立的个体发明人，因为现代发明效率更高，接近于全自动——J. K. 加尔布雷斯（J. K. Galbraith）和J. D. 伯纳尔（J. D. Bernal）等著名学者的观点都是如此。[47] 朱克斯、索尔斯和斯蒂尔曼对1900年以来61项主要发明的细致分析也并不明显否认这个观点：

> 如果以个人自己工作并承担了大多数主要工作、不受研究机构支持，同时获得的资源较少，不考虑个人是否受雇于高等院校等研究机构，超过一半的发明可以说是个体发明……个体发明人是自治的，他们可以自由追随自己的想法而不受阻力。[48]

朱克斯团队试图挑战一个几十年以来的社会学观点，即发明和发现总体上是多样的现象，可以同时在几个地方出现，新技术无非就是无数一点一滴的基

---

[44] 同上，314. 可以与1956年加菲尔德对于珀金发现“淡紫”一事的解释相比较，见Garfield, Mauve, 168－176.

[45] Warboys, Flemming, Sir Alexander. 沃博伊斯引述称，“这个说法是弗莱明自己发明的”。学界对此有论战，另见Bud, Penicillin and the new Elizabethans, 332.

[46] 至于戴森和伯纳斯－李会不会获得民众更广泛的认可，让我们拭目以待。

[47] Jewkes, Sawers and Stillerman, Sources of invention, 29－32. 虽然他们也引述其他权威的观点，说个体发明人“无论怎么看都没有消亡”，绝大多数人还是旗帜鲜明支持相反的观点的，同上，91－93。

[48] 同上，82. 关于“个体发明人”的进一步定义和对于这个问题复杂性的反思，同上，93－115.

础的积累。[49] 这种观点刚性太大，个体在其中几无空间，更别说是什么英雄了，此外它也不能深入解释发明的另一面——绝大多数现代发明最终都是集体协作的产物。虽然个人的洞见发挥着重要的作用，甚至有时就是发明的开始，现代科技往往过于复杂，实验设备也过于昂贵，因此个体发明人如果离开了他人的知识、技能或者资金支持，根本走不了太远。[50]

尤需注意的是，朱克斯团队把自己的发现以“简洁的案例”的形式展现出来，写了一本学术专著加以分析。它不是一本通俗读物里的浪漫故事，没有从拉链到直升机、从人造树胶到自动传导等各种发明背后的生命故事。[51] 虽然仍然有少数斯迈尔斯文学能够出版，它在 20 世纪的市场也仅限于儿童文学，特别是男童文学。[52] 在这里不讨论女性不从事发明甚至不能发明这种谬论，其他学者已经说得很精彩了。[53] 不过女性发明人仍然面临身份认同的两座大山：个体发明人和女性发明人，这是一个有价值的问题。维多利亚时代并不纪念女性，连《国家传记辞典》（1885～1900 年卷）都是如此。只要不是皇族，几乎一概进不了列传。

在很多的战时发明活动都在企业研究实验室中销声匿迹的时候，个体发明人在自家库房或是花园棚子非常忙碌，但被人说成是无工作效率的怪人。爱德华时期的英国人对发明人的商业天赋已经缺乏信任，斯旺等人就因此遇到困难。[54] 20 世纪 20 年代以来，这种印象不断强化。威廉·希思·罗宾逊的漫画把发明人描绘成一团和气但是痴迷得荒唐的怪人。“希思－罗宾逊”成了那些天才但是搞不定日常事务的人的代名词，这些人要做的事情其实简单又平庸，但却把日子过得一团糟。1933 年，罗宾逊又为诺曼·亨特（Norman Hunter）系列童书的第一本《布兰斯通教授的奇异之旅》（*The Incredible Adventures of Professor Branestawm*）画了插图，图中的教授好像总是头脑混乱，创造了很多古怪的发明，最终促使自己踏上一系列不可思议的冒险。1951 年的喜剧电影《白衣》（*The Man in the White Suit*）虽然更接近于大杂烩，不过在脉络上也是相近的。电影中的亚历克·吉尼斯（Alec Guinness）就是一家纺织公司研发实

---

[49] McGee, Making up mind, 773－801.

[50] Jewkes, Sawers and Stillerman, Sources of invention, 108－119, 127－196; James Bessen, Where have the great inventors gone? Research on Innovation Working Paper no. 0402 (2004), www. researchoninnovation. org/GreatInventor. pdf.

[51] Jewkes, Sawers and Stillerman, Sources of invention, 71－126, 263－410.

[52] 例如 J. G. Crowther, Six great inventors: Watt, Stephenson, Edison, Marconi, Wright Brothers, Whittle (London: Hamish Hamilton, 1954).

[53] Stanley, Mothers and daughters of invention; McGaw, Inventors and other great women, 214－231.

[54] 参见上文第 338 页。

验室里天真的发明人，发明了一种坚不可摧的布料，给他的雇主带来了商业灾难，他的同事连连抱怨，最后全部失业。[55]

偶像覆灭了吗？

维多利亚时期的发明人崇拜是不是那个时代的遗产，这个问题真的重要吗？事实上，不是民意调查而是时间来评判所有能够成为偶像来崇拜的候选人。我们为什么不继续崇拜工业革命时期的英雄？是他们打破了贵族和军国主义者的堡垒。为什么我们不继续崇拜他们呢？2002 年的英国伟人民意调查已经充分说明英国的文化，既对科学和技术有着显著的不信任，又对历史上的科学与技术一无所知，而这些英雄还算是有代表性的人物，为什么我们就不能继续欣赏他们呢？

更悲观地说，这些维多利亚时代的英雄代表了我们心目中发明的样貌，这个说法真的不可动摇吗？在 20 世纪的强大挑战面前，这个说法或许就是英国走向衰落的症结。我们或许也愿意思考一下这个问题：21 世纪的学生学习科学知识、从事科学工作的意愿越来越低，这二者之间是否有因果关系？[56] 这些过时的发明人是否真的无力在我们今日科学技术的最前沿为从事科学工作的激情鼓与呼？

这些难题鲜有人问津，不可能有什么简单明了的答案。笔者的目的在于解释为什么一小群 18 世纪和 19 世纪的发明人在英国国家记忆中占据了如此重要的位置，又是如何塑造了我们思考科技进步的方式。笔者希望这本书能够帮助历史学家们破除某些笼罩着这些发明英雄的迷思，也能鼓励大家从不同的角度出发思考科技史。笔者也希望这本书能够通过给维多利亚时代的人洗脱怠慢甚至背叛了他们的发明人和工程师的罪名，为“衰退论”提供一种批判性的理解。他们不仅异常热忱、虔敬地纪念他们的发明人，也为发明人的伟大利益推动了社会期盼已久的 1852 年和 1883 年的两次专利改革。虽然最近有大量研究不支持这一看法，不过若是英国经济真的为 19 世纪晚期科学精神的衰退埋下伏笔，这也绝不是资产阶级不欣赏其自身工业成就所引起的。

科技史的书写总有一种两难。究竟是写一篇亲切易懂、人间烟火缭绕的英

---

[55] 参见 en. wikipedia. org/wiki/Professor_Branestawm，最后登录日期为 2006 年 11 月 7 日。另见上文第 5 页，脚注 9 和第 373 页。参见 David Edgerton，The shock of the old：technology and global history since 1900（London：Profile Books，2006）.

[56] Observer，5 November 2006，3.

雄故事，迎合早已认可了这种书写的学生、一般读者和博物馆参观人员，还是写一篇更加精准的对于发明的展现，冒着丧失故事性的危险，把一则简单的故事复杂化，再引入海量的关于助力者、合作者和竞争者的材料（更不用说消费者、经营者和反对者），搭建起一个解释性的框架，从更宽广的政治和文化发展的角度出发加以理解？丧失了人间烟火固然是灾难性的。很多人之所以关注历史，正是因为历史属于人文，因而不关心人的历史自然是没有读者的。不过乏味、死板的发明介绍已不再是英雄史诗之外的唯一出路了，也不再是20世纪对我们的威胁，这也算是幸事一件。[57] 很多英国高校、博物馆和体制外的独立学者都在从不同学科的视角出发研究科技史，不过研究科技史自身就是一个万花筒，它为我们提供了远比传统的发明叙事和工业革命硬件研究更加丰富的论题和认识，为我们提供了认识科技影响普通人生活的多元方式的多重视角；既有正面的，也有负面的；既在厨房里，也在起居间；既关注网吧，也会去夜晚的咖啡厅，正如我们关照工作室里的活动、道路上的交通和跑道下的故事一样。历史学家的挑战就是说服我们的学生，即便历史不再谈更技术性的东西了，它也可以是激动人心的，也是相当重要的一门学问。[58]

维多利亚时代是一个绝无仅有的时代，它见证了英国历史上一场短暂的例外，发明人是这段例外中的英雄。无论我们的理论多么复杂，无论我们对科技史了解多少，我们总是很难逃出那个时代对伟大发明人的成见，这也是时代遗产。但我们要首先意识到我们想象中成见的存在，这也是我们克服成见的第一步。

---

[57] 关于“默顿计划”（Mertonian programme）的破产，见 Schaffer，Making up discovery，31－36.

[58] Graeme Gooday，The flourishing of history of technology in the United Kingdom：a critique of antiquarian complaints of neglect，HT，22（2000），189－201；David Edgerton，Reflections on the history of technology in Britain，同上，181－187；David Edgerton，From innovation to use：ten（electric）theses on the history of technology，History and Technology 16（1999），1－26.

参考文献

未发表的手稿

[1] Additional MSS, British Library, London.

[2] Admiralty MSS, National Archives, Kew.

[3] Board of Works MSS, National Archives, Kew.

[4] Boulton & Watt MSS, Birmingham City Archives.

[5] Brougham MSS, University College London.

[6] Brunel MSS, Bristol University Library.

[7] Crompton MSS, Bolton District Archives.

[8] Glasgow University Archives.

[9] Hatherton MSS, Staffordshire County Record Office.

[10] H-GOV 27 (1), Glasgow City Archives.

[11] Institution MSS, Institution of Mechanical Engineers, London.

[12] Memoirs of John McKie, MSAcc 3420, National Library of Scotland, Edinburgh.

[13] National Portrait Gallery Archives, London.

[14] Oxford University Museum Archives.

[15] Public petitions, House of Lords Records Office, London.

[16] Science Museum MSS, Science Museum, London.

[17] James Watt MSS, Birmingham City Archives.

[18] Watt Centenary MSS, Birmingham City Archives.

[19] Whittle MSS, Institution of Mechanical Engineers, London.

[20] Woodcroft MSS, Science Museum Library, London.

官方出版物

[1] Report from the select committee appointed to inquire into the present state of the law and practice relative to the granting of patents for invention, BPP 1829, Ⅲ.

[2] Report from the select committee on Fourdrinier's patent, BPP 1837, XX.

[3] Report from the select committee of the House of Lords to consider the bill intituled An act further to amend the law touching letters patent for inventions; and the bill, intituled, An

act for the further amendment of the law touching letters patent for invention, BPP 1851, XVIII.

[4] Report of the select committee on the Patent Office Library and Museum, BPP 1864, XII.

[5] Report of the commissioners appointed to inquire into the working of the law relating to letters patent for inventions, BPP 1864, XXIX.

[6] Report of the select committee on scientific instruction (Samuelson), BPP 1867 – 1868, XV.

[7] Reports on the Paris Universal Exhibition, BPP 1867 – 1868, XXX.

[8] Report from the select committee on letters patent, BPP 1871, X.

[9] Report of the royal commission on scientific instruction (Devonshire), BPP 1872, XXV.

[10] Hansard, T. C. (ed.), Parliamentary Debates (London: T. C. Hansard, 1803 – 1920).

报纸和期刊

[1] Birmingham Chronicle.

[2] Birmingham Gazette.

[3] Bolton Chronicle.

[4] Bolton Guardian.

[5] British Medical Journal.

[6] The Builder.

[7] The Chemist.

[8] Cobbett's Political Register.

[9] Cornish Telegraph.

[10] The Economist.

[11] Edinburgh Review.

[12] The Engineer.

[13] Engineering.

[14] European Magazine.

[15] Gentleman's Magazine.

[16] Glasgow Chronicle.

[17] Glasgow Herald.

[18] Glasgow Mechanics' Magazine.

[19] The Graphic.

[20] The Illustrated London News.

[21] Journal of the Society of Arts.

[22] Manchester Guardian.

[23] Mechanical Engineer.

[24] Mechanic's Magazine.

[25] Monthly Magazine, or British Register.
[26] Morning Chronicle.
[27] Proceedings of the Institution of Mechanical Engineers.
[28] Punch.
[29] Railway Magazine.
[30] Scientific Review, and Journal of the Inventors' Institute.
[31] The Scotsman.
[32] The Spectator.
[33] Sunday Times.
[34] The Times.
[35] Textile Manufacturer.
[36] Textile Recorder.
[37] The Working Man: a weekly record of social and industrial progress.

图书和文章

[1] Abir-Am, Pnina G., Essay review: how scientists view their heroes: some remarks on the mechanism of myth construction, Journal of the History of Biology, 15 (1982), 281 - 315.
[2] Abir-Am, Pnina G., and Eliot, C. A. (eds.), Commemorative practices in science, Osiris, 14 (2000), 1 - 14.
[3] Abrams, M. H., The mirror and the lamp: romantic theory and the critical tradition (New York: Oxford University Press, 1953).
[4] Acland, Henry W., and Ruskin, John, The Oxford Museum (3rd edn, London and Orpington: George Allen, 1893).
[5] Adas, Michael, Machines as the measure of men: science, technology, and ideologies of western dominance (Ithaca: Cornell University Press, 1989).
[6] Agar, Jon, Technology and British cartoonists in the twentieth century, TNS 74 (2004), 181 - 196.
[7] Agulhon, Maurice, Politics, images, and symbols in post-Revolutionary France, in Sean Wilentz (ed.), Rites of power: symbolism, ritual and politics since the Middle Ages (Philadelphia: University of Pennsylvania Press, 1985), 177 - 205.
[8] Aikin, John, A description of the country from thirty to forty miles around Manchester (London, 1795, repr. Newton Abbot: David & Charles, 1968).
[9] Aikin, John, and Enfield, Rev. William (eds.), General biography; or lives, critical and historical, of the most eminent persons of all ages, countries, conditions, and professions (London: G. G and J. Robinson, and Edinburgh: Bell and Badfute, 1799 - 1815), vol. I.
[10] Aitken, Hugh G. J., Syntony and spark: the origins of radio (2nd edn, Princeton: Princeton University Press, 1985).

[11] Alison, Sir Archibald, 1st Bart. , History of Europe during the French Revolution (Edinburgh: William Blackwood; London: T. Cadell, 1833 - 1842), vol. Ⅷ.

[12] [Alison, Sir Archibald], Free trade and protection, Blackwood's 55 (1844), 385 - 400.

[13] Allan, D. G. C. , William Shipley, founder of the Royal Society of Arts (London: Hutchinson, 1968).

[14] Allen, J. Fenwick, Some founders of the chemical industry: men to be remembered (London and Manchester, 1906) .

[15] Allen, Robert C. , Britain's economic ascendancy in a European context, in Leandro Prados de la Escosura (ed.), Exceptionalism and industrialisation: Britain and its European rivals, 1688 - 1815 (Cambridge: Cambridge University Press, 2004), 15 - 35.

[16] Altick, Richard D. , The English common reader: a social history of the mass reading public, 1800 - 1900 (Chicago: University of Chicago Press, 1957).

[17] Anderson, Adam, An historical and chronological deduction of the origins of commerce, 4 vols. (London: J. Walter, 1789), vol. Ⅳ, rev. William Combe.

[18] Anderson, Benedict, Imagined communities: reflections on the origin and spread of nationalism (rev. edn, London: Verso, 1991).

[19] Anderson, Patricia, The printed image and the transformation of popular culture, 1790 - 1860 (Oxford: Clarendon Press, 1991).

[20] Anderson, R. G. W. , "What is technology?" education through museums in the mid-nineteenth century, BJHS, 25 (1992), 169 - 184.

[21] Anon. , Encouragement of inventions, Saturday Magazine (18 June 1825), 171 - 173.

[22] Anon. , On the necessity and means of protecting needy genius, London Journal of Arts and Sciences, 9 (1825), 308 - 319.

[23] Anon. , The worthies of the United Kingdom; or biographical accounts of the lives of the most illustrious men, in arts, arms, literature, and science, connected with Great Britain (London: Knight & Lacey, 1828).

[24] Anon. , Railroads and locomotive steam carriages, Quarterly Review, 42 (1830), 377 - 404.

[25] Anon. , Herschell's Treatise on Sound, Quarterly Review, 44 (1831), 475 - 511.

[26] Anon. , Inventors and inventions, All the Year Round, 2 (4 February 1860), 353 - 356.

[27] Anon. , The philosophy of invention and patent laws, Fraser's Magazine, 66 (1863), 504 - 515.

[28] Anon. , Great inventors: the sources of their usefulness and the results of their efforts [1864].

[29] Anon. , Invention of the telegraph: the charge against Sir Charles Wheatstone, of tampering with the press, as evidenced by a letter of the editor of the Quarterly Review in 1855. Reprinted from the Scientific Review (London: Simpkin, Marshall & Co. ; Bath:

R. E. Peach, 1869).

[30] Anon., The story of Watt and Stephenson, illustrated (London and Edinburgh: W. & R. Chambers Ltd, 1892).

[31] Anon., Samuel Crompton, the inventor of the spinning mule: a brief survey of his life and work, with which is incorporated a short history of Messrs Dobson & Barlow, Limited (Bolton, 1927).

[32] Anon., The Brunel statues, in Andrew Kelly and Melanie Kelly (eds.), Brunel, in love with the impossible: A celebration of the life, work and legacy of Isambard Kingdom Brunel (Bristol: Bristol Cultural Development Partnership, 2006), 82 - 83.

[33] Arago, Dominique Francçois Jean, Life of James Watt (3rd edn, Edinburgh: A. & C. Black, 1839).

[34] Armstrong, William G., Address of the president, Proceedings of the Institution of Mechanical Engineers, (1861), 110 - 120.

[35] Ashton, T. S., The industrial revolution, 1760 - 1830 (Oxford: Oxford University Press, 1948).

[36] Ashworth, W., An economic history of England, 1870 - 1913 (London: Methuen, 1960).

[37] [Athenaeum, The], An alphabetical list of the members, with the rules and regulations, of the Athenaeum (London, 1826).

[38] Auerbach, Jeffrey A., The Great Exhibition of 1851: a nation on display (New Haven and London: Yale University Press, 1999).

[39] Babbage, Charles, Reflections on the decline of science in England and on some of its causes (London: B. Fellowes & J. Booth, 1830). On the economy of machinery and manufactures (London: Charles Knight, 1832).

[40] Bacon, Francis, The advancement of learning and New Atlantis, ed. Thomas Case (London: Oxford University Press, 1951).

[41] Bain, Alexander, The senses and the intellect (London: John W. Parker & Son, 1855).

[42] [Baines, Edward], Baines's Lancashire: a new printing of the two volumes of history, directory and gazetteer of the County Palatine of Lancaster by Edward Baines [1824], ed. Owen Ashmore (Newton Abbot: David & Charles, 1968), vol. Ⅱ.

[43] [Baines, Jnr, Edward], History of the cotton manufacture in Great Britain [1835], ed. W. H. Chaloner (London: Frank Cass & Co., 1966).

[44] Bakewell, Frederick Collier, Great facts: a popular history and description of the most remarkable inventions during the present century (London: Houlston & Wright, 1859).

[45] Bandana [John Galt], Hints to the country gentleman, in Blackwood's Edinburgh Magazine, 12 (October 1822), 482 - 491.

[46] Barbauld, Mrs, and Aikin, Dr, Evenings at home: or, The juvenile budget opened

(Dublin: H. Colbert, 1794).

[47] Barlow, Paul, Facing the past and present: the National Portrait Gallery and the search for "authentic" portraiture, in Joanna Woodall (ed.), Portraiture: facing the subject (Manchester: Manchester University Press, 1997), 219 - 238.

[48] Barnes, Barry, T. S. Kuhn and social science (London: Macmillan, 1982).

[49] Barnett, Correlli, The audit of war: the illusion and reality of Britain as a great nation (London: Macmillan, 1986).

[50] Baron, John, The life of Edward Jenner, M. D., LL. D., F. R. S., Physician Extraordinary to the King, etc. etc. (London: Henry Colborn, 1827), vol. Ⅱ.

[51] [Barrow, John], Canals and railroads, Quarterly Review 31 (March 1825), 349 - 378.

[52] Barton, Ruth, "Huxley, Lubbock, and half a dozen others": professionals and gentlemen in the formation of the X Club, Isis, 89 (1998), 410 - 444.

Scientific authority and scientific controversy in Nature: North Britain against the X Club, in L. Henson et al. (eds.), Culture and science in the nineteenth century media (Aldershot: Ashgate, 2004), 223 - 234.

[53] Barton, Su, "Why should working men visit the Exhibition?": workers and the Great Exhibition and the ethos of industrialism, in Ian Inkster, Colin Griffin, Jeff Hill and Judith Rowbotham (eds.), The golden age: essays in British social and economic history, 1850 - 1870 (Aldershot: Ashgate, 2000), 146 - 163.

[54] Basalla, George, The evolution of technology (Cambridge: Cambridge University Press, 1988).

[55] Bate, Jonathan, The genius of Shakespeare (London: Picador, 1997).

[56] Batzel, Victor M., Legal monopoly in Liberal England: the patent controversy in the mid-nineteenth century, Business History, 22 (1980), 189 - 202.

[57] Beauchamp, K. G., Exhibiting electricity (London: Institution of Electrical Engineers, 1997).

[58] Beckmann, John, A history of inventions, discoveries, and origins, trans. William Johnston, 4th edn, ed. William Francis and J. W. Griffith (London: Henry G. Bohn, 1846), vol. Ⅱ.

[59] Beesley, Ian, Through the mill: the story of Yorkshire wool in photographs (Clapham: Dalesman Books and National Museum for Photography, Film and Television, 1987).

[60] Belfanti, Carlo Marco, Guilds, patents, and the circulation of technical knowledge: northern Italy during the early modern age, T&C, 45 (2004), 569 - 589.

[61] Bennett, J., et al., Science and profit in 18th century London (Cambridge: the Whipple Museum, 1985).

[62] Bennett, Tony, The exhibitionary complex, New Formations, 4 (1988), 73 - 102

Museums and "the people", in Robert Lumley (ed.), The museum time machine:

putting cultures on display (London: Routledge, 1988), 63 - 85.

[63] Bérenger, Agnès, Le statut de l'invention dans la Rome impériale: entre méfiance et valorisation, in Marie-Sophy Corcy, Christiane Douyère-Demeulenaere and Liliane Hilaire-Pérez (eds.), Les Archives de l'invention: Ecrits, objets et images de l'activité inventive, de l'Antiquité ànos jours (Toulouse: CNRSUniversité Toulouse-Le Mirail, Collections Méridiennes, 2007), 513 - 525.

[64] Berg, Maxine (ed.), Technology and toil in nineteenth-century Britain (London: CSE Press, 1979). The machinery question and the making of political economy, 1815 - 1848 (Cambridge: Cambridge University Press, 1980). The age of manufactures, 1700 - 1820: industry, innovation and work in Britain (2nd edn, London and New York: Routledge, 1994).

[65] Bessemer, Sir Henry, Sir Henry Bessemer, FRS, an autobiography (London, 1905).

[66] Bewell, Alan, "Jacobin plants": botany as social theory in the 1790s', The Wordsworth Circle, 20 (1989), 132 - 139.

[67] Binfield, Kevin (ed.), Writings of the Luddites (Baltimore and London: Johns Hopkins University Press, 2004).

[68] Blackner, John, The history of Nottingham (Nottingham: Sutton & Son, 1815).

[69] Boase, G. C., and W. P. Courtney, Bibliotheca Cornubiensis: a catalogue of the writings of Cornishmen (London: Longmans, 1874 - 1878).

[70] Boehm, Klaus, and Silberston, Aubrey, The British patent system, 1. Administration (Cambridge: Cambridge University Press, 1967).

[71] Boon, Timothy, Industrialisation and catastrophe: the Victorian economy in British film documentary, 1930 - 50, in Miles Taylor and Michael Wolff (eds.), The Victorians since 1901: histories, representations and revisions (Manchester: Manchester University Press, 2004), 107 - 120.

[72] Botting, Fred, Making monstrous: Frankenstein, criticism, theory (Manchester: Manchester University Press, 1991).

[73] Boucher, C. T. G., James Brindley, engineer, 1716 - 1772 (Norwich: Goose, 1968).

[74] Bourne, John, A treatise on the steam engine (London: Longman, Brown, Green & Longman, 1853).

[75] Bowden, Witt, Industrial society in England towards the end of the eighteenth century (2nd edn, London: Frank Cass & Co., 1965).

[76] Bowler, Peter J., The invention of progress: the Victorians and the past (Oxford: Basil Blackwell, 1989).

[77] Bowley, Arthur Lyon, Prices and wages in the United Kingdom, 1914 - 1920 (Oxford: Clarendon Press, 1921).

[78] Boyson, Rhodes, The Ashworth cotton enterprise: the rise and fall of a family firm

(Oxford: Clarendon Press, 1970).

[79] Bracegirdle, Brian, and Miles, Patricia H., Thomas Telford (Newton Abbot: David & Charles, 1973).

[80] Bramah, Joseph, A letter to the Rt Hon. Sir James Eyre, Lord Chief Justice of the Common Pleas; on the subject of the cause, Boulton & Watt v. Hornblower & Maberly: for infringement of Mr Watt's patent for an improvement on the steam engine (London: John Stockdale, 1797).

[81] Brannigan, Augustine, The social basis of scientific discoveries (Cambridge: Cambridge University Press, 1981).

[82] Branwell, Frederick C., Great facts: a popular history and description of the most remarkable inventions during the present century (London: Houltson & Wright, 1859).

[83] Brassey, Thomas, Lectures on the labour question (London: Longmans, Green, 1878).

[84] Brewer, John, The sinews of power: war, money and the English state, 1688 - 1783 (London: Unwin Hyman, 1989).

[85] [Brewster, David], The decline of science in England, Quarterly Review 43 (1830), 305 - 342.

[86] [Brewster, Sir David], Review of É loge Historique de James Watt. Par M. Arago [etc], Edinburgh Review 142 (January 1840), 466 - 502.

[87] Brickhill, Paul, The dam busters (London: Evans Bros., 1951).

[88] Bride, W. L., James Watt - his inventions and his connections with Heriot-Watt University (Edinburgh: Heriot-Watt University, 1969).

[89] Briggs, Asa, Victorian people: a re-assessment of persons and themes, 1851 - 1867 (rev. edn, Harmondsworth: Penguin, 1971). Iron Bridge to Crystal Palace: impact and images of the industrial revolution (London: Thames & Hudson, 1979). The 1890s: past, present and future in the headlines, in Asa Briggs and Daniel Snowman (eds.), Fins de siècles: how centuries end, 1400 - 2000 (New Haven and London: Yale University Press, 1996), 159 - 162.

[90] Briggs, Robin, The Académie royale des sciences and the pursuit of utility, Past & Present, 131 (1991), 38 - 87.

[91] Brightwell, C [elia] L [ucy], Heroes of the laboratory and the workshop (London: Routledge & Co., 1859).

[92] Brindle, Steven, The Great Western Railway, in Andrew Kelly and Melanie Kelly (eds.), Brunel, in love with the impossible: a celebration of the life, work and legacy of Isambard Kingdom Brunel (Bristol: Bristol Cultural Development Partnership, 2006), 133 - 155.

[93] Brock, Peter, Pacifism in Europe to 1914 (Princeton, NJ: Princeton University Press, 1972).

[94] Broks, Peter, Media science before the Great War (Basingstoke: Macmillan; New York:

St Martin's Press, 1996).

[95] Brooks, Michael W., John Ruskin and Victorian architecture (London: Thames and Hudson, 1989).

[96] [Brougham, Henry], A discourse of the objects, advantages, and pleasures of science (London: Baldwin, Cradock & Joy, for the SDUK, 1827).

[97] Brougham, Henry, Lives of men of letters and science who flourished in the time of George Ⅲ (London: Charles Knight, 1845 – 1846), vol. Ⅰ.

[98] Brown, James M., Dickens: novelist of the market place (London and Basingstoke: Macmillan Press, 1982).

[99] Browne, Janet, Botany for gentlemen: Erasmus Darwin and The Loves of the Plants, Isis, 80 (1989), 593 – 620. Presidential address: commemorating Darwin, BJHS, 38 (2005), 251 – 274.

[100] Bruland, Kristine, Industrial conflict as a source of technical innovation: three cases, Economy and Society 11 (1982), 92 – 121. Industrialisation and technological change, in Roderick Floud and Paul Johnson (eds.), The Cambridge economic history of modern Britain, Volume 1: 1700 – 1860 (Cambridge: Cambridge University Press, 2004), 117 – 146.

[101] Brunel, Isambard, Life of Isambard Kingdom Brunel, civil engineer (London: Longmans, Green, 1870).

[102] Buchanan, R. A., The Rolt Memorial Lecture 1987: the lives of the engineers, Industrial Archaeology Review, 11 (1988 – 1989), 5 – 15. The engineers: a history of the engineering profession in Britain, 1750 – 1914 (London: Jessica Kingsley, 1989). Reflections on the decline of the history of technology in Britain, HT, 22 (2000), 211 – 221.

[103] Brunel: the life and times of Isambard Kingdom Brunel (London: Hambledon and London, 2002).

[104] Buckle, Henry Thomas, History of civilization in England [1857 – 1861], The World's Classics, ed. Henry Froude (London: Oxford University Press, 1903 – 1904), vol. Ⅲ.

[105] Bud, Robert, Penicillin and the new Elizabethans, BJHS, 31 (1998), 305 – 333.

[106] [Bulwer-Lytton, E. L.], England and the English (New York: J. & J. Harper, 1833).

[107] Burch, Stuart, Shaping symbolic space: Parliament Square, London as a sacred site, in Angela Phelps (ed.), The construction of built heritage (Aldershot: Ashgate, 2002), 223 – 236.

[108] Burgess, Keith, The origins of British industrial relations: the nineteenth-century experience (London: Croom Helm, 1975).

[109] Burke, Peter, History as social memory, in Thomas Butler (ed.), Memory: history, culture and the mind (Oxford: Basil Blackwell, 1989), 97 – 114.

[110] Burnley, James, The romance of invention: vignettes from the annals of industry and science (London, Paris, New York and Melbourne: Cassell & Co., 1886). The history of wool and wool-combing (London: Low, Marston, Searle & Rivington, 1889).

[111] Burrow, J. W., A liberal descent: Victorian historians and the English past (Cambridge: Cambridge University Press, 1981).

[112] Burt, Roger, The extractive industries, in Roderick Floud and Paul Johnson (eds.), The Cambridge economic history of modern Britain, Volume 1: 1700 – 1860 (Cambridge: Cambridge University Press, 2004), 417 – 450.

[113] Burton, Anthony, Richard Trevithick: giant of steam (London; Aurum Press, 2000).

[114] Butterworth, James, The antiquities of the town and a complete history of the trade of Manchester (Manchester, 1822).

[115] Cannadine, David, The present and the past in the English industrial revolution, P & P, 103 (1984), 131 – 172. The decline and fall of the British aristocracy (New Haven and London: Yale University Press, 1990). Engineering history, or the history of engineering? Rewriting the technological past, TNS, 74 (2004), 163 – 180.

[116] Cantor, Geoffrey, Anti-Newton, in John Fauvel, Raymond Flood, Michael Shortland and Robin Wilson (eds.), Let Newton be! (Oxford: Oxford University Press, 1988), 202 – 202. The scientist as hero: public images of Michael Faraday, in Michael Shortland and Richard Yeo (eds.), Telling lives in science: essays on scientific biography (Cambridge: Cambridge University Press, 1996), 171 – 194.

[117] Cantor, Paul A., Creature and creator: myth-making and English Romanticism (Cambridge: Cambridge University Press, 1984).

[118] Cardwell, D. S. L., The Fontana history of technology (London: Fontana, 1994).

[119] Carlyle, Thomas, Sartor resartus (1832), in The works of Thomas Carlyle, centenary edition (London: Chapman and Hall, 1896 – 1899), vol. Ⅰ.

[120] Chartism (1839), in The works of Thomas Carlyle, centenary edition (London: Chapman and Hall, 1896 – 1899), vol. XXIX. On heroes, hero-worship, and the heroicin history, intro. Michael K. Goldberg (Berkeley: University of California Press, 1993).

[121] Carnegie, Andrew, James Watt (Edinburgh, 1905).

[122] Carswell, John, The South Sea Bubble (rev. edn, Stroud: Alan Sutton, 1993).

[123] Carter, Clive, Cornish engineering, 1801 – 2001: Holman, two centuries of industrial excellence in Camborne (Camborne: Trevithick Society, 2001).

[124] Carter, Ian, Railways and culture in Britain: the epitome of modernity (Manchester: Manchester University Press, 2001).

[125] Case, Arthur E., Four essays on Gulliver's Travels (Princeton, NJ: Princeton University Press, 1950).

[126] Cavanagh, Terry, Public sculpture of Liverpool (Liverpool: Liverpool University Press, 1996).

[127] Chalmers, George, An estimate of the comparative strength of Great Britain during the present and four preceding reigns (new edn, London: John Stockdale, 1794).

[128] Chambers, Robert (ed.), A biographical dictionary of eminent Scotsmen (Glasgow: Blackie & Son, 1835), vols. Ⅰ, Ⅳ.

[129] Chancellor, Valerie E., History for their masters: opinion in the English history textbook, 1800 - 1914 (Bath: Adams & Dart, 1970).

[130] Chappell, Metius, British engineers (London: William Collins, 1942).

[131] Charlesworth, Andrew, et al., An atlas of industrial protest in Britain, 1750 - 1990 (London: Macmillan, 1996).

[132] Checkland, Sydney George, The rise of industrial society in England, 1815 - 1885 (London: Longmans, 1964).

[133] Chrimes, Michael, The engineering of the Thames Tunnel, in Eric Kentley, Angie Hudson and James Peto (eds.), Isambard Kingdom Brunel: recent works (London: Design Museum, 2000), 26 - 33.

[134] Chrimes, M. M., Elton, J., May, J., and Millett, T. (eds.), The triumphant bore: a celebration of Marc Brunel's Thames Tunnel (London: Science Museum, 1993).

[135] Christie, John R. R., Laputa revisited, in John Christie and Sally Shuttleworth (eds.), Nature transfigured: science and literature, 1700 - 1900 (Manchester and New York: Manchester University Press, 1989), 45 - 60.

[136] Clark, G. N., The idea of the industrial revolution (Glasgow: Jackson, Son & Co., 1953).

[137] Clark, Jennifer, The American image of technology from the Revolution to 1840, American Quarterly, 39 (1987), 431 - 449.

[138] Clarke, I. F., The tale of the future, from the beginning to the present day: a check-list (London: Library Association, 1961).

[139] Clarke, I. F. (ed.), The tale of the next Great War, 1871 - 1914: fictions of future warfare and of battles still-to-come (Liverpool: Liverpool University Press, 1995).

[140] Cleland, James, Historical account of the steam engine (Glasgow: Khull, Blackie & Co., 1825).

[141] Clow, Archibald, A re-examination of William Walker's "Distinguished Men of Science", Annals of Science, 11 (1956), 183 - 193.

[142] Coad, Jonathan, The Portsmouth block mills: Bentham, Brunel and the start of the Royal Navy's industrial revolution (Swindon: English Heritage, 2005).

[143] [Cobbe, Frances Power], The age of science, a newspaper of the twentieth century, by Merlin Nostrodamus [1877].

[144] Cochrane, Rexmond C. , Francis Bacon and the rise of the mechanical arts in eighteenth-century England, Annals of Science, 12 (1956), 137 – 156.

[145] [Cochrane, Robert], Heroes of invention and discovery: lives of eminent inventors and pioneers in science (Edinburgh: William P. Nimmo & Co. , 1879).

[146] Cochrane, Robert, The romance of industry and invention (London and Edinburgh: W. & R. Chambers [1896]).

[147] Coleman, D. C. , The economy of England, 1450 – 1750 (Oxford: Oxford University Press, 1977). History and the economic past: an account of the rise and decline of economic history in Britain (Oxford: Clarendon Press, 1987). Adam Smith, businessmen, and the mercantile system in England, History of European Ideas, 9 (1988), 161 – 170. Myth, history and the industrial revolution (London and Rio Grande: Hambledon Press, 1992).

[148] Coleman, D. C. , and MacLeod, Christine, Attitudes to new techniques: British businessmen, 1800 – 1950, EHR, 39 (1986), 588 – 611.

[149] Colley, Linda, Britons: forging the nation, 1707 – 1837 (New Haven and London: Yale University Press, 1992).

[150] Collini, Stefan, Public moralists: political thought and intellectual life in Britain, 1850 – 1930 (Oxford: Clarendon Press, 1991). The literary critic and the village labourer: "culture" in twentieth-century Britain, Transactions of the Royal Historical Society, 6th series, 14 (2004), 93 – 116.

[151] Collins, Bruce, and Robbins, Keith (eds.), British culture and economic decline (London: Weidenfeld and Nicolson, 1990).

[152] Colls, Robert, Remembering George Stephenson: genius and modern memory, in Robert Colls and Bill Lancaster (eds.), Newcastle upon Tyne: a modern history (Chichester: Phillimore, 2001), 267 – 292.

[153] [Colquhoun, Patrick], An important crisis, in the callico and muslin manufactory in Great Britain, explained (London, 1788). A treatise on the wealth, power, and resources, of the British empire (2nd edn, London: Joseph Mawman, 1815).

[154] Connerton, Paul, How societies remember (Cambridge: Cambridge University Press, 1989).

[155] Cookson, J. E. , Political arithmetic and war in Britain, 1793 – 1815, War and Society 1 (1983), 37 – 60. The Napoleonic wars, military Scotland, and Tory Highlandism in the early nineteenth century, Scottish Historical Review, 78 (1999), 60 – 75. The Edinburgh and Glasgow Duke of Wellington statues: early nineteenth century unionist nationalism as a Tory project, Scottish Historical Review, 83 (2004), 24 – 40.

[156] Cooper, Carolyn C. , The Portsmouth system of manufacture, T&C, 25 (1984), 182 – 225. Shaping invention: Thomas Blanchard's machinery and patent management in nineteenth-

century America (New York and Oxford: Columbia University Press, 1991). Myth, rumor, and history: the Yankee whittling boy as hero and villain, T & C, 44 (2003), 82 –96.

[157] [Cooper, Thomas, the Chartist], The triumphs of perseverance and enterprise: recorded as examples for the young (London: Darton & Co. , 1856). The life of Thomas Cooper, written by himself, ed. John Savile (New York: Leicester University Press, 1971).

[158] Cooper, Thompson (ed.), Men of mark: a gallery of contemporary portraits of men distinguished in the senate, the church, in science, literature and art, the army, navy, law, medicine, etc. , photo. Lock and Whitfield (London: Sampson Low, Marston, Searle and Rivington, 1876 – 1883), vols. Ⅴ and Ⅶ.

[159] Coryton, John, The policy of granting letters patent for invention, with observations on the working of the English law, Sessional Proceedings of the National Association for the Promotion of Social Science, 7 (1873 –4), 163 – 190.

[160] Coulter, Moureen, Property in ideas: the patent question in mid-Victorian Britain (Kirksville, MO: Thomas Jefferson Press, 1992).

[161] Cowpe, Alan, The Royal Navy and the Whitehead torpedo, in Bryan Ranft (ed.), Technical change and British naval policy, 1860 – 1939 (London: Hodder & Stoughton, 1977), 23 –36.

[162] Craig, Archibald, The Elder Park, Govan: an account of the gift of the Elder Park and the erection and unveiling of the statue of John Elder (Glasgow, 1891).

[163] [Craik, George L.], The pursuit of knowledge under difficulties; illustrated by anecdotes (London: Charles Knight, 1830 – 1831), vols. Ⅰ and Ⅱ.

[164] Craik, George L. , and MacFarlane, Charles, The pictorial history of England during the reign of George the Third: being a history of the people, as well as a history of the kingdom (London: Charles Knight & Co. , 1841 – 1844), vol. Ⅱ.

[165] Craske, Matthew, Westminster Abbey 1720 – 1770: a public pantheon built upon private interest, in Richard Wrigley and Matthew Craske (eds.), Pantheons: transformations of a monumental idea (Aldershot: Ashgate, 2004), 57 –80.

[166] Cressy, David, National memory in early modern England, in John R. Gillis (ed.), Commemorations: the politics of identity (Princeton, NJ: Princeton University Press, 1994), 61 –73.

[167] [Crompton, Samuel], Samuel Crompton Centenary, Bolton June 7th – 10th 1927 (Bolton, 1927).

[168] Crook, D. P. , Benjamin Kidd: portrait of a Social Darwinist (Cambridge: Cambridge University Press, 1984).

[169] Crouzet, Françis, Britain ascendant: comparative studies in Franco-British economic history (Cambridge: Cambridge University Press, 1985).

[170] Crowther, J. G., Six great inventors: Watt, Stephenson, Edison, Marconi, Wright Brothers, Whittle (London: Hamish Hamilton, 1954).

[171] Cubitt, Geoffrey, Introduction: heroic reputations and exemplary lives, in Geoffrey Cubitt and Allen Warren (eds.), Heroic reputations and exemplary lives (Manchester: Manchester University Press, 2000), 1-27.

[172] Cummings, A. J. G., and Stewart, Larry, The case of the eighteenth-century projector: entrepreneurs, engineers, and legitimacy at the Hanoverian court in Britain, in Bruce T. Moran (ed.), Patronage and institutions: science, technology, and medicine at the European court, 1500-1750 (Rochester, NY, and Woodbridge: Boydell, 1991), 235-261.

[173] Daniels, Stephen, Loutherbourg's chemical theatre: Coalbrookdale by Night, in John Barrell (ed.), Painting and the politics of culture: new essays on British art, 1700-1850 (Oxford: Oxford University Press, 1992), 195-230. Fields of vision: landscape, imagery and national identity in England and the United States (Princeton, NJ: Princeton University Press, 1993).

[174] Darke, Jo, The monument guide to England and Wales: a national portrait in bronze and stone (London: Macdonald Illustrated, 1991).

[175] Darwin, Erasmus, The Botanic Garden [1791] (4th edn, London: J. Johnson, 1799).

[176] Daumas, Maurice, Scientific instruments of the seventeenth and eighteenth centuries and their makers, trans. M. Holbrook (London: B. T. Batsford, 1972).

[177] Daunton, M. J., Royal Mail: The Post Office since 1840 (London and Dover, NH: The Athlone Press, 1985).

[178] Davenport, R. A., Lives of individuals who raised themselves from poverty to eminence or fortune (London: SDUK, 1841).

[179] Davies, John, A collection of the most important cases respecting patents of invention and the rights of patentees (London: W. Reed, 1816).

[180] Dawson, Graham, Soldier heroes: British adventure, empire, and the imagining of masculinities (London and New York: Routledge, 1994).

[181] Deacon, Bernard, "The hollow jarring of distant steam engines": images of Cornwall between West Barbary and Delectable Duchy, in Ella Westland (ed.), Cornwall: the cultural construction of place (Penzance: Patten Press, 1997), 7-24.

[182] Defoe, Daniel, An essay upon projects, ed. Joyce D. Kennedy, Michael Siedel and Maximilian E. Novak (New York: AMS Press, c. 1999).

[183] Dellheim, Charles, The face of the past: the preservation of the medieval inheritance in Victorian England (Cambridge: Cambridge University Press, 1982).

[184] [Dickens, Charles], A poor man's tale of a patent, Household Words (19 October 1850), 73-75.

[185] Dickens, Charles, Little Dorrit (Harmondsworth: Penguin Books, 1967).

[186] Dickinson, H. W., Henry Cort's bicentenary, TNS, 21 (1940 - 1), 31 - 48.

[187] Dickinson, H. W., and Jenkins, Rhys, James Watt and the steam engine: the memorial volume prepared for the committee of the Watt centenary commemoration at Birmingham 1919, intro. Jennifer Tann (Ashbourne: Moorland, 1981).

[188] Dickinson, H. W., and Titley, Arthur, Richard Trevithick: the engineer and the man (Cambridge: Cambridge University Press, 1934).

[189] Dircks, Henry, Inventors and inventions (London: E. and F. N. Spon, 1867).

[190] Dobson, C. R., Masters and journeymen: a prehistory of industrial relations, 1717 - 1800 (London: Croom Helm, 1980).

[191] Dresser, Madge, Set in stone? Statues and slavery in London, History Workshop Journal, 64 (2007).

[192] Duff, William, An essay on original genius and its various modes of exertion in philosophy and the fine arts particularly in poetry, ed. John L. Mahoney (Gainesville, Florida: Scholars' Facsimiles and Reprints, 1964).

[193] Dugan, Sally, Men of iron: Brunel, Stephenson and the inventions that shaped the world (London: Macmillan, 2003).

[194] Duncan, W. (ed.), The Stephenson centenary, 1881 (Newcastle upon Tyne: Graham, 1975).

[195] Dunkin, John, The history and antiquities of Dartford (London: John Russell Smith, 1844).

[196] Dunkling, Leslie, and Wright, Gordon (eds.), The Wordsworth dictionary of pub names (Ware: Wordsworth Reference, 1994).

[197] Durbach, Nadja, "They might as well brand us": working-class resistance to compulsory vaccination in Victorian England, Social History of Medicine, 13 (2000), 45 - 62.

[198] Dutton, H. I., The patent system and inventive activity during the industrial revolution, 1750 - 1852 (Manchester: Manchester University Press, 1984).

[199] Eden, Sir Frederick Morton, The state of the poor (London: B. &J. White, 1797), vol. I.

[200] Edgar, John G., Footprints of famous men, designed as incitements to intellectual industry (London: David Bogue, 1854).

[201] Edgerton, David, The prophet militant and industrial: the peculiarities of Correlli Barnett, Twentieth Century British History, 2 (1991), 360 - 379. Science, technology and the British industrial decline, 1870 - 1970 (Cambridge: Cambridge University Press for the Economic History Society, 1996). From innovation to use: ten (eclectic) theses on the history of technology, HT, 16 (1999), 1 - 26. Reflections on the history of technology in Britain, HT, 22 (2000), 181 - 187. The shock of the old: technology and global history since 1900 (London: Profile Books, 2006).

[202] Edgerton, D. E. H., and Horrocks, S. M., British industrial research and development before 1945, EHR, 47 (1994), 213 - 238.

[203] Edgeworth, Maria, Harry and Lucy concluded; being the last part of Early lessons (London: R. Hunter and Baldwin, Cradock and Joy, 1825).

[204] Elliott, Ebenezer, The poetical works of Ebenezer Elliott, new edn, ed. Edwin Elliott (London: Henry S. King, 1876), vol. Ⅰ.

[205] Empson, John, Little honoured in his own country: statues in recognition of Edward Jenner MD FRS, Journal of the Royal Society of Medicine, 89 (1996), 514 - 518.

[206] Engels, Friedrich, The condition of the working class in England, ed. David McLellan (Oxford and New York: Oxford University Press, 1993).

[207] Epstein, James A., Radical expression: political language, ritual, and symbol in England, 1790 - 1850 (New York and Oxford: Oxford University Press, 1994).

[208] Escott, Thomas Hay Sweet, England: its people, polity and pursuits (rev. edn, London: Chapman and Hall, 1890).

[209] Espinasse, F., Lancashire industrialism: James Brindley and his Duke of Bridgewater and Richard Arkwright, The Roscoe Magazine, and Lancashire and Cheshire Literary Reporter, 1 (1849), 201 - 209.

[210] Fairbairn, William, Observations on improvements of the town of Manchester, particularly as regards the importance of blending in those improvements, the chaste and beautiful, with the ornamental and useful (Manchester: Robert Robinson, 1836). The rise and progress of manufacture and commerce and of civil and mechanical engineering in Lancashire and Cheshire, in Thomas Baines, Lancashire and Cheshire, past and present (London: W. Mackenzie, 1868 - 1869), vol. Ⅱ. The life of Sir William Fairbairn, Bart, partly written by himself, ed. and completed by William Pole [1877], repr. with introduction by A. E. Musson (Newton Abbot: David & Charles, 1970).

[211] Fara, Patricia, Sympathetic attractions: magnetic practices, beliefs, and symbolism in eighteenth-century England (Princeton, NJ: Princeton University Press, 1996). Faces of genius: images of Isaac Newton in eighteenth-century England, in Geoffrey Cubitt and Allen Warren (eds.), Heroic reputations and exemplary lives (Manchester: Manchester University Press, 2000), 57 - 81. Isaac Newton lived here: sites of memory and scientific heritage, BJHS, 33 (2000), 407 - 426. Newton: The making of genius (Basingstoke: Macmillan, 2002).

[212] Farey, John, A treatise on the steam engine, historical, practical, and descriptive (London, 1827; repr. Newton Abbot: David & Charles, 1971), vol. Ⅰ.

[213] Federico, P. J., Origin and early history of patents, Journal of the Patent Office Society 11 (1929), 292 - 305.

[214] Feinstein, Charles M., Pessimism perpetuated: real wages and the standard of living in

Britain during and after the industrial revolution, Journal of Economic History, 58 (1998), 625 - 658.

[215] Fentress, James, and Wickham, Chris, Social memory (Oxford: Blackwell, 1992).

[216] Fielden, Kenneth, Samuel Smiles and self-help, Victorian Studies, 12 (1968 - 1969), 155 - 176.

[217] [Finlay, James], James Finlay & Company Limited: manufacturers and East India merchants, 1750 - 1950 (Glasgow: Jackson, Son & Company, 1951).

[218] Finlay, R. J., Independent and free: Scottish politics and the origins of the Scottish Nationalist Party, 1918 - 1945 (Edinburgh: John Donald, 1994).

[219] Finn, Margot C., After Chartism: class and nation in English radical politics, 1848 - 1874 (Cambridge: Cambridge University Press, 1993).

[220] Fitton, R. S., The Arkwrights, spinners of fortune (Manchester: Manchester University Press, 1989).

[221] Flinn, Michael W., The history of the British coal industry, volume 2, 1700 - 1830: the industrial revolution (Oxford: Clarendon Press, 1984).

[222] Folkenflik, Robert, Johnson's heroes, in Robert Folkenflik (ed.), The English hero, 1660 - 1800 (Newark, NJ: University of Delaware Press, 1982), 143 - 167.

[223] Foote, George A., The place of science in the British reform movement, 1830 - 1850, Isis, 42 (1951), 192 - 208.

[224] Forty, Adrian, Objects of desire: design and society since 1750 (London: Thames & Hudson, 1986).

[225] Fox, Robert, Thomas Edison's Parisian campaign: incandescent lighting and the hidden face of technology transfer, Annals of Science, 53 (1996), 157 - 193.

[226] Fox, Robert, and Guagnini, Anna (eds.), Education, technology and industrial performance in Europe, 1850 - 1939 (Cambridge: Cambridge University Press, 1993). Laboratories, workshops, and sites. Concepts and practices of research in industrial Europe, 1800 - 1914 (Berkeley, CA: Office for History of Science and Technology, University of California, 1999).

[227] Fraser, David, Fields of radiance: the scientific and industrial scenes of Joseph Wright, in Denis Cosgrove and Stephen Daniels (eds.), The iconography of landscape: essays on the symbolic representation, design and use of past environments (Cambridge: Cambridge University Press, 1988), 119 - 141. Joseph Wright and the Lunar Society: painter of light, in Judy Egerton (ed.), Wright of Derby (London: Tate Gallery, c. 1990), 15 - 24.

[228] Freeman, Michael, Railways and the Victorian imagination (New Haven and London: Yale University Press, 1999).

[229] French, Gilbert J., The life and times of Samuel Crompton, inventor of the spinning machine called the mule (London: Simpkin, Marshall & Co., 1859).

[230] Friedman, Alan J. , and Donley, Carol C. , Einstein as myth and muse (Cambridge: Cambridge University Press, 1985).

[231] F. R. S. , Thoughts on the degradation of science in England (London: John Rodwell, 1847).

[232] Fry, M. , Patronage and principle: a political history of modern Scotland (Aberdeen: Aberdeen University Press, 1991).

[233] Fulford, Tim, Lee, Debbie, and Kitson, Peter J. , Literature, science and exploration in the romantic era (Cambridge: Cambridge University Press, 2004).

[234] Fyfe, J. Hamilton, The triumphs of invention and discovery (London: T. Nelson & Co. , 1861).

[235] Gadian, D. S. , Class and class-consciousness in Oldham and other north-western industrial towns, 1830 – 1850, HJ, 21 (1978), 161 – 172. The gallery of portraits: with memoirs (London: Charles Knight for SDUK, 1833), vols. Ⅴ and Ⅵ.

[236] Galloway, Elijah, History and progress of the steam engine (2nd edn, London: Thomas Kelly, 1830).

[237] Galton, Francis, English men of science: their nature and nurture (London: Macmillan & Co. , 1874).

[238] Garber, Peter M. , Famous first bubbles: the fundamentals of early manias (London and Cambridge, MA: MIT Press, c. 2000).

[239] Garfield, Simon, Mauve: how one man invented a colour that changed the world (London: Faber & Faber, 2000).

[240] Garfinkle, N. , Science and religion in England, 1790 – 1800: the critical response to the work of Erasmus Darwin, JHI, 14 (1955), 376 – 388.

[241] Gascoigne, John, The Royal Society and the emergence of science as an instrument of state policy, BJHS, 32 (1999), 171 – 184.

[242] Gash, Norman, Lord Liverpool: the life and political career of Robert Banks Jenkinson, second earl of Liverpool, 1770 – 1828 (London: Weidenfeld & Nicolson, 1984). The duke of Wellington and the prime ministership, 1824 – 1830, in Norman Gash (ed.), Wellington: studies in the military and political career of the first duke of Wellington (Manchester: Manchester University Press, 1990), 117 – 138.

[243] Gaskell, P. , The manufacturing population of England, its moral, social, and physical conditions, and the changes which have arisen from the use of steam machinery; with an examination of infant labour (London: Baldwin & Cradock, 1833).

[244] Gatrell, V. A. C. , Incorporation and the pursuit of Liberal hegemony in Manchester, 1790 – 1839, in Derek Fraser (ed.), Municipal reform and the industrial city (Leicester: Leicester University Press, 1982), 15 – 60.

[245] Gauldie, E. (ed.), The Dundee textile industry, 1790 – 1885 (Edinburgh: the

Scottish Historical Society, 1969).

[246] George, M. Dorothy, Hogarth to Cruikshank: social change in graphic satire (London: Allen Lane, 1967).

[247] Gerard, Alexander, An essay on genius (London and Edinburgh: W. Strahan, T. Cadell & W. Creech, 1774).

[248] Geritsen, Willem P., and van Mellen, Anthony G., A dictionary of medieval heroes (Woodbridge: Boydell Press, 1998).

[249] Gerrare, Wirt, The warstock: a tale of tomorrow (London: W. W. Greener, 1898).

[250] Gieryn, Thomas F., Cultural boundaries of science: credibility on the line (Chicago: Chicago University Press, 1999).

[251] Gifford, John, McWilliam, Colin, and Walker, David, Edinburgh (Harmondsworth: Penguin Books, 1984).

[252] Gilbert, Sandra M., and Gubar, Susan, Horrors twin: Mary Shelley's monstrous Eve, The madwoman in the attic: the woman writer and the nineteenth-century literary imagination (New Haven: Yale University Press, 1979).

[253] Gillespie, Richard, Ballooning in France and Britain, 1783 – 1786: aerostation and adventurism, Isis, 75 (1984), 249 – 268.

[254] Gillis, John R., Memory and identity: the history of a relationship, in John R. Gillis (ed.), Commemorations: the politics of identity (Princeton, NJ: Princeton University Press, 1994), 3 – 11.

[255] Gjertson, Derek, Newton's success, in John Fauvel, Raymond Flood, Michael Shortland and Robin Wilson (eds.), Let Newton be! (Oxford: Oxford University Press, 1988), 22 – 41.

[256] Glasgow of today (Industries of Glasgow) (London: Historical Publishing Company, 1888).

[257] Golinski, Jan, Science as public culture: chemistry and enlightenment in Britain, 1760 – 1820 (Cambridge: Cambridge University Press, 1992).

[258] Gooday, Graeme, Faraday reinvented: moral imagery and institutional icons in Victorian electrical engineering, HT, 15 (1993), 190 – 205. The flourishing of history of technology in the United Kingdom: a critique of antiquarian complaints of "neglect", HT, 22 (2000), 189 – 201. Lies, damned lies and declinism: Lyon Playfair, the Paris 1867 Exhibition and the contested rhetorics of scientific education and industrial performance, in Ian Inkster, Colin Griffin, Jeff Hill and Judith Rowbotham (eds.), The goldenage: essays in British social and economic history, 1850 – 1870 (Aldershot: Ashgate, 2000), 105 – 120.

[259] Gordon, Mrs, The home life of Sir David Brewster, by his daughter (Edinburgh: Edmonston & Douglas, 1869).

[260] Gordon, Barry, Economic doctrine and Tory liberalism, 1824 - 1830 (London and Basingstoke: Macmillan, 1979).

[261] Gorman, John, Banner bright: an illustrated history of the banners of the British trade union movement (London: Allen Lane, 1973).

[262] Gray, Valerie, Charles Knight and the Society for the Diffusion of Useful Knowledge: a special relationship, Publishing History, 53 (2003), 23 - 74.

[263] Great industries of Great Britain (London, Paris and New York: Cassell & Co. [1877 - 1880]), vols. Ⅰ - Ⅲ.

[264] Greenhalgh, Paul, Ephemeral vistas: the Expositions Universelles, Great Exhibitions and World's Fairs, 1851 - 1939 (Manchester: Manchester University Press, 1988).

[265] Griffiths, Trevor, Hunt, Philip, and O'Brien, Patrick, The curious history and the imminent demise of the challenge and response model, in Maxine Berg and Kristine Bruland (eds.), Technological revolutions in Europe: historical perspectives (Cheltenham and Northampton, MA: Edward Elgar, 1998), 119 - 137.

[266] Guagnini, Anna, Guglielmo Marconi, inventore e imprenditore, in Anna Guagnini and Giuliano Pancaldi (eds.), Cento anni di radio: le radici dell'invenzione (Torino: Edizione Seat, 1995), 355 - 418.

[267] Guest, Richard, A compendious history of the cotton manufacture [Manchester, 1823], (facsimile edn, London: Frank Cass & Co. Ltd, 1968).

[268] Gunn, Simon, The public culture of the Victorian middle class: ritual and authority in the English industrial city, 1840 - 1914 (Manchester: Manchester University Press, 2000).

[269] Gunnis, R., Dictionary of British sculptors, 1660 - 1851 (new edn, London: the Abbey Library, n. d.).

[270] Gurney, Peter, An appropriated space: the Great Exhibition, the Crystal Palace and the working class, in Louise Purbrick (ed.), The Great Exhibition of 1851: new interdisciplinary essays (Manchester and New York: Manchester University Press, 2001), 114 - 145.

[271] [R. H.], New Atlantis, begun by the Lord Verulam, Viscount St Albans: and continued by R. H. Esquire (London, 1660).

[272] Hacking, Ian, The emergence of probability: a philosophical study of early ideas about probability, induction and statistical inference (Cambridge: Cambridge University Press, 1975).

[273] Hale, Edward E., Stories of inventors, told by inventors and their friends (London, Edinburgh and New York: T. Nelson & Sons, 1887).

[274] Hall, Catherine, McClelland, Keith, and Rendall, Jane (eds.), Defining the Victorian nation: class, race, gender and the Reform Act of 1867 (Cambridge: Cambridge University Press, 2000).

[275] Hamilton, Peter, and Hargreaves, Roger, The beautiful and the damned: the creation of identity in nineteenth-century photography (Aldershot: Lund Humphries, 2001).

[276] Hardy, William, The Liberal Tories and the growth of manufactures (Shepperton: Aidan Press, 2001). The origins of the Industrial Revolution (Oxford: Trafford Publishing, 2006).

[277] Harper, Edith K., A Cornish giant: Richard Trevithick, the father of the locomotive (London: E. & F. N. Spon, 1913).

[278] Harris, J. R., Skills, coal, and British industry in the eighteenth century, History, 61 (1976), 167 – 182. Industrial espionage and technology transfer: Britain and France in the eighteenth century (Aldershot: Ashgate, 1998).

[279] Harrison, Barbara, Not only the dangerous trades: women's work and health in Britain, 1880 – 1914 (London and Bristol: Taylor & Francis, 1996).

[280] Harrison, Frederic, A few words about the nineteenth century, Fortnightly Review (April 1882).

[281] Harrison, Frederic, Swinney, S. H., and Marvin, F. S. (eds.), The new calendar of great men: biographies of the 559 worthies of all ages and nations in the positivist calendar of Auguste Comte (London: Macmillan & Co., 1920).

[282] Harrison, Royden, Before the socialists: studies in labour and politics, 1861 – 1881 (2nd edn, Aldershot: Gregg Revivals, 1994).

[283] Harrison, Royden, and Zeitlin, Jonathan (eds.), Divisions of labour: skilled workers and technological change in nineteenth-century Britain (Brighton: Harvester Press, 1985).

[284] Hart-Davis, Adam, Chain reactions: pioneers of British science and technology and the stories that link them (London: National Portrait Gallery, 2000).

[285] [Harting, Pieter], Dr Dioscorides [pseud.], Anno domini 2071, trans. Alex. V. W. Bikkers (London: William Tegg, 1871).

[286] Harvey, W. S., and Downs-Rose, G., William Symington, inventor and engine builder (London: Northgate Publishing Co. Ltd, 1980).

[287] Harvie, Christopher, Scotland and nationalism: Scottish society and politics, 1707 – 1977 (London: George Allen and Unwin, 1977). Larry Doyle and Captain MacWhirr: the engineer and the Celtic Fringe, in Geraint H. Jenkins (ed.), Cymru a'r Cymry 2000: Wales and the Welsh, 2000 (Aberystwyth: University of Wales Press, 2001), 119 – 140.

[288] Hawkshaw, John, Inaugural address, Proceedings and Minutes of the Institution of Civil Engineers, 21 (1861 – 1862), 173 – 186.

[289] Hay, William Anthony, The Whig revival, 1808 – 1830 (Basingstoke and New York: Palgrave Macmillan, 2005).

[290] Headrick, Daniel R., The tools of empire: technology and European imperialism in the nineteenth century (New York and Oxford: Oxford University Press, 1981).

[291] Hearn, William Edward, Plutology: or the theory of the efforts to satisfy human wants (London: Macmillan & Co.; Melbourne: George Robertson, 1864).

[292] Hedley, Oswald Dodd, Who invented the locomotive engine? With a review of Smiles's Life of Stephenson (London: Ward & Lock, 1858).

[293] Hejhal, Dennis A., Turing: a bit off the beaten path, The Mathematical Intelligencer, 29 (2007), 27 - 35.

[294] Henderson, Gavin B., The pacifists of the fifties, Journal of Modern History, 9 (1937), 314 - 341.

[295] [Henry, Michael], The inventor's almanac (London, Michael Henry, 1859 - 1873).

[296] Hewish, John, The indefatigable Mr Woodcroft: the legacy of invention (London: Science Reference Library, 1982). The raid on Raglan: sacred ground and profane curiosity, British Library Journal, 8 (1982), 182 - 198. Prejudicial and inconvenient? A study of the Arkwright patent trials, 1781 and 1785 (London: British Library, 1985). From Cromford to Chancery Lane: new light on the Arkwright patent trials, T & C, 28 (1987), 80 - 86. Rooms near Chancery Lane: the Patent Office under the Commissioners, 1852 - 1883 (London: British Library, 2000).

[297] Hibbert, Christopher, The Illustrated London News: social history of Victorian Britain (London: Angus & Robertson, 1975).

[298] Hilaire-Pérez, Liliane, L'Invention technique au siècle des Lumières (Paris: Albin Michel, 2000). Diderot's views on artists' and inventors' rights: invention, imitation, and reputation, BJHS, 35 (2002), 129 - 150.

[299] Hill, K. Thoroughly imbued with the spirit of Ancient Greece: symbolism and space in Victorian civic culture, in Alan Kidd and David Nicholls (eds.), Gender, civic culture and consumerism: middle-class identity in Britain, 1800 - 1940 (Manchester: Manchester University Press, 1999).

[300] Hills, Richard L., Power in the industrial revolution (Manchester: Manchester University Press, 1970). Life and inventions of Richard Roberts, 1789 - 1864 (Ashbourne: Landmark, 2002).

[301] Hilton, Boyd, Corn, cash, commerce: the economic policies of the Tory government, 1815 - 1830 (Oxford: Oxford University Press, 1977).

[302] Hobsbawm, Eric, Introduction: inventing traditions, in Eric Hobsbawm and Terence Ranger (eds.), The invention of tradition (Cambridge: Cambridge University Press, 1983), 1 - 14. Mass-producing traditions: Europe, 1870 - 1914, in Eric Hobsbawm and Terence Ranger (eds.), The invention of tradition (Cambridge: Cambridge University Press, 1983), 263 - 307.

[303] Hodder, Edwin, Heroes of Britain in peace and war (London, Paris, and New York [1878 – 1880]), vol. Ⅰ.

[304] Hodgskin, Thomas, Popular political economy: four lectures delivered at the London Mechanics' Institution (London: Charles Tait, and Edinburgh: William Tait, 1827).

[305] [Hodgskin, Thomas], Labour defended against the claims of capital [1825], 3rd edn, ed. G. D. H. Cole (London: Cass, 1963).

[306] Hogg, James (ed.), Fortunes made in business: a series of original sketches, biographical and anecdotic, from the recent history of industry and commerce, by various authors (London: Sampson Low, Marston, Searle and Rivington, 1884 – 1887).

[307] Holmes, N. M. McQ., The Scott Monument: a history and architectural guide (Edinburgh: Edinburgh Museums and Art Galleries, 1979).

[308] Holroyd, Edward, A practical treatise of the law of patents for inventions (London, 1830).

[309] Homans, Margaret, Bearing the word: language and female experience in nineteenth century women's writing (Chicago and London: Chicago University Press, 1986).

[310] Hong, Sungook, Marconi and the Maxwellians: the origins of wireless telegraphy revisited, T&C, 35 (1994), 717 – 749.

Wireless: from Marconi's black box to the audion (Cambridge, MA, and London: MIT Press, 2000).

[311] Hoock, Holger, The British military pantheon in St Paul's Cathedral: the state, cultural patriotism, and the politics of national monuments, c. 1790 – 1820, in Richard Wrigley and Matthew Craske (eds.), Pantheons: transformations of a monumental idea (Aldershot: Ashgate, 2004), 81 – 105.

[312] Hope Mason, John, The value of creativity: the origins and emergence of a modern belief (Aldershot: Ashgate, 2003).

[313] Hoppit, Julian, Financial crises in eighteenth-century England, EHR, 39 (1986), 39 – 58. Risk and failure in English business (Cambridge: Cambridge University Press, 1987).

[314] Hort, Per Bolin, Work, family and the state: child labour and the organization of production in the British cotton industry, 1780 – 1920 (Lund: Lund University Press, 1989).

[315] Hotherstall, David, History of psychology (3rd edn, New York and London: McGraw-Hill Inc. 1984).

[316] Houghton, Walter E., The Victorian frame of mind, 1830 – 1870 (New Haven: Yale University Press, 1957).

[317] Howe, Anthony, The cotton masters, 1830 – 1860 (Oxford: Clarendon Press, 1984).

[318] Howe, Henry, Memoirs of the most eminent American mechanics: also, lives of distinguished

European mechanics (New York, 1841).

[319] [Huddart, Joseph, the younger], Memoir of the late Captain Joseph Huddart, F. R. S. (London: W. Phillips, 1821).

[320] Hudson, D. and Luckhurst, K. W., The Royal Society of Arts, 1754 - 1954 (London: John Murray, 1956).

[321] Hudson, Pat, The industrial revolution (London and New York: Edward Arnold, 1992). Industrial organisation and structure, in Roderick Floud and Paul Johnson (eds.), The Cambridge economic history of modern Britain, Volume 1: 1700 - 1860 (Cambridge: Cambridge University Press, 2004), 28 - 57.

[322] Hughes-Hallett, Lucy, Heroes: saviours, traitors, and supermen (London: Harper Perennial, 2005).

[323] Hume, David, A treatise of human nature, ed. P. Nidditch (Oxford: Clarendon Press, 1978).

[324] Hunter, Michael, Science and society in Restoration England (Cambridge: Cambridge University Press, 1981).

[325] Hyman, Isabelle (ed.), Brunelleschi in perspective (Englewood Cliffs, NJ: Prentice-Hall, 1974).

[326] Iles, George, The inventor at work, with chapters on discovery (London: Doubleday, Page & Co., 1906).

[327] Ince, Henry, and Gilbert, James, Outlines of English history (rev. edn, London: W. Kent & Co., 1864).

[328] Inkster, Ian, Patents as indicators of technological change and innovation - An historical analysis of the patent data, 1830 - 1914, TNS, 73 (2003), 179 - 208.

[329] Iredale, J. A., Noble Lister: the enigma of a statue (Bradford Art Galleries and Museums, n. d.).

[330] Jacob, Margaret C., The Newtonians and the English revolution (Hassocks: Harvester Press, 1976). Scientific culture and the making of the industrial west (New York and Oxford: Oxford University Press, 1997).

[331] Jacyna, L. S., Science and the social order in the thought of A. J. Balfour, Isis, 71 (1980), 11 - 34.

[332] Jarvis, Adrian, Samuel Smiles and the construction of Victorian values (Stroud: Sutton Publishing Ltd, 1997).

[333] Jeaffreson, J. C., The life of Robert Stephenson, FRS, 2 vols. (London: Longman, Green, Longman, Roberts & Green, 1864), vol. Ⅱ.

[334] Jenkins, Alice, Spatial imagery in nineteenth-century science: Faraday and Tyndall, in Crosbie Smith and John Agar (eds.), Making space for science: territorial themes in the shaping of knowledge (Basingstoke: Macmillan, and New York: St Martin's Press,

1998), 181 - 192.

[335] Jenkins, Reese V., Images and enterprise: technology and the American photographic industry, 1839 - 1925 (London and Baltimore: Johns Hopkins Press, 1975).

[336] [Jenner], The Jenner Museum, Berkeley, Gloucestershire (East Grinstead: The Merlin Press [1986]).

[337] Jennings, Humphrey, Pandaemonium: the coming of the machine as seen by contemporary observers (London: Deutsch, 1985).

[338] Jeremy, David J., British and American entrepreneurial values in the early nineteenth century: a parting of the ways, in R. A. Burchell (ed.), The end of Anglo-America: historical essays in the study of cultural divergence (Manchester: Manchester University Press, 1991), 24 - 59. Damming the flood: British government efforts to check the outflow of technicians and machinery, 1780 - 1843, in D. J. Jeremy (ed.), Technology transfer and business enterprise (Aldershot: Ashgate, 1994), 1 - 34.

[339] Jevons, William Stanley, The coal question: an inquiry concerning the progress of the nation, and the probable exhaustion of our coal-mines (London and Cambridge: Macmillan & Co., 1865). The principles of science: a treatise on logic and scientific method, 2 vols. (London: Macmillan & Co., 1874).

[340] Jewitt, Llewellynn Frederick William, The Wedgwoods: being a life of Josiah Wedgwood (London: Virtue, 1865).

[341] Jewkes, John, Sawers, David, and Stillerman, Richard, The sources of invention (London: Macmillan, 1958).

[342] Johns, Adrian, The nature of the book: print and knowledge in the making (Chicago and London: University of Chicago Press, 1998).

[343] Johnson, James William, England, 1660 - 1800: an age without a hero?, in Robert Folkenflik, (ed.), The English hero, 1660 - 1800 (Newark, NJ: University of Delaware Press, 1982), 25 - 34.

[344] Johnson, Samuel, A dictionary of the English language, 2 vols. (London, 1755).

[345] Jones, Evan Rowland, Heroes of industry: biographical sketches (London: Sampson Low, Marston, Searle and Rivington, 1886).

[346] Jones, Gareth Stedman, Rethinking Chartism, in his Languages of class: studies in English working class history, 1832 - 1982 (Cambridge: Cambridge University Press, 1983), 90 - 178. An end to poverty? A historical debate (London: Profile, 2004). Jones, Max, "Our king upon his knees": the public commemoration of Captain Scott's last Antarctic expedition, in Geoffrey Cubitt and Allen Warren (eds.), Heroic reputations and exemplary lives (Manchester: Manchester University Press, 2000), 105 - 122. The last great quest: Captain Scott's Antarctic sacrifice (Oxford: Oxford University Press, 2003).

[347] Jones, Peter M., Living the enlightenment and the French revolution: James Watt, Matthew Boulton, and their sons, HJ, 42 (1999), 157 - 182.

[348] Jones, Richard Foster, Ancients and moderns: a study of the rise of the scientific movement in seventeenth century England (2nd edn, Berkeley and Los Angeles: University of California Press, 1965).

[349] Jones, William Powell, The rhetoric of science: a study of scientific ideas and imagery in eighteenth-century English poetry (London: Routledge & Kegan Paul, 1966).

[350] Jordan, Gerald, and Rogers, Nicholas, Admirals as heroes: patriotism and liberty in Hanoverian England, Journal of British Studies, 28 (1989), 201 - 224.

[351] Jordanova, Ludmilla, Melancholy reflection: constructing an identity for unveilers of nature, in Stephen Bann (ed.), Frankenstein, creation and monstrosity (London: Reaktion Books, 1994), 60 - 76. Science and nationhood: cultures of imagined communities, in Geoffrey Cubitt (ed.), Imagining nations (Manchester: Manchester University Press, 1998), 192 - 211. Defining features: scientific and medical portraits, 1660 - 2000 (London: Reaktion Books, with the National Portrait Gallery, 2000). Presidential address: remembrance of science past, BJHS, 33 (2000), 387 - 406.

[352] Joyce, Patrick, Work, society and politics: the culture of the factory in later Victorian England (Brighton: Harvester Press, 1980).

[353] Kargon, Robert, Science in Victorian Manchester: enterprise and expertise (Manchester: Manchester University Press, 1977).

[354] Kasson, John F., Civilizing the machine: technology and republican values in America, 1776 - 1900 (Harmondsworth: Penguin, 1977).

[355] Keller, Alex, Mathematical technologies and the growth of the idea of technical progress in the sixteenth century, in Allen G. Debus (ed.), Science, medicine and society in the Renaissance: essays to honor Walter Pagel (London: Heinemann, 1972), vol. I, 11 - 27.

[356] Kelvin, Rt Hon. Lord, James Watt: An oration delivered at the University of Glasgow on the commemoration of its ninth jubilee (Glasgow: James Maclehose & Sons, 1901).

[357] Kennedy, John, A brief memoir of Samuel Crompton; with a description of his machine called the mule, and of the subsequent improvement of the machine by others, Memoirs of the Literary and Philosophical Society of Manchester, 2nd ser., 5 (1831), 318 - 345.

[358] Kenrick, W., An address to the artists and manufacturers of Great Britain (London, 1774).

[359] Kent, Christopher, Brains and numbers: elitism, Comtism, and democracy in mid-Victorian England (Toronto: University of Toronto Press, 1978).

[360] Kenworthy, William, Inventions and hours of labour. A letter to master cotton spinners, manufacturers, and mill-owners in general (Blackburn, 1842), repr. in The battle for the ten hour day continues: four pamphlets, 1837 - 1843, ed. Kenneth E. Carpenter (New

York: Arno Press, 1972).

[361] Kessel, Neil, Genius and mental disorder: a history of ideas concerning their conjunction, in Penelope Murray (ed.), Genius: the history of an idea (Oxford: Basil Blackwell, 1989), 197 – 212.

[362] Khan, B. Zorina, and Sokoloff, Kenneth L., Patent institutions, industrial organization and early technological change: Britain and the United States, 1790 – 1850, in Maxine Berg and Kristine Bruland (eds.), Technological revolutions in Europe: historical perspectives (Cheltenham and Northampton, MA: Edward Elgar, 1998), 292 – 313.

[363] Kidd, Benjamin, Social evolution (London: Macmillan, 1894).

[364] Kidd, Colin, Subverting Scotland's past: Scottish Whig historians and the creation of an Anglo-British identity, 1689 – c. 1830 (Cambridge: Cambridge University Press, 1993).

[365] King-Hele, D. G., Doctor of revolution: the life and genius of Erasmus Darwin (London: Faber, 1977).

[366] Kingsford, P. W., F. W. Lanchester (London: Edward Arnold, 1960).

[367] Kline, Ronald, Construing "technology" as "applied science": public rhetoric of scientists and engineers in the US, 1880 – 1945, Isis, 86 (1995), 194 – 221.

[368] Klingender, Francis D., Art and the industrial revolution, ed. Arthur Elton (London: Evelyn, Adams & Mackay, 1968).

[369] Kneale, W. C., The idea of invention, Proceedings of the British Academy, 41 (1955), 85 – 108.

[370] Knight, Charles, The popular history of England (London: Bradbury & Evans, 1859), vol. Ⅴ. Passages of a working life during half a century (London: Bradbury & Evans, 1865), vols. Ⅱ, Ⅲ.

[371] Korshin, Paul J., The intellectual context of Swift's flying island, Philological Quarterly, 50 (1971), 630 – 646.

[372] Kovacevich, Ivanka, The mechanical muse: the impact of technical inventions on eighteenth-century neoclassical poetry, Huntington Library Quarterly, 28 (1964 – 1965), 263 – 281.

[373] Krauss, Rosalind, Sculpture in the expanded field, in Hal Foster (ed.), Postmodern culture (London: Pluto Press, 1985), 31 – 42.

[374] Laird, Macgregor, and Oldfield, R. A. K., Narrative of an expedition into the interior of Africa (London, 1837), vol. Ⅱ.

[375] Lamb, David, and Easton, S. M., Multiple discovery: the pattern of scientific progress (Amersham: Avebury Press, 1984).

[376] Lambert, Andrew, ssGreat Britain, in Andrew Kelly and Melanie Kelly (eds.), Brunel, in love with the impossible: A celebration of the life, work and legacy of Isambard Kingdom Brunel (Bristol: Bristol Cultural Development Partnership, 2006), 163 – 181.

[377] Lambert, R. L. , A Victorian National Health Service: state vaccination, 1855 - 1871, HJ, 5 (1962), 1 - 18.

[378] Laqueur, Thomas W. , Memory and naming in the Great War, in John R. Gillis (ed.), Commemorations: the politics of national identity (Princeton, NJ: Princeton University Press, 1994), 150 - 167.

[379] Lardner, Dionysius, The steam engine familiarly explained and illustrated (London: Taylor & Walton, 1836). The steam engine explained and illustrated (7th edn, London: Taylor & Walton, 1840).

[380] Larwood, Jacob, and Hotten, John Camden, The history of signboards, from the earliest times to the present day (London: Chatto and Windus [1866]).

[381] Lazonick, W. H. , Industrial relations and technical change: the case of the selfacting mule, Cambridge Journal of Economics, 3 (1979), 231 - 262.

[382] LeFanu, W. R. , A bio-bibliography of Edward Jenner, 1749 - 1823 (London: Harvey & Blythe Ltd, 1951).

[383] Levi, Leone, History of British commerce and of the economic progress of the British nation, 1763 - 1870 (London, 1872).

[384] Levine, Philippa, The amateur and the professional; antiquarians, historians and archaeologists in Victorian England, 1838 - 1886 (Cambridge: Cambridge University Press, 1986).

[385] Library of Congress, A. L. A. portrait index: index to portraits contained in printed books and periodicals, ed. W. C. Lane and N. E. Browne (Washington, DC: American Library Association, 1906).

[386] [Lister, S. C.], Lord Masham's inventions, written by himself (Bradford, 1905).

[387] Lockyer, Sir Norman, The influence of brain-power on history, Nature, 10 September 1903, 439 - 446.

[388] Lodge, Oliver, Address to Section A, BAAS, Report for 1891, Cardiff (1892) Pioneers of science (London: Macmillan & Co. , 1893).

[389] Long, Pamela O. , Invention, authorship, "intellectual property," and the origins of patents: notes toward a conceptual history, T & C, 32 (1991), 846 - 884. Power, patronage, and the authorship of Ars: from mechanical know-how to mechanical knowledge in the last scribal age, Isis, 88 (1997), 1 - 41. Openness, secrecy, authorship: technical arts and the culture of knowledge from antiquity to the renaissance (Baltimore and London: Johns Hopkins University Press, 2001).

[390] Long, Pamela O. , and Roland, Alex, Military secrecy in antiquity and early medieval Europe: a critical reassessment, History and Technology, 11 (1994), 259 - 290.

[391] Lonsdale, Henry, The worthies of Cumberland (London: George Routledge & Sons, 1867 - 1875), vol. Ⅲ.

[392] Lord, John, Memoir of John Kay of Bury, County of Lancaster, inventor of the flyshuttle, metal reeds, etc. etc. (Rochdale: Aldine Press, 1903).

[393] Lovejoy, Arthur O., Essays in the history of ideas (New York: George Braziller, 1955).

[394] Lubar, Steven, The transformation of antebellum patent law, T&C, 32 (1991), 932-959.

[395] Lubbock, Sir John, Presidential address, BAAS, Report for 1881, York (1882), 1-51.

[396] Macaulay, Lord, Literary and historical essays contributed to the Edinburgh Review (London: Humphrey Milford, Oxford University Press, 1934). The history of England from the accession of James the Second [new edn 1857], ed. Charles Harding Firth (London: Macmillan & Co., 1913), vol. I.

[397] McClelland, Keith, "England's greatness, the working man", in Hall, Catherine, McClelland, Keith, and Rendall, Jane (eds.), Defining the Victorian nation: class, race, gender and the Reform Act of 1867 (Cambridge: Cambridge University Press, 2000), 71-118.

[398] [McCulloch, J. R.], Restrictions on foreign commerce, Edinburgh Review XXXIII, (May 1820), 331-351. Rise, progress, present state, and prospects of the British cotton manufacture, Edinburgh Review XLVI, (June 1827), 1-39. Philosophy of manufactures, Edinburgh Review LXI, (July 1835), 453-472.

[399] McDaniel, Susan, Cummins, Helene, and Beauchamp, Rachelle Spender, Mothers of invention? Meshing the roles of inventor, mother and worker, Women's Studies International Forum, 11 (1988), 1-12.

[400] MacDonald, R. H., The language of empire: myths and metaphors of popular imperialism, 1880-1918 (Manchester: Manchester University Press, 1994).

[401] Macfie, Robert Andrew, The patent question: a solution of difficulties by abolishing or shortening the inventor's monopoly, and instituting national recompenses (London: W. J. Johnson, 1863).

[402] [Macfie, Robert Andrew (ed.)], Recent discussions on the abolition of patents for inventions in the United Kingdom, France, Germany, and the Netherlands (London: Longmans, Green, Reader and Dyer, 1869).

[403] Macfie, Robert Andrew (ed.), The patent question in 1875: the Lord Chancellor's bill and the exigencies of foreign competition (London: Longmans, Green & Co., 1875).

[404] McGaw, Judith, Inventors and other great women: toward a feminist history of technological luminaries, T&C, 38 (1997), 214-231.

[405] McGee, David, Making up mind: the early sociology of invention, T&C, 36 (1995), 773-801.

[406] McKendrick, Neil, "Gentlemen and players revisited": the gentlemanly ideal, the

business ideal and the professional ideal in English literary culture, in Neil McKendrick and R. B. Outhwaite (eds.), Business life and public policy: essays in honour of D. C. Coleman (Cambridge: Cambridge University Press, 1986), 98 - 136.

[407] MacKenzie, Donald, Marx and the machine, T & C, 25 (1984), 473 - 502.

[408] MacKenzie, John M. , Heroic myths of empire, in John M. MacKenzie (ed.), Popular imperialism and the military: 1850 - 1950 (Manchester: Manchester University Press, 1992), 109 - 137. The iconography of the exemplary life: the case of David Livingstone, in Geoffrey Cubitt and Allen Warren (eds.), Heroic reputations and exemplary lives (Manchester: Manchester University Press, 2000), 84 - 104.

[409] McKenzie, Ray, Public sculpture of Glasgow (Liverpool: Liverpool University Press, 2002).

[410] Mackenzie, Robert, The 19th century: a history (London: T. Nelson & Sons, 1880).

[411] MacLeod, Christine, The 1690s patents boom: invention or stock-jobbing?, EHR, 39 (1986), 549 - 571. Inventing the industrial revolution: the English patent system, 1660 - 1800 (Cambridge: Cambridge University Press, 1988). Strategies for innovation: the diffusion of new technology in nineteenth century British industry, EHR, 45 (1992), 285 - 307. Concepts of invention and the patent controversy in Victorian Britain, in Robert Fox (ed.), Technological change: methods and themes in the history of technology (Amsterdam: Harwood Academic Publishers, 1996), 137 - 154. Negotiating the rewards of invention: the shop-floor inventor in Victorian Britain, Business History, 41 (1999), 17 - 36. James Watt, heroic invention, and the idea of the industrial revolution, in Maxine Berg and Kristine Bruland (eds.), Technological revolutions in Europe: historical perspectives (Cheltenham and Northampton, MA: Edward Elgar, 1998), 96 - 118. The European origins of British technological predominance, in Leandro Prados de la Escosura (ed.), Exceptionalism and industrialisation: Britain and its European rivals, 1688 - 1815 (Cambridge: Cambridge University Press, 2004), 111 - 126. The nineteenth-century engineer as cultural hero, in Andrew Kelly and Melanie Kelly (eds.), Brunel, in love with the impossible: A celebration of the life, work and legacy of Isambard Kingdom Brunel (Bristol: Bristol Cultural Development Partnership, 2006), 61 - 79.

[412] MacLeod, Christine, Tann, Jennifer, Andrew, James, and Stein, Jeremy, Evaluating inventive activity: the cost of nineteenth-century UK patents and the fallibility of renewal data, EHR, 56 (2003), 537 - 562.

[413] MacLeod, Christine and Nuvolari, Alessandro, The pitfalls of prosopography: inventors in the Dictionary of National Biography, T & C, 48 (2006), 757 - 776.

[414] MacLeod, Christine, and Tann, Jennifer, From engineer to scientist: re-inventing invention in the Watt and Faraday centenaries, 1919 - 1931, BJHS, (2007), 389 -

411.

[415] MacLeod, Donald, A nonagenarian's reminiscences of Garelochside and Helensburgh (Helensburgh: Macneur & Bryden, 1883).

[416] MacLeod, R. M., Law, medicine and public opinion: the resistance to compulsory health legislation, 1870 – 1907, Public Law, (1967), 107 – 128. Science and the Civil List, 1824 – 1914, Technology and Society, 6 (1970), 47 – 55. Of models and men: a reward system in Victorian science, 1826 – 1914, Notes and Records of the Royal Society of London 26 (1971). The support of Victorian science: the endowment of research movement in Great Britain, 1868 – 1900, Minerva, 9 (1971), 196 – 230. (ed.), Days of judgement (Driffield: Nafferton, 1982).

[417] McNeil, Maureen, Under the banner of science: Erasmus Darwin and his age (Manchester: Manchester University Press, 1987). Newton as national hero, in John Fauvel, Raymond Flood, Michael Shortland and Robin Wilson (eds.), Let Newton be! (Oxford: Oxford University Press, 1988), 222 – 240.

[418] Macpherson, David, Annals of commerce, manufactures, fisheries, and navigation (London: Nichols, 1805), vol. Ⅳ.

[419] Machlup, F., and Penrose, Edith, The patent controversy in the nineteenth century, Journal of Economic History, 10 (1950), 1 – 29.

[420] Mah, Harold, Phantasies of the public sphere: rethinking the Habermas of the historians, Journal of Modern History, 2 (2000), 153 – 182.

[421] Maidment, Brian, Entrepreneurship and the artisans: John Cassell, the Great Exhibition and the periodical idea, in Louise Purbrick (ed.), The Great Exhibition of 1851: new interdisciplinary essays (Manchester and New York: Manchester University Press, 2001), 79 – 113.

[422] Malet, Hugh, Bridgewater: the canal duke, 1736 – 1803 (Manchester: Manchester University Press, 1977).

[423] [Mallalieu, Alfred], The cotton manufacture, Blackwood's Edinburgh Magazine, 39 (1836), 407 – 424.

[424] Malthus, T. R., An essay on the principle of population as it affects the future improvement of society, with remarks on the speculations of Mr Godwin, Mr Condorcet, and other writers (London: J. Johnson, 1798).

[425] Mandeville, Bernard, The fable of the bees, ed. F. B. Kaye (Oxford: Clarendon Press, 1924), vol. Ⅱ.

[426] Marsden, Ben, "A most important trespass": Lewis Gordon and the Glasgow Chair of Civil Engineering and Mechanics, 1840 – 1855', in Crosbie Smith and Jon Agar (eds.), Making space for science: territorial themes in the shaping of knowledge (Basingstoke: Macmillan Press Ltd, 1998), 87 – 117.

[427] Marshall, Alfred, Industry and trade (London: Macmillan, 1919).

[428] Martin, Julian, Francis Bacon, the state and the reform of natural philosophy (Cambridge: Cambridge University Press, 1992).

[429] Martineau, Harriet, The history of England during the thirty years' peace: 1816 - 1846, (London: Charles Knight, 1849 - 50), vol. Ⅰ.
The English passport system, Household Words, 6 (1852), 31 - 34.

[430] Marx, Karl, Capital: a critique of political economy, intro. Ernest Mandel, trans. Ben Fowkes (Harmondsworth: Penguin and New Left Review, 1976).

[431] Mason, Otis T., The origins of invention: a study of industry among primitive peoples (Cambridge, MA, and London: MIT Press, 1895).

[432] Mather, F. C., Achilles or Nestor? The duke of Wellington in British politics, 1832 - 1846, in Norman Gash (ed.), Wellington: studies in the military and political career of the first duke of Wellington (Manchester: Manchester University Press, 1990), 170 - 195.

[433] Matthew, Colin, The New DNB, History Today, 43 (September 1993), 10 - 13.

[434] May, Christopher, Antecedents to intellectual property: the European prehistory of the ownership of knowledge, HT, 24 (2002), 1 - 20.

[435] Meller, Hugh, London cemeteries: an illustrated guide and gazetteer (3rd edn, Aldershot: Ashgate, 1999).

[436] Meteyard, Eliza, The Life of Josiah Wedgwood, ed. R. W. Lightbourn (London: Hurst & Blackett, 1865 - 1867; repr. London: Cornmarket Press Ltd, 1970).

[437] Mill, John Stuart, Principles of political economy (5th edn, London: Parker, Son & Bourn, 1862). Autobiography (London: Longman, Green, Reader and Dyer, 1873).

[438] Miller, David Philip, Discovering water: James Watt, Henry Cavendish and the nineteenth-century water controversy (Aldershot: Ashgate, 2004). True myths: James Watt's kettle, his condenser, and his chemistry, History of Science, 42 (2004), 333 - 360.

[439] Miller, Hugh, My school and schoolmasters: or, the story of my education, ed. W. M. Mackenzie (Edinburgh: George A. Morton; London: Simpkin, Marshall & Co., 1905).

[440] [Miller, W. H.], Patrick Miller, in William Anderson (ed.), The Scottish nation: or the surnames, families, literature, honours, and biographical history of the people of Scotland (Edinburgh: Fullarton, 1862).

[441] Mingay, G. E., Arthur Young and his times (London: Macmillan, 1975).

[442] Mitchell, Austin, The Whigs in opposition, 1815 - 1830 (Oxford: Clarendon Press, 1967).

[443] Mitchell, B. R., and Deane, Phyllis, Abstract of British historical statistics (Cambridge: Cambridge University Press, 1962).

[444] Mitchell, Rosemary, Picturing the past: English history in text and image, 1830 – 1870 (Oxford: Clarendon Press, 2000).

[445] Moir, Esther, The industrial revolution: a romantic view, History Today, 9 (1959), 589 – 597.

[446] Mokyr, Joel, The gifts of Athena: historical origins of the knowledge economy (Princeton and Oxford: Princeton University Press, 2002).

[447] Moore, James, Charles Darwin lies in Westminster Abbey, Biological Journal of the Linnean Society, 17 (1982), 97 – 113.

[448] More, Charles, Skill and the English working class, 1870 – 1914 (London: Croom Helm, 1980).

[449] Morrell, Jack, and Thackray, Arnold, Gentlemen of science: early years of the British Association for the Advancement of Science (Oxford: Clarendon Press, 1981).

[450] Morris, Edward, The life of Henry Bell, the practical introducer of the steam-boat into Great Britain and Ireland (Glasgow: Blackie & Son, 1844).

[451] Morris, R. J., Voluntary societies and British urban elites, 1780 – 1870, HJ, 26 (1983), 95 – 118. Class, sect and party: the making of the British middle class, Leeds 1820 – 1850 (Manchester: Manchester University Press, 1990).

[452] Morton, Graeme, Unionist nationalism: governing urban Scotland, 1830 – 1860 (Phantasie, E. Linton: Tuckwell Press, 1999). William Wallace: man and myth (Stroud: Sutton Publishing, 2001).

[453] Morus, Iwan Rhys, Manufacturing nature: science, technology and Victorian consumer culture, BJHS, 29 (1996), 403 – 434. "The nervous system of Britain": space, time and the electric telegraph in the Victorian age, BJHS, 33 (2000), 455 – 475.

[454] Mountjoy, Peter Roger, The working-class press and working-class conservatism, in George Boyce, James Curran and Pauline Wingate (eds.), Newspaper history from the seventeenth century to the present day (London: Constable, and Beverly Hills: Sage Publications, 1978), 265 – 280.

[455] Muirhead, James Patrick (ed.), The origin and progress of the mechanical inventions of James Watt, illustrated by his correspondence with his friends and the specifications of his patents (London: John Murray, 1854), vol. I. The life of James Watt (2nd edn, London: James Murray, 1859).

[456] Munby, A. N. L., The history and bibliography of science in England: the first phase, 1837 – 1845 (Los Angeles: University of California Press, 1968).

[457] Murray, Charles, Debates in Parliament respecting the Jennerian discovery (London: W. Phillips, 1808).

[458] Murray, Penelope (ed.), Genius: the history of an idea (Oxford: Basil Blackwell, 1989).

[459] Musson, A. E., James Nasmyth and the early growth of mechanical engineering, EHR,

10 (1957), 121 - 127. The "Manchester School" and exportation of machinery, Business History, 14 (1972), 17 - 50. Industrial motive power in the United Kingdom, 1800 - 1870, EHR, 29 (1976), 415 - 439.

[460] Musson, A. E., and Robinson, Eric, Science and technology in the industrial revolution (Manchester: Manchester University Press, 1969).

[461] Nahum, Andrew, Marc Isambard Brunel, in Andrew Kelly and Melanie Kelly (eds.), Brunel, in love with the impossible: A celebration of the life, work and legacy of Isambard Kingdom Brunel (Bristol: Bristol Cultural Development Partnership, 2006), 40 - 56.

[462] Napier, M. (ed.), Supplement to the Fourth, Fifth, and Sixth Editions of the Encyclopaedia Britannica, 6 vols. (Edinburgh: A. Constable, 1815 - 1824).

[463] Naudé, Gabriel, Instructions concerning erecting of a library, interpreted by Jo. Evelyn (London: G. Bedle and T. Collins; J. Crook, 1661).

[464] New, Chester W., The life of Henry Brougham (Oxford: Clarendon Press, 1961).

[465] Newton, W., A letter on the Stephenson monument, and the education of the district, addressed to the Right Hon Lord Ravensworth (Newcastle upon Tyne: Robert Fisher, 1859).

[466] Nicholls, David, Richard Cobden and the International Peace Congress Movement, 1848 - 1853, Journal of British Studies, 30 (1991), 351 - 376.

[467] Nicholson, J., The commerce of Bradford (1820).

[468] Nickles, Thomas, Discovery, in Robert C. Olby, Geoffrey N. Cantor, J. R. R. Christie and M. J. S. Hodge (eds.), Companion to the history of modern science (London: Routledge, 1990), 148 - 165.

[469] Noakes, Richard, Representing "A Century of Inventions": nineteenth-century technology and Victorian Punch, in L. Henson et al. (eds.), Culture and science in the nineteenth-century media (Aldershot: Ashgate, 2004), 151 - 163.

[470] Nora, Pierre, Realms of memory, ed. Lawrence D. Kritzman; trans. Arthur Goldhammer (New York: Columbia University Press, c. 1996 - 1998).

[471] Noszlopy, G., Public sculpture of Birmingham, ed. Jeremy Beach (Liverpool: Liverpool University Press, 1998).

[472] Nuvolari, Alessandro, The making of steam power technology: a study of technical change during the British industrial revolution (Eindhoven: Eindhoven University Press, 2004).

[473] O'Brien, Patrick, The political economy of British taxation, 1660 - 1815, HER, 41 (1988), 1 - 32. The micro foundations of macro invention: the case of the Reverend Edmund Cartwright, Textile History, 28 (1997), 201 - 233.

[474] O'Donohue, Freeman, and Hake, Henry M. (eds.), Catalogue of engraved British portraits preserved in the Department of Prints and Drawings in the British Museum (London: Trustees of the British Museum, 1922), vol. V.

[475] O'Dwyer, Frederick, The architecture of Deane and Woodward (Cork: Cork University Press, 1997).

[476] Oliver, Thomas, The Stephenson monument: what should it be? A question and answer addressed to the subscribers (3rd edn, Newcastle upon Tyne: M. & M. W. Lambert, 1858).

[477] Orange, A. D., The origins of the British Association for the Advancement of Science, BJHS, 6 (1972), 152 – 176.

[478] Orbach, Julian, Victorian architecture in Britain (London and New York: A. &C. Black, 1987).

[479] Osborne, Brian D., The ingenious Mr Bell: a life of Henry Bell (1767 – 1830), pioneer of steam navigation (Glendaruel: Argyll Publishing, 1995).

[480] Osborne, John W., John Cartwright (Cambridge: Cambridge University Press, 1972).

[481] Osborne, Thomas, Against "creativity": a philistine rant, Economy and Society, 32 (2003), 507 – 525.

[482] Oxford Dictionary of National Biography (Oxford: Oxford University Press, 2004).

[483] Oxford University Museum (1860) [printed prospectus].

[484] Ozouf, Mona, The Panthéon: the É cole Normale of the dead, in Pierre Nora (ed.), Realms of memory: the construction of the French past, ed. Lawrence D. Kritzman, trans. Arthur Goldhammer (New York: Columbia University Press, c. 1996 – 1998), vol. Ⅲ, 324 – 345.

[485] Pannell, J. P. M., The Taylors of Southampton: pioneers in mechanical engineering, Proceedings of the Institution of Mechanical Engineers, 169 (1955), 924 – 931.

[486] Parker, Joanne M., The day of a thousand years: Winchester's 1901 commemoration of Alfred the Great, Studies in Medievalism, 12 (2002), 113 – 136. The patent, a poem, by the author of The graces (London, 1776).

[487] Payton, Philip, Paralysis and revival: the reconstruction of Celtic-Catholic Cornwall, 1890 – 1945, in Ella Westland (ed.), Cornwall: the cultural construction of place (Penzance: Patten Press, 1997), 25 – 39. Industrial Celts? Cornish identity in the age of technological prowess, Cornish Studies, 10 (2002), 116 – 135.

[488] Pears, Iain, The gentleman and the hero: Wellington and Napoleon in the nineteenth century, in Roy Porter (ed.), Myths of the English (Cambridge: Polity Press, 1992), 216 – 236.

[489] Pearson, Richard, Thackeray and Punch at the Great Exhibition: authority and ambivalence in verbal and visual caricatures, in Louise Purbrick (ed.), The Great Exhibition of 1851: new interdisciplinary essays (Manchester and New York: Manchester University Press, 2001), 179 – 205.

[490] Pemberton, T. Edgar, James Watt of Soho and Heathfield: annals of industry and genius

(Birmingham: Cornish Brothers Ltd, 1905).

[491] Penfold, Alastair E. (ed.), Thomas Telford: engineer (London: Thomas Telford Ltd, 1980).

[492] Pennington, R., A descriptive catalogue of the etched work of Wenceslaus Hollar, 1607 - 1677 (Cambridge: Cambridge University Press, 1982).

[493] Penny, John, Up, up, and away! An account of ballooning in and around Bristol and Bath 1784 to 1999 (Bristol: Bristol Branch of the Historical Association, 1999).

[494] Penny, N. B., The Whig cult of Fox in early nineteenth-century sculpture, Past & Present, 70 (1976), 94 - 105.

[495] Penrose, Edith Tilton, The economics of the international patent system (Baltimore: Johns Hopkins Press, 1951).

[496] Peters, Ken, Inventors on stamps (Seaford, E. Sussex: Aptimage Ltd, 1985).

[497] Petree, J. Foster, Some reflections on engineering biography, TNS, 40 (1967), 147 - 158.

[498] Petroski, Henry, Reshaping the world: adventures in engineering (New York: Alfred A. Knopf, 1997).

[499] Pettitt, Clare, Patent inventions: intellectual property and the Victorian novel (Oxford: Oxford University Press, 2004).

[500] Pettman, Mary (ed.), Yung, K. K. (comp.), National Portrait Gallery, complete illustrated catalogue, 1856 - 1979 (London: National Portrait Gallery, 1981).

[501] Pevsner, Nikolaus, The buildings of England: London. Vol. I, The cities of London and Westminster (Harmondsworth: Penguin, 1957). Northumberland (Harmondsworth: Penguin, 1957). Yorkshire, the West Riding (Harmondsworth: Penguin Books, 1959). Lancashire: I, The industrial and commercial south (Harmondsworth: Penguin, 1969). Staffordshire (Harmondsworth: Penguin, 1974).

[502] Phillips, John, A general history of inland navigation, foreign and domestic (5th edn, London, 1805), repr. Charles Hadfield (ed.), Phillips' inland navigation (Newton Abbot: David & Charles, 1970).

[503] [Phillips, Richard], British public characters of 1798 (London: Richard Phillips, 1798). British public characters of 1802 - 1803 (London: Richard Phillips, 1803). British public characters of 1806 (London: Richard Phillips, 1806).

[504] Pickering, Paul. A., A "grand ossification": William Cobbett and the commemoration of Tom Paine, in Paul A. Pickering and Alex Tyrrell (eds.), Contested sites: commemoration, memorial and popular politics in nineteenth-century Britain (Aldershot: Ashgate, 2004), 57 - 80. The Chartist rites of passage: commemorating Feargus O'Connor, in Paul A. Pickering and Alex Tyrrell (eds.), Contested sites: commemoration, memorial and popular politics in nineteenth-century Britain (Aldershot: Ashgate, 2004),

105 – 115.

[505] Pickering, Paul A., and Tyrrell, Alex, The people's bread: a history of the Anti-Corn Law League (London and New York: Leicester University Press, 2000).
The public memorial of reform: commemoration and contestation, in Paul A. Pickering and Alex Tyrrell (eds.), Contested sites: commemoration, memorial and popular politics in nineteenth-century Britain (Aldershot: Ashgate, 2004), 1 – 23.

[506] Pike, W. T. (ed.), Northumberland, at the opening of the twentieth century, by James Jameson (Brighton: Pike, 1905).

[507] Plant, Arnold, The economic theory concerning patents for invention, Economica, 1 (1934), 30 – 51.

[508] Playfair, Lyon, The chemical principles involved in the manufactures of the Exhibition, in Lectures on the results of the Great Exhibition of 1851 (London: David Bogue, 1852), vol. I, 160 – 208. Presidential address, BAAS, Report for 1885, Aberdeen, (1886), 3 – 29 .

[509] Pole, William, The life of Sir William Siemens (London: John Murray, 1888).

[510] Ponting, Kenneth G. (ed.), A memoir of the life, writings, and mechanical inventions, of Edmund Cartwright, D. D., F. R. S., inventor of the power loom (London: Adams & Dart, 1971).

[511] Poovey, Mary, The proper lady and the woman writer: ideology as style in the works of Mary Wollstonecraft, Mary Shelley and Jane Austen (Chicago: Chicago University Press, 1984).

[512] Popplow, Marcus, Protection and promotion: privileges for inventions and books of machines in the early modern period, HT, 20 (1998), 103 – 124.

[513] Porter, Dorothy, and Porter, Roy, The politics of prevention: anti-vaccinationism and public health in nineteenth-century England, Medical History, 32 (1988), 231 – 152.

[514] Porter, G. R., The progress of the nation, in its various social and economical relations, from the beginning of the nineteenth century (London: John Murray, 1836 – 1843), vol. I.

[515] Porter, Roy, Where the statue stood: the reputation of Edward Jenner, in Ken Arnold (ed.), Needles in medical history: an exhibition at the Wellcome Trust History of Medicine Gallery, April 1998 (London: Wellcome Trust, 1998), 7 – 12.

[516] Poulot, Dominique, Pantheons in eighteenth-century France: temple, museum, pyramid, in Richard Wrigley and Matthew Craske (eds.), Pantheons: transformations of a monumental idea (Aldershot: Ashgate, 2004), 123 – 145.

[517] Power, Henry, Experimental philosophy (London: John Martin and James Allestry, 1664).

[518] Prager, Frank D., A manuscript of Taccola, quoting Brunelleschi, on problems of inventors and builder, Proceedings of the American Philosophical Society, 112 (1968),

131 – 149.

[519] Prager, Frank D., and Scaglia, Gustina, Mariano Taccola and his book "De Ingeniis" (Cambridge, MA: MIT Press, 1972).

[520] Prior, M. E., Bacon's man of science, JHI, 15 (1954), 348 – 355.

[521] Prosser, R. B., Birmingham inventors and inventions [Birmingham: privately published, 1881], with a new foreword by Asa Briggs (Wakefield: S. R. Publishers, 1970).

[522] Prothero, Iorwerth, Artisans and politics in early nineteenth-century London: John Gast and his times (London: Methuen & Co., 1981).

[523] Pugin, A. W. N., Contrasts: or a parallel between the noble edifices of the Middle Ages, and corresponding buildings of the present day; shewing the present decay of taste (2nd edn, London: Charles Dolman, 1841; repr. with an introduction by H. R. Hitchcock, Leicester University Press, 1969).

[524] Pumfrey, Stephen, Who did the work? Experimental philosophers and public demonstrators in Augustan England, BJHS, 28 (1995), 131 – 156.

[525] Pumphrey, Ralph E., The introduction of industrialists into the British peerage: a study in adaptation of a social institution, American Historical Review, 45 (1959), 1 – 16.

[526] Quilter, James Henry, and Chamberlain, John, Frame-work knitting and hosiery manufacture (Leicester: Hosiery Trade Journal, 1911).

[527] Quinault, Roland, The cult of the centenary, c. 1784 – 1914, Historical Research, 71 (1998), 303 – 323.

[528] Quinlan, Maurice J., Balloons and the awareness of a new age, Studies in Burke and His Time, 14 (1973), 222 – 238.

[529] Raggio, Olga, The myth of Prometheus: its survival and metamorphoses up to the eighteenth century, Journal of the Warburg and Courtauld Institutes, 21 (1958), 44 – 62.

[530] Randall, Adrian J., The philosophy of Luddism: the case of the west of England woollen workers, ca. 1790 – 1809, T & C, 27 (1986), 1 – 17. Before the Luddites: custom, community and machinery in the English woolen industry, 1776 – 1809 (Cambridge: Cambridge University Press, 1991).

[531] Randall, Anthony G., The timekeeper that won the longitude prize, in William J. H. Andrewes (ed.), The quest for longitude (Cambridge, MA: Collection of Scientific Instruments, Harvard University, 1996), 236 – 254.

[532] Raven, James, British history and the enterprise culture, Past & Present, 123 (1989), 178 – 204. Judging new wealth: popular publishing and responses to commerce in England, 1750 – 1800 (Oxford: Clarendon Press, 1992).

[533] Read, Benedict, Victorian sculpture (New York and London: Yale University Press, 1982).

[534] Read, Donald, The English provinces, c. 1760 – 1960: a study in influence (London: Edward Arnold, 1964).

[535] Reader, W. J., "At the head of all the new professions": the engineer in Victorian society, in Neil McKendrick and R. B. Outhwaite (eds.), Business life and public policy: essays in honour of D. C. Coleman (Cambridge: Cambridge University Press, 1986), 173 – 184.

[536] Redford, Arthur, Manchester merchants and foreign trade, 1794 – 1858 (Manchester: Manchester University Press, 1934).

[537] Rees, Abraham (ed.), The cyclopaedia; or, universal dictionary of arts, sciences, and literature (London: Longman, Hurst, Rees, Orme and Brown, 1802 – 1820).

[538] Reid, Alastair, Intelligent artisans and aristocrats of labour: the essays of Thomas Wright, in J. M. Winter (ed.), The working class in modern British History: essays in honour of Henry Pelling (Cambridge: Cambridge University Press, 1983), 171 – 186.

[539] Reid, Hugo, The steam engine (Edinburgh: William Tait, 1838).

[540] Rennie, Sir John, Presidential address, Proceedings of the Institution of Civil Engineers, 7 (1847), 81 – 82.

[541] Richardson, Ruth, Death, dissection and the destitute (new edn, London: Phoenix, 2001).

[542] Richardson, Thomas, A review of the arguments for and against the patent laws, The Scientific Review, and Journal of the Inventors' Institute, 2 (1 April 1867), 223 – 225.

[543] Richmond, Marsha L., The 1909 Darwin celebration: re-examining evolution in the light of Mendel, mutation, and meiosis, Isis, 97 (2006), 447 – 484.

[544] Rickman, J. (ed.), Life of Thomas Telford, civil engineer, written by himself (London: Payne & Foss, 1838).

[545] Roberts, Robert, A ragged schooling: growing up in the classic slum (Manchester: Manchester University Press, 1976).

[546] Robertson, P. L., and Alston, I. J., Technological change and the organization of work in capitalist firms, EHR, 45 (1992), 330 – 349.

[547] Robinson, Eric, James Watt and the tea kettle: a myth justified, History Today, (April 1956), 261 – 265. James Watt and the law of patents, T & C, 13 (1972), 115 – 139.

[548] Rodger, Alexander, Verses written upon the opening of the Glasgow and Greenock Railway, 30 March, 1841, Stray Leaves (Glasgow: Charles Rattray, 1842).

[549] Rogers, J. E. Thorold, On the rationale and working of the patent laws, Journal of the Statistical Society of London, 26 (1863), 121 – 142.

[550] Rogers, Pat, Gulliver and the engineers, Modern Language Review, 70 (1975), 260 – 270.

[551] Roll, Eric, An early experiment in industrial organisation: being a history of the firm of Boulton & Watt, 1775 – 1805 (repr. New York: Augustus M. Kelley, 1930).

[552] Rolt, L. T. C. , Victorian engineering (Harmondsworth: Penguin Books, 1974). The aeronauts: a history of ballooning, 1783 – 1903 (2nd edn, Gloucester: Sutton, 1985).

[553] Roos, David A. , The "aims and intentions" of "Nature", in James Paradis and Thomas Postlewait (eds.), Victorian science and Victorian values: literary perspectives (New York: New York Academy of Sciences, 1981), 159 – 180.

[554] Rose, Jonathan, The intellectual life of the British working classes (New Haven and London: Yale University Press, 2001).

[555] Rose, Mark, Authors and owners: the invention of copyright (Cambridge, MA and London: Harvard University Press, 1993).

[556] Rose, Michael E. , Samuel Crompton (1753 – 1827): inventor of the spinning mule: a reconsideration, Trans. Lancashire and Cheshire Antiquarian Society, 75 (1965), 11 – 32.

[557] Rose, R. B. , The Priestley riots of 1791, Past & Present, 18 (1960), 68 – 88.

[558] Rosenberg, Nathan, Inside the black box: technology and economics (Cambridge: Cambridge University Press, 1982).

[559] Ross, Sydney, Scientist: the story of a word, Annals of Science, 18 (1962), 65 – 86.

[560] Rossi, Paolo, Philosophy, technology and the arts in the early modern era, trans. Salvator Attanasio, ed. Benjamin Nelson (New York and London: Harper & Row, 1970).

[561] Routledge, Robert, Discoveries and inventions of the nineteenth century [1890] (repr. London: Bracken Books, 1989).

[562] Rowbotham, Judith, "All our past proclaims our future": popular biography and masculine identity during the golden age, 1850 – 1870, in Ian Inkster, Colin Griffin, Jeff Hill and Judith Rowbotham (eds.), The golden age: essays in British social and economic history, 1850 – 1870 (Aldershot: Ashgate, 2000), 262 – 275.

[563] Rubinstein, W. D. , The end of "Old Corruption" in Britain, 1780 – 1860, Past & Present, 101 (1983), 55 – 86. Capitalism, culture, and economic decline in Britain, 1750 – 1990 (London: Routledge, 1993).

[564] Rule, John, The property of skill in the period of manufacture, in Patrick Joyce (ed.), The historical meanings of work (Cambridge: Cambridge University Press, 1987), 99 – 118.

[565] Sabel, C. , and Zeitlin, J. , Historical alternatives to mass production, P & P, 108 (1985), 133 – 176.

[566] Salmon, Philip, Electoral reform at work: local politics and national parties, 1832 – 1841 (Woodbridge: Royal Historical Society and Boydell Press, 2002).

[567] Salveson, Paul, The people's monuments: a guide to sites and memorials in north west England (Manchester: WEA, 1987).

[568] Samuel, Raphael, Workshop of the world: steam power and hand technology in mid Victorian Britain, History Workshop, 3 (1977), 6 – 72.

[569] Scally, Gabriel, and Oliver, Isabel, Putting Jenner back in his place, The Lancet 362 (4 October 2003), 1092.

[570] Schaffer, Simon, Natural philosophy and public spectacle, History of Science, 21 (1983), 1 – 43. Scientific discoveries and the end of natural philosophy, Social Studies of Science, 16 (1986), 387 – 420. Priestley and the politics of spirit, in R. G. W. Anderson and Christopher Lawrence (eds.), Science, medicine and dissent: Joseph Priestley, 1733 – 1804 (London: Wellcome Institute, 1987), 38 – 53. Defoe's natural philosophy and the worlds of credit, in John Christie and Sally Shuttleworth (eds.), Nature transfigured: science and literature, 1700 – 1900 (Manchester and New York: Manchester University Press, 1989), 13 – 44. Genius in Romantic natural philosophy, in Andrew Cunningham and Nicholas Jardine (eds.), Romanticism and the sciences (Cambridge: Cambridge University Press, 1990), 82 – 98. A social history of plausibility: country, city and calculation in Augustan Britain, in Adrian Wilson (ed.), Rethinking social history: English society 1570 – 1920 and its interpretation (Manchester and New York: Manchester University Press, 1993), 128 – 157. Making up discovery, in Margaret A. Boden (ed.), Dimensions of creativity (Cambridge, MA, and London: MIT Press, 1994), 13 – 51. The show that never ends: perpetual motion in the early eighteenth century, BJHS, 28 (1995), 157 – 189.

[571] Schiebinger, Londa, The private life of plants: sexual politics in Carl Linnaeus and Erasmus Darwin, in Marina Benjamin (ed.), Science and sensibility: gender and scientific enquiry, 1780 – 1945 (Oxford: Blackwell, 1991), 121 – 143.

[572] Schiff, Eric, Industrialization without national patents: the Netherlands, 1869 – 1912.

[573] Switzerland, 1850 – 1907 (Princeton, NJ: Princeton University Press, 1971).

[574] Schivelbusch, Wolfgang, The railway journey: the industrialization of time and space in the 19th century (Leamington Spa, Hamburg, New York: Berg, 1986).

[575] Schofield, Robert E., The Lunar Society of Birmingham: a social history of provincial science and industry in eighteenth-century England (Oxford: Clarendon Press, 1963).

[576] Schumpeter, Joseph A., The theory of economic development: an inquiry into profits, capital, interest and the business cycle [1912], trans. R. Opie (Cambridge, MA: Harvard University Press, 1962).

[577] Scott, W. R., The constitution and finance of English, Scottish and Irish jointstock companies to 1720 (Cambridge: Cambridge University Press, 1912), vols. Ⅰ, Ⅲ.

[578] [Scott, Walter], The monastery: a romance, by the author of Waverley (Edinburgh: Constable, 1820).

[579] Secord, Anne, "Be what you would seem to be": Samuel Smiles, Thomas Edward, and the making of a working-class scientific hero, Science in Context, 16 (2003), 147 – 173.

[580] Semmel, Bernard, The rise of free trade imperialism: classical political economy and the empire of free trade and imperialism, 1750 – 1850 (Cambridge: Cambridge University Press, 1970).

[581] Shapin, Steven, The image of the man of science, in Roy Porter (ed.), The Cambridge history of science, volume 4: eighteenth century science (Cambridge: Cambridge University Press, 2003), 159 – 183.

[582] Shelley, Mary, Frankenstein or the modern Prometheus, the 1818 text, ed. Marilyn Butler (Oxford: Oxford University Press, 1993).

[583] Sherwood, Jennifer, and Pevsner, Nikolaus, Oxfordshire (Harmondsworth: Penguin, 1974).

[584] Shortland, Michael, and Yeo, Richard (eds.), Telling lives in science: essays on scientific biography (Cambridge: Cambridge University Press, 1996).

[585] Siemens, C. William, Presidential address, BAAS, Report for 1882, Southampton, (1883), 1 – 33.

[586] Simmons, Jack (ed.), The men who built railways: a reprint of F. R. Conder's Personal Recollections of English Engineers (London: Thomas Telford, Ltd, 1983).

[587] [Smiles, Samuel], James Watt, Quarterly Review, 104 (October 1858), 410 – 451.

[588] Smiles, Samuel, Industrial biography: iron workers and tool makers (London: John Murray, 1863). The lives of Boulton and Watt (London: John Murray, 1865). Self-help: with illustrations of conduct and perseverance (new edn, London: John Murray, 1875). Lives of the engineers: the locomotive, George and Robert Stephenson (London: John Murray, 1877). Men of invention and industry (London: John Murray, 1884).

[589] [Smiles, Samuel], The autobiography of Samuel Smiles, ed. Thomas Mackay (London: John Murray, 1905).

[590] Smith, Christine, Architecture in the culture of early humanism: ethics, aesthetics, and eloquence, 1400 – 1470 (New York: Oxford University Press, 1992).

[591] Smith, Crosbie, Frankenstein and natural magic, in Stephen Bann (ed.), Frankenstein, creation and monstrosity (London: Reaktion Books, 1994), 39 – 59. "Nowhere but in a great town": William Thomson's spiral of classroom credibility, in Crosbie Smith and Jon Agar (eds.), Making space for science: territorial themes in the shaping of knowledge (Basingstoke: Macmillan, 1998), 118 – 146. The science of energy: a cultural history of energy physics in Victorian Britain (London: Athlone, 1998).

[592] Smith, E. C., The first twenty years of screw propulsion, TNS, 19 (1938 – 1939), 145 – 164. Memorials to engineers and men of science, TNS, 28 (1951 – 1953), 137 – 139.

[593] Smith, James V., The Watt Institution Dundee, 1824 – 1849, The Abertay Historical Society publication, 19 (Dundee, 1978).

[594] Smith, Jonathan, Fact and feeling: Baconian science and the nineteenth-century literary

imagination (Madison, WI: University of Wisconsin Press, 1994).

[595] Smith, Tori, "A grand work of noble conception"; the Victoria Memorial and imperial London, in Felix Driver and David Gilbert (eds.), Imperial cities: landscape, display and identity (Manchester: Manchester University Press, 1999), 21 – 39.

[596] Snow, C. P., The two cultures and the scientific revolution (Cambridge: Cambridge University Press, 1961).

[597] Sobel, Dava, Harrison memorial: Longitude hero's slow road to the abbey, The Guardian, 25 March 2006.

[598] Somerset, Edward, 2nd marquis of Worcester, An exact and true definition of the most stupendious water-commanding engine (London, 1663).

[599] Sorrenson, R., George Graham, visible technician, BJHS, 32 (1999), 203 – 221.

[600] Spadafora, David, The idea of progress in eighteenth-century Britain (New Haven and London: Yale University Press, 1990).

[601] Sprat, Thomas, History of the Royal Society of London, for the improving of natural knowledge (London: F. Martyn and J. Allestry, 1667).

[602] Stack, David, Nature and artifice: the life and thought of Thomas Hodgskin (1787 – 1869) (London: The Boydell Press, for the Royal Historical Society, 1998).

[603] Stanley, Arthur Penrhyn, Historical memorials of Westminster Abbey (3rd edn, London: John Murray, 1869).

[604] Stanley, Autumn, Once and future power: women as inventors, Women's Studies International Forum, 15 (1992), 193 – 202. Mothers and daughters of invention: notes for a revised history of technology (Metuchen, NJ: Scarecrow Press, 1993).

[605] Stansfield, Dorothy A., Thomas Beddoes M. D. 1760 – 1808: chemist, physician, democrat (Dordrecht, Boston, Lancaster: D. Reidel Pub. Co., 1984).

[606] Stewart, Larry R., Public lectures and private patronage in Newtonian England, Isis, 77 (1986), 47 – 58. The rise of public science: rhetoric, technology, and natural philosophy in Newtonian Britain, 1660 – 1750 (Cambridge: Cambridge University Press, 1992). Global pillage: science, commerce, and empire, in Roy Porter (ed.), The Cambridge history of science, volume 4: eighteenth century science (Cambridge: Cambridge University Press, 2003), 825 – 844.

[607] Stirling, J., Patent right, in [Robert Andrew Macfie (ed.)], Recent discussions on the abolition of patents for inventions in the United Kingdom, France, Germany, and the Netherlands (London: Longmans, Green, Reader and Dyer, 1869).

[608] Stuart, Robert, Historical and descriptive anecdotes of steam engines, and of their inventors and improvers (London: Wightman & Co., 1829).

[609] Sussman, Herbert L., Victorians and the machine (Cambridge, MA: Harvard University Press, 1968).

[610] Sutherland, George, Twentieth century inventions: a forecast (London: Longmans, Green & Co., 1901).

[611] Swan, M. E., and Swan, K. R., Sir Joseph Wilson Swan, FRS: a memoir (London: Ernest Benn, 1929, repr. 1968).

[612] [Swift, Jonathan], The prose works of Jonathan Swift, ed. Herbert Davis (rev. edn, Oxford: Basil Blackwell, 1959), vol. XI.

[613] [T.], Letters on the utility and policy of employing machines to shorten labour (London: T. Becket, 1780).

[614] Tagg, John, The burden of representation: essays on photographies and histories (Basingstoke: Macmillan, 1988).

[615] Tann, Jennifer, The development of the factory (London: Cornmarket Press, 1970). Richard Arkwright and technology, History, 58 (1973), 29 – 44. Mr Hornblower and his crew: Watt engine pirates at the end of the 18th century, TNS, 51 (1979 – 1980), 95 – 105. Steam and sugar: the diffusion of the stationary steam engine to the Caribbean sugar industry, 1770 – 1840, HT, 19 (1997), 63 – 84.

[616] Taylor, Miles, The decline of English radicalism, 1847 – 1860 (Oxford: Clarendon Press, 1995).

[617] Taylor, Nicholas, The awful sublimity of the Victorian city, in H. J. Dyos and Michael Wolff (eds.), The Victorian city: images and reality (London: Routledge & Kegan Paul, 1973), vol. II, 431 – 448.

[618] Thackray, A., Natural knowledge in a cultural context: the Manchester model, American Historical Review, 79 (1974), 672 – 709.

[619] Thirsk, Joan, Economic policy and projects: the development of a consumer society in early modern England (Oxford: Oxford University Press, 1978).

[620] Thirsk, Joan, and Cooper, J. P. (eds.), 17th century economic documents (Oxford: Clarendon Press, 1972).

[621] Thomas, Keith, Changing conceptions of national biography: the Oxford DNB in historical perspective (Cambridge: Cambridge University Press, 2005).

[622] Thompson, F. M. L., English landed society in the nineteenth century (London: Routledge & Kegan Paul, 1963). Gentrification and the enterprise culture, Britain 1780 – 1980 (Oxford: Oxford University Press, 2001).

[623] [Thompson, William], Labor rewarded: the claims of labor and capital conciliated: or, how to secure to labor the whole products of its exertions, by one of the idle classes (London: Hunt & Clarke, 1827).

[624] Timbs, John, Stories of inventors and discoverers in science and the useful arts (London: Kent and Co., 1860). Wonderful inventions: from the mariner's compass to the electric telegraph cable (2nd edn, London: G. Routledge and Sons, 1882 [1881]).

[625] Timmins, Geoffrey, The last shift: the decline of hand-loom weaving in nineteenth century Lancashire (Manchester: Manchester University Press, 1993).

[626] Titley, A., Beginnings of the Society, TNS, 22 (1942), 37-39.

[627] Todd, Dennis, Laputa, the Whore of Babylon, and the Idols of Science, Studies in Philology, 75 (1978), 93-120.

[628] Tonelli, Giorgio, Genius from the Renaissance to 1770, in Philip P. Wiener (ed.), Dictionary of the history of ideas (New York: Charles Scribner's Sons, 1973), vol. Ⅱ, 292-297.

[629] Torrens, Hugh, Jonathan Hornblower (1753 - 1815) and the steam engine: a historiographic analysis, in Denis Smith (ed.), Perceptions of great engineers, fact and fantasy (London: Science Museum for the Newcomen Society, National Museums and Galleries on Merseyside, and the University of Liverpool, 1994), 23-34. Some thoughts on the history of technology and its current condition in Britain, HT, 22 (2000), 223-232.

[630] Toynbee, Arnold, Lectures on the industrial revolution in England (London, 1884); repr. as Toynbee's industrial revolution, intro. T. S. Ashton (Newton Abbot: David & Charles, 1969).

[631] Travers, T. H. E., Samuel Smiles and the Victorian work ethic (London and New York: Garland, 1987).

[632] Tredgold, Thomas, The steam engine: comprising an account of its invention and progressive improvement (London: J. Taylor, 1827).

[633] Tregallas, Walter Hawkan, Trevithick the engineer, in Cornish worthies: sketches of some eminent Cornish men and families (London: E. Stock, 1884), vol. Ⅱ.

[634] Trench, Richard, and Hillman, Ellis, London under London: a subterranean guide, (2nd edn, London: John Murray, 1993).

[635] [Trevithick, Richard], The Richard Trevithick memorial [London, 1888].

[636] Trevor-Roper, Hugh, The invention of tradition: the Highland tradition of Scotland, in Eric Hobsbawm and Terence Ranger (eds.), The invention of tradition (Cambridge: Cambridge University Press, 1983), 15-42.

[637] Tucker, Josiah, Instructions for travellers (Dublin, 1758), repr. in Robert L. Schuyler (ed.), Josiah Tucker: a selection from his economic and political writings (New York: Columbia University Press, 1931).

[638] Turner, C. H., Proceedings of the public meeting held at Freemasons' Hall, on the 18th June, 1824, for erecting a monument to... James Watt (London: John Murray, 1824).

[639] Turner, Frank, Public science in Britain, Isis, 71 (1980), 360-379.

[640] Turner, Katherine, Defoe's Tour: the changing "face of things", British Journal for Eighteenth-Century Studies 24 (2001), 189-206.

[641] Tyas, G. Matthew Murray: a centenary appreciation, TNS, 6 (1925), 111-143.

[642] Tyrrell, Alex, with Davis, Michael T., Bearding the Tories: the commemoration of the Scottish Political Martyrs of 1793 – 1794, in Paul A. Pickering and Alex. Tyrrell (eds.), Contested sites: commemoration, memorial and popular politics in nineteenth-century Britain (Aldershot: Ashgate, 2004), 25 – 56.

[643] Tyrrell, Alexander, Making the millennium: the mid-nineteenth century peace movement, HJ, 20 (1978), 75 – 95.

[644] Uglow, Jennifer S., The lunar men: the friends who made the future, 1730 – 1810 (London: Faber & Faber, 2002).

[645] Ure, Andrew, Philosophy of manufactures: or, an exposition of the scientific, moral, and commercial economy of the factory system of Great Britain (London, 1835).

[646] Usherwood, P., Beach, J., and Morris, C., Public sculpture of north-east England (Liverpool: Liverpool University Press, 2000).

[647] van der Linden, W. H., The international peace movement, 1815 – 1874 (Amsterdam: Tilleul Publications, 1987).

[648] Vaughan, Robert, The age of great cities: or, modern society viewed in its relation to intelligence, morals, and religion (London: Jackson & Walford, 1843).

[649] Vernon, James, Politics and the people: a study in English political culture, c. 1815 – 1867 (Cambridge: Cambridge University Press, 1993).

[650] Vincenti, Walter G., What engineers know and how they know it: analytical studies from aeronautical history (Baltimore: Johns Hopkins University Press, 1991).

[651] von Tunzelmann, G. N., Steam power and British industrialization to 1860 (Oxford: Oxford University Press, 1978).

[652] [Wade, John], History of the middle and working classes; with a popular exposition of the economical and political principles which have influenced the past and present conditions of the industrious orders (London: Effringham Wilson, 1833).

[653] Wadsworth, A. P., and Mann, Julia de Lacy, The cotton trade and industrial Lancashire, 1600 – 1870 (Manchester: Manchester University Press, 1965).

[654] Walker, James, Address of the President to the Annual General Meeting, Proceedings of the Institution of Civil Engineers (1839), vol. I, 15 – 18.

[655] Walker, Ralph, A treatise on magnetism, with a description and explanation of a meridional and azimuth compass, for ascertaining the quantity of variation, without any calculation whatever, at any time of the day (London: G. Adams, 1794).

[656] Walker, Jnr, William (ed.), Memoirs of the distinguished men of science of Great Britain living in the years 1807 – 1808, intro. Robert Hunt (London: Walker, 1862).

[657] Wallace, Alfred Russel, The wonderful century: its successes and failures (London: Swan Sonnenschein, 1898).

[658] Ward, John Towers, Chartism (London: Batsford, 1973).

[659] Ward-Jackson, Philip, Public sculpture of the City of London (Liverpool: Liverpool University Press, 2003).

[660] Warwick, Andrew, Cambridge mathematics and Cavendish physics, Studies in History and Philosophy of Science, 23 (1992), 625–656.

[661] [Watt, James], James Watt Centenary Commemoration (Birmingham, 1919).

[662] [Watt, James, Jnr], Memoir of James Watt, FRSL & FRSE: from the Supplement to the Encyclopaedia Britannica (London: Hodgson, 1824).

[663] Webb, R. K., The British working class reader, 1790–1848: literacy and social tension (London: George Allen & Unwin, 1955).

[664] Weber, Robert J., and Perkins, David N. (eds.), Inventive minds: creativity in technology (New York and Oxford: Oxford University Press, 1992).

[665] Webster, Charles, The great instauration: science, medicine and reform, 1626–1660 (London: Duckworth, 1975).

[666] Weisinger, Herbert, English treatment of the relationship between the rise of science and the Renaissance, 1740–1840, Annals of Science, 7 (1951), 248–273.

[667] West, Bob, The making of the English working past: a critical view of the Ironbridge Gorge Museum, in Robert Lumley (ed.), The museum time machine: putting cultures on display (London: Routledge, 1988), 36–62.

[668] Westminster Abbey Official Guide (London, 1966).

[669] Whelan, Yvonne, Reinventing modern Dublin: streetscape, iconography and the politics of identity (Dublin: University College Dublin Press, 2003).

[670] Wells, H. G., The island of Dr Moreau, in The works of H. G. Wells: Atlantic edition. Vol. 2 (London: T. Fisher Unwin, 1924).

[671] Whewell, Rev. William, The general bearing of the Great Exhibition on the progress of art and science, in Lectures on the results of the Great Exhibition of 1851 (London: David Bogue, 1852), vol. Ⅰ.

[672] White, William Edward Holt, The man who stole the earth (London, 1909).

[673] Wiener, Martin J., English culture and the decline of the industrial spirit, 1850–1950 (Cambridge: Cambridge University Press, 1981).

[674] Williams, J. F. Lake, An historical account of inventions and discoveries in those arts and sciences which are of utility or ornament to man, lend assistance to human comfort, a polish to life, and render the civilized state, beyond comparison, preferable to a state of nature; traced from their origin; with every subsequent improvement (London: T. & J. Allman, 1820), vol. Ⅰ.

[675] Williams, Raymond, Culture and society, 1780–1950 (London: Chatto & Windus, 1958). Keywords: a vocabulary of culture and society (London: Fontana, 1983).

[676] Williamson, George, Memorials of the lineage, early life, education, and development of

the genius of James Watt (Edinburgh: the Watt Club, 1856).

[677] Willis, Kirk, The introduction and critical reception of Marxist thought in Britain, 1850 - 1900, HJ, 20 (1977), 423 - 444.

[678] Willsdon, Clare A. P., Mural painting in Britain, 1840 - 1940: image and meaning (Oxford: Oxford University Press, 2001).

[679] Wilson, George, What is technology? An inaugural lecture delivered in the University of Edinburgh on November 7, 1855 (Edinburgh: Sutherland & Knox, and London: Simpkin, Marshall & Co., 1855).

[680] Wilson, Jaspar, pseud. [James Currie], A letter, commercial and political, addressed to the Rt Honble William Pitt (3rd edn, London, 1793).

[681] Winner, Langdon, Do artifacts have politics?, Daedalus 109 (1980), 121 - 136.

[682] Winstanley, Gerrard, The law of freedom, ed. Christopher Hill (Harmondsworth: Penguin, 1973).

[683] Winter, J. M., Sites of memory, sites of mourning: the Great War in European cultural history (Cambridge: Cambridge University Press, 1995).

[684] Wittkower, Rudolf, Genius: individualism in art and artists, in Philip P. Wiener (ed.), Dictionary of the history of ideas (New York: Charles Scribner's Sons, 1973), vol. Ⅱ, 297 - 312.

[685] Wolper, Roy S., The rhetoric of gunpowder and the idea of progress, JHI 31 (1970), 589 - 598.

[686] Wood, Sir Henry Trueman, A history of the Royal Society of Arts (London: John Murray, 1913).

[687] Woodcroft, Bennet, A sketch of the origin and progress of steam navigation (London: Taylor, Walton & Maberly, 1848).

[688] [Woodcroft, Bennet], Catalogue of the gallery of portraits of inventors, discoverers, and introducers of useful arts (5th edn, London, 1859).

[689] Woodcroft, Bennet, Brief biographies of inventors of machines for the manufacture of textile fabrics (London: Longman, 1863).

[690] Woolrich, A. P., John Farey Jr (1791 - 1851): engineer and polymath, HT, 19 (1997), 111 - 142. John Farey, jr, technical author and draughtsman: his contribution to Rees's Cyclopaedia, Industrial Archaeology Review, 20 (1998), 49 - 67. John Farey and his Treatise on the Steam Engine of 1827, HT, 22 (2000), 63 - 106.

[691] Wosk, Julie, Breaking frame: technology and the visual arts in the nineteenth century (New Brunswick, NJ: Rutgers University Press, 1992).

[692] [Wright, Thomas], Some habits and customs of the working classes by a Journeyman Engineer [London, 1867].

[693] Wykes, David L., The Leicester riots of 1773 and 1787: a study of the victims of popular

protest, Transactions of the Leicestershire Archaeological and Historical Society 54 (1978 – 1979).

[694] Yarrington, Alison W., The commemoration of the hero, 1800 – 1864: monuments to the British victors of the Napoleonic wars (New York and London: Garland, 1988). His Achilles' heel? Wellington and public art (Southampton: University of Southampton, 1998).

[695] Yarrington, Alison, Lieberman, Ilene D., Potts, Alex, and Baker, Malcolm (eds.), An edition of the ledger of Sir Francis Chantrey, R. A., at the Royal Academy, 1809 – 1841 (London: Walpole Society, 1994).

[696] Yeo, Richard, Genius, method, and morality: images of Newton in Britain, 1760 – 1860, Science in Context, 2 (1988), 257 – 284. Defining science: William Whewell, natural knowledge, and public debate in early Victorian Britain (Cambridge: Cambridge University Press, 1993). Alphabetical lives: scientific biography in historical dictionaries and encyclopaedias, in Michael Shortland and Richard Yeo (eds.), Telling lives in science: Essays on scientific biography (Cambridge: Cambridge University Press, 1996), 139 – 163.

[697] [Young, Edward], Conjectures on original composition (London: A. Millar, 1759).

未出版的作品

[1] Coulter, Moureen, Property in ideas: the patent question in mid-Victorian Britain, Ph. D. thesis, Indiana University (1986).

[2] Firth, Gary, The genesis of the industrial revolution in Bradford, 1760 – 1830, Ph. D. thesis, University of Bradford (1974).

[3] Hardy, William, Conceptions of manufacturing advance in British politics, c. 1800 – 1847, D. Phil. thesis, University of Oxford (1994).

[4] Marsden, Ben, Imprinting engineers: reading, writing, and technological identities in nineteenth-century Britain, British Society for the History of Science Conference, Liverpool Hope University (June 2004).

[5] Pettitt, Clare, Representations of creativity, progress and social change in the work of Elizabeth Gaskell, Charles Dickens and George Eliot, D. Phil. thesis, University of Oxford (1997).

[6] Ward-Jackson, Philip, Carlo Marochetti, sculptor of Robert Stephenson at Euston station: a romantic sculptor in the railway age, typescript.

网络资源

[1] Bessen, James, Where have all the great inventors gone? Research on Innovation Working Paper no. 402 (2004): www. researchoninnovation. org/GreatInventors. pdf.

[2] Concise encyclopaedia of economics: www. econlib. org/library/Enc/Entrepreneurship. html, accessed 22 December 2005.

[3] CWN, News & Information for Coventry and Warwickshire: www. cwn. org. uk/arts/news/9809/980915-brindley-statue. htm, accessed 10 November 2006.

[4] www. cwn. org. uk/education/coventry-university/2001/02/010222-frank-whittle. htm, accessed 10 November 2006.

[5] Great Britons Poll: news. bbc. co. uk/1/hi/entertainment/tv _ and _ radio/2208671. stm, accessed 8 September 2006.

[6] Hall of Heroes, National Wallace Monument: www. scran. ac. uk/ixbin/hixclient, accessed 29 October 2001.

[7] Institute of Chemistry, The Hebrew University of Jerusalem: http: //chem. ch. huji. ac. il/ ~ eugenik/history/bakewell. html, accessed 12 August 2005.

[8] Literature Online: http: //lion. chadwyck. co. uk/.

[9] Man in the white suit: www. screenonline. org. uk/film/id/441408/index. html, accessed 12 September 2006.

[10] Manchester UK, Manchester engineers and inventors (2): www. manchester 2002-uk. com/celebs/engineers2. html, accessed 10 November 2006.

[11] Mole, Tom, Are celebrities a thing of the past? University of Bristol: www. bris. ac. uk/researchreview/2005/1115994436, accessed 13 May 2005.

[12] Oxford Dictionary of National Biography: www. oxforddnb. com.

[13] Trevithick Society: www. trevithick-society. org. uk/coin_stamps. htm, accessed 23 August 2006.

[14] Victoria & Albert Museum: www. victorianweb. org/sculpture/misc/va/1. html, accessed 23 December 2005.

[15] Wedgwood Institute, Burslem: www. artandarchitecture. org. uk/images/conway/1707f2c9. html, accessed 19 August 2005.

[16] www. thepotteries. org/photos/burslem_centre/wedgwood_institute. html, accessed 19 August 2005.

[17] Wikipedia: http: //en. wikipedia. org/wiki/Professor_Branestawm, accessed 7 November 2006.

原书索引

说明：本索引的编制格式为原版词汇 + 中文译文 + 原版页码

译后记

这本书，送给热爱发明与创新的你。

这本书，讲述了第一次工业革命中的一段历史，是“知识产权经典译丛”中首部以专利史料为主的译著。

真正的发明人想要打破所谓的社会“内卷”，手中的“兰花草”唯有自身的科技创造力。科技创造力要素一旦与精确的商业管理与有效的法律和政策激励机制结合，将会产生惊人的生产力能量。

通过这本书，大家可以深入了解第一次工业革命主要从产业工人中涌现出来的发明人，体察当时的英国政商界对他们的复杂态度，回顾他们当时遇到的人身袭击和工厂纵火事件，感知当时的英国社会对这些发明英雄们先抑后扬再后抑的舆论评价：自古英雄多磨难！

第 9 章“专利制度之争”还告诉我们：英国现代专利制度的形成来源于斗争的结果，第一次工业革命中的发明人最终在当时专利制度保卫战中获胜！正是这些发明人和科学家，促使英国这个畜牧业国家在第一次工业革命中完成工业化转型并成为工业强国。

谢谢与我们长期合作的知识产权出版社和剑桥大学出版社，谢谢王润贵副总编辑、卢海鹰老师、王玉茂老师和罗斯琦老师对我们无私的支持与厚爱。谢谢与我合作的“九零后”译者柳子通和苏汉廷，他们都是非常棒的涉外法治人才。

张南

中国政法大学全面依法治国研究院

二〇二二年十二月